禽病临床典型病理变化示意图

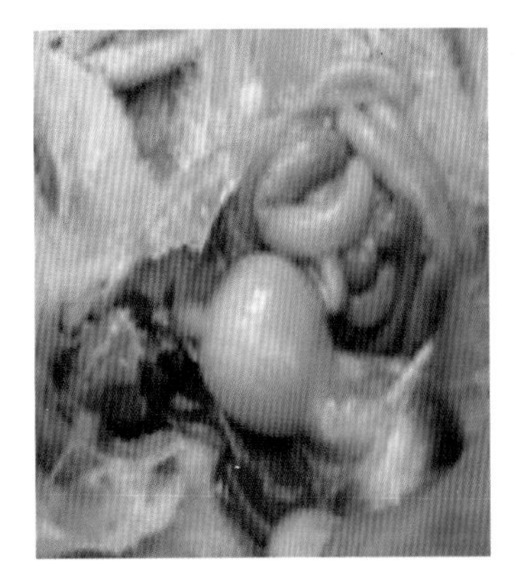

彩图1　鸡腺胃炎——腺胃球状外观

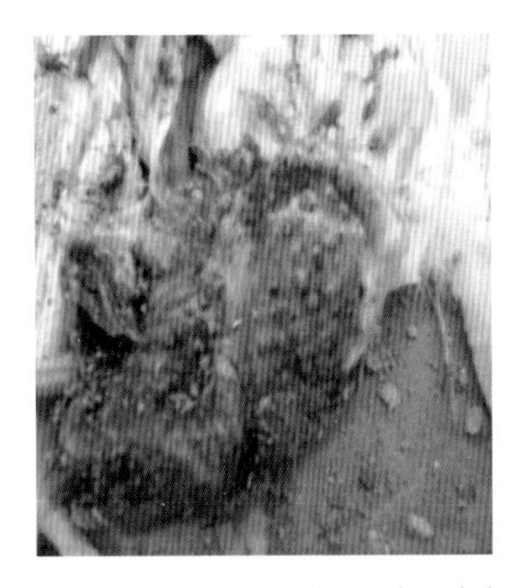

彩图2　鸡腺胃炎——腺胃出血、溃疡

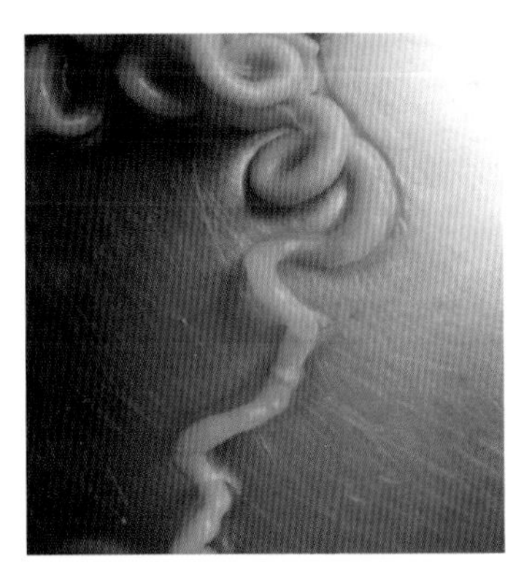

彩图3　鸡腺胃炎——十二指肠卡他性炎

彩图4　鸡流感——面部肿胀

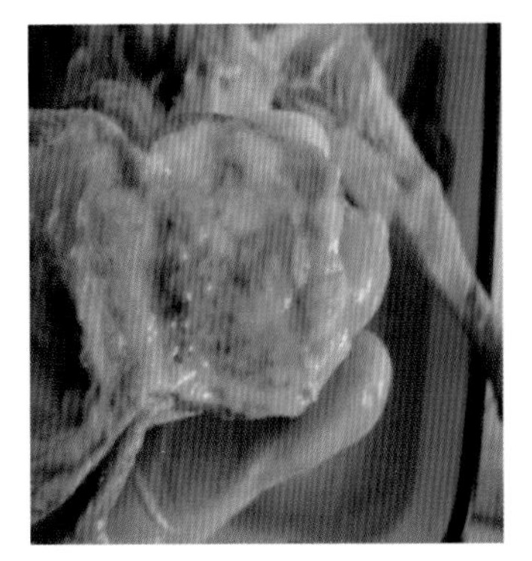

彩图5　鸡流感——腺胃乳头出血

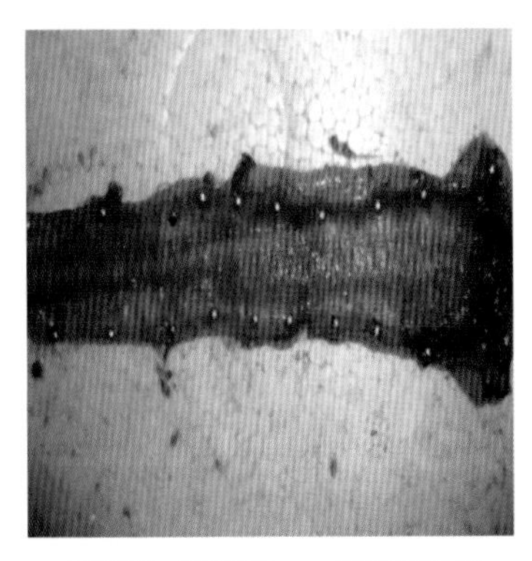

彩图6　鸡流感——气管环出血

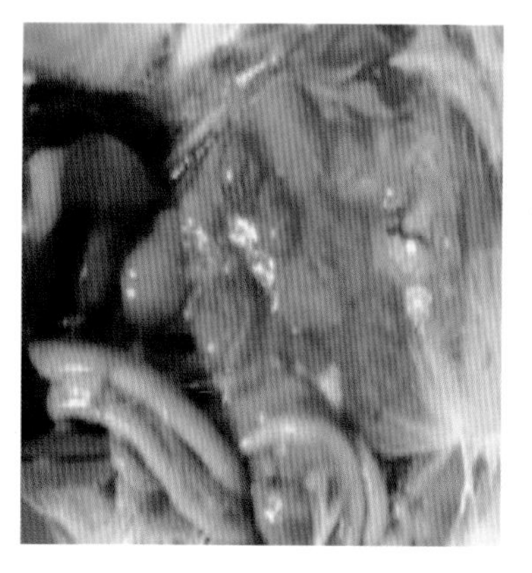

彩图 7　鸡流感——卵泡出血与变形

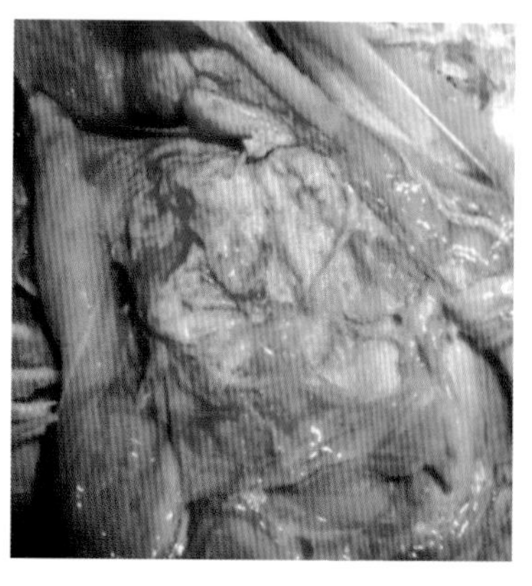

彩图 8　鸡流感——卵黄性腹膜炎

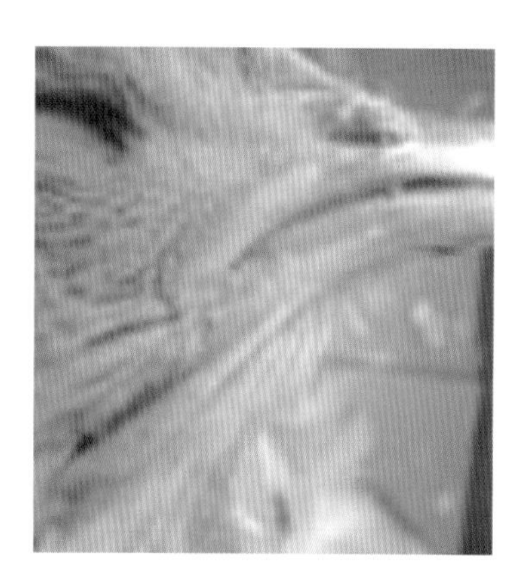

彩图 9　鸡传染性鼻炎——黄色黏稠鼻液

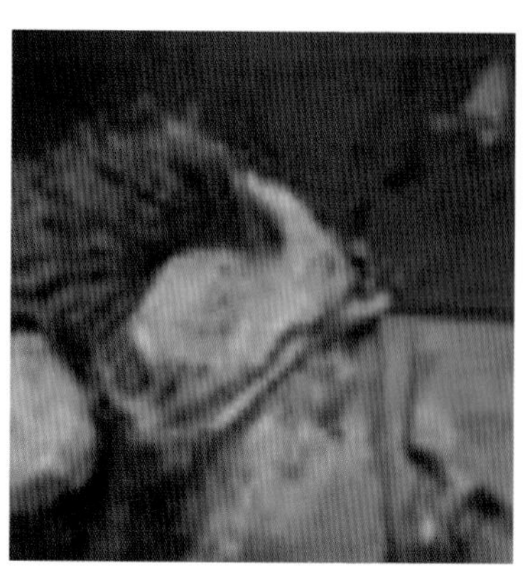

彩图 10　鸡传染性鼻炎——眼睑肿胀

彩图 11　鸡传染性支气管炎
——支气管内干酪样堵塞物

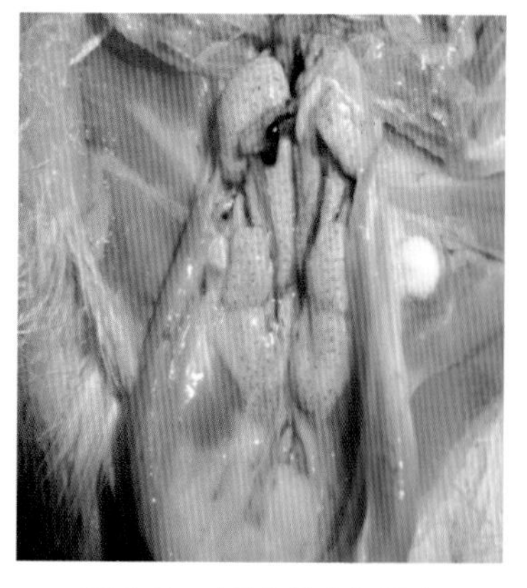

彩图 12　鸡传染性支气管炎
——花斑肾

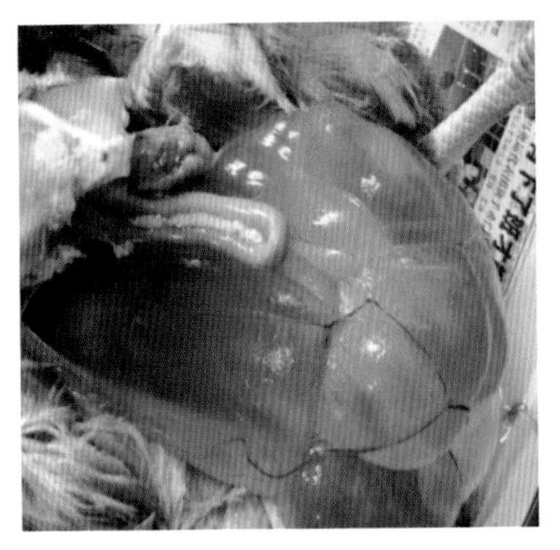

彩图 13　鸡传染性支气管炎
——输卵管囊肿

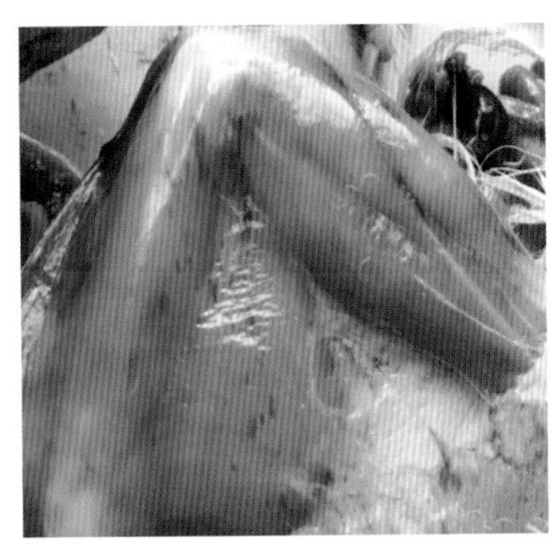

彩图 14　鸡传染性法氏囊病
——腿部肌肉出血

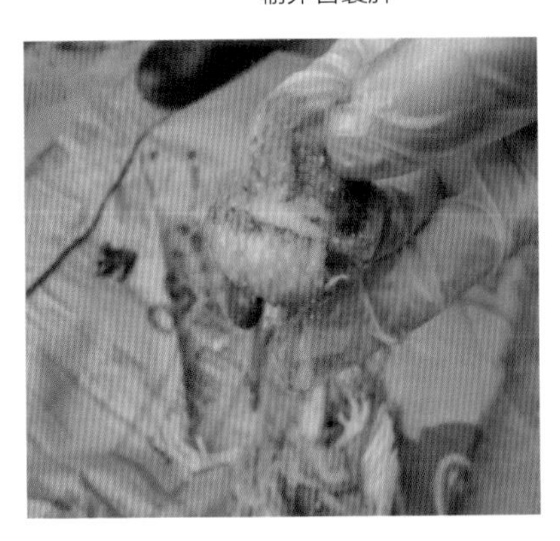

彩图 15　鸡传染性法氏囊病
——腺胃、肌胃交界带状出血

彩图 16　鸡传染性法氏囊病
——法氏囊肿胀与出血

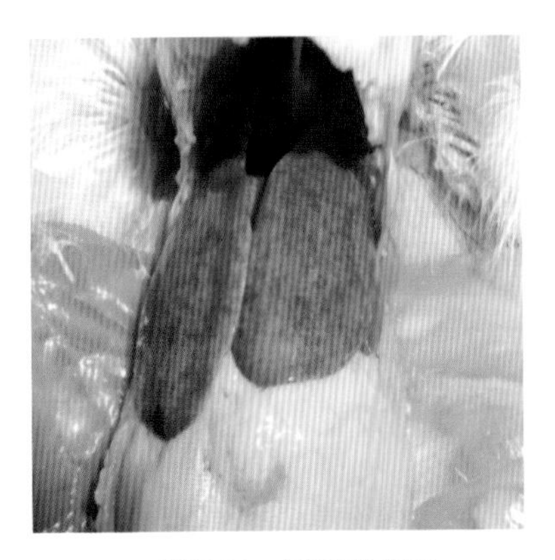

彩图 17　鸡弧菌性肝炎
——肝脏星状出血与坏死

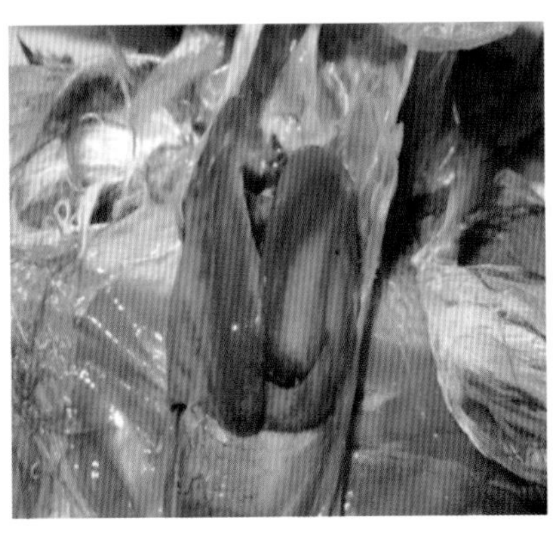

彩图 18　鸡包涵体肝炎
——肝脏黄白色隆起与坏死

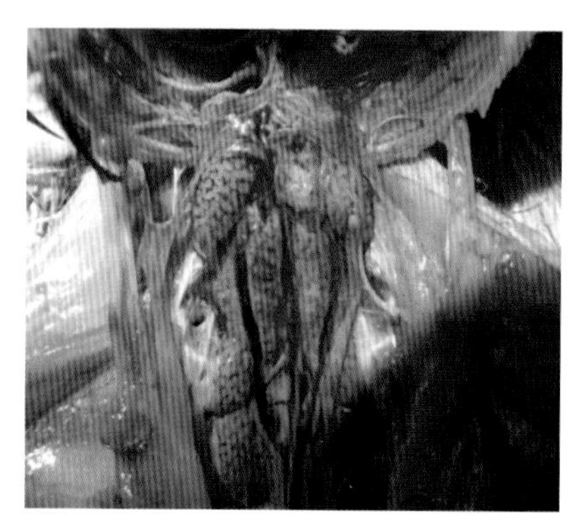

彩图 19　鸡包涵体肝炎
——花斑肾

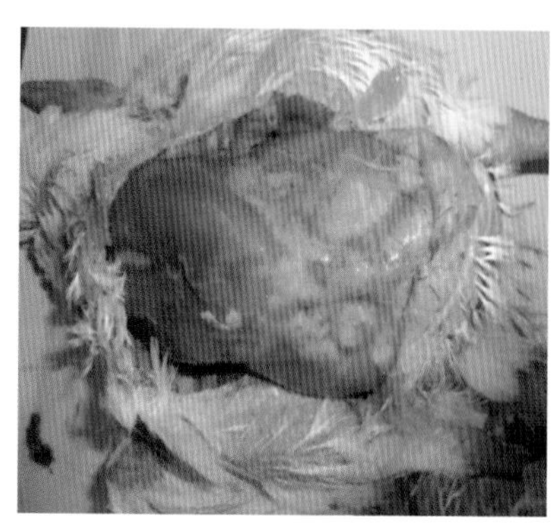

彩图 20　鸡肝肾综合征
——皮下胶胨样渗出物

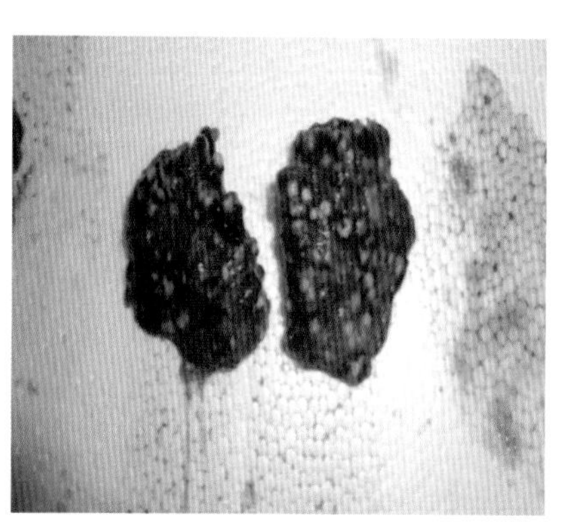

彩图 21　鸡曲霉菌病
——肺脏霉菌结节

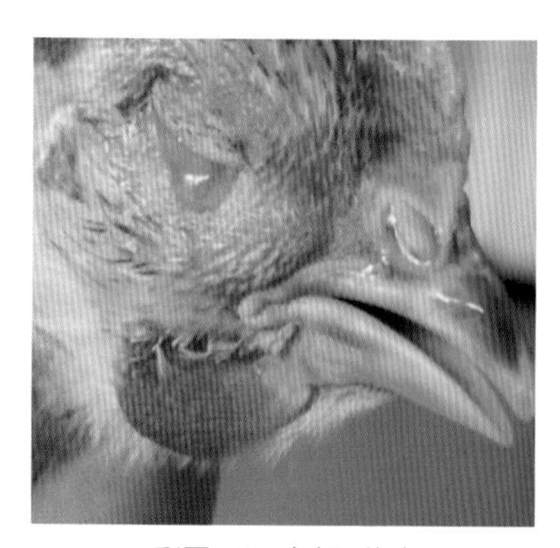

彩图 22　鸡支原体病
——眼睛与鼻腔内黏稠分泌物

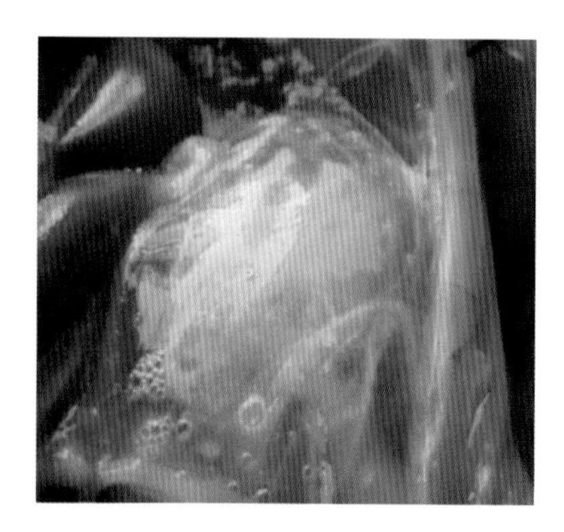

彩图 23　鸡支原体病
——气囊内泡沫状分泌物

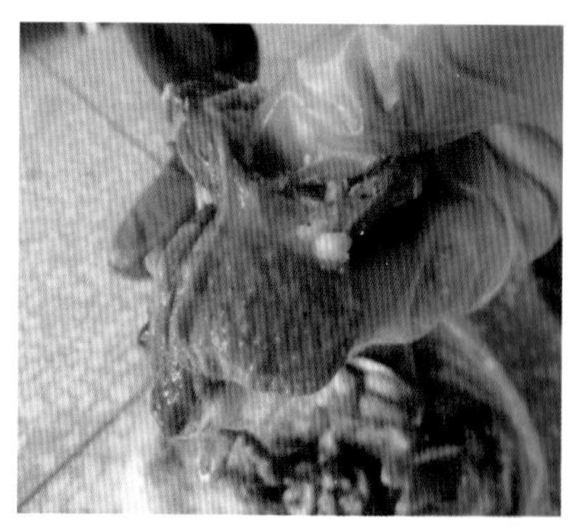

彩图 24　鸡新城疫
——腺胃乳头出血

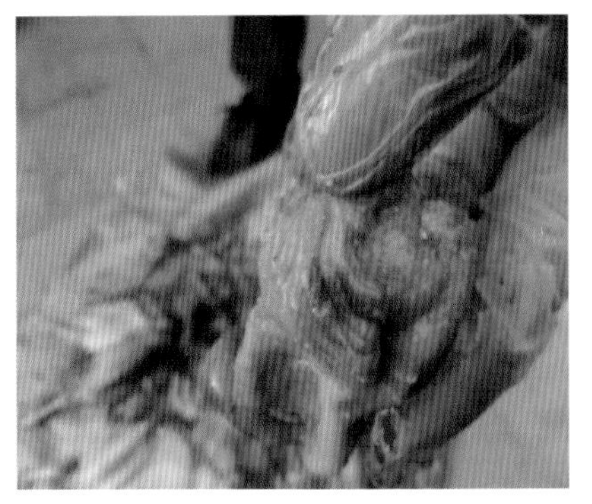

彩图 25　鸡新城疫
——肌胃溃疡与出血

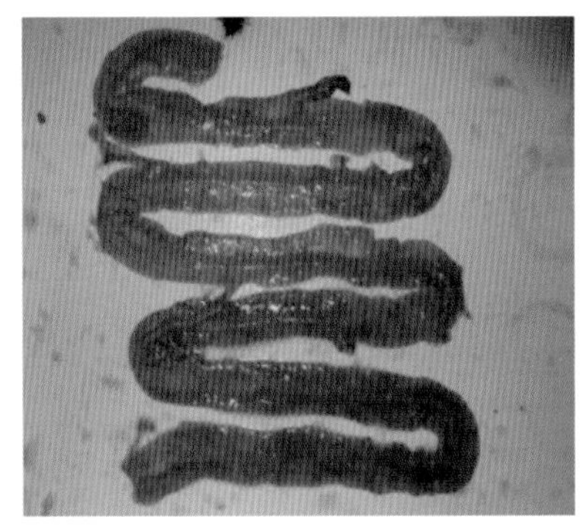

彩图 26　鸡新城疫
——小肠淋巴滤泡枣核状肿胀与出血

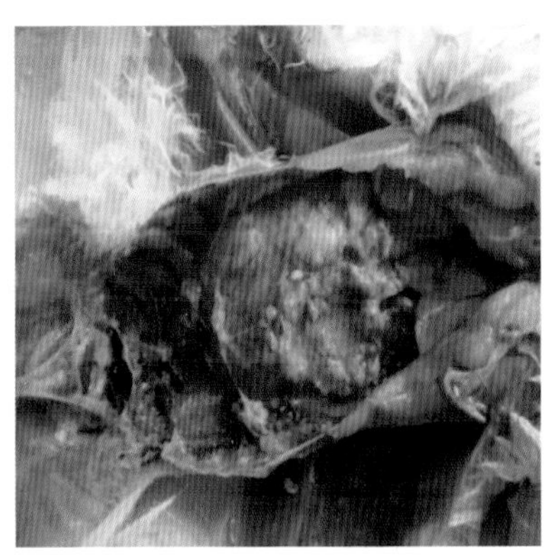

彩图 27　鸡新城疫
——卵黄性腹膜炎

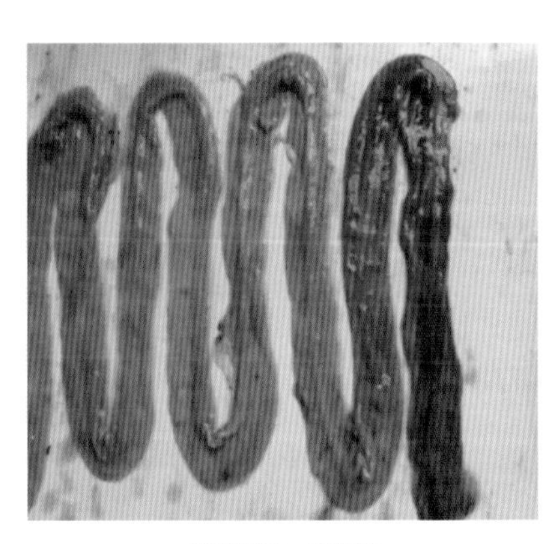

彩图 28　禽霍乱
——鸡肠道卡他性炎症

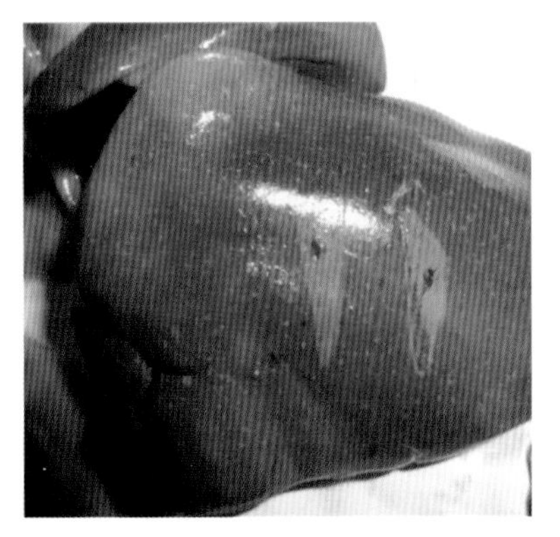

彩图 29　禽霍乱
——鸡肝脏针尖状坏死点

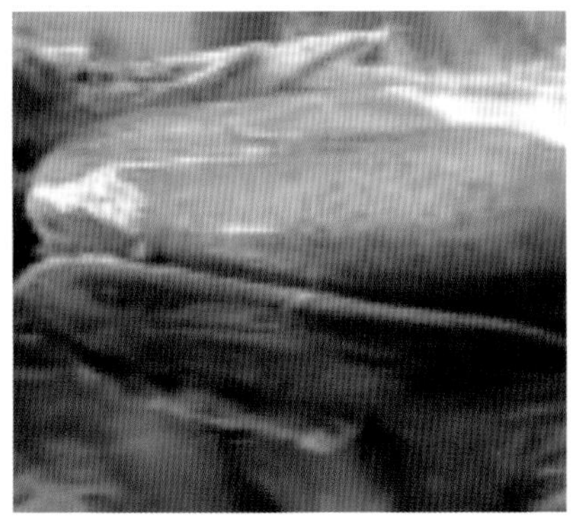

彩图 30　伤寒
——鸡肝脏肿胀、出血

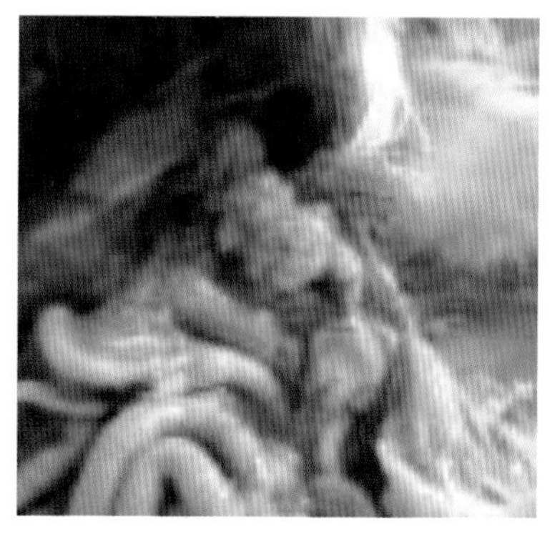

彩图 31　伤寒
——鸡卵泡变性、肠管外观呈贫血状

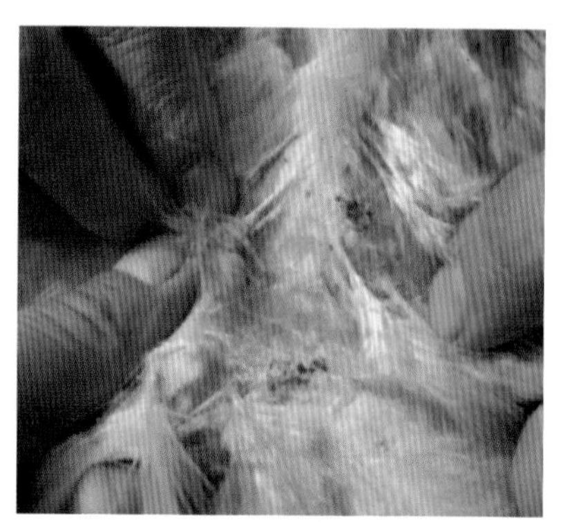

彩图 32　皮肤型鸡痘

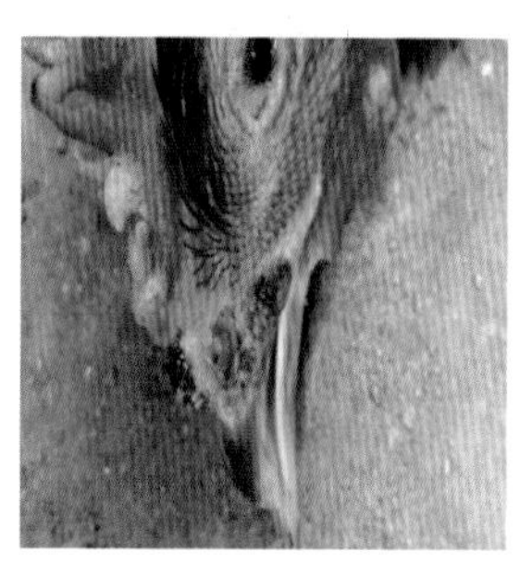

彩图 33　眼鼻型鸡痘

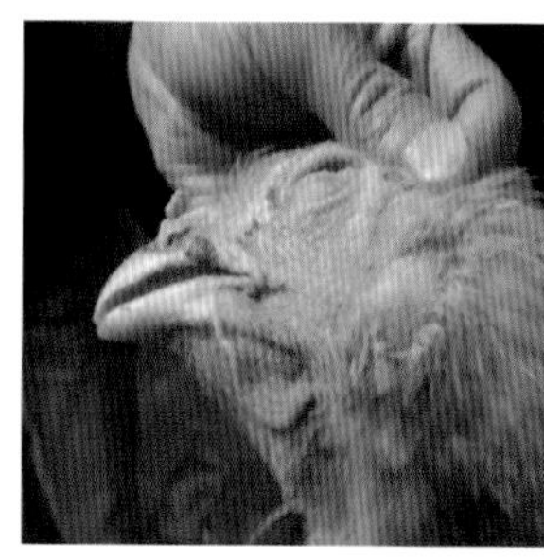

彩图 34　混合型鸡痘

彩图 35　鸡白痢
——肝脏肿胀与黄色坏死灶

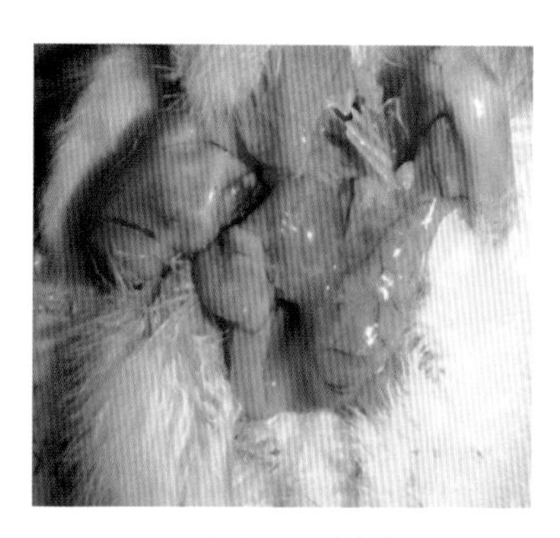

彩图 36　鸡白痢
——雏鸡卵黄囊液化

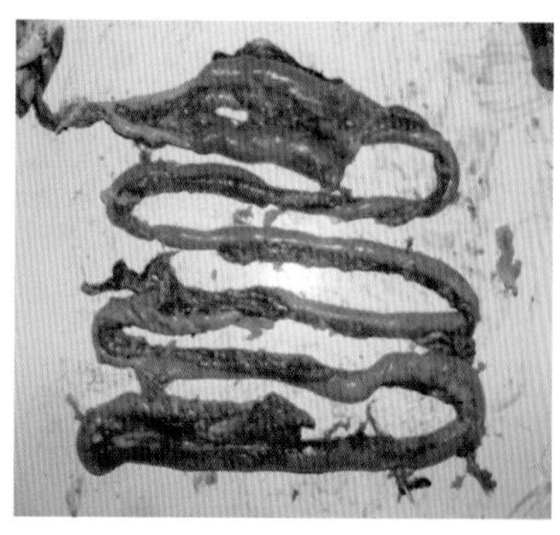

彩图 37　鸡坏死性肠炎
——小肠坏死

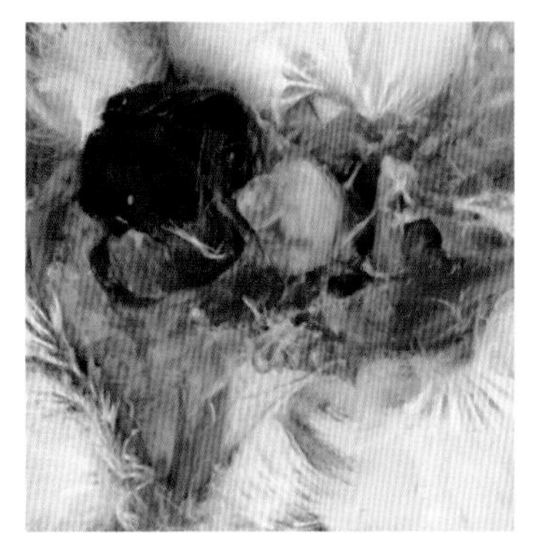

彩图 38　鸡大肠杆菌病
——纤维素样心包膜

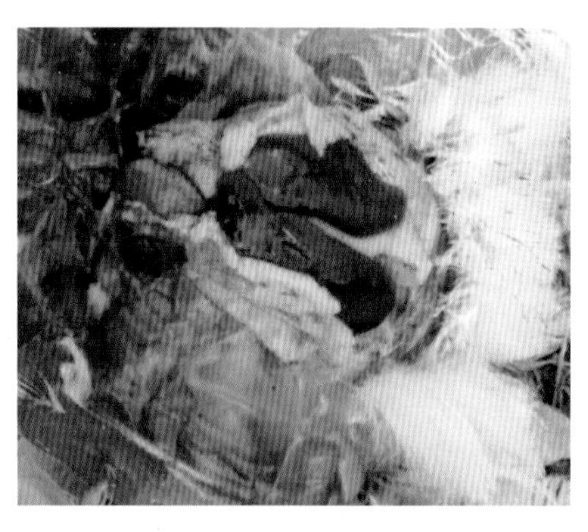

彩图 39　鸡大肠杆菌病
——纤维素样肝包膜

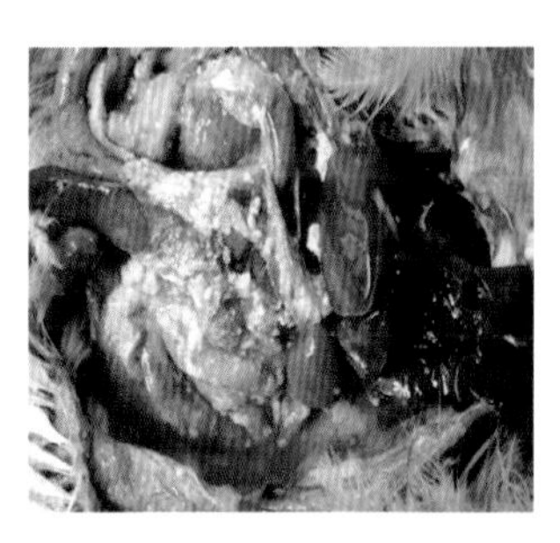

彩图 40　鸡大肠杆菌病
——腹腔干酪样物质

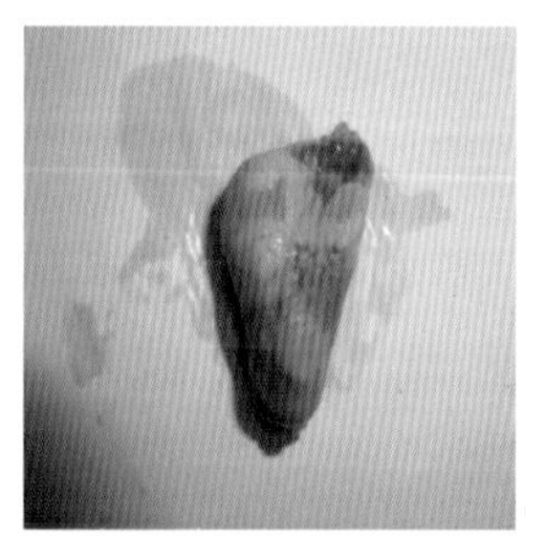

彩图 41　鸡白肌病
——心肌白淡

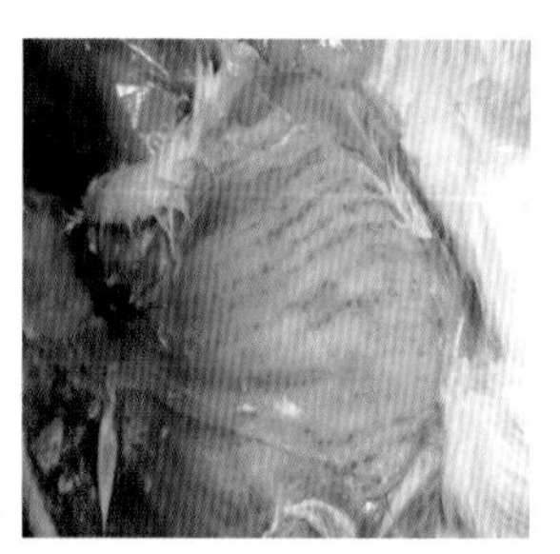

彩图 42　鸭瘟
——食道出血点

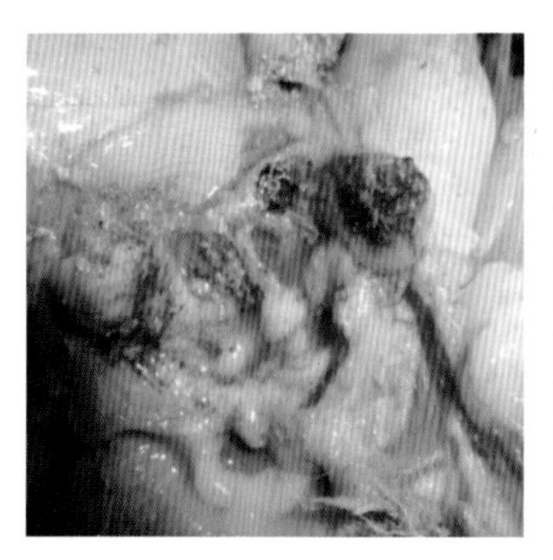

彩图 43　鸭瘟
——泄殖腔出血与溃疡

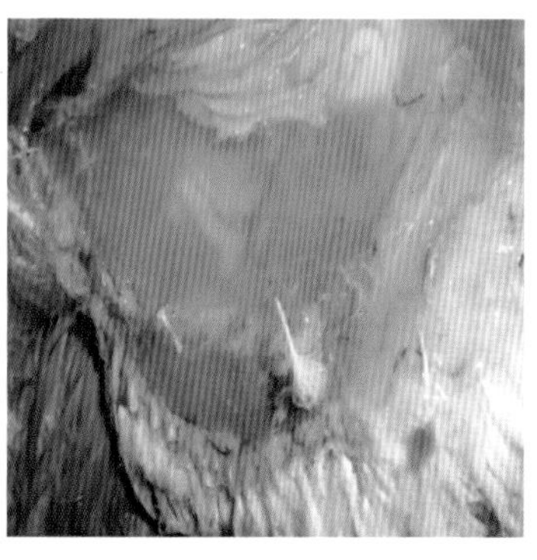

彩图 44　鸭瘟
——皮下胶胨样浸润

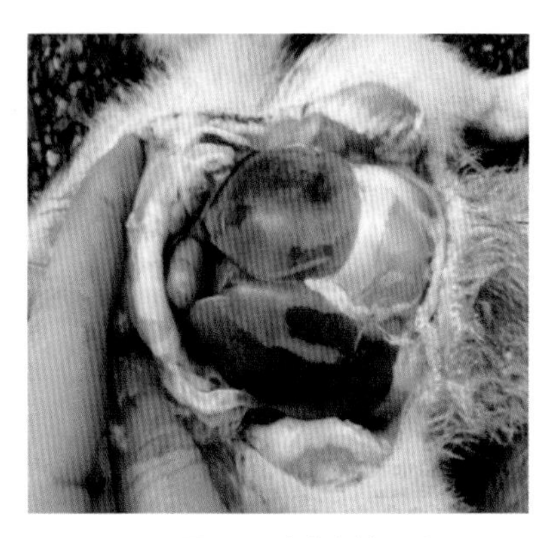

彩图 45　鸭病毒性肝炎
——肝脏肿大、充血

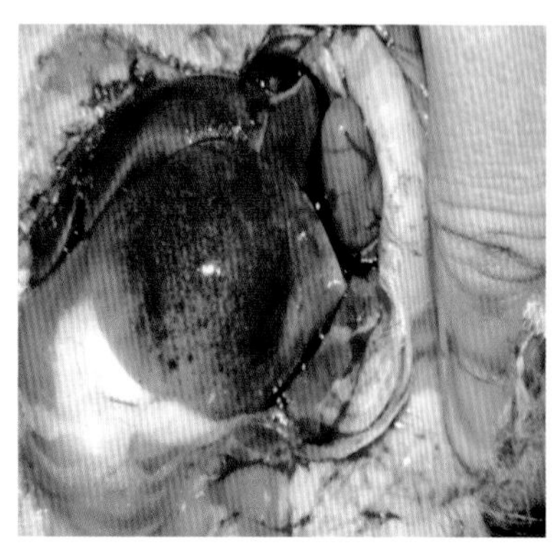

彩图 46　鸭病毒性肝炎
——肝脏出血与坏死

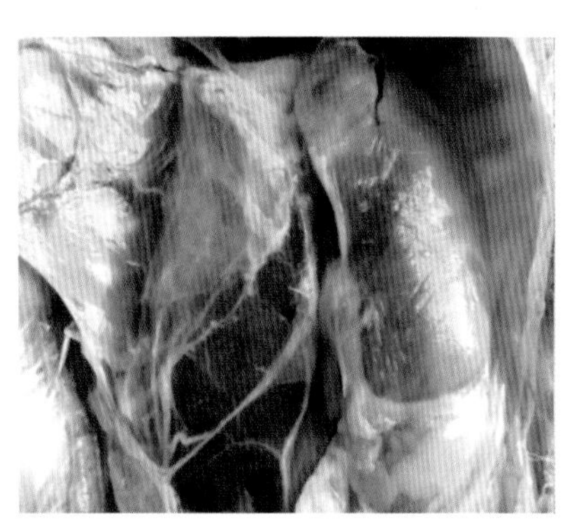

彩图 47　鸭传染性浆膜炎
——肝脏表面纤维素附着

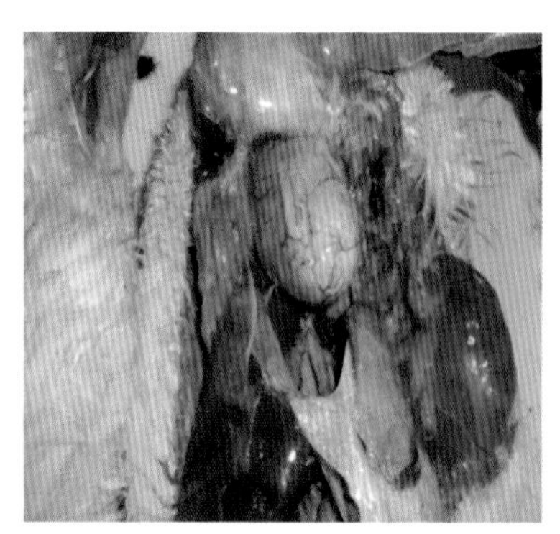

彩图 48　鸭传染性浆膜炎
——心外膜浑浊与粘连

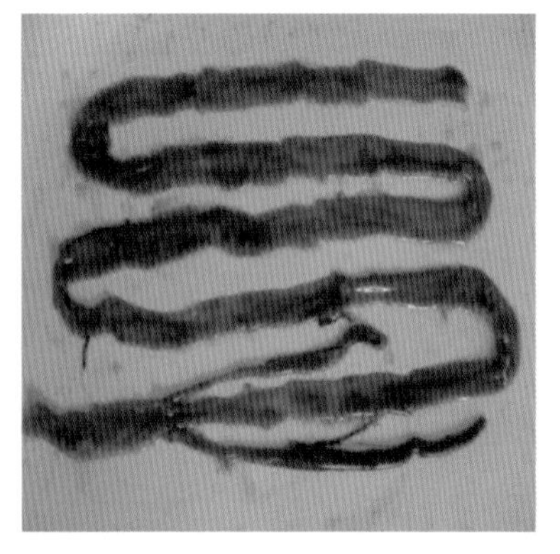

彩图 49　鹅大肠杆菌病
——肠道弥漫性出血

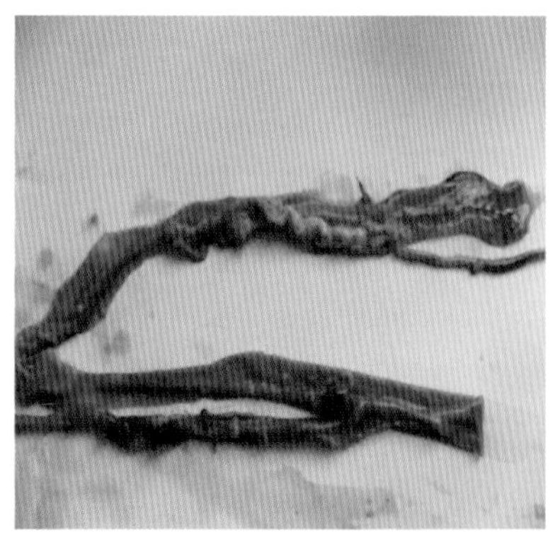

彩图 50　小鹅瘟
——肠道纤维素性渗出物

禽病

临床诊疗技术与典型医案

QINBING
LINCHUANG ZHENLIAO JISHU YU
DIANXING YI'AN

刘永明
赵四喜 ◎ 主编

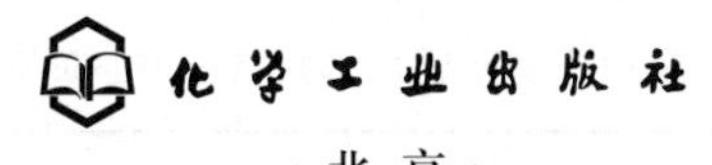

·北京·

本书收录了《中兽医医药杂志》1982—2011 年登载的有关禽病诊断、治疗的理法方药和典型医案。全书分为鸡病、鸭病、鹅病、其他禽病和附录，详细介绍了每种疾病的病因、主证、治则、方药、用法及典型医案等。本书内容翔实、重点明确、结构合理、通俗易懂，适用于广大基层兽医专业人员阅读，也可供农业院校兽医专业师生以及养禽场（户）技术人员阅读和参考。

图书在版编目（CIP）数据

禽病临床诊疗技术与典型医案/刘永明，赵四喜主编.
北京：化学工业出版社，2017.1
ISBN 978-7-122-28756-4

Ⅰ.①禽… Ⅱ.①刘…②赵… Ⅲ.①禽病-诊疗
②禽病-医案-汇编 Ⅳ.①S858.3

中国版本图书馆 CIP 数据核字（2016）第 310987 号

责任编辑：漆艳萍　　装帧设计：韩　飞
责任校对：宋　玮

出版发行：化学工业出版社（北京市东城区青年湖南街 13 号　邮政编码 100011）
印　　刷：北京永鑫印刷有限责任公司
装　　订：三河市宇新装订厂
880mm×1230mm　1/32　印张 10¼　彩插 4　字数 269 千字
2017 年 4 月北京第 1 版第 1 次印刷

购书咨询：010-64518888（传真：010-64519686）
售后服务：010-64518899
网　　址：http://www.cip.com.cn
凡购买本书，如有缺损质量问题，本社销售中心负责调换。

定　　价：49.80 元

编写人员名单

主　　编　刘永明　赵四喜

副 主 编　王华东　肖玉萍　郝东敏　王胜义

参编人员　荔　霞　赵朝忠　王　慧　崔东安

李锦宇　刘治岐　赵　博　王有娟

谢姗姗　白壁辉

前 言

禽（本书指鸡、鸭、鹅、鸽、鹌、火鸡、山鸡、鹌鹑、鸵鸟、鸸鹋、孔雀、凤冠鸠、鹧鸪等）的种类和品种众多，适宜养殖地区的禽各有不同，其中鸡、鸭、鹅的养殖已成为相关地区规模化程度比较高的支柱产业，越来越受到养禽场（户）的青睐和关注。由于禽的种类、品种、养殖规模、生产性能不同，疾病的性质、类型和症候既有区别，也有类同，加之禽病具有整体防控、群防群治的特点，临床诊治时需要仔细辨病及辨证，才能取得确实的治疗效果。

广大畜牧兽医科技工作者和基层从业人员在总结前人诊疗经验的基础上，对不同种类、不同症候禽病的诊断与治疗积累了丰富经验，比较系统地反映当代中兽医学发展水平和诊疗技术，丰富了禽病诊疗理论知识和内容。《中兽医医药杂志》自创刊以来发表了大量防治禽病的临床研究成果、诊疗经验和诊疗技术，有必要进行全面系统的总结。

《中兽医医药杂志》自 1982 年 10 月创刊至 2011 年 12 月，历时 30 年，共编辑、出版、发行 171 期。期间，多次出版《中兽医医药杂志》的专辑和论文集，刊登了大量有关禽病的临床研究、诊疗经验和技术。为便于临床兽医技术人员查阅、借鉴和运用，本书集科学性、知识性和实用性于一体，在总结前人研究成果的基础上，对《中兽医医药杂志》（含正刊与专辑）刊载的各种禽病，包括临床集锦、诊疗经验和部分实验研究等进行系统归纳、分类整理和编辑，重点突出了临床兽医工作者对禽病的诊疗技术和典型医案，详细介绍了每种疾病（症型）的理法方药，是广大兽医临床工作者的长期实践经验的总结，行之有效。

本书参考中西兽医对疾病的分类方法，按系统分为四章，共介绍了138种禽病诊疗技术。为方便查阅，在编辑中尽可能按文章所列病名、病性、治疗情况进行归纳、分类，并对同一篇文章中不同疾病用同一种诊疗方法（药），按不同疾病分解后进行归类，把相同或相关医案归纳在一起。用一个方药治疗两种或两种以上的疾病，则尽可能分别叙述。对不同方药治疗同一疾病，尽可能收录，但对同一方药治疗多个疾病，在整理过程中仅选择其中比较有代表性的医案。对同一疾病的发病病因，尽管病性各异，但引起发病的原因大相径庭，不再一一赘述，采取前面已表述的部分，后面如若相同，用简述的方式说明表述的位置，然后列出不同的部分，读者在阅读时可前后参阅、一并了解。

本书原则上按“病因”、“辨证施治或主证”、“治则”、“方药”、“防制”、“典型医案”分别叙述，重点收集“治法、方药”和“医案”等内容，省略“方解”和“体会”等内容，一般诊断内容仅作概括性阐述；传染病和寄生虫病部分增加“流行病学”、“病理变化”、“鉴别诊断”等现代科技成果和诊断技术；凡是仅有医案、没有病因或没有症状、或没有方药、或没有治疗和治愈情况的病案，本书在编辑中以临床医案集锦收录；“方药”中的药味及用量如与“医案”中的药味、剂量一致，原则上在“医案”中不再一一列出。对于临床上新出现的医案或临床验证医案较少者，大都是原作者临床诊疗智慧的结晶，在以往的中兽医书籍中亦无记载，为力求全面而真实地反映中兽医医药防治禽病的研究成果，在此一并列出，供大家临床验证。

为了便于读者查阅并对照原文，按照《中兽医医药杂志》出版的总期数和页码在本书中进行标注，分别用T、P表示，并列出原作者姓名，若有两个或两个以上作者，仅列出第一作者，在第一作者后用“等”表示，如总第56期第28页，标注为：作者姓名，T56，P28；引用文章出自专辑，标注为专辑出版的年份和页码，分别用ZJ+年号、P表示，如2005年专辑第56页，标注为：作者姓名，ZJ2005，P56。

本书在编写过程中得到《中兽医医药杂志》编辑部和中国农业

科学院兰州畜牧与兽药研究所中兽医研究室科研人员的大力支持，中国农业科学院科技创新工程“奶牛疾病”团队经费资助出版，在此一并致谢。

由于时间仓促，加之编者水平有限，书中难免有疏漏之处，敬请读者提出宝贵意见。

编者

二〇一六年十二月

目录

第一章　鸡病 / 1

第二章 鸭病 / 182

第四章　其他禽病 / 250

附录 / 280

第一章 鸡 病

第一节 内科病与外科病

中 暑

中暑是指鸡舍温度、湿度过大，导致鸡体温急剧升高，引起生理功能紊乱的一种病症。多发生于 6～9 月份，7～8 月份为发病的高峰期。

【病因】 由于炎热高温季节湿度过大，鸡饮水不足，鸡舍通风不良，饲养密度过大，致使鸡体温升高，新陈代谢旺盛，氧化不全的代谢产物大量蓄积，引起脱水和酸中毒而发生本病。

中兽医认为，夏季高温闷热，湿邪侵袭鸡体，卫气被郁，内热不得外泄，致使心肺热极，津枯血燥，积热成毒导致中暑。

【主证】 病鸡精神沉郁，两翅张开，食欲减退，张口喘气，呼吸急促，口渴，眩晕，不能站立，最后虚脱而死亡。

【病理变化】 心、肝、肺瘀血；脑或颅腔内出血；鸡冠呈紫

色；有的鸡肛门凸出，口中带血。

【治则】 清热解暑。

【方药】 1. 藿香、蒲公英、连翘、薄荷、板蓝根、竹叶各100g，雄黄、明矾各30g，苍术、龙胆草各50g，甘草20g(为100只鸡5d药量)，粉碎，拌料喂服或水煎取汁饮服，同时取马齿苋或西瓜皮，饲喂1～2kg/(只·d)；向鸡的头部、背部喷洒纯净的凉水，特别是在每天的14:00时以后，气温高时喷1次/(2～3)h。(李金香等，T101，P31)

2. 党参80g，麦冬、石斛、白芍、板蓝根、生地各40g，五味子、葛根各50g，藿香、茯苓各70g，甘草60g。共为细末，拌料喂服，3～4g/(只·d)，连用3～5d。

3. 茯神40g，牛膝10g，雄黄15g，薄荷、黄芩各30g，连翘、玄参各35g。共研细末，对水5kg，供100只鸡饮服。不能饮水者用注射器注入嗉囊内。(许其华，T157，P79)

【防制】 避免阳光直接射入鸡舍内，在鸡舍向阳面搭建凉棚，或在鸡舍周围种草植树，通过植物吸收热量降低空气温度。加强鸡舍通风，加大换气扇的功率或增加风扇数量，提高鸡舍内空气流动速度；提供充足的饮水；在饲料中添加0.3%碳酸氢钠，在饮水中添加0.04%维生素C、0.2%氯化铵，对提高鸡的抗高温能力和产蛋率有明显的作用。

【典型医案】 1. 1997年7月18日，天津市武清农场第1养鸡场第2车间的2800只250日龄依沙褐蛋鸡，由于高温导致鸡采食量减少，采食量由112g/(只·d)减少至98g/(只·d)，共济失调，转圈运动，视物不清，周身冰凉，针刺全身无痛感，口干。诊为中暑衰竭症。治疗：10%樟脑磺酸钠，1mL/(只·d)，饮服。取方药2，4g/(只·d)，用法同方药2。服药第3天，鸡的病情减轻，采食量由原来的98g/(只·d)增加至105g/(只·d)；死亡数由服药前的4～6只/d减少为2只/d。服药第4天，患病鸡症状消失，痊愈。

2. 1998年8月2日，天津市武清农场某客户承包鸡场的2418

只海塞克斯蛋鸡（开产 6 个月），由于高温（39℃）引发鸡神志不清，呈现阵发性发作，呼吸粗厉，口干舌燥。诊为中暑衰竭症。治疗：取方药 2，4g/(只·d)，用法同方药 2，连用 4d。第 6 天，患病鸡基本恢复正常。(郭立新，T108，P25)

感冒

感冒是指鸡因受风寒淫邪侵袭，引起以呼吸困难、鼻流浆性黏液为特征的一种病症。

【病因】 鸡体受寒冷刺激，如鸡舍忽冷忽热，风寒侵袭，或鸡舍门窗关闭不严，感受贼风，导致机体抵抗力减低而发病。

【主证】 病鸡羽毛蓬乱，呼吸困难，鼻流浆性黏液，眼流泪，严重者呼吸困难，张口呼吸、有鼻鼾声，缩头窝伏，食欲减退或绝食。产蛋鸡产蛋率明显下降，蛋壳色泽淡，沙皮蛋、软壳蛋增多。

【病理变化】 鼻腔气管及支气管内充满半透明状的渗出液，肺充血、瘀血，有的有坏死灶；十二指肠肿胀、出血，小肠段有出血性溃疡，盲肠扁桃体出血，直肠出血，有的腺胃出血；胆囊肿大；脾有不同程度的肿大；肝、肾轻度充血；腿肌瘀血、呈败血性病变。

【治则】 解表散寒，宣肺理气。

【方药】 荆芥、甘草、川芎、薄荷各 80g，防风、柴胡、枳壳、茯苓、桔梗、三仙各 50g(为 100 只鸡 3d 药量)。眼肿胀者加石决明、草决明、苦参、菊花、木贼。共为细末，拌料喂服，连用 3d。严重者连用 5d，即可治愈。共治愈 50000 余例，疗效确实。

【防制】 加强饲养管理，保持鸡舍温度稳定，鸡的饲养密度适宜，通风换气良好。(李金香等，T102，P37)

时行寒疫

时行寒疫是指鸡感受风寒淫邪引起的一种病症。多发生于寒冷和气候多变季节。

【病因】 鸡受风寒淫邪侵袭，肺卫受损，肺失肃降，水液积聚，或寒湿困阻中焦，脾失运化，水湿潴留渗于肠外，或寒凝经脉则气血阻滞而发病。

【主证】 病鸡头颈强直，恶寒蜷缩，羽毛蓬乱，肌表不温，尖叫乱窜，站立不稳，口腔有黏液，下痢。

【病理变化】 口腔、气管、支气管有多量稀薄的带气泡黏液；腹腔大量积液；肺脏、脾脏水肿，尤以脾脏为甚；食管、腺胃呈卡他性炎症；肠系膜呈紫色，小肠、盲肠内有水样液体和凝血条。

【治则】 辛温解表，祛寒胜湿。

【方药】 九味羌活汤。羌活、苍术、白芷、细辛、甘草各30g，防风60g，川芎70g，生地、黄芩各50g（为500只雏鸡药量）。水煎3次，取汁约8000mL，候温饮服，半日内饮完；不饮者灌服，10mL/次，3次/d。

【典型医案】 1991—1992年，包头市动物检疫站张某的1000只鸡，为预防时行寒疫，用九味羌活汤加白术60g、党参50g、陈皮30g，用法同上。遇天气有大风、下雨雪或降温时，即在饲料中拌喂九味羌活汤，连用3d，总药量不超过1.5g/只。两年来再未发病。（张连珠，T65，P25）

咳喘症

咳喘症是指鸡感受六淫之邪，引起以呼吸迫促、咳嗽、气喘为特征的一种病症。一年四季均可发生，以寒冷季节多发。

【病因】 鸡外感六淫之邪，内蕴犯肺，痰涎阻塞气管，阻遏肺机，以致清肃失司，气逆痰壅，呼吸不利而发生咳喘。

【辨证施治】 临床上分为风寒型、痰热型、暑湿型和虚型咳喘。

（1）风寒型　一般发病较急。病鸡呼吸迫促，咳嗽，鼻流清涕，眼内有泡沫性分泌物，气管内发出咕噜声，眼睑肿胀，畏寒挤堆。成年母鸡产蛋量减少，死亡率较低；雏鸡如并发其他疾病，死亡率高达 30%。

（2）痰热型　一般发病较急。病鸡咳嗽不爽，口干身热，咳声高而气急，喉有痰鸣音，伸颈张口呼吸，呼出气灼热，鼻流稠涕；有的咳嗽时常咳出带血的黏液，有的痰涎阻塞咽喉、气管而窒息死亡。蛋鸡产蛋率下降 10%～50%，排绿色稀粪，有的排石灰水样稀粪，饮水量增加。

（3）暑湿型　夏季暑湿之邪侵袭鸡体，引起鸡精神沉郁，张口呼气，有的出现咳嗽或有气管啰音，食欲减退，饮欲增加，嗉囊胀大，腹泻。肉鸡生长停滞，产蛋鸡产蛋量下降。

（4）虚型　多为久病不愈的鸡。病鸡虚弱无力，食欲不振，呼多吸少，动则喘气或有咳嗽，但声音低、短。

【病理变化】 喉头、气管黏膜肿胀、出血及糜烂，有的肺气囊或气管内有黄色或灰白色结节或斑块。

【治则】 清热解毒，润肺止咳。

【方药】 1. 金银花、麻黄、板蓝根、黄芩、大青叶、石膏、杏仁、制半夏、桔梗、桑白皮、瓜蒌、射干、山豆根、天花粉、苏子、甘草各等量（本方药适用于痰热型咳喘）。风寒型咳喘加桂枝、荆芥、防风；暑湿型咳喘加藿香、苍术、厚朴；虚型咳喘加黄芪、党参。各药等量混匀，粉碎，按全群鸡总重量的 2g/(kg·d) 用量，混合，用纱布包好放在锅内煎煮，水沸后 10min 取出药液，加水再煎煮 1 次，将 2 次药液混合，候凉，供鸡群饮服，药渣拌料，连用 3d。共治疗 1012 群 184.6 万只，平均治愈率为 96.4%。

2. 金刚烷胺(原粉) 2g，用少量水溶解后拌入 20kg 饲料中，供鸡自由采食，连用 3～5d。中药取射干麻黄汤：射干、麻黄、干姜、半夏、苏子、杏仁各 50g，细辛 15g，五味子、甘草各 30g（为 100 只成年鸡药量）。水煎，早、晚各煎 1 次，取汁，候温饮服，1 剂/d。

3. 鸡苦胆拌葶苈子，阴干，喂服，10～30 粒/(次·只)，2～3 次/d，连服 3d。(许光玉等，T60，P26)

4. 六神丸2～6粒/(次·只)，喂服，2～3次/d，连服3d。(许光玉等，T60，P26)

5. 栀子、黄芩、葶苈子、知母各20g，苏子、川贝母、半夏各15g，桔梗25g，炙甘草10g。水煎取汁，按日粮的10%拌料喂服，连用3d；病鸡滴服，3～5mL/(次·只)，2～3次/d，连用3d。

6. 鸡宁Ⅱ号。黄芪、淫羊藿各2份，苏子、半夏、桔梗、桑白皮、连翘、金银花、黄芩、板蓝根、青黛、麻黄、杏仁、荆芥、防风、射干、山豆根、白芷、辛夷各1份，混匀，粉碎，过60目筛，按日粮的3%拌料喂服，也可每日按体重2%取药，水煎30min，取汁，灌服或加入水中自由饮服，药渣可拌料喂服。

【防制】 加强鸡舍通风，保持鸡舍温度、湿度相对稳定，鸡的饲养密度不宜过大。

【典型医案】 1. 1996年3月18日，阳谷县安乐镇范庄村某养鸡户的4000只32日龄AA肉鸡发病邀诊。主诉：该鸡群已发病4d，约有40%的鸡起初流鼻涕、打喷嚏、眼内有泡沫性分泌物，随后全群鸡出现咳嗽，呼吸困难、发出呼噜声，采食量明显减少，精神较差，不愿走动。剖检病死鸡可见鼻腔、气管内有黏液，气囊明显增厚，眼肿胀，可挤出灰黄色凝块。根据临床症状和病理变化，诊为风寒型咳喘症。治疗：取方药1加桂枝、荆芥、防风，用法同方药1，1剂/d，连用3剂，痊愈。

2. 1999年5月20日，阳谷县定水镇乡薛庄种鸡场的5000套280日龄罗曼父母代鸡发病，于26日就诊。主诉：5d前发现鸡群有5%左右的鸡出现眼肿胀、流泪，继之呼吸困难，咳嗽并咳出带血液的痰液悬挂于鸡笼上，采食量与产蛋量均减少。3d后鸡群中约10%的鸡发病，平均每天有12只鸡因窒息突然死亡。曾先后使用恩诺沙星、呼喉霸等药物治疗4d效果不明显。剖检4只病死亡鸡，发现喉头和气管黏膜肿胀、出血、糜烂，喉头亦有黄白色易剥离的堵塞物，气管内充满混有血液的黏液。根据临床症状和病理变化，诊为痰热型咳喘。治疗：取方药1（基础方），水煎2次，取汁混合，候温饮服，连用3d。患病鸡精神明显好转，死亡停止，

仅个别鸡有咳喘症状（只有晚上能听到）。第 4 天，再用药 1 剂，鸡群痊愈。（穆春雷等，T106，P29）

3. 广昌县头陂镇杨某的 5000 只 60 日龄三黄鸡，有少部分鸡突然发病邀诊。检查：病鸡伸颈张口呼吸，有啰音，鼻流黏液。剖检病死鸡可见喉头、气管黏膜肿胀，有少量炎性分泌物，黏膜有微小出血点。3～4d 后迅速播及全群，根据临床症状和病理变化，诊为哮喘症。治疗：取金刚烷胺 15g，溶解后拌入 80kg 饲料中供鸡自由采食，连用 5d。取射干麻黄汤(见方药 2)，1 剂/d，早、晚各煎煮 1 次，取汁饮服，连用 5d。同时在每千克饮水中加入速补-18 2g，供鸡饮服。1 周后，患病鸡痊愈。

4. 广昌县头陂镇柯树村李某的 3500 只 40 日龄崇仁麻鸡突然发病邀诊。检查：病鸡咳嗽，打喷嚏，张口伸颈喘息，咳出黏液带血丝，有少数鸡流泪。剖检病死鸡可见喉头及气管、咽喉有多量浓稠的黏液，喉头水肿，剪开气管后，可视黏膜有出血点，有的黏膜坏死、呈糜烂灶。根据临床症状和病理变化，诊为哮喘症。治疗：取金刚烷胺 30g，溶于少量水中，溶解后拌入 120kg 饲料中，供鸡自由采食；同时取方药 2 中药，水煎取汁，候温饮服；用复合维生素作辅助治疗。月余后追访，病鸡痊愈，且未复发。（李敬云，T114，P24）

5. 邓州市城郊乡刘庄村刘某的 10 余只母鸡，有 2 只鸡突然咳嗽，气喘，口鼻流黏液，采食量减少。1 只鸡产软壳蛋。治疗：取方药 5，用法相同。服药后，病鸡痊愈，健康鸡未再发病。（许光玉等，T60，P26）

6. 1998 年 4 月 21 日，隆德县城郊乡新华村的 37 群共计 780 只 30～42 日龄雏鸡出现严重的气喘、咳嗽、流鼻涕等症状，有的鸡面部肿胀，死亡 32 只。检查：病鸡精神不振，相互拥挤。剖检病死鸡可见喉、气管、支气管内有浆液性渗出物。治疗：在日粮中添加 4%的鸡宁Ⅱ号喂服；对病情严重的 120 只鸡，每日取鸡宁Ⅱ号 500g，加水 4000mL，煎煮 30min，取汁 1000mL，滴服，连用 2d。共治愈 648 例，好转 32 例，死亡 68 例，治愈率为 86.6%，

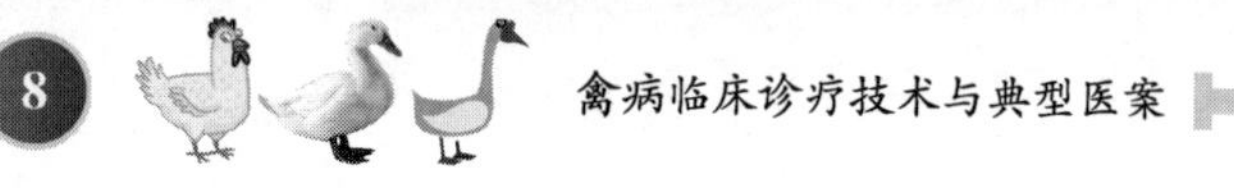

总有效率为 90.9%。(李永刚等，T117，P32)

脂肪肝出血综合征

脂肪肝出血综合征是指鸡发生以鸡冠和肉垂苍白、腹腔及皮下大量脂肪蓄积、肝被膜下有血凝块为特征的一种病症。多发生于体况较好的鸡和产蛋母鸡，公鸡很少发生。

【病因】 本病与饲喂的饲料有密切关系。饲料中蛋白质含量过高，代谢紊乱，脂肪过量沉积；或饲料中胆碱、肌醇、维生素 E 和维生素 B_{12} 不足，肝脏内的脂肪积存量过高；鸡饲料中蛋白质含量偏低或必需氨基酸不足，相对能量过高；饲料中主要使用粉末状钙质添加剂，而钙含量过低，母鸡需要大量的钙来制造蛋壳而摄入过多的饲料；饮用水水质较硬、缺硒或微量元素缺乏、鸡缺乏运动、天气炎热和不良应激等亦可诱发本病。

中兽医认为，肝气郁结，胆气郁遏，疏泄失职，气机不畅，则清净无权，滞浊难化，久则生成体肥，郁久而化火，热邪侵肝，则引起肝出血等。

【主证】 鸡群突然发病，病鸡腹部下垂，喜卧，鸡冠、肉髯退色乃至苍白。严重者嗜睡，瘫痪，体温升高，鸡冠、肉髯及爪变冷，在数小时内死亡。

【病理变化】 皮下、腹腔及肠系膜均有多量的脂肪沉积；肝脏肿大、边缘钝圆、呈油灰色、质脆易碎，用力切时在刀表面有脂肪滴附着，肝表面有出血点，肝被膜下或腹腔内有大的血凝块；重度脂肪变性；心肌变性、呈黄白色；肾略为黄色；脾、心脏和肠道有程度不同的小出血点；冠髯苍白或呈黄白色；肌肉苍白、贫血。

【治则】 清肝胆实火，泻湿热。

【方药】 龙胆泻肝汤。龙胆草 20g，赤芍、丹皮、栀子、甘草、黄芩各 10g，金银花、连翘、生地、当归、柴胡各 15g，车前子、泽泻、木通、大黄、黄柏各 12g。混合，粉碎过 60 目筛，1g/(d·只)，水煎 30min，取汁饮服，1 次/d，药渣拌料，连用

3d。每隔20d按治疗量的1/2用药，连用3d，可预防本病。

【防制】 防止产前母鸡积蓄过量的脂肪，日粮中保持能量与蛋白质的平衡，尽可能不用碎粒料或颗粒料喂蛋鸡。禁止饲喂霉败饲料。适当提高饲料中钙的含量或在饮水中添加乳酸钙，在饲料中添加鱼粉、血粉或苜蓿草粉、酵母粉，增加饲料中的蛋氨酸、胆碱、维生素B_{12}等，可有效控制本征。夏季注意降温，避免鸡群受惊，减少应激。饮水以自来水为宜。

【典型医案】 2005年9月10日，灵寿县狗台村徐某的1500只240日龄蛋鸡突然死亡邀诊。检查：病鸡鸡冠苍白，腹部下垂，大群鸡精神良好。剖检病死鸡可见肌肉苍白，肝破裂，体腔充满大的血凝块，肾脏周围、肠系膜、肌胃周围均沉积大量脂肪，其他脏器未见异常。根据临床症状和病理变化，诊为脂肪肝出血综合征。治疗：取上方药，用法相同，连用3d。病鸡再未出现死亡。（闫会，T138，P70）

嗉囊阻塞

嗉囊阻塞是指鸡嗉囊内的食物不能向胃及肠管转移而积滞于嗉囊内的一种病症。多发生于雏鸡。

【病因】 由于饲料配制不当，长期饲喂粗硬多纤维饲料或吞食羽毛等异物积于嗉囊，或采食了发霉变质的饲料而发病。

【辨证施治】 一般分为食胀（硬嗉病）型和液胀（软嗉病）型。

（1）食胀型　病鸡羽毛松乱，呆立，少食或不食，嗉囊突出、发硬，触摸有坚实感。

（2）液胀型　病鸡精神不振，呆立不动，嗉囊膨大、柔软、触之有波动感、有稀薄内容物，混有气体。自下而上挤压时，有部分内容物从口中逸出，多数鸡不久便膨胀如旧。

【治则】 排除阻塞积食，健胃消食。

【方药】 1. 建曲0.5～1.0g，加开水溶解，候温灌服。本方药适宜于食胀型嗉囊阻塞。（李生，T51，P37）

2. 明矾 1～2g，加水灌服。本方药适宜于液胀型嗉囊阻塞。（李生，T51，P37）

3. 消坚化结汤。昆布、海藻、牡蛎各 10g，山楂、陈皮各 20g，鸡内金、厚朴各 6g，金银花 5g，甘遂 4g（为 20 只鸡药量）。水煎取浓汁，用注射器或滴管吸取药液滴服，雏鸡 3～4 滴/次，成年鸡 7～10 滴/次，同时用手轻揉嗉囊。

4. 四消丸（由牵牛子、香附、大黄、五灵脂组成），喂服，2～5粒/次，3 次/d，嗉囊变软、变小后停药，连用 2 次。本方药适用于食胀型嗉囊阻塞。（许光玉等，T60，P26）

5. 巴豆仁 3g（去油），三棱、莪术各 12g，陈皮 15g。共为细末，加百草霜 10g，淀粉（炒黄）适量，制成如梧桐子大药丸，喂服，2～4 粒/次，2 次/d。本方药适用于食胀型嗉囊阻塞。

6. ①嗉囊硬实，长期不松软，可切开嗉囊排除内容物，再分层缝合嗉囊和皮肤。②挤出嗉囊内部分内容物，用煤油 1mL、白酒 2mL、水 3mL，混合，滴服。③挤出嗉囊内部分内容物后，取木香槟榔丸（市售中成药），喂服，2～4 粒/只，2 次/d，直至嗉囊膨胀消散为止。④嗉囊内容物挤出后膨胀仍反复多次出现，顽固不消，用马尾毛（消毒）穿透嗉囊，坠带小重物（如顶针、小铜钱等），待气胀不再复发时取下。

7. 右手将鸡倒提，使其头向下，左手稍用力挤压嗉囊，将嗉囊内的黏液挤净后，用 0.5%温盐水 50mL 灌服，间隔 2～3min 再挤净，喂服大蒜（切成米粒大）4～12 粒/kg，隔 6～8h 重复 1 次，连用 2 次。本方药适用于液胀型嗉囊阻塞。（于俊开，T105，P21）

【典型医案】 1. 连城县刘加村刘某的 15 只雏鸡，因晚上饲喂过多的饲料，第 2 天发生硬嗉病，畜主自用酵母粉、土霉素治疗罔效，死亡 5 只。治疗：消坚化结汤，1 剂，用法同方药 3。服药后，剩余病鸡全部康复。（刘兴祥，T61，P48）

2. 邓州市城区塔院郑某的 1 只母鸡嗉囊肿大、发硬邀诊。治疗：取方药 5，6 粒，用法相同，服药 2 次即愈。城区南桥店村丁某的 1 只母鸡不吃食，嗉囊胀大、发软。治疗：取方药 6③，用法

相同，2 次治愈。（许光玉等，T60，P26）

腺胃炎

腺胃炎是由一种或数种传染性因素和非传染性因素引起的鸡以消瘦、腺胃肿大如乳白色球、黏膜溃疡、脱落、肌胃糜烂等为特征的一种病症。

【流行病学】 本病是由一种或数种传染性因素和非传染性因素引起。霉菌、马立克、传染性贫血、白血病、网状内皮增生等引起免疫抑制，使幽门螺旋杆菌变成致病菌，导致鸡胃肠道功能紊乱而发病；鸡痘继发腺胃炎；不明原因(如传染性支气管炎、传染性喉气管炎、各种细菌、维生素 A 缺乏等）的眼炎导致腺胃炎；霉菌毒素可造成腺胃肿大、上皮黏膜坏死；日粮中含有过高的生物胺（组胺、尸胺、组氨酸等）侵害鸡体导致腺胃炎。本病易和大肠杆菌、支原体、真菌（白色念珠菌)、球虫、肠炎并发，单纯感染死亡率低，并发新城疫、流感等传染病则死亡率明显增高。饲料营养不平衡、蛋白质低、维生素缺乏、饲料霉变等均可诱发。通过空气飞沫传播或经被污染的饲料、饮水、用具和排泄物传播，与感染鸡同舍的易感鸡通常在 48h 内出现症状，不分品种、日龄均可发病。15～50 日龄鸡多发。一年四季均可发生，以秋、冬季节最为严重，多散发。

【主证】 初期，病鸡食欲、精神无明显异常，仅表现生长缓慢，打盹，羽毛蓬乱；感染后 10～15d 出现食欲减退，逐渐消瘦，体重仅为正常鸡的 1/3 或 1/2，发病鸡体重差异很大。后期，病鸡缩头，两翅下垂，排白色粪，部分病鸡流泪，眼肿胀。

【病理变化】 全身消瘦或发育不良，肌肉苍白、松软，有的眼部肿胀，眼周围形成近似圆形的肿胀区，眼角有黏液性、脓性物，有的在眶下窦有干酪样物；口腔、咽喉和气管黏膜上有黄白色干酪样的伪膜，气味恶臭，不易剥脱；腺胃显著肿大，外观呈球型、半透明状（彩图 1），腺胃乳头水肿、充血、出血，或乳头凹陷消失，周边出血、坏死或溃疡，腺胃乳头有脓性分泌物（彩图 2）；肌胃角质层增厚、易开裂，角质层靠近腺胃处有溃疡线，两侧或中间部分出现条纹或溃疡灶；肠道尤其是十二指肠有卡他性炎性病变，肠内充满液体（彩图 3）；肾肿大、有尿酸盐沉积。

【治则】 清热利湿，健胃理气。

【方药】 苍术 60g，厚朴、陈皮各 45g，甘草、生姜各 20g，大枣 90g（为 100kg 鸡药量）。混合粉碎，水煎取汁，候温饮服，药渣拌料，1 次/d，连用 5～7d。克拉霉素（幽门螺旋杆菌最敏感的抗生素）5mg/kg，奥美拉唑 0.4mg/kg，饮服，1 次/d，连用 7d。

【典型医案】 宁都县杨某的 5000 只 40 日龄三黄鸡发病邀诊。检查：病鸡生长缓慢，羽毛松乱，10 多天后食欲下降，逐渐消瘦，体重仅为同批正常鸡的 1/3 或 1/2，有部分鸡流泪，眼肿胀，重病鸡缩头，两翅下垂，排白色粪，最后衰竭死亡，曾用大量抗生素、抗病毒药物治疗无效。剖检病鸡可见腺胃显著肿大，腺胃乳头水肿、充血、乳头凹陷消失，腺胃乳头可刮出脓性分泌物；肌胃角质层增厚、开裂、容易剥离，肌胃角质层靠近腺胃侧面有溃疡线；十二指肠有卡他性炎性病变。诊为腺胃炎。治疗：克拉霉素 12.5mg，奥美拉唑 1g，饮水，2h 内饮完，连用 5d；苍术 1500g，厚朴、陈皮各 1125g，甘草、生姜各 500g，大枣 2250g。混合，水煎取汁，候温饮服，1 次/d，连用 5d。用药第 2 天，病鸡采食量增加，精神状态明显好转。用药 5d 全部治愈。（李敬云，T170，P59）

脾胃湿热证

脾胃湿热证是指湿热蕴结脾胃，引起鸡脾失健运、胃失纳降的一种病症。

【病因】 暑热炎天，湿气过重，给鸡饲喂腐败变质饲料，或突然更换饲料或饮污浊水等，致使湿热内结，伤于胃肠，传导运化失调，水谷并走大肠而泻泄；湿热内蕴，有热则腐，损伤血络，故粪

中带血而腥臭；湿热蕴脾不解，湿得热熏蒸，热得湿而愈炽盛，胆液湿热所郁，则不循常道疏泄，溢于肠道，故粪呈绿色或黄色；暑热炎天，体内积热，热积心肺，耗津成痰，痰气上逆，神志迷蒙不能自主，故精神沉郁甚者昏厥死亡；若痰火上扰心神，神不守舍，故现惊厥强直，直至昏迷死亡。

【辨证施治】 本证分为沉郁型、狂暴型和球虫病型。

（1）沉郁型 主要发生于10周龄以上的产蛋鸡，尤以成年鸡为甚。病鸡精神沉郁，排灰褐色或黄绿色或白色稀粪，采食量与饮水量减少，产蛋率下降，蛋重量减轻。

（2）狂暴型 多见于夏季，主要发生于15～30日龄肉鸡。病鸡高度兴奋，乱窜尖叫，突发瘫痪，泻黄色、红色、绿色粪，夜间软颈，死亡率高。耐过鸡生长迟滞，容易染病。病鸡在1～5d内大量死亡，常单舍发病。

（3）球虫病型 多发生于7～8月份，鸡舍潮湿闷热或天气炎热多雨为发病高峰季节，各种日龄的鸡均可发生。病鸡缩颈呆立，不食或少食，排带血稀粪，有时完全为血粪，鸡冠苍白，有的站立不稳，最后昏迷、抽搐死亡；有时转为慢性，粪时稀时好，日渐消瘦，成年鸡产蛋量显著减少。

【治则】 清热解暑，健脾利湿。

【方药】 白头翁、苦参、藿香、黄柏、黄芩、秦皮各等量。狂暴型胃肠湿热证加茯神、远志；球虫型胃肠湿热证加常山。诸药粉碎、混匀，按全群鸡总重量推算，2g/kg。用时，将混合好的药用纱布包好煎煮10min后滤出药液，加水再煎煮1次，2次药液混合，待冷却后供鸡群饮服，药渣拌料，一般连用3～5d。本方药适用于沉郁型胃肠湿热证。

【防制】 加强饲养管理，改善鸡舍卫生条件，搞好带鸡消毒，加强通风，降低鸡舍内湿度与密度，减少应激因素，提高鸡体抵抗力。

【典型医案】 1. 1998年7月23日，阳谷县闫楼乡周计村某商品鸡场的4000只185日龄罗曼商品蛋鸡发病邀诊。主诉：大雨过后持续高温，鸡群有 50 余只鸡精神沉郁，排灰褐色稀粪，有的为黄绿色，个别鸡排白色稀粪，采食量与饮水量均减少，产蛋率从 95%下降至 89%，蛋重量减轻，近日死亡 20 余只/d。剖检病死鸡可见腹腔气味恶臭，小肠（特别是中后段）肿大、呈黑绿色或土褐色，肠浆膜充血；肠内充满大量土灰色或灰褐色污秽液体，有的混有坏死脱落的黏膜；黏膜充血或有出血点，表面不平整，有坏死伪膜。根据临床症状和病理变化，诊为沉郁型胃肠湿热证。治疗：取上方药，用法相同，1 剂/d，连用 3d，鸡群全部恢复正常。

2. 2000 年 8 月 14 日，阳谷县西湖乡月堤村某养鸡户的 2000 只 24 日龄 AA 肉鸡发病邀诊。主诉：昨天鸡群出现多次尖叫，鸡乱窜，并且出现瘫痪，泻黄色、红色、绿色稀粪，夜间有的鸡出现软颈，已死亡 22 只。剖检病死鸡可见肠道袋状积液；肝脏出血，个别鸡出现肝坏死；胸腺与法氏囊高度萎缩；有的鸡出现肾脏尿酸盐沉积。根据临床症状和病理变化，诊为狂暴型胃肠湿热证。治疗：取上方药加茯神、远志，用法相同，1 剂/d，连用 3d，痊愈。

3. 2000 年 8 月 6 日，阳谷县杨庄乡徐良府村某养鸡户的 2800 只 28 日龄 AA 肉鸡发病邀诊。主诉：鸡群发病已 1 周多，主要表现缩颈呆立，采食量少，有约 10%鸡出现血粪，鸡冠发白，平均死亡 16 只/d，先后用球痢灵、盐霉素、地克珠利等药物治疗，效果不明显。剖检病死鸡可见盲肠黏膜出血、坏死，肠内有干酪样物，内含坏死脱落的黏膜，有的空肠扩张，肠浆膜充血并密布出血点，肠壁变厚，黏膜显著充血、出血及坏死；有的出现小肠肠腔高度扩张，肠壁色绿，肠内容物为絮状。治疗：取上方药加常山，用法相同，1 剂/d，连用 5d，痊愈。（穆春雷等，T111，P29）

霉菌性胃肠炎

霉菌性胃肠炎是指鸡感染霉菌引起胃肠道发炎的一种病症。雏鸡对霉菌最易感，常呈急性暴发；4～12 日龄是发病高峰期。

【病因】 多因育雏室被霉菌污染而发病。

【主证】 病鸡精神不振，食欲减退，懒动，常缩颈呆立，集聚成堆，畏寒，羽毛粗乱、无光泽，排水样稀粪或褐色稀粪。

【治则】 清热解毒，温中散寒。

【方药】 理中汤加味。熟附片、干姜、党参、白头翁各 90g，甘草、罂粟壳 30g，炒白术、黄连各 60g。粉成细末，拌料喂服，4g/(kg·只)，连用 3d。

【防制】 加强育雏室的消毒和管理。

【典型医案】 1991 年 4 月 22 日，密山市裴德镇某养鸡户从黑龙江八一农垦大学实习牧场的鸡场购进 450 只海赛克斯蛋用雏鸡，饲养于一间 1.5m^2 房间的土炕上，室温 28～30℃，至 21 日龄时雏鸡开始发病，精神不振，腹泻，畜主用氯霉素粉拌料连喂 3d 效果不明显，4d 共死亡 17 只。检查：病鸡精神不振，食欲减退，懒动，常缩颈呆立，集聚成堆，畏寒，羽毛粗乱、无光泽，排水样稀粪或褐色稀粪。剖检病死鸡可见口腔、咽喉、食管黏膜上有白色或黄白色假膜；腺胃表面呈卡他性炎症；肌胃黏膜有轻微溃烂灶；肠内有明显的卡他性炎症，粪稀薄、呈黄色或褐色。其他脏器无明显病变。取胃肠病变部位的黏液，制成压滴标本镜检，可见少许透明的菌丝和圆形或卵圆形酵母样孢子。诊为霉菌性胃肠炎。治疗：取制霉菌素 100 万单位，拌入 1kg 饲料中，喂服，连用 5d，效果不显著，改用理中汤加味，用法相同，连用 3d。病鸡精神、食欲、粪明显好转；继续用药 2d，粪检未发现霉菌。（林春驿等，T62，P30）

腹　泻

腹泻是指鸡因脾胃受损，引起以排粪次数增加、粪稀薄、水分增多或内含未消化食物或脓血、黏液为特征的一种病症。

【病因】 由于饲喂失调，管理不善或突然变换饲料，使鸡脾胃受损虚弱，运化失司，水谷不能腐熟而发病；外感寒湿，传于脾胃，加之内伤阴冷，直中胃肠，使运化无力，寒湿下注遂成泄泻；

鸡舍地面、墙壁潮湿，加之正处暑月炎天，鸡舍空间偏小，鸡群密度较大而发病；或继发于其他疾病。

【主证】 病鸡精神食欲尚可，整个鸡群腹泻，粪呈水样或糊状、无恶臭气味、无明显病变，粪渣稍粗，肛周粘污。

【治则】 补气健脾，和胃渗湿。

【方药】 1. 参苓白术散加味。党参、炙黄芪、白术、茯苓、山药各30g，白扁豆40g，莲肉、桔梗、薏苡仁、砂仁、厚朴、乌梅、诃子各20g，炙甘草15g（为100只成年鸡药量）。水煎取汁，候温饮服或拌料喂服。

2. 健脾散。党参、白术、陈皮、麦芽、山楂、枳实各等份。共研细末，大鸡3g/(只·d)，分早、晚2次拌料喂服。大群鸡用药时，按鸡的只数将药拌入饲料中。对不吃食的病鸡，在药末中掺入少量面粉，制成药丸填喂，同时加喂维生素$B_1$0.5片。共治疗102例，除8只后期病鸡死亡外，其余均治愈。其中，用药2次治愈31只，4次治愈43只，6次治愈20只。（刘文亮，T10，P28）

3. 将巴豆捻成小粒，喂服，1次/d，连用2～3次。症状较重者服5～7次。生巴豆用量：雏鸡（0.10～0.15kg）0.3g/d；育成鸡（0.50～0.75kg）0.6g/d；成年鸡（1.25～1.50kg）1g/d。共治疗205例，治愈185例，治愈率为90.2%。本方药对传染性或寄生虫性的腹泻无效。（李发庭，T11，P57）

4. 禽服安。白术、厚朴、苍术、川芎、白芍、肉桂、干姜、柴胡、水牛角、贯众、黄芩、龙胆草，炭末适量。将上药制成粉剂、片剂或煎剂（主要用粉剂）。对不食病鸡可灌服，其他鸡拌料喂服；雏鸡0.5～1.0g/次，成年鸡1.0～1.5g/次，首次量加倍，3次/d，依据病情可连服2～5d。共治疗398例，治愈365例，治愈率91.7%。预防3000余只，效果良好。

5. 止痢促长散。连翘、蒲公英、白头翁、苦参、龙胆草、白芷、苍术、柴胡、陈皮各1份，黄芪、淫羊藿各1.5份。诸药按比例配合，粉碎成极细末，1～2g/kg，病重鸡3g/kg，预防量减半。将上药散剂置锅内，加5～10倍量水，煎后连同药渣喂服，病重不食者可灌服（滴服）或拌料、制丸投服，一般 1 次/d，病重者 2 次/d。共治疗 1565 例，治愈 1458 例，治愈率 93.2%，总有效率为 93.3%。

6. 党参、大枣各 90g，苍术 100g，茯苓、厚朴、陈皮各 80g，甘草、生姜各 40g（为 100 只鸡 1 次药量）。粉碎，拌料喂服。同时，取复合维生素 B、维生素 AD_3、干酵母、维生素 B_{12}、益生素，按正常剂量拌料喂服。本方药适用于饲料样腹泻。

7. 猪苓、茯苓、干姜、白术各 80g，泽泻 90g，肉桂 70g，乌梅、诃子各 40g（为 100 只鸡 1 次药量）。水煎取汁，候温饮服或粉碎拌料喂服。为缓解肠道平滑肌痉挛，口服适量阿托品，辅以复合维生素 B_1、维生素 AD_3 等，以促进消化功能的恢复。本方药适用于水样腹泻。

8. 白头翁 90g，黄柏、黄连、秦皮各 45g，金银花 50g，连翘、生地、天花粉各 30g（为 100 只鸡 1 次药量）。水煎取汁，候温饮服或拌料喂服。同时，取吡哌酸 100mg/kg，拌料喂服。本方药适用于湿热泄泻。

【典型医案】 1. 2001 年 2 月，庄浪县万泉乡某养鸡户的 500 只罗曼蛋鸡，于 120 日龄时（时值 6 月份）开始腹泻，曾用多种抗生素饮水和拌料喂服治疗 4d，病状如故邀诊。检查：新建鸡舍潮湿，鸡群密度较大，粪池粪便久未清除、呈稀糊状；整个鸡群腹泻，不时有稀粪水排出；询问户主依据程序进行疫病预防，饲料、水质均正常。鸡群整齐度、采食、饮水、精神及发育状况均尚可。治疗：取方药 1，按 500 只成年鸡药量水煎取汁，连煎 3 次，将药液加入 1d 的饮水中，任鸡自由饮服，给药前停止饮水 2～3h。次日，已有近 50%鸡粪成形。继用药 1 剂，第 3 天痊愈。（刘德贤，T121，P29）

2. 1983 年 6 月初，广安县畜牧局高某的 10 只雏鸡腹泻邀诊。检查：病鸡闭眼垂翅，嗉囊积食，先排白绿色后带红色的稀粪。曾用痢特灵、土霉素治疗无效，死亡 6 只，剩下的 4 只鸡用禽服安（见方药 4），1g/（只・次），3 次/d，连用 2d。共治愈 3 例，死亡

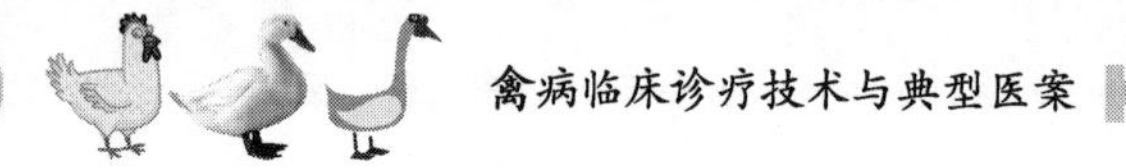

1例。

3. 1983年7月18日，广安县广福乡浦某的260余只3周龄鸡（柯白鸡200只，来航鸡60多只）腹泻，死亡3~4只/d，最多时死亡7只/d，曾用痢特灵、乳酶生、土霉素等药物治疗未见好转。又用痢特灵、维生素B_1、藿香正气水、青霉素治疗仍不见好转，至7月24日，病鸡增加，血粪增多，病情严重邀诊。治疗：取禽服安（见方药4），病重者服粉剂，3次/d，其他鸡用药液拌料加炭末，用法同方药4。7月26日，病鸡粪基本正常，大群鸡未见再发病，开始采食，死亡3只。又服药1剂。7月28日全群鸡痊愈。（李承兰，T16，P39）

4. 1995年3月15日，如皋市石庄镇闸口村11组养鸡户刘某购进600只罗曼蛋鸡苗，按常规接种过各种疫（菌）苗。5月10日鸡群发病，死亡20只，5月中旬曾用鸡新城疫-鸡法氏囊卵黄抗体治疗，1mL/只。5月26日邀诊时存活560只，其中80%鸡精神呆滞，嗜睡，腹泻，消瘦；部分鸡停食，呆立一隅。剖检2只重症濒死鸡可见腺胃扩张，胃壁增厚，乳头严重出血、坏死；盲肠扁桃体出血。治疗：取方药5散剂700g，配合独活寄生汤加减2剂，水煎后连渣拌料喂服，痊愈。（李宏春等，T78，P23）

5. 临沂市河东区某养鸡户的3000只肉鸡，于17日龄时发病，20日龄时邀诊，其间死亡淘汰病鸡50余只。剖检4只死鸡，除1只为大肠杆菌带菌弱鸡外，其余3只均可见嗉囊内有多量饲料，腺胃内充盈未消化的黄色饲料，挤压腺胃乳头可见白色分泌物，十二指肠内充满多量灰白色水样酸臭液体，后段肠管直至泄殖腔各段肠管肠壁菲薄，充满未消化的饲料，个别病鸡肝肿大、色淡。治疗：取方药6，用法相同。服药3d，大群病鸡症状消失，饲料消化良好。共治愈2930例，有效率达97%以上。

6. 文登市河东区某养鸡户的2000只25日龄肉鸡发病邀诊。主诉：鸡群已发病3d，死亡近60只，死亡率还有上升的趋势。检查：病鸡泻粪如水，采食量下降，精神不振，扎堆，加温后病鸡群向热源靠拢，鸡舍内垫料潮湿，重病鸡已至濒死期。剖检病死鸡可

见腺胃内有多量水样黏液，多数肠管内充满灰白色黏液，后段肠管内壁空虚无物，泄殖腔充血、出血，肾脏无肉眼可见病理变化。治疗：取方药7，用法相同。同时辅以腐植酸钠，严重者按0.1mg/只灌服阿托品片，2次/d。第2天，病鸡病情得到控制，连用3d，大群病鸡基本痊愈，采食量有所回升，消化良好。

7. 文登市河东区某养鸡户的25日龄肉鸡，于27日龄发病约3000只邀诊。检查：病鸡采食量明显下降，严重病例偶有腹痛打滚表现，泻粪大多为肉色，间或有黄色或红色胶胨状物。剖检个别瘦弱病鸡伴有大肠杆菌性肠炎或大肠杆菌性肝周炎、心包炎等。治疗：取方药8，用法相同；同时取吡哌酸0.1g/(只·d)，分3次拌料喂服。第2天，病鸡病情基本控制；第3天，病鸡粪改变和死亡率下降，病情得到控制，继续喂服1d，以巩固疗效。共死亡45例，治愈约2900例，有效率达96%以上。（葛绪贞等，T114，P29）

腹水症

腹水症是指鸡腹腔内聚积大量腹水的一种病症。

【病因】 由于鸡舍通风不良、地面潮湿、空气污浊等，或冬季为了保温，鸡舍通风不够，致使舍内二氧化碳、氨气、一氧化碳、硫化氢等有害气体增多，含氧量下降；或饲料中蛋白质和能量过高，维生素及矿物质特别是维生素E、硒缺乏；饲料中钠含量过高(往往是食盐用量过大)；鸡舍温度低，鸡群密度大，高海拔地区氧气稀薄，食盐中毒，患某些呼吸道疾病等均可诱发本病。

【主证】 病鸡精神沉郁，食欲减退，腹部膨大、触诊有波动感，行动困难，肉冠发绀、苍白，有的泻水样稀粪。

【病理变化】 腹水透明清亮，腹水量达100～500mL，有的呈黄褐色或粉红色，含有纤维蛋白凝块；全身瘀血明显；心房和心室明显弛缓、扩张；肝脏肿大或缩小、硬化，表面凸凹不平、有弥漫性白斑，瘀血、水肿；肺部病变都伴有右侧心脏肿大。

【治则】 渗湿利水，补中健脾。

【方药】 1. 冬瓜皮 100g，大腹皮 25g，车前子 30g(为 300 只 1kg 肉鸡药量)，水煎取汁，候温饮服。

2. 十枣汤。芫花 30g，甘遂、大戟(面裹煨) 各 30g，大枣 50 枚（为 100 只 1.5kg 鸡的药量)。煎煮大枣取汁，他药共为细末，将药末拌入饲料喂服，1 次喂完；不食者掺入 1h 饮完的水中饮服。1 剂/d，连用 2～3 剂。

3. 柴胡、红花、茯苓各 60g，当归、黄芪、白术、牛膝、泽泻、芫花各 50g，桃仁 55g，白芍 40g，大黄 110g，甘草 30g。共研细末，过 60 目筛，按 1%拌料，搅拌混匀，喂服。共治疗 10500 例，有效率为 90.5%。(张立富，T131，P36)

【防制】 加强鸡舍通风换气，确保氧气充足，减少鸡舍有害气体和应激因素；鸡群养殖密度要适宜；开放型鸡舍冬季要注意保暖；早期应限制使用高能量饲料。

【典型医案】 1. 南阳市宛城区枣林街张某的 300 只约 1kg 肉鸡，大部分发生腹水症，死亡 4 只邀诊。治疗：取方药 1，1 剂，用法相同。连用 2d，全部治愈。(孙良，T81，P43)

2. 1995 年 3 月 10 日，枣庄市张庄村养鸡户张某的 1000 只 AA 肉鸡，养至 1.5kg 左右时有 93 只鸡精神不振，缩头嗜睡，有的独居一隅，食欲减退或废绝，饮欲稍增加，站立和行走不稳，呼吸困难，有时排水样稀粪；个别病鸡可视黏膜贫血，肉冠发绀或苍白，腹部胀满，用手触摸可感到腹腔内有大量液体，体温基本正常。治疗：取方药 2，用法相同，1 剂/d，连服 3 剂。当基本恢复正常时即改服健胃消导剂，2 剂。病鸡精神、采食完全复常，直至出栏未再发病。(卢传发等，T80，P39)

脱　肛

脱肛是指鸡泄殖腔外翻脱出肛门外的一种病症。

【病因】 由于饲养管理不善，日粮中缺乏维生素 A、维生素

E、维生素D和B族维生素，致使泄殖腔黏膜与上皮角质化，严重缺乏时泄殖腔发炎，产蛋不畅，造成产蛋鸡用力过度而发病。日粮中缺乏矿物质、钙、磷，或后备母鸡日粮中蛋白质水平过高，能量过低，造成母鸡过早性成熟，使其产大蛋的频率增多，导致产蛋困难。饲料中粗纤维含量过低，致使胃肠蠕动减弱而发生便秘。开产过早导致鸡体发育与性成熟不适应，鸡体小，骨骼、肌肉发育不良，泄殖腔狭窄；开产过晚使鸡一开产就产大蛋，往往因生产困难而脱肛。产蛋母鸡饲养密度过大，相互拥挤，在产蛋时泄殖腔被笼底铁丝扎伤而发炎导致脱肛。患各种疾病导致输卵管分泌不足或停止，使输卵管、泄殖腔黏膜缺乏滑润甚至干燥，致使产蛋不通畅，产蛋时用力过度所致；鸡产蛋时遭受惊吓；有啄癖的鸡趁产蛋时肛门外翻之际自啄其肛；产蛋期过长，机体耗损太过，鸡体虚弱而导致脱肛。

【治则】 补中益气，对症治疗。

【方药】 1. 补中益气汤加减。柴胡、防风各30g，升麻、白术各50g，炙黄芪、党参各100g，当归、茯苓各80g，炙甘草、陈皮各40g（为1000只鸡药量）。水煎取汁，候温，自由饮服，1剂/d。

2. 剪去泄殖腔周围的羽毛，用温热的0.1%高锰酸钾溶液或2%～3%硼酸溶液将脱出物洗净，再热敷后送入腹腔，2～3次/d；灌服或肌内注射抗菌药物。药用补中益气汤：炙黄芪90g，党参、白术、当归、陈皮各60g，炙甘草50g，升麻、柴胡各30g。共研细末，拌料喂服，3次/d，3～4g/只，连用2d。于后海穴注射普鲁卡因0.04g。泄殖腔周围皮下分点注射70%酒精，泄殖腔部位撒布青霉素、链霉素各0.2g；胸肌注射0.7mL速灭沙星。内服磺胺二甲嘧啶1/3片，1次/d，连用3d。有条件者可在泄殖腔内放置一指头大小的冰块，以减轻充血和促进收缩。

【防制】 严格控制母鸡光照时间，后备母鸡采取长期递减光照的方式以延迟鸡的性成熟。控制鸡的饲养密度。种鸡在开产前要注意防制鸡白痢和某些肠道传染病。人工授精时操作要规范，防止鸡肛门受到人为损伤。发现有脱肛者要早期隔离，加强护理。取

0.03%酸镁按溶于饮水中，让鸡自由饮用，可预防母鸡脱肛。

育成母鸡要严格按照饲养标准供给饲料，特别要控制日粮中蛋白质的含量，防止母鸡早产或超重，适当增加运动，多晒太阳，保持鸡舍周围环境安静，防止惊吓鸡群。

【典型医案】 1. 1993年11月中旬，安西县瓜州乡头工村石某的1000只蛋鸡，产蛋率为70%左右，近两个月来鸡陆续出现脱肛，且日渐增多，产蛋率下降至60%左右。治疗：取方药1，用法相同，连用4d，脱肛鸡全部治愈，再未出现新的病鸡，产蛋率上升。（谢世存，T89，P43）

2. 1999年1月15日，文登市宋村镇岑东村养鸡户王某的2800只85日龄海兰母鸡发病邀诊。主诉：由于冬季气候寒冷，保温措施差，饲养管理不当，饲料搭配不合理，饲养密度过大，鸡体质较瘦弱，外观可见鸡群粪稀，不愿活动，倦怠无力，不食，怕冷，300多只鸡突然出现不同程度地脱肛，严重者被其他鸡啄破出血，个别鸡肠被啄出体外，死亡30余只。治疗：隔离饲养脱肛鸡，加强护理。用温热的0.1%高锰酸钾溶液冲洗脱出部分，再热敷纳入腹腔，2～3次/d。全群鸡服用补中益气汤（见方药2），2次/d，2g/(次·只)，拌料供鸡采食。治疗3d，患病鸡基本恢复；全群鸡连服7d后食欲增加，再未发病。（王培君，T118，P24）

难　产

难产是指鸡产蛋过大或产双黄蛋而引起产蛋困难的一种病症。多发于初产鸡或高产鸡。

【病因】 由于管理不当，饲料营养过剩，导致产大蛋、双黄蛋过多；维生素或微量元素缺乏，生殖道角质化，产道不畅；某些疾病导致输卵管发炎等引发本病。

【主证】 初期，病鸡不安，羽毛逆立，饮食欲废绝；中期精神不振，站立不稳，肛门突出，泄殖腔外翻并粘有大量污物。后期因心力衰竭而死亡。用手触摸泄殖腔可发现未产出的蛋。

【病理变化】 卵黄性腹膜炎；腹腔内有软壳蛋。

【方药】 取莲花穴（尾根与泄殖孔间正中凹陷处），小毫针刺入2～3mm，稍加捻转。尾根穴（尾部最活动处与背中线相交点即最后尾椎与尾综骨交界处）。小毫针直刺2～3mm，稍加捻转。

先将肛门用高锰酸钾溶液洗净消毒，涂石蜡油，然后用左手指缓缓伸进泄殖腔找到输卵管开口，当触摸到蛋壳时，用右手持小三棱针，用力刺破蛋壳，使蛋清流出即可。术后放回禽舍20～30min则自行排出破损的蛋壳。术后禁食1d，给予充足饮水，调整不合理的饲料配方。

【防制】 加强饲养管理，给开产鸡增加光照；饲料中补充足量的维生素A，减少应激。因疾病引发难产，应消除原发病。（王振平，T51，封三）

第二节 传染病与寄生虫病

流 感

流感是指鸡感染A型流感病毒引起的一种急性传染病。

【流行病学】 本病病原为A型流感病毒。病鸡和带毒鸡为传染源。病毒通过病鸡的呼吸道、眼鼻分泌物、粪排出，经消化道和呼吸道感染发病。被病鸡粪、分泌物污染的饲料、禽舍、笼具、饲养管理用具、饮水、空气、运输车辆、人、昆虫等都可能成为传播媒介而引起鸡发病。

【主证】 病鸡体温升高，呼吸困难，精神委顿，昏睡，食欲减退或废绝，饮欲增加，头肿胀，眼分泌物增多，鸡冠与肉髯发绀，有的鸡下痢，产蛋量急剧下降。

【病理变化】 头、眼睑、肉髯、颈和胸等部位肿胀，组织呈淡黄色（彩图4）；口腔、腺胃、肌胃角质下层和十二指肠出血（彩图5）；胸骨内侧、胸部肌肉、腹部脂肪和心脏有散在出血点；胸腺出血；胰腺出血、坏死；气管、支气管充血、出血，有多量分泌物（彩图6）；输卵管充血、出血，卵泡变形、破裂（彩图7）；腹腔充满卵黄物质（彩图8）。

【治则】 清热解毒。

【方药】 大青叶40g，连翘、黄芩、黄柏、牛蒡子、知母、款冬花、山豆根各30g，菊花、百部、杏仁、桂枝各20g，鱼腥草40g，石膏60g（为300～500只鸡药量）。水煎取汁，候温饮服。

【防制】 加强饲养管理，保持鸡舍干燥通风；加强养殖环境消毒，严格执行生物安全措施。病鸡污染物要集中进行无害化处理。严禁从疫区或者疫情不明养殖区引进鸡。一旦发病，要对感染的鸡群进行严格隔离、封锁。若爆发高致病性流感，要对感染鸡群进行扑杀、销毁；对鸡场进行全面清扫、清洗、消毒。

疫苗免疫是预防流感最有效的方法。不同地区需要确定当地多发的AIV亚型，选择与之相对应的疫苗进行接种免疫。

【典型医案】 太原市某养鸡户的2群790只（A群300只，B群490只）鸡发病邀诊。检查：病鸡体温升高，呼吸困难，昏睡，食欲减退或废绝，饮欲增加，头肿胀，眼分泌物增多，鸡肉髯发绀，有的鸡下痢，产蛋量急剧下降，出现死亡。根据流行病学、临床症状和病理变化，诊为流感。治疗：取上方药，用法相同，1剂/d，连用2d。A群治愈295只，好转5只，有效率为98.3%；B群治愈471只，好转8只，有效率为97.8%。（解跃雄等，T109，P22）

肿头综合征

肿头综合征是由禽肺病毒引起鸡以头部肿胀、打喷嚏和呼吸道症状为特征的一种急性传染病。肉鸡多发。

【病原】 本病病原为禽肺病毒。鸡舍通风不良、空气污染、养殖密度过大、卫生条件差等均可诱发本病；免疫抑制能使本病易感性增加。

【主证】 病初，个别鸡咳嗽，甩鼻涕，眼肿胀，流泪；后期食欲减退，面部、肉髯肿胀，有呼噜声，瘫痪，翅膀下垂，粪稀，有的呈绿色、黄白色，有的呈橘黄色，如煮熟的西红柿色。

【病理变化】 皮肤增厚、硬肿，有黄色胶胨状液体及黄色干酪样物，严重者波及到颈部；气管环出血严重；肝脏肿大；小肠黏膜有枣核状出血斑；直肠黏膜、盲肠淋巴出血严重。

【治则】 清热，解毒，解表。

【方药】 1. 温毒杀。黄连10g，大青叶、板蓝根、鱼腥草、金银花各20g，防风、荆芥、黄芩、桂枝、柴胡、甘草各15g，蒲公英25g。共为细末，按1%拌料喂服，1个疗程/5d。同时在100kg饮水中加入百毒唑1袋，青霉素10g，饮服，2次/d，间隔4～8h，2～3h/次，1个疗程/5d。

2. 家禽基因工程干扰素（大连三仪动物药品有限公司生产）5只份，白细胞介素-2 1只份（为1只鸡药量）。混合，加生理盐水稀释，肌内注射，1次/d；严重者连续注射2～3次，也可饮服。在50kg饮水中加入毒特威（主要成分为奥司他韦、利巴韦林等，河南农业大学兽药厂生产）30g；必乐（主要成分为磺胺间甲氧嘧啶、血脑屏障剂等）17g；输康（主要成分为头孢噻呋、生殖系统调理剂等）100g。混合，供1000只蛋鸡1d饮用，连饮3～5d。在50kg饲料中加入知乐（主要成分为知母、黄柏、木香等，河南农业大学兽药厂生产）500g，消食健胃宝（主要成分为苦参、柴胡、干姜、槟榔等，河北安国长虹兽药厂生产）250g。喂服，连用3～5d。

3. 黄连、黄柏、猪苓、泽泻、地榆炭、诃子、生地、金银花、地骨皮、茜草各1000g，川楝子800g，白头翁1600g。水煎取汁，供全群鸡自由饮服，连用3d。对已发病的鸡用家禽基因工程干扰素，按说明书的3倍量肌内注射，隔天用药1次，连用2次；对疑似病鸡用家禽基因工程干扰素，按说明书的2倍量肌内注射1次；对假定健康鸡群用家禽基因工程干扰素，按说明书的2倍量饮服，20min内饮完，1次/d，连用3d；对病情较轻能采食的鸡，取氟苯尼考，按0.05%拌入饲料，同时取禽用多种维生素和禽用微量元素，按1g/kg拌料，进行全群鸡喂服，连用3d。

【防制】 加强饲养管埋和环境卫生，降低饲养密度，做好鸡舍通风换气，及时处理粪便。及早隔离病鸡，用百毒杀（浓度为1∶600）对场地、鸡舍环境、用具进行带鸡消毒，1次/d，连用3d。

【典型医案】 1. 2001年2月22日，文登市宋村镇养鸡户于某的2430只32日龄AA肉鸡发病邀诊。主诉：病鸡头、眼肿胀，流泪，肉髯肿胀，未能及时治疗，2d后食欲下降1/3。检查：病鸡瘫痪，翅膀下垂，头颈羽毛逆立，缩颈，饮食欲废绝，粪稀、呈黄白色、绿色、如煮熟的西红柿样，死亡27只。治疗：取方药1，用法同上。第2天，病鸡死亡减少，效不更方，连续用药4d（1个疗程），再未出现死亡，鸡的饮食逐渐增加，精神恢复正常。

2. 2002年8月27日，文登市宋家庄村宋某的2070只38日龄肉鸡，因食欲减退邀诊。检查：病鸡头、面部肿胀，甩鼻涕，咳嗽，排绿色、黄白色、粉红色稀粪。治疗：取方药1，方法相同。服药3d，病鸡死亡2只/d，又连续用药5d，病情得到控制，再未出现死亡。（侯金岭等，T117，P26）

3. 2002年9月1日，镇平县城郊乡唐家庄村唐某的600只7月龄商品蛋鸡发病邀诊。主诉：鸡群已发病1周左右，病初曾用利巴韦林、环丙沙星等药物治疗无效。检查：病鸡腹泻，粪呈黄白色或绿色，头、脸、眼、颈部肿胀，体温42.5℃，精神不振，呼吸有湿性啰音，白天轻，夜间重，发病率达25%，死亡率占发病率的50%。剖检死亡鸡可见头、脸、颈部皮下有一层黄色脂肪样水肿物；气管环状软骨充血，喉头有针尖状出血点；腺胃黏膜充血；十二指肠升段中央的肠腺肿大突起；盲肠扁桃体充血；卵巢、卵泡充血，有菜花样卵泡，输卵管苍白、水肿、萎缩。根据临床症状、病理变化及实验室检验，诊为肿头综合征。治疗：取家禽基因工程干扰素1200万单位，白细胞介素-2 1200万单位，用300mL生理盐水稀释，肌内注射，0.5mL/只，1次/d，连用2d。毒特威

180g，必乐220g，输康200g，喉支通（山西新世纪动物保健有限公司生产）230g，泰乐菌素25g（洛阳惠中兽药有限公司生产）。混匀，平均分成6份，早、晚各1份/d，饮服，连饮3d。治疗3d，共治愈540例，好转47例，死亡13例。半月后回访，鸡群产蛋率回升至90%，再无复发。（杨保兰等，T139，P62）

4. 2007年11月27日，田阳县某养鸡户的3000只170日龄高产蛋鸡，因产蛋出现异常，产蛋率下降邀诊。主诉：病初认为是大肠杆菌感染，用高效大肠杆菌净（主要成分是黄连、黄芩、板蓝根、穿心莲、黄柏等），拌料饲喂后没有明显的效果，发病2～5d鸡群又陆续食欲降低，单侧或两侧眼睑肿胀，产蛋率下降等。检查：病鸡精神沉郁，食欲减退或废绝，呼吸困难，咳嗽，打喷嚏，发出咯咯声，单侧或两侧眼睑肿胀，眼周围、头部及肉髯水肿，眼结膜潮红，两翅下垂，羽毛松乱、无光泽，不愿走动，排白色稀粪，肛门周围的羽毛被污染。部分病重鸡精神极度沉郁，吸气时抬头伸颈，脸肿胀，眼完全闭合，流泪，因失明而无法采食和饮水。剖检病鸡可见心包膜呈白色、混浊、增厚、不透明，内有纤维素性渗出物，与心肌粘连；喉头和气管出血，有淡黄色的黏液附着在表面黏膜上；肺脏瘀血；肝脏轻度肿大，整个肝脏被一层薄的白色纤维素性薄膜所包裹；肠管扩张，肠壁变薄，肠黏膜充血、出血；卵巢发炎，卵巢、卵泡充血、出血，甚至变形，输卵管充血；头肿大，剥离皮肤后可看到皮下组织黄色水肿；眼睑由于水肿液和结膜炎而闭合，泪腺、结膜和面部皮下组织有数量不等的干酪样渗出物；鼻甲骨黏膜轻微瘀血。根据临床症状、病理变化及实验室检验，诊为肿头综合征。治疗：取方药3，用法相同。用药第2天，鸡群采食量增加，精神状况明显好转。（黄伊颖，T152，P43）

传染性鼻炎

传染性鼻炎是指鸡感染副鸡嗜血杆菌，引起鼻腔和鼻窦发炎的一种急性呼吸道传染病。

【流行病学】 本病病原为副鸡嗜血杆菌。病鸡和带菌鸡是主要传染源。以飞沫、尘埃经呼吸道传播，或通过污染的饮水、饲料经消化道传播。鸡群密度大、通风不良、气候突变等均可诱发。各种日龄的鸡均可感染，4 周龄以上的鸡最易感。一年四季均可发病，以寒冷季节多发。

【主证】 病鸡精神委顿，垂头缩颈，食欲减退。初期鼻孔流水样鼻液，继而转为浆性黏性鼻液(彩图 9)，甩头，打喷嚏，眼结膜发炎，眼睑肿胀(彩图 10)；有的鸡流泪，一侧或两侧颜面肿胀；有些鸡下颌部、肉髯水肿。育成鸡生长缓慢，产蛋鸡产蛋量明显下降。

【病理变化】 鼻腔、眶下窦呈急性卡他性炎症，黏膜充血、肿胀，表面覆有浆液性分泌物；严重时气管黏膜也有同样的炎症；眼结膜充血、肿胀；面部和肉髯的皮下组织水肿；病程较长者鼻窦、眶下窦和眼结膜囊内蓄积干酪样物质。

【治则】 辛散风热，化痰利湿，通鼻开窍。

【方药】 1. 白芷、防风、益母草、乌梅、猪苓、诃子、泽泻各 100g，辛夷、桔梗、黄芩、半夏、生姜、葶苈子、甘草各 80g (为 100 只鸡 3d 药量)。粉碎，拌料喂服，连服 3 个疗程。

2. 百咳宁。柴胡、荆芥、半夏、茯苓、甘草、贝母、桔梗、杏仁、元参、赤芍、川厚朴、陈皮各 30g，细辛 6g。病毒引起的呼吸道疾病者，减荆芥、柴胡，加夏枯草、贯众、白花蛇舌草、金银花、连翘、黄芩各 30g。制成粗粉，用时加沸水闷半小时，取其上清液，加适量水供鸡饮服，药渣拌料喂服 (相当于 1g/kg 生药)。

3. 苇茎 60g，薏苡仁、冬瓜仁各 30g，桃仁 30 枚。热盛者加金银花、连翘；流清涕者加细辛、桂枝；流黄脓涕者加连翘、忍冬藤。共治疗 15607 例，临床症状消失 14203 例，总有效率为 91%。

【防制】 国内疫苗有 A 型油乳剂灭活苗和 A、C 型二价油乳剂灭活苗，于 25～40 日龄进行首免，注射 0.3mL/只；二免在 110～120 日龄进行，注射 0.5mL/只，可以保护整个产蛋周期。

加强饲养管理，改善鸡舍通风条件，降低环境中氨气含量，执

行全进全出的饲养制度，空舍后彻底消毒并间隔一段时间方可进新鸡群，搞好鸡舍内外的卫生消毒工作。寒冷季节气候干燥，鸡舍内空气污浊，尘土飞扬，应通过带鸡消毒降落空气中的粉尘，净化空气。同时加强饮水用具的清洗消毒和饮用水的消毒。

【典型医案】 1. 1989 年 6 月 29 日，武清县粮食局鸡场有 9 栋鸡舍 26000 只鸡，第 4 栋鸡舍的 210 日龄 3100 只鸡第 1 天发病仅 10 多只，第 3 天即波及全群，发病率为 100%，死亡 240 只邀诊。检查：病鸡眼睑肿胀(多为一侧，有的两侧皆肿胀)，严重的整个头部肿胀；鼻腔有多量浆液性分泌物，用手挤时分泌物流出，鸡舍夜间可听到喘鸣声，病鸡排黄白色或黄绿色稀粪，食欲减退；产蛋率由原来的 75%下降至 30%。剖检病死鸡可见鼻腔和鼻窦充血、红肿，有大量浆液性分泌物或干酪样物；口腔、喉头、气管黏膜充血，有多量黏液，气囊混浊，增厚，有的附着干酪样物；肺瘀血，呈黑红色；肝肿大、质脆、黄红相间呈大理石样；个别鸡卵巢出血，卵子变形，呈灰色、褐色或酱色，有的卵子皱缩，有的腹腔中有被破坏的卵子及卵黄小块。经病原分离、鉴定，确诊为嗜血杆菌。药敏实验发现该病原菌对氯霉素、庆大霉素、卡那霉素、红霉素、青霉素、链霉素、痢特灵均不敏感。治疗：取方药 1，用法相同，连用 3 个疗程(9d)。用药 3d，鸡群病情减轻，饮食欲增加。第 6 天病情得到控制，产蛋量开始回升。自第 15 天起产蛋率由病后的 36%回升至 60%。(李金香等，T46，P22)

2. 某年 1 月 6 日，正定县东权城村王某的 3000 只 2 月龄鸡发病邀诊。检查：病鸡流浆液性鼻液，打喷嚏，鼻孔周围和顶部羽毛被沾污，3d 后发病率达 70%，死亡 50 余只。诊为慢性呼吸道疾病。治疗：取百咳宁，用法同方药 2，0.6g/(只·d)。用药 3d，鸡的病情好转，5d 后临床症状消失。(王连福，T53，P23)

3. 广昌县宁都县石上镇张某的 6000 只 90 日龄三黄鸡发病邀诊。检查：病鸡流浆液性鼻液，随后排脓性鼻液，面部水肿，结膜、肉垂肿胀明显。诊为传染性鼻炎。治疗：金银花、连翘、芦根各 1800g，薏苡仁、冬瓜仁、桃仁各 900g。水煎取汁，候温饮服，

连用5d，病鸡的临床症状消失。（李敬云，T126，P41）

传染性喉气管炎

传染性喉气管炎是由传染性喉气管炎病毒引起鸡以呼吸困难、喘气、咳出血样渗出物为特征的一种急性、高度接触性上呼吸道传染病。一年四季均可发生，以秋、冬、春季多发。

【流行病学】 本病病原属疱疹病毒Ⅰ型，病毒核酸为双股DNA。病鸡、康复后的带毒鸡和无症状的带毒鸡是主要传染源，主要经呼吸道和消化道感染。污染的垫草、饲料、饮水及用具可成为传播媒介，各种不同年龄的鸡均可感染。饲养密度过大、过热、过冷、通风不良、患寄生虫病、维生素、矿物质缺乏等均可诱发本病。幼龄母鸡感染呼吸型传染性支气管炎病毒后可引起输卵管永久性退化，性成熟后丧失产蛋能力。本病一旦传入鸡群则迅速传开，感染率达90%～100%。

中兽医认为，本病是外感病邪所致。病初风热犯肺，病邪不解，热邪壅肺，清肃失司，肺气上逆。随着病程进一步发展，气逆痰壅，热毒内炽，伤于肺络，耗伤津液而发病。

【主证】 多呈慢性经过，病程一般可持续1～2个月或更长。病鸡呈渐进性消瘦，鸡冠、肉垂及皮肤苍白，精神不振，食欲减退，产蛋停止，渐而出现“咕噜”的叫声，呼吸困难，有时伸颈张口呼吸，有时摇头呼吸，有时从鼻孔中喷出透明的黏性物、有臭味，喉部有干酪样纤维性、乳白色或乳黄色薄膜(此物硬如石灰)，导致呼吸困难。病重鸡头颈蜷缩、眼闭、饮食欲显著减退乃至废绝，排绿色稀粪。部分病例可见一侧或两侧眼流泪及眼结膜发炎；严重者可见一侧眶下窦肿胀。产蛋鸡群产蛋率下降，产畸形蛋。发病3～4d后，由于气管或喉头阻塞，多因窒息而死亡；4～7d后达到死亡高峰。

【病理变化】 喉头、气管黏膜肿胀、充血、出血，甚至坏死；气管内有血凝块、黏液、淡黄色干酪样渗出物，严重者形成气管栓

子；肺脏水肿、充血、出血，切面流出多量带泡沫样的红色液体；肝脏瘀血、呈深色；产蛋鸡卵泡瘀血或出血。

【治则】 清热解毒，润肺化痰。

【方药】 1. ①丁香苍术散。丁香、苍术各 20g，橘红、石决明各 5g。共为细末，混入 1kg 饲料中喂服。②手术疗法。助手固定鸡头，术者用手指轻轻向上按压病鸡喉头(按压时间不能过长，以免窒息）将口撑开，用 1%碘酊消毒，再用消毒后的普通针头将薄膜划破，用消毒小镊子将剥离的薄膜片取出，局部涂以甘油(2%碘酊 4 份、甘油 6 份)。共治疗 93 例，痊愈 78 例，有效 10 例，无效 5 例。

2. 喉康散。金银花、连翘、大青叶、鱼腥草各 60g，黄芩、栀子、桔梗各 50g，杏仁、贝母、生地、赤芍、天花粉、麦冬、沙参、甘草各 30g。混合，粉碎，加水浸泡 30min，文火煎 10min，取汁候凉，将药汁和药渣同时拌料饲喂，连用 3～5d。重病鸡可取药汁滴服，0.2～0.3mL/只。30 日龄内育雏鸡 0.5g/只，30～70 日龄鸡 1g/只，70～110 日龄鸡 1.5g/只，110 日龄及以上鸡2g/只，1 次/d。取维生素 C、维生素 A，分别饮水，1 次/d，连用3～5d；传染性喉气管炎弱毒疫苗 1 头份/只，单侧点眼紧急免疫接种。共治疗 37290 例，治愈 36090 例，有效率达 96.78%。

3. 知母 350g，射干、桔梗、枇杷叶各 250g，麻黄、半夏、甘草各 150g，陈皮 300g，板蓝根 400g，杏仁、党参、黄连、黄柏、黄芩各 200g。共研末，3g/(d・只)，加入饲料中混匀，让鸡采食，1 个疗程/(5～7)d，可视病情隔 2～3d 再用 1 个疗程。取利高霉素(美国产，主要成分为壮观霉素和林肯霉素)1g，加水 2L，饮服，连饮 5～7d；泰农(主要成分为含泰乐菌素)1g，加水 2L，饮服，连饮 5d；高力米先(主要成分为硫氰酸盐红霉素)227g，加入 92.2L 凉开水中，饮服，连服 5～7d(以上西药任选一种)。共治疗 70 多群 25 万只鸡，治愈率为 85%～95%。

4. 喉气散。黄连、黄柏、板蓝根各 30g，黄芪 20g，大青叶 40g，穿心莲、甘草、桔梗、麻黄各 50g，杏仁 60g。混匀，粉碎，

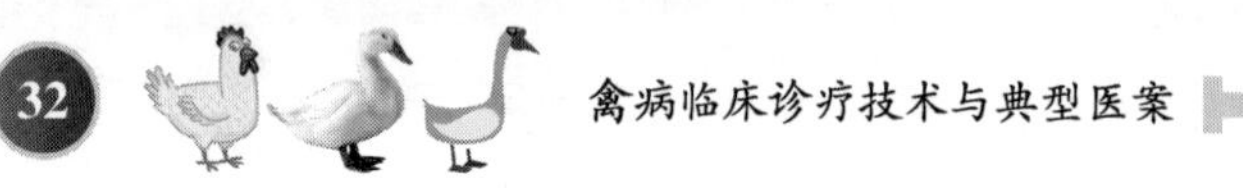

过80目筛，1.5g/(只·次)，拌入饲料中，单独逐只投药，1.5g/次，2次/d。

5. 板蓝根、连翘各100g，金银花30g（为100只鸡药量）。水煎取汁，待温拌料喂服或掺在水中饮服。取土霉素片、病毒灵片、氢化可的松片各0.5～1片(为成年鸡药量)，2次/d，一般2～3d可治愈。

6. 六神丸，2次/d，1粒/次(成年鸡药量，幼年鸡用量酌减)。将药丸放在温开水中化开，按剂量用滴管滴入鸡口内。共治疗1285例，治愈1231例，治愈率为96%。

7. 百咳宁。柴胡、荆芥、半夏、茯苓、甘草、贝母、桔梗、杏仁、元参、赤芍、川厚朴、陈皮各30g，细辛6g。病毒引起者减荆芥、柴胡，加夏枯草、贯众、白花蛇舌草、金银花、连翘、黄芩各30g。共制成粗粉，用时加沸水闷半小时，取上清液，加适量水供病鸡饮用，药渣拌料饲喂［相当1g/(kg·d) 生药］。

8. 消喉散。猪胆汁50mL，黄连、青黛、薄荷、僵蚕、白矾、朴硝各15g。用猪胆汁充分浸泡诸药，置阴凉处晾干，制成散剂，装入棕色瓶内备用。打开病鸡口，用一长约10cm、宽约0.5cm的薄竹片蘸取药粉，慢慢放到病鸡喉头部即可。成年鸡0.2～0.4g/只，1月龄以下鸡0.1～0.2g/只，1次/6h。共治疗500余只，成年鸡用药1次治愈率为94.5%，最多用药3次，很少死亡。1月龄以下鸡需用药2～3d，治愈率为89.4%。

9. 蒲公英、柴胡、射干、牛蒡子、山豆根、玄参、白芷、桔梗各15g，杏仁、甘草各10g（为15～30只鸡药量）。水煎取汁，拌料喂服，3次/d。

10. 银翘散加减。金银花、连翘、桑叶、芦根、黄芩各30g，射干、元参、浙贝母、杏仁各20g，玉蝴蝶10g，生甘草15g，野菊花50g。1剂/d，取3剂，水煎浓汁拌料喂服或掺于饮水中饮服。

11. ①加减银翘散。贯众、板蓝根、金银花、连翘各30g，桔梗、牛蒡子、薄荷、芦根、荆芥穗各18g，淡豆豉15g，甘草12g。共研细末，病轻者1～2g/(次·只)，2次/d，饲前拌食群服或用面

粉制成丸个别喂服；病重者2～3g/(次·只)，3次/d，水煎取汁或开水冲调，待温后用滴管灌服（将药液徐徐滴于舌面，切忌径入咽腔)。②清热定喘汤。炙麻黄、射干、山豆根、天花粉、瓜蒌、苏子、甘草、炒杏仁各10g，生石膏50g，大青叶、板蓝根、金银花、连翘各30g，黄芩、桑白皮各20g。共研细末，病轻者1～2g/(次·只)，2次/d，饲前拌食群服或用面粉制成丸个别喂服。病重者2～3g（次·只)，3次/d，水煎取汁或开水冲调，待温后用滴管灌服（应将药液徐徐滴于舌面，切忌径入咽腔)，1个疗程/3d，一般用药2～3d即可痊愈，可根据病情变化，酌情缩短或增加疗程。共治疗636例，治愈576例，治愈率为90.57%。

12. 金莲花100g，菊花、桔梗、甘草、金银花、射干各30g，牛蒡子、山豆根、紫花地丁、蒲公英、白芷各40g、板蓝根50g（为250只鸡药量）。共为细末，2g/(d·只)，均匀拌入饲料内，分上午、下午集中喂服，一般连用3d即可治愈，个别鸡需用药4～5d。病重不食者将药粉和成面团状喂服。

13. 柴胡、黄芩各45g，银花、板蓝根、大青叶各60g，蒲公英90g，生甘草60g。水煎3次，煮沸20min/次，共取药液2000mL。严重者10mL/(只·次)，灌服（先用棉球蘸2%食盐水洗拭患部后再灌药)，3～4次/d，连服3～4d；其余鸡5mL/(只·次）拌于饲料内喂服，2～3次/d。

14. 大黄、牛蒡子各45g，薄荷、金银花、玄参、升麻、黄芩、柴胡、桔梗、荆芥各24g，陈皮18g，甘草15g。共为细末，拌料，500g/100kg，喂服，连服5d。食欲废绝者，将药末加面粉适量，制成绿豆大小药丸，喂服。取水溶性红霉素（江苏动物药品厂生产)，加入水中，2g/kg，饮服，连饮5d。

15. 板蓝根、荆芥、防风、大青叶各100g，蒲公英、桔梗、杏仁、远志、麻黄、山豆根、白芷各60g、甘草40g。水煎取汁，过滤，加食用糖50g，维生素C 800mg(为1.5kg左右鸡200只药量，雏鸡减半)，饮服，早晚各1次。药渣研末拌料，1剂/d，连服5剂。用药第2天，病鸡症状减轻或消失。立即注射鸡传染性喉气管

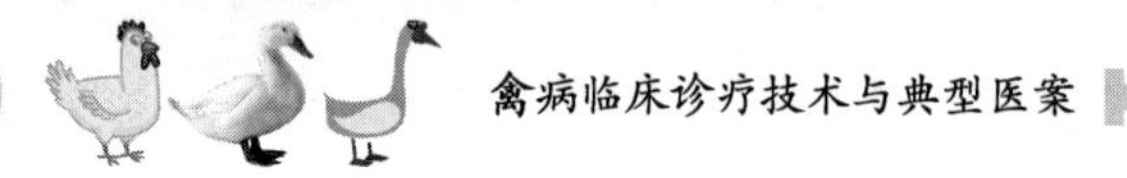

炎疫苗。

16. 板蓝根、败酱草各30g，金银花15g，桔梗10g，连翘、生甘草各5g。水煎取汁，浓缩待温，用玻璃注射器灌服10mL/只，2次/d。共治疗30例，于服药2剂后临床症状完全消失，死亡2例。(黄金德，T27，P57)

17. 风油精，于雏鸡两侧鼻孔各滴1小滴（6～8mg)/只。(余启源，T22，P61)

18. 六神丸6粒，盐酸麻黄碱25mg（1片）(为0.5kg鸡药量，0.5kg以下鸡药量酌减)，喂服，1次/d。

19. 麻杏石甘汤。麻黄6g，杏仁15g，石膏、炙甘草各18g（为100只鸡药量)，水煎取汁，候温饮服。

20. 芦根、薏苡仁、冬瓜仁、鱼腥草、白茅根、生石膏、仙鹤草各900g，桃仁80g，生甘草90g，桔梗、知母各300g，黄芩、金银花各360g，连翘、红藤各450g。水煎取汁，候温，自由饮服。

21. 清肺散。知母、桑白皮、黄芩各320g，杏仁、苏子各300g，半夏260g，前胡、木香、牛蒡子、麻黄各240g，甘草150g（为1000只鸡1d药量）。水煎取汁，候温，自由饮服。同时取0.02%氨茶碱，拌料，2次/d，连用4d；消毒2次/d。呼吸困难者取双黄连注射液20mL，丁胺卡那霉素2mL，混合，0.5mL/只，肌内注射；或用清肺散原液1mL/只，喷喉，2次/d，将病重鸡转到舍外阴凉通风处，连续治疗4d。2d后注射鸡传染性喉气管炎疫苗。

【防制】 采用鸡传染性喉气管炎弱毒疫苗进行免疫接种，30～60日龄首免，6周后二免，种鸡或蛋鸡在开产前20～30d再接种1次。对鸡群、鸡舍进行消毒（疫苗应用前后数天内不得消毒）；加强鸡舍通风，夏季特别注意热应激的预防。病鸡舍的用具、饲料要专用；给予病鸡柔软、富含营养、易消化的饲料和充足清洁的饮水；给鸡群添加多种维生素，增强鸡体抵抗力，降低死亡率。

每天清除笼下粪便，更换石灰垫料，用百毒杀1∶2000稀释带鸡消毒；对食槽、饮水器具等，每天清洗洁净，用0.3%过氧乙酸

消毒。

【典型医案】 1. 2003年9月10日，西吉县吉强镇何店鸡场朱某的280日龄蛋鸡发病邀诊。主诉：从9月2日开始鸡群中有个别鸡出现精神不振，食欲减退，产蛋停止，进而发出咕噜声，呼吸困难，有时伸颈张口呼吸，有时摇头呼吸，有时从鼻孔中喷出透明且气味臭的黏性物。诊为传染性喉气管炎(白喉型)。治疗：用1%碘酊消毒，再用消毒后的普通针头将薄膜划破，用消毒小镊子将剥离的薄膜片取出，局部涂以甘油。术后用丁香、苍术各20g，橘红、石决明各5g。共为细末，混入1kg饲料中喂服，1个月后痊愈。(王世祥，T156，P71)

2. 2000年10月24日，中卫市迎水镇牛滩村牛某的1200只70日龄育成商品蛋鸡，出现呼吸道症状并不断加重邀诊。主诉：该鸡群进行过新城疫、法氏囊疫苗接种，未接种传染性喉气管炎疫苗。检查：病鸡打呼噜、甩头、咳嗽、喘息，部分病鸡呼吸困难，伸颈张口呼吸，有的咳出带有血样的黏痰，采食量下降，腹泻，粪呈绿色或白色，个别鸡因呼吸极度困难窒息而突然死亡。经实验室检验结合临床症状，诊为传染性喉气管炎。治疗：首先隔离病鸡；全群鸡同时用传染性喉气管炎疫苗紧急滴眼接种，1只份/只；喉康散1.5g/只，粉碎，水煎取汁，拌料喂服，1次/d，连用4d；严重者用中药煎汁后滴服；维生素A、维生素C，饮水，连用5d。共隔离病鸡141只，治疗期间死亡3只，其余全部治愈。连续观察至11月6日未出现新发病例。

3. 2003年4月28日，中卫市宣和镇林场吴某的3600只238日龄产蛋鸡，因部分鸡出现轻微呼吸道症状，继之呼吸道症状不断加重邀诊。检查：病鸡打呼噜、甩头、咳嗽、喘息等，部分鸡呼吸困难、伸颈张口呼吸，有的鸡咳出带有血样的黏痰，个别鸡因呼吸极度困难而突然窒息死亡。鸡群产蛋率由93.21%下降至78.33%。开产前该鸡群按防疫程序进行了新城疫等疫苗常规免疫，80日龄进行了1次传染性喉气管炎疫苗免疫。发病后畜主曾用强力霉素、阿莫西林、病毒灵饮水，罔效，且病情继续蔓延。经实验室检验结合临床症状，诊为传染性喉气管炎。治疗：鸡群用传染性喉气管炎疫苗紧急滴眼免疫，1只份/只；同时用喉康散2g/只，粉碎，水煎取汁，拌料喂服，1次/d，连服3d。维生素A、维生素C，饮水，连饮5d；隔离病鸡，将喉康散水煎取汁，候温，逐只滴服，连用5d；维生素A、维生素C，饮水7d。经用上述方法治疗后，再未出现新发病例；293只病鸡在治疗期间死亡6只，其余均治愈。停药后继续观察至5月20日，鸡群产蛋率逐渐恢复至原产蛋水平。(韩梅英等，T144，P56)

4. 1998年10月，桂平市西山乡岭头村养鸡专业户黄某的6000只90日龄本地三黄鸡发病邀诊。主诉：由于饲养密度过大，突然数只鸡死亡。检查：病鸡流泪，鼻腔流出半透明分泌物，呼吸困难，咳嗽，咳出物带有血液，粪稀、呈浅绿色。诊为传染性喉气管炎。治疗：取方药3中药，拌料喂服7d，同时用利高霉素加凉开水饮服，连饮5d。治疗1个疗程，鸡群恢复正常，治愈率达95%。

5. 1999年9月，桂平市蒙圩乡新建村养鸡大户范某的5000只45日龄霞烟杂鸡，转群时出现呼吸困难，伸颈张口呼吸，发出咯咯声，到处可见病鸡咳出血样痰液，有些病鸡因渗出物阻塞气管窒息而死亡，第2天死亡达100余只邀诊。诊为传染性喉气管炎。治疗：泰农，饮水，连服5d；取方药3，拌料喂服2个疗程，治愈率达92%。(冯升鹏等，T109，P24)

6. 1998年5月，林州市元康镇某养殖户的3000只海兰蛋鸡，因出现明显的呼吸道症状，食欲差，产蛋率下降明显，死亡增多(10～15只/d)邀诊。诊为传染性喉气管炎。治疗：取方药4，用法相同。服药2d后，大部分鸡精神、食欲恢复；治疗5d后全部恢复；10d后产蛋率开始回升。

7. 2001年10月，焦作市某养殖户的3000只小三黄种鸡，因引种不当，鸡群发病，5d内产蛋率从65%下降至30%，采食量从230kg/d下降至90kg/d。自行用药3d无效邀诊。诊为传染性喉气管炎。治疗：取方药4(因鸡群食欲已基本废绝)，首次逐只投药，

1d后拌料喂服，5d后鸡群基本恢复正常，10d后产蛋率升至40%。（刘丽艳，T123，P30）

8. 1987年1月6日，蓟县兴武镇养鸡户徐某的800只鸡，有的咳嗽气喘，有的吃食减少，有的不食邀诊。检查：病鸡鼻孔有分泌物，呼吸时头和颈部伸高，口张开，尽力吸气，伴有响亮的喘鸣声，伏卧在地上，有的排绿色稀粪。剖检病死鸡可见鼻孔中有黏性分泌物，喉部黏膜肿胀、出血，有烂斑，上覆一层黄白色假膜；气管附有带血丝的渗出物，有针尖大的出血点；喉头、气管均有豆腐渣样渗出物。诊为传染性喉气管炎。治疗：将饲槽、饮水器、鸡舍、运动场等用3%来苏儿消毒。取土霉素、病毒灵、氢化可的松各1片/只，拌料喂服。对不食者强制喂药；同时取方药5中药，水煎取汁，拌料喂服或饮服，2次/d。翌日，大部分病鸡症状明显减轻或消失，第3天临床症状完全消失，停用西药，继续喂服中药1d，痊愈。在治疗过程中，仅死亡5只。（穆春华，T35，P60）

9. 1984年9月20日，高邮县川青乡渔业村赵某的131只4月龄罗斯商品代蛋鸡发病邀诊。主诉：4d前有2只鸡精神不好，离群，经常张口喘气，已死亡1只，现已普遍发病，食欲下降，吃料仅为原来的一半，曾用抗生素治疗无效。检查：病鸡精神委顿，呼吸时伸头张口，呼吸困难，鸡群中不断传出喘气时打喷嚏和痉挛性咳嗽声，鼻孔中积有少量分泌物。剖检2只病死鸡，均发现鼻腔和鼻窦黏膜上有脓性分泌物，喉头、气管黏膜肿胀、潮红，覆盖混有血的渗出物，渗出物下有出血斑点，诊为传染性喉气管炎。治疗：取方药6，用法相同。服药2次，患鸡群症状明显减轻；再服药2次，临床症状消失。2个月后随访，病鸡均痊愈，并有少数鸡开始产蛋。（晏必清等，T42，P41）

10. 某年2月17日，石家庄市振西养鸡场7000余只蛋鸡发病邀诊。主诉：病鸡咳嗽，呼吸困难、有啰音，有的鸡咳出带血黏液，2月24日后发病率达80%以上，产蛋率由75%下降到10%以下，用抗生素治疗无效，个别病鸡死亡。经检查，诊为传染性喉气管炎。治疗：取方药7，用法相同。用药5d后，病鸡病情得到控

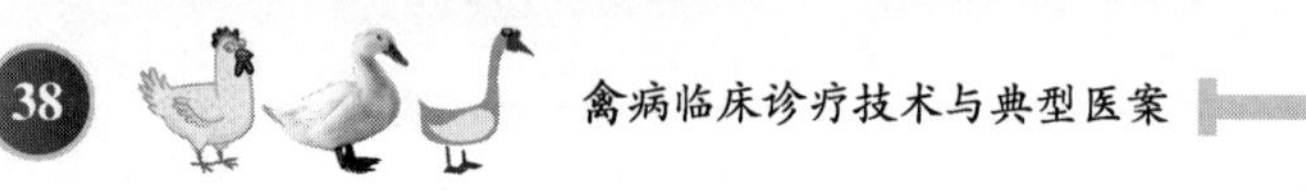

制，临床症状消失；15d后产蛋率上升至60%以上。（王连福，T53，P23）

11. 1990年4月21日，新乡县马庄村李某的35只产蛋母鸡全部发病，用抗生素治疗3d病情不见好转邀诊。检查：病鸡精神沉郁，张口呼吸，不时发出“咯咯”声，两鼻孔周围有黏液，喉头肿胀，附有黏液。治疗：取消喉散（见方药8），喉部投服，0.4g/只。次日，患病鸡均痊愈。

12. 1990年8月，卫辉市大任庄养鸡场给雏鸡接种疫苗的第2天发生了传染性喉气管炎，其中有18只雏鸡病情严重，倒地不起，濒于死亡。治疗：取消喉散（见方药8），喉部投服，0.2g/只，1次/6h，连服2d。共治愈16例，死亡2例。（张锡卫，T53，P31）

13. 1990年5月11日，米泉县职业中学养殖场引进1500只“星杂529”蛋鸡苗，于4周龄时突然发病138只，均表现为传染性喉气管炎典型症状。剖检病死鸡可见喉部黏膜充血、肿胀，附有黏液和干酪样纤维素性假膜。曾用链霉素饮服、土霉素粉拌料治疗收效皆不理想。治疗：取方药9，用法相同，3次/d。用药第2天，病鸡病情减轻；用药3d，除2只重病鸡衰竭死亡外，其余136只鸡全部治愈，治愈率达98.5%以上，且再未出现病鸡。（阎艳，T56，P48）

14. 1986年1月28日，鄞县洞桥乡养鸡户全某的800只3周龄鸡发病(已死亡20余只）邀诊。检查：病鸡被毛松乱，精神委顿，时常发出咯咯声，腋下热，喜饮水。剖检病死鸡可见咽喉部有针尖大小黄色干酪样物附着。治疗：取方药10，用法相同。服药后，病鸡死亡停止。继续服药1剂，痊愈。

15. 1985年11月20日，鄞县布政乡养鸡户杜某的500只5周龄鸡发病（已死亡10余只）邀诊。检查：病鸡神呆少食，羽毛松乱，面部、鸡冠及肉垂水肿，时常发出咯咯声，摇头，腋下热。剖检病死鸡可见肺脏瘀血，气管有黏液，并有窦炎和轻度肠炎。治疗：金银花、连翘各50g，知母30g，野菊花、黄芩各80g，芦根、

紫花地丁、蒲公英各100g，前胡20g，杏仁15g。水煎取浓汁，拌料喂服，3剂，1剂/d，痊愈。

16. 1985年11月18日，鄞县张家潭乡养鸡户张某的1000只3周龄鸡发病(已死亡10多只）邀诊。检查：病鸡羽毛松乱，精神委顿，扎堆，腋下热，时常发出咯咯声，肉垂、面部轻度肿胀。剖检病死鸡可见肺部有粟粒状脓点，气管有黏液；有轻度肠炎、窦炎。治疗：金银花80g，连翘、黄芩、知母、薏苡仁各50g，杏仁20g，芦根、蒲公英、车前子和甘草各100g。水煎取汁，拌料喂服，1剂/d，连服3剂。服药后，病鸡死亡停止，逐渐痊愈。（沈雄，T29，P63）

17. 陕西省某养鸡场引进500余只良种鸡，由于运输途中死亡甚多，仅余数只，又在沿途某地购买了一批一并运回，共有来航、澳洲黑、九斤黄等鸡913只。同年5月6日，鸡群中发生上呼吸道疾病，至17日先后死亡8只，患病44只。剖检病死鸡可见口、鼻有多量黏液，喉头和气管有大量黏液或夹杂有泡沫，个别带有血丝；黏膜肿胀、充血、呈暗红色，有出血点；有的喉头附有灰白色或黄白色干酪样假膜，不易剥离；肺部充血、水肿，个别肺实质有较多泡沫状液体。根据流行病学、临床症状和病理变化，诊为传染性喉气管炎。治疗：取方药11①，1.5～2.5g/(只·次)，3次/d，开水冲调，候温灌服。同时，取加减银翘散，对健康鸡预防，1g/(只·次)，2次/d，拌食喂服，连服3d，并结合传染病防制措施，在13d内控制了疫情。共治愈38例，治愈率为86.36%。

18. 1973年10月22日至11月10日，武功县杨陵镇周家大队两个自然村流行鸡传染性喉气管炎，死亡17只，患病108只。治疗：贯众、大青叶、板蓝根、金银花、生石膏、连翘各30g，牛蒡子、苏子、薄荷、炙麻黄、炒杏仁、天花粉、桑白皮、瓜蒌、桔梗、甘草、射干、山豆根各10g。用法同方药11，1.5g/(只·次)，3次/d，连服3d。共治愈91例，治愈率为84.25%。（王恒恭，T68，P34）

19. 1993年6月，张家口市沙岭子镇两养鸡户共饲养1640只

185 日龄和 225 日龄的蛋鸡先后发病邀诊。根据流行病学、临床症状、病理变化、发病后采取病料进行血清学检查（阳性率均在 90%以上)，诊为传染性喉气管炎。治疗：取方药 12，用法相同。经 3～5d 治疗，共治愈 1398 例，有效 217 例，无效 25 例。(任进斌，T81，P43)

20. 1986 年 3 月 20 日，大方县新庄乡养鸡户蒙某的 400 余只来航鸡和贵农黄成年种鸡，有 11 只发病，其余鸡精神不振，食量减少，产蛋率下降邀诊。检查：病鸡不食、不饮水，精神委顿，垂头蹲地，鸡冠呈紫色，粪稀、呈淡绿色，张口呼吸并发出咯咯声，不时咳嗽，咳时向左右或向后上方甩头并发出咕咕的咳声，鼻孔有分泌物，打开鸡的口腔可见喉部黏膜肿胀，有多量分泌物和灰白色假膜。诊为传染性喉气管炎。治疗：取方药 13，用法相同。用药 4d，病鸡逐渐痊愈，无一死亡，产蛋率亦恢复到正常水平。(许厚彬，T26，P60)

21. 1994 年 11 月 10 日，枣庄市中区郭里乡丁庄村邵某的 3300 只蛋鸡，于 193 日龄时发生传染性喉气管炎，曾用强力霉素、链霉素、土霉素、北里霉素、卡那霉素、禽病消等药物治疗，罔效，来诊。经临床检查，诊为传染性喉气管炎。治疗：取方药 14，拌料喂服；同时取 0.2%红霉素溶液饮服。服药第 1 天，病鸡精神好转，继续用药 2d，痊愈。为巩固疗效，再用药 2d。（刘凤吉，T86，P30)

22. 1996 年 3 月 18 日，张掖市养鸡户李某的 300 只迪卡蛋鸡发病邀诊。主诉：发病前鸡的产蛋率一直在 90%左右，育成期间曾用新城疫Ⅱ系、新城疫传支二联苗免疫。病鸡采食量下降，有的咳嗽、甩头、打喷嚏、流泪，个别鸡腹泻，粪呈白色或草绿色。2～3d 后病鸡逐渐增多，约 60%鸡发生类似症状，病情急剧加重，早晚尤为严重。夜间鸡群中传出连续不断地咳嗽、呼噜声；产蛋率下降至 50%左右，并出现急性死亡，当时误诊为新城疫，立即用新城疫疫苗接种，7d 后发病死亡仍未得到控制，全群鸡病情迅速恶化。曾用病毒灵、氨茶碱、维生素 C 等药物治疗无效。检查：

病鸡体温 42～43℃，精神不振，缩头呆立，羽毛松乱，呼吸严重困难。多数病鸡头颈向上伸展喘气，吸气时发出湿性咯咯声，当发生痉挛性咳嗽时常可听到鸦鸣声和喘鸣音。两侧鼻孔周围被黏液堵塞，时有泡沫状分泌物喷出、吸进；约 50％病鸡眼结膜发炎，多为一侧性眼睑粘连，严重者角膜混浊，形成白翳，甚至失明；有的嗉囊充满液体和气体、有波动感和气泡音，强行挤压，液体连同气泡从口中倒流。先后 16d 共死亡 93 只，死亡率达 31％。剖检病死鸡 7 只，均可见一侧性眼结膜发炎，结膜囊蓄积黄白色干酪样分泌物；鼻孔周围被黏液封满，鼻腔、喉头、气管黏膜和支气管充血；喉头和喉管部黏膜附着黄白色豆腐渣样物，或形成管状假膜，极易剥离，假膜下可见黏膜光滑、圆形突起的肿胀病变；气管黏膜表面有片状、块状黄白色附着物；肝脏表面呈点状或条纹状出血。多数病死鸡胆囊充满浓稠胆汁；肺叶边缘多为融合性充血、出血。个别鸡腺胃门处轻度出血，有的胃内食物呈草绿色，如同喂过青绿的菜叶样。无菌采取肺、肝、脾、心血涂片，用革兰、姬姆萨、瑞氏染色，镜检，未发现致病菌。刮取急宰病鸡喉部黏膜，分别用姬姆萨、革兰染色，镜检，在细胞核内可见大量散在的紫红色包涵体，周围呈红色淡染。采取病鸡血 35 份，分离血清。做鸡白痢平板凝集试验(PAT)，检出阳性 5 分；琼脂扩散试验(AGP)检查，全部为传染性喉气管炎阳性；禽霍乱、传染性支气管炎均为阴性。诊为传染性喉气管炎。治疗：取方药 15，用法相同。轻者 2d，重者 5d 治愈。(王纯拥等，T81，P27)

23. 1984 年 5 月，青阳县杨田乡许某的 500 只土种鸡发生喉气管炎，自用多种抗生素和磺胺类药物治疗无效邀诊。临诊时尚存栏 427 只鸡，其中病鸡 306 只。治疗：取六神丸和麻黄素，用法同方药 18。喂服 1 次，患病鸡症状显著减轻，疫情得以控制。翌日，继续服药 1 次，病鸡病情基本好转，连服 3～4 次，治愈。

24. 1993 年 4 月，青阳县城东乡邵某的 400 只鸡发生喉气管炎，自用青霉素、链霉素等多种抗生素及氟哌酸等药物治疗无效，至全群鸡发病(已死亡 16 只)邀诊。临诊时只有 28 只鸡未见明显临

床症状，其余 356 只鸡全部表现为典型的喉气管炎症状。治疗：将病鸡随机分成 2 组。第 1 组 180 只，用六神丸合盐麻黄素碱治疗，用法同方药 18；第 2 组用北里霉素 15mg/kg 治疗，2 次/d。第 1 组死亡 6 只，其余 174 只均喂药 2 次痊愈，治愈率为 96.7%；第 2 组服药 3d，患病鸡病情得到控制，5d 痊愈，其中 2 只鸡投药 7d 才痊愈，死亡 11 只，治愈率为 93.8%。（王甫根，T75，P26）

25. 户县东寨村张某的 1500 只产蛋鸡发病邀诊。检查：病鸡咳嗽，呼吸困难，张口呼吸，冠和肉垂呈青紫色，频频甩头排出分泌物，夜间可听到喉部发出的啰音。诊为传染性喉气管炎。治疗：取方药 19，用法相同。第 10 天，病鸡产蛋恢复正常。（刘文胜，T74，P12）

26. 广昌县李某的 3000 只 20 日龄三黄鸡发病邀诊。检查：病鸡从鼻腔中流出透明黏液，个别鸡流泪，呼吸时发出格鲁格鲁声。剖检病死鸡可见喉头和气管内有卡他和卡他血性渗出物，呈酪状或血凝块状堵塞喉和气管。诊为传染性喉气管炎。治疗：取方药 20，用法相同，连用 5d，痊愈。（李敬云，T126，P41）

27. 2006 年 5 月，铁岭市某养鸡户的 6000 只海兰褐商品蛋鸡发病邀诊。主诉：鸡群于 300 日龄时出现呼吸道症状，单侧或双侧眼肿胀、流泪，打喷嚏、甩鼻、流鼻涕，个别鸡伸颈张口呼吸，发出怪叫声，死亡 7～8 只/d。当地兽医诊断为传染性鼻炎，投药后罔效，采食量下降，死亡增多。检查：大多数病鸡流半透明样鼻液，体温升高，精神萎靡，喘气，张口伸颈呼吸，打喷嚏、咳嗽，摇头、甩头，结膜发炎、流泪、单侧或双侧眼肿胀，严重者闭目难睁。病死鸡鸡冠呈黑紫色，蛋壳色淡，白皮蛋、软壳蛋增多，采食量下降 20%。剖检可见轻症者出现眼结膜和眶下窦上皮水肿、充血；严重者鼻黏膜充血、肥厚，鼻腔内可见到多量黏液、干酪物及油膏样渗出物；喉头、气管黏膜充血、出血、严重坏死，在气管腔的下端接近支气管的部位有多量渗出物、血栓、血块。因气管上端无血栓或干酪物与传染性鼻炎的病理变化极为相似，与气管上端有血块不同。取气管或眼结膜组织，固定后作姬姆萨染色，镜检可见

上皮细胞内包涵体。根据发病特点、临床症状、病理变化，诊为传染性喉气管炎。治疗：取方药21，用法相同，连用4d，同时将严重患病鸡转到舍外阴凉通风处，痊愈。(李淑娟，T143，P43)

传染性支气管炎

传染性支气管炎是由传染性支气管炎病毒引起鸡以呼吸困难、咳嗽、张口呼吸、打喷嚏为特征的一种急性、接触性传染病。

【流行病学】 本病病原为传染性支气管炎病毒（属冠状病毒科冠状病毒属），具有较强的变异性，目前至少有30多个血清型，有些变异毒株可引起肾脏和生殖道病变。病鸡、康复后的带毒鸡和隐性感染的带毒鸡是主要传染源，各种年龄、品种的鸡均可感染。通过空气或被病毒污染的饲料、垫料、饮水等传播。饲养密度过大、多热、过冷、通风不良、患寄生虫病、维生素、矿物质缺乏等均可诱发本病。幼龄母鸡感染呼吸型传染性支气管炎病毒后可引起输卵管永久性退化，性成熟后丧失产蛋能力。呼吸型发病日龄多在7～40日龄，感染鸡死亡率在25%以上；肾病变型多发生于20～50日龄，死亡率高达40%～60%；腺胃型主要侵害20～80日龄的鸡，死亡率平均为30%左右；成年鸡发病后虽然死亡率低，但对产蛋量和蛋品质的影响却很大。本病传播迅速，常在1～2d内波及全群鸡。

【辨证施治】 一般分为呼吸型、肾型、腺胃炎型和产蛋异常型。

(1) 呼吸型　一般发生于10～40日龄的雏鸡，临床症状比较明显。病鸡精神沉郁，羽毛蓬乱，畏寒挤堆，咳嗽，喷嚏，气管有啰音，严重时张口呼吸，伴有特殊的喘鸣声，夜间尤为明显。

(2) 肾型　4周龄的雏鸡最为易感，若与呼吸型同时发生，呼吸道症状更为严重。单纯肾型呼吸道症状轻微，开始发病不易被发现，感染鸡精神昏愦，闭眼呆立，羽毛蓬乱，病鸡日渐增多，死亡率直线上升；腹泻严重者，开始为牛奶样或糊状白色稀粪，严重时完全堵塞泄殖腔甚至大量充积于直肠，使直肠极度扩张；死亡鸡皮肤呈紫绀色，肌肉及胫部皮肤干燥，眼窝深陷、呈严重的脱水状。

(3) 腺胃炎型　主要侵害20～80日龄的雏鸡。病鸡精神沉郁，饮食废绝，严重腹泻，极度消瘦，呈负增长趋势；个别鸡流泪，眼睑肿胀，多伴有呼吸道症状。

(4) 产蛋异常型　病鸡产蛋率迅速下降20%～80%，蛋壳褪色或颜色不均匀，畸形蛋及软蛋、破蛋增多，蛋品质下降，蛋清清稀如清水，甚至完全与蛋黄分离。

【病理变化】 呼吸型可见喉头及气管黏膜水肿、出血，有大量灰白色痰状黏液，气管和鼻道有卡他性渗出物；气囊浑浊，严重者附有黄色干酪样物；气管下段及支气管内有干酪样栓子（彩图11），大支气管周围可见小面积局灶性肺炎。肾炎型可见腹膜及胸腹腔各脏器浆膜表面有大量粉白色尿酸盐沉积，尤以心包和心肌更加严重；肾脏肿大数倍、如球状，颜色变淡近似苍白，外观似槟榔样，俗称花斑肾（彩图12），切开可见大量浓稠的白色糊状物；输尿管充满尿酸盐并极度扩张，久病或严重者形成棒状结石；输卵管管腔变细甚至萎缩，呈永久性损害；少数鸡可见呼吸道病变。腺胃炎型可见腺胃肿大，胃壁极度增厚、呈球状或葫芦状，黏膜乳头水肿、充血、出血、溃疡，严重时溃疡直达肌层甚至穿孔；腺胃和肌胃交界处肌肉变薄，部分患鸡肌胃肌肉松弛、萎缩；肝脏萎缩、色淡、质地变硬；法氏囊、胸腺以及胰腺均有不同程度的萎缩。产蛋异常型可见卵泡充血、出血、萎缩、变性；腹腔可见液状卵黄；输卵管管壁纤细菲薄，内含少量白色或透明液体（彩图13）；死亡鸡有时可见气管环充血、出血，管腔内或喉头处有黏性痰液。

【治则】 清热解毒，止咳平喘。

【方药】 1. 黄柏、黄芩各100g，贝母、板蓝根、紫菀各80g，车前草、瞿麦各60g，栀子、荆芥、防风、玄参各40g，甘草30g（为1500余只鸡1d药量）。共为细末，开水冲闷30min，拌料喂服，连用5d。饲料中添加1%小苏打，用于调节肾脏和尿道的酸碱平衡，促进肾和尿道中尿酸盐的排出。保证充足干净的饮水，

50kg 饮水中加入口服补液盐 200g、肾康 50g、黄芪多糖 100g、干扰素 100mL 和 10%氟苯尼考口服液 50mL，饮服。

2. 金银花、甘草各 10g，连翘、板蓝根各 25g，桔梗 15g。水煎取汁，轻者饮服或拌料饲喂；重者灌服或喷雾治疗（为 100 只雏鸡 1 次药量），3 次/d，连用 3～5d。

3. ①呼吸型，取麻黄、杏仁、石膏、五味子各 15g，紫菀、半夏各 10g，茯苓、桔梗、甘草各 5g。水煎取汁 100～200mL（为 50～100 只鸡药量），连用 5～7d。红霉素 20～50mg/(只・d)，氨茶碱 20mg/(只・d)，吗啉胍 10～20mg/(只・d)，溶于 1d 饮水中饮服，连用 5～7d；同时取链霉素 100mg/只，夜间向鸡头部喷雾，连用 3～5 次。伴发肾型者，取肾肿解毒药 2～3g/L，饮服，连用 3～5d，后改为 1～2g/L，直至痊愈；或肾肿消 1～2g/L，连用 5～7d；同时取氯霉素 2g/kg，拌料喂服，连用 5～7d；也可用车前子、黄芪、丹参、金银花、连翘、蒲公英、金钱草各 10g，黄柏、木通、麻黄、苏子、茯苓、甘草各 5g（为 50～100 只鸡药量）。水煎取汁，候温饮服，连用 3～5d。②腺胃型，取白芨、蒲公英、石膏各 20g，丹参、知母、黄芪、甘草各 10g。水煎取汁，药液和药渣分 2 次拌入少量饲料喂服（为 50～100 只鸡药量），连用 5～7d。③产蛋异常型，取益母草 50g，蒲黄、五灵脂各 25g，粉碎，80～100g/kg，拌料喂服，连用 10～15d。（谢家声等，T94，P42）

4. 川贝母、石膏各 150g，栀子、瓜蒌、山豆根各 200g，桔梗、金银花、甘草各 100g，桑白皮、麻黄各 250g，紫菀 300g，板蓝根 400g，黄芪 500g（为 1000 只产蛋鸡 1 次药量）。粉碎，加水煎煮 3～4 次，药渣拌料喂服。70 日龄蛋鸡用 1/2 量，30 日龄为 1/4 量。共治疗 50 余万只，治愈率达 98%以上。

5. 五苓散加味。泽泻、补骨脂、石韦各 15g，茯苓、白术、黄芩、黄芪、车前子、萹蓄各 10g，金钱草 20g，桂枝 7g，猪苓、甘草各 8g（为 200～600 只雏鸡 1d 药量）。水煎 3 次，取汁，混合药液，1 次饮服，1 剂/d，连用 4～5 剂。取 40%乌洛托品 80mg/kg，加入复方电解质，饮服，2 次/d，连用 3d。共治疗 5000 余例，治

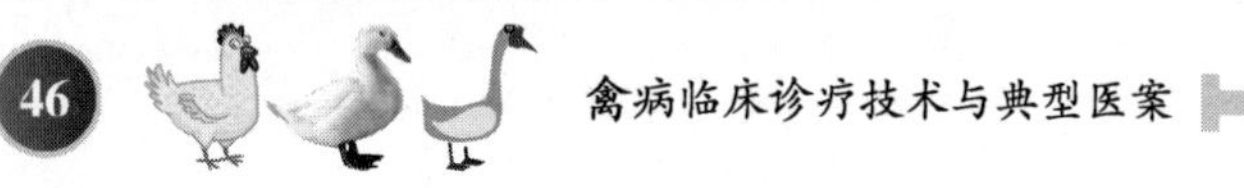

愈 4600 余例，治愈率达 90%以上。

6. 清瘟散。板蓝根、鱼腥草、黄芩各 250g，大青叶、地榆各 100g，穿心莲、蒲公英各 200g，金银花、薄荷、甘草各 50g（为 1000 只鸡 1d 药量）。咳嗽不畅者加半夏、桔梗、桑白皮；粪稀者加白头翁；粪干者加大黄；喉头肿痛者加射干、山豆根、牛蒡子；热象重者加石膏、玄参。水煎取汁饮服或开水浸泡拌料喂服，1 次/d。共治疗 2100 例，治愈 1764 例，治愈率为 84%。

7. 金银花、连翘、板蓝根、麻黄、车前子、五倍子、秦皮、桔梗、款冬花、白茅根、甘草。水煎取汁，候温喂服。共治疗 150 群 126570 只，平均治愈率为 93.13%。

8. 苇茎汤加减。苇茎 60g，薏苡仁、冬瓜仁各 30g，桃仁 30 枚。水煎取汁，候温饮服。

9. 对鸡群紧急接种新城疫Ⅰ系疫苗 2.5 倍量，加入青霉素 8000 万单位/只，链霉素 5000 万单位/只，用生理盐水稀释，肌内注射，0.5mL/只。红霉素、禽族得乐、强的松、维生素 C、维生素 AD_3、电解多维，混合拌料喂服，连用 3d。患病鸡症状消失后，用支喉消炎散拌料喂服，连用 3d。

10. 氨茶碱片(0.1g 规格)，0.25～0.50kg 鸡 0.05g/次；0.75～1.00kg 鸡 0.10g/次；1.25～1.50kg 鸡 0.15g/次。喂服，1 次/d，连用 2～3d。共治疗 718 例，治愈 684 例，死亡 34 例。（王本仰，T19，P62）

11. 加减厚朴麻黄汤。厚朴 15g，石膏 24g，半夏 12g，麻黄、杏仁、浮小麦各 9g，干姜、五味子各 6g，细辛 3g（为 200 只 20 日龄内雏鸡药量）。寒甚者重用干姜，稍减石膏量；风寒者加辛黄、桔梗；热甚者加瓜蒌、黄芩，减少干姜量；风热者加柴胡、前胡适量。水煎取汁，饮服或拌料喂服。

12. 百咳宁。柴胡、荆芥、半夏、茯苓、甘草、贝母、桔梗、杏仁、元参、赤芍、川厚朴、陈皮各 30g，细辛 6g。病毒引起者，减荆芥、柴胡；加夏枯草、贯众、白花蛇舌草、金银花、连翘、黄芩各 30g。各药制成粗粉，用时加沸水闷半小时，取其上清液，加

适量水供鸡饮用，药渣拌料喂服［相当于1g/(kg·d）生药］。

13. 板蓝根、金银花各1500g，白头翁、萹蓄、瞿麦、黄芪、山药、茵陈、甘草各100g，车前子、木通各800g，炒神曲、炒苍术各500g。共为细末，分上午、下午2次拌料喂服；板蓝根1000g，水煎取汁，候温饮服。乳白鱼肝油1食匙（约5mL，为3只鸡用量），拌料喂服，2次/d；食母生2400片，多维葡萄糖1500g，于中午1次拌料喂服；禽肾康冲剂、禽肾康冲剂Ⅱ，制成0.2%溶液，饮服7d。本方药适用于肾型传染性支气管炎。

14. 八正散加减。瞿麦、萹蓄、栀子、制大黄、木通、乌药、杏仁、麻黄各30g，车前草、滑石、金钱草、黄芪各50g，甘草梢20g。粉碎，过80目筛，按2.5%的比例加入饲料中，让鸡全天自由采食，连用4～5d；或根据采食量，水煎取汁饮服，药渣拌料喂服；取传染性支气管炎W93疫苗紧急免疫接种，用4倍量饮服或点眼、滴鼻。为控制合并或继发支原体和其他细菌感染，根据病情轻重，取强力霉素，100～200g/t，拌料喂服，或用左旋氧氟沙星，100～150g/t，拌料喂服，连用3～5d；0.2%碳酸氢钠水溶液，全天饮水，连用3d，以减少尿酸生成。酌量在饲料中添加优质多维或电解多维，以增强体质、抗应激，有利于病鸡康复。

15. 车前草、鱼腥草各40g（为500kg鸡1d药量）。水煎2次，取汁，分2次饮服，或拌料喂服，连用5d。100kg饲料中加入麻黄碱（人用）5g，小苏打1000g，喂服。(罗建平，T75，P41)

16. 车前子、黄芪、白头翁、金银花、连翘、板蓝根、桔梗各25g，麻黄6g(为25日龄100只鸡1d药量)。水煎取汁，饮服，早、晚各1次/d，连用3d。肾宝(齐鲁兽药厂生产)，500g对水250kg，供鸡自由饮服，连用3～7d；或肾肿解毒药（华南农业大学实验兽药厂生产)，500g对水250kg，供鸡自由饮服，连用3d。氯霉素粉，50kg饲料中添加75g，混匀，喂服，连用3d。5%多维葡萄糖，适量饮服，2次/d；或在饲料中加入0.2%苏打粉，以解除尿毒症。多维素、微量元素添加量加倍。共治疗肉鸡肾型传染性支气管炎13群12650只，用药24h，患病鸡病情趋于稳定，3d后

痊愈。(董启运等，T79，P28)

17. 麻黄 6g，杏仁 15g，石膏、炙甘草各 18g(为 100 只鸡药量)。水煎取汁，候温饮服。

18. 金银花、枳壳、厚朴、龙胆草、车前子各 20g，板蓝根、山豆根、苍术、甘草、焦三仙各 30g，黄芪 50g。加水 3000mL，浸泡 0.5h，煎煮至 1000mL，过滤取汁；药渣再加水 1500mL，煎煮至 500mL，过滤取汁，将 2 次药液混合，供 100 只鸡饮服。对病情严重、不能自饮者可采取人工灌服。本方药适用于腺胃型支气管炎。共治疗 31 个养鸡户 5.1 万只鸡，治愈率达 84%～97%。

19. 黄芪、马尾莲、蒲公英、板蓝根、金银花、连翘、贯众、鱼腥草、龙胆草、桔梗、猪苓、泽泻、甘草各 30g，金钱草、海金沙各 60g(为 1000 只鸡 1d 药量)。共为细末，开水冲闷半小时后拌料喂服，连用 5d，停 3d 后再喂 3d。干扰素（四川世纪公司生产，规格 1000 只/瓶)，加水 15kg/瓶，供 500 只鸡饮服，早晨断水 1h 后饮用，饮完后再断水 1h，连用 3d。上午用肾康（内含乌洛托品、维生素 B_1、维生素 B_2 等，规格 100g/瓶)，加水 100kg；下午用左氟欣（内含左旋氧氟沙星 5g)，加水 50kg/瓶，连用 5d。降低饲料中蛋白质的含量，增加多种维生素的含量，100kg 全价饲料中另加玉米碎颗粒 20kg，超强多维（内含维生素 A、维生素 D_3、B 族维生素、维生素 C、维生素 E 等）50g，喂服，连用 5d，之后剂量减半，再喂 5d。

【防制】 接种疫苗是预防传染性支气管炎的最有效的方法。接种前后 3～5d 停用各种抗生素和抗病毒药物，避免各种应激，特别是冷应激。建议仔鸡用 28/86-H120 株疫苗于 10 日龄首免，25 日龄二免，点眼或滴鼻；蛋鸡再于 8 周龄用 W93 株疫苗三免，产蛋前注射油乳剂灭活疫苗四免。由于鸡肾型传染性支气管炎有几个不同的血清型，不同的血清型之间不能产生交叉免疫保护，最好根据本地发病的不同血清型的各种活疫苗作免疫对比，筛选出合适的疫苗。对于还不能确定本地主要流行株的疫区，建议用多种血清型的疫苗交叉免疫，这样可拓展保护范围，有效地抵抗常规毒株和变异

毒株，并且将首免日龄放在1日龄，目的是让雏鸡尽早接触到IB毒株，建立黏膜免疫，防止早期感染。建议1日龄时用28/86-120株首免，7日龄用C30-Ma5株二免，14日龄用4/91株三免。

本病发病后期易并（继）发霉形体病、鸡新城疫、副嗜血杆菌病、大肠杆菌病等，应采取中西医结合治疗、紧急免疫接种、加强饲养管理、降低各种应激、隔离消毒、提高机体抵抗力等综合性防制措施，做到标本兼治。治疗上不可用磺胺类药物和卡那霉素等易造成肾脏和泌尿道损害的药物，以免加重病情，加速死亡。

鸡舍要光线充足，通风良好，温度和湿度适中，鸡群密度合理；尽量减少各种应激因素的发生；定期对鸡舍、运动场和食槽等用具进行彻底消毒，应选择高效、无刺激性的消毒药，且经常更换种类；鸡舍门口应设置消毒槽，闲杂人员不得随意进入鸡舍内，养殖户之间禁止相互串门；每天随时观察鸡群的健康状况，及时发现病鸡；保证从健康场引进雏鸡，避免不同来源、不同免疫状态和不同日龄的鸡混群饲养；采取全进全出的生产方式；保证饮用水卫生和供给优质全价营养丰富的饲料，提高鸡的抗病能力，切不可饲喂发霉、变质和冻结的饲料；做好其他疫病的预防工作，始终如一地坚持贯彻“预防为主，养防结合，防重于治”的原则，减少原发病，防止并（继）发病。

【典型医案】 1. 2009年3月16日，邵武市水北镇聂某的1600只18日龄雏鸡，出现精神不振，食欲下降，畏寒，腹泻和甩鼻、气管啰音、咳嗽、流鼻涕等症状，当日死亡26只，19日病情加重，死亡48只，于20日邀诊。检查：病鸡闭眼缩颈，羽毛松乱、逆立，体温升高，饮欲增加，轻度喘息，呼吸道症状有所好转，病程长者已不太明显，持续性排白色稀粪，泄殖腔周围附着白色稀粪，粪中含有大量尿酸盐结晶；重症者食欲废绝，严重脱水，迅速消瘦，肉髯和皮肤发绀，爪干瘪，不能站立，终因严重脱水和代谢紊乱而衰竭死亡。先后剖检10只病死鸡，可见全身脱水，消瘦，胸肌萎缩，嗉囊空虚；皮下干燥，鸡爪干瘪；气管、喉头内有黏稠分泌物，气管环自上而下出现充血、潮红，气囊混浊、增厚；

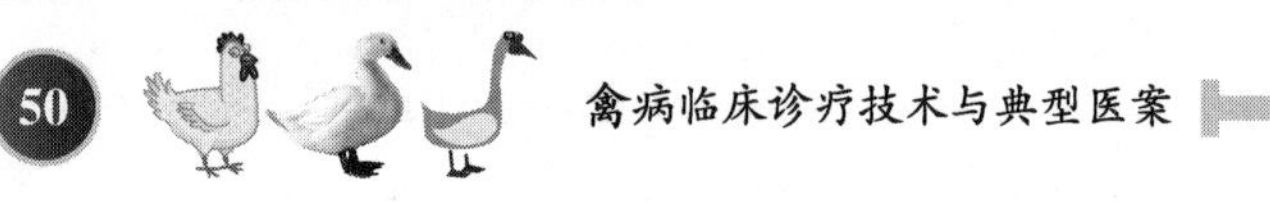

肺充血、出血、有坏死灶；肾脏明显肿大，颜色变淡，质地变脆，表面有石灰样物质沉着、呈雪花样花纹，肾小管和输尿管充满尿酸盐结晶，形成“花斑肾”；心包和肝脏表面有白色尿酸盐沉积；肝脏瘀血、肿大；脾脏稍肿大；胆囊中胆汁充盈；胸腺和法氏囊萎缩；腺胃肿大，腺胃和小肠黏膜发生炎症和坏死，十二指肠、盲肠、泄殖腔出血，泄殖腔和直肠末端膨大部有大量白色稀粪。无菌取病死鸡肾、肝、脾脏组织涂片，革兰染色、镜检，未发现致病菌；取病料分别作琼脂和肉汤培养（37℃恒温 24h），未发现致病菌生长。诊为传染性支气管炎。治疗：取方药 1 中药、西药，用法相同，分别连用 5d 和 3d。用 0.5％强力消毒灵和 0.5％过氧乙酸交替带鸡喷雾消毒，并对空气进行消毒，2 次/d，连续 7d。用药 3d，病鸡精神、食欲明显好转，体温基本正常，腹泻减轻，死亡减少，无新的病例发生，5d 后，病鸡精神、食欲基本恢复，停止死亡，全群康复。（吴晓忠，T164，P67）

2. 沭阳县汤涧镇严荡村严某的 4000 只 28 日龄新罗曼蛋雏鸡发病邀诊。检查：病雏鸡伸颈、张口呼吸，气管啰音，咳嗽、打喷嚏、甩鼻，羽毛松乱，昏睡，畏寒，部分病鸡鼻窦肿胀、流黏液性眼泪。剖检病死鸡可见鼻窦、气管、支气管黏膜肿胀、呈浆液卡他性炎症，气管内有灰白色黏液，气囊混浊、有干酪样物质；肺充血；法氏囊呈弥散性出血。根据临床症状和实验室检验，诊为传染性支气管炎。治疗：取方药 2，用法同上，连用 4d。重症 568 只雏鸡死亡 36 只，其余全部康复，治愈率达 93.7％；轻症者全部康复。（施仁波等，T132，P26）

3. 1998 年 8 月 29 日，中卫县永康乡刘湾村养鸡户张某的 3000 只产蛋鸡发病邀诊。检查：病鸡伸颈喘息，排绿色粪。剖检病死鸡可见喉头肿胀，咽部出血，气管有出血条，喉头有干酪样坏死物。诊为急性传染性支气管炎。治疗：取方药 4，用法相同，连用 2 剂。服药 1 周，病鸡全部治愈，且产蛋量逐步上升。

4. 1999 年 10 月 2 日，中卫县永康乡观庄村养鸡户刘某的 2000 只蛋鸡发病邀诊。检查：初期病鸡甩头，打喷嚏，2～3d 后

开始打呼噜，呼吸困难，鼻孔粘结饲料，排绿色或白色粪，产白色软蛋，产蛋量下降，并出现死亡。剖检病死鸡可见喉头部位充满黏痰，输卵管萎缩和变细、变短，肾呈花斑样。诊为传染性支气管炎。治疗：取方药 4，加黄芪 200g，用法相同，连用 2 剂。病鸡全部恢复正常，且在 10 多天后产蛋率恢复至 85%。（雍宝山等，T106，P17）

5. 2004 年 3 月，邯郸县大隐豹乡小隐豹村张某引进的 1000 只海兰灰蛋雏鸡，于 3 周龄时开始发病邀诊。主诉：鸡群出现呼吸道症状时用泰乐菌素治疗 2d，呼吸道症状减轻，但随之死亡数增加，采食下降，饮水增多，两翅下垂、昏睡，下痢，排白色水样稀粪，用恩诺沙星等药物治疗 2d 无效，死亡数上升至每天 20 多例。剖检病死鸡可见鸡爪干瘪，皮下脱水干涩，与肌肉不易分离；肾脏肿大、苍白、呈花纹状，输尿管变粗，内有白色尿酸盐沉积；直肠末端有白色石灰水样稀粪蓄积。无菌取肝、脾组织涂片，美蓝染色、镜检，未见细菌；无菌取肝、脾组织接种于普通琼脂和 SS 琼脂平板，37℃培养 24h，均无细菌生长。根据流行病学、临床症状、病理变化和实验室检验，结合未曾使用过肾型传染性支气管炎疫苗免疫的情况，诊为肾型传染性支气管炎。治疗：取 40%乌洛托品，80mg/kg，与复方电解质(按说明书使用）同时溶入饮水中，饮服，上午、下午各 1 次/d，连用 3d。取方药 5，水煎取汁，1 剂/d（为 300 只雏鸡药量)，傍晚前饮水 1 次/d，连用 5d。用药 3d，病鸡停止死亡，第 6 天鸡群精神、食欲恢复。又继用中药 2d，以巩固疗效。共死亡 98 例，治愈率为 90.2%。

6. 2005 年 4 月，邯郸市峰峰矿区和村镇杜庄村杜某引进的 1500 只 AA 肉雏鸡，于 7 日龄时进行Ⅳ系 H-120 疫苗滴鼻、点眼，次日鸡死亡数增多，鸡群扎堆怕冷现象明显，并出现呼吸道症状，经投服氧氟沙星 3d 呼吸道症状基本消失，但随后出现腹泻，排白色水样稀粪，病鸡翅膀下垂、昏睡，屈腿伏地而死亡。按照大肠杆菌病治疗 2d 无效，死亡不断增加。剖检病死鸡可见肾肿大、呈花斑状；输尿管扩张，有尿酸盐沉积；直肠末端有白色石灰水

样稀粪蓄积；取肝、脾组织涂片、镜检，未见细菌；细菌培养呈阴性。根据流行病学、临床症状、病理变化及实验室检验，诊为肾型传染性支气管炎。治疗：取方药5西药，饮服；同时针对鸡群日龄小、抵抗力弱等特点，在方药5中药基础上加党参、吴茱萸、五味子各10g(为600只鸡1剂/d药量)，水煎取汁，候温饮服，以增强补气和健脾益肾功效。用药1d，病鸡死亡明显减少，用药3d后死亡停止，又继续用中药2d后，鸡群恢复正常。（王芳等，T141，P47）

7. 2002年3月上旬，太谷县水秀乡张某的300只39日龄雏鸡发病邀诊。主诉：初期仅有几只鸡发病，2d后几乎全群鸡出现不同程度的症状。检查：病鸡羽毛松乱，离群呆立，呼吸困难，流鼻涕、咳嗽，眼睑肿大，排黄白色稀粪。诊为呼吸型传染性支气管炎。治疗：取清瘟散，用法见方药6，连用3d。除3只鸡死亡、个别鸡偶尔有咳嗽现象外，其他病鸡症状基本消除；服药5d，鸡群恢复健康。

8. 2002年4月中旬，太原市小店区李某的90只24日龄雏鸡发病邀诊。主诉：起初发现有2只鸡排白色水样粪，立即将病鸡隔离。疑为肾型传染性支气管炎。治疗：取清瘟散，用法见方药6。用药3d，病鸡康复，同时给同群鸡紧急接种M41型弱毒苗，采用点眼免疫，控制该病扩散。(程泽华，T125，P39)

9. 1994年6月24日，太仓市城厢镇养鸡户陶某的1500只30日龄肉鸡发病邀诊。主诉：最近2～3d鸡群突然发病，怕冷，气喘，腹泻，粪稀、呈白色。剖检病死鸡可见肾脏明显肿胀，肾小管、输尿管充满尿酸盐；气管内有多量黏性渗出物；肺水肿、充血；气囊混浊。诊为肾型传染性支气管炎。治疗：金银花、车前子各150g，连翘、板蓝根、秦皮、白茅根各200g，五倍子、麻黄、款冬花、桔梗、甘草各100g。水煎2次/剂，取汁混合，分上午、下午喂服，并在饮水中添加禽口服补液盐，1剂/d，连用3剂，痊愈，治愈率为96.13%。

10. 1994年10月20日，太仓市陆渡镇养鸡户吴某的700只

28日龄白只肉鸡突然发病，死亡5只，吴某携死鸡来诊。剖检诊为肾型传染性支气管炎并发传染性法氏囊病。治疗：金银花、车前子、白茅根、秦皮、款冬花、桔梗各100g，连翘、板蓝根各150g，甘草50g。水煎取汁，候温喂服，连用3剂。同时对并发症用法氏囊高免血清治疗，治愈率为95.20%。（吴建华等，T105，P26）

11. 广昌县头陂镇李某的1000只80日龄三黄鸡突然发病邀诊。检查：病鸡喘息，咳嗽，有气管音，流脓涕。诊为传染性支气管炎，治疗：取方药8加金银花、鱼腥草、黄芩。水煎取汁，候温供鸡饮用，1次/d，连用5d，同时辅用维他力治疗，5d后痊愈。（李敬云，T126，P41）

12. 1998年5月25日和12月2日，武山县某养鸡场分别购进黄金竭蛋雏鸡，于8日龄、24日龄、84日龄时进行了新城疫和传支H120（或H52）二联饮水免疫，又于110日龄进行了新城疫Ⅰ系注射免疫，雏鸡成活率分别达到97.5%和98.8%。124日龄左右开产，其生长发育、生产性能均达到指标。1999年5月26日，产蛋率分别为84%和92.5%。176日龄时零星发病、死亡，产蛋率下降，按减蛋综合征治疗无效。6月1日，360日龄蛋鸡也出现相同症状。两批鸡共发病3560只，死亡136只，发病率87.9%，病死率3.8%，产蛋率每天降低8.0%～10.0%。检查：病鸡精神沉郁，采食量下降，后期饮水增加，张口呼吸，咳嗽，时有啰音，眼睛湿润，个别鸡有鼻液，鸡冠苍白或发紫，排白绿色稀粪或水样粪，畏寒，产蛋率分别由84.0%和92.5%下降到47.0%和55.6%，产软壳蛋、薄壳蛋、畸形蛋、沙壳蛋、白壳蛋，蛋白稀薄如水，破蛋率上升。剖检病死鸡和病鸡可见气管、支气管中黏液增多，黏膜增厚；气囊混浊，个别有出血点；肺充血或水肿、呈局灶性肺炎；肾肿大、呈花斑样；盲肠扁桃体肿胀、出血；肠黏膜出血、充血、肿胀或溃疡，溃疡面呈枣核状，表面覆盖纤维素假膜，回盲瓣出血明显；肠系膜有点状出血，个别鸡腺胃乳头有出血点或肌胃内食物呈绿色；输卵管有炎症，个别鸡卵黄破裂流入腹腔引起腹膜炎，康复鸡“假性”母鸡较多。取病死鸡肝脏涂片，革兰

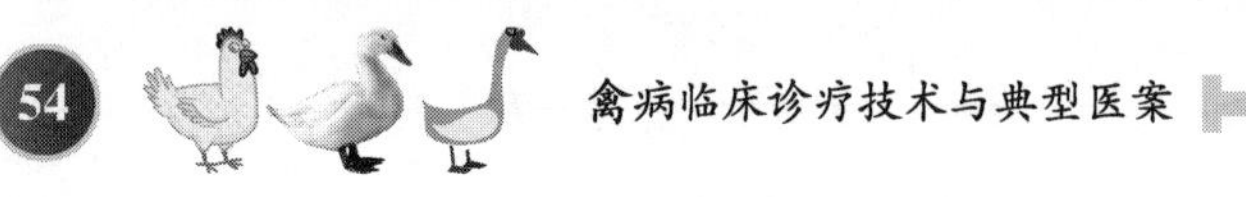

染色镜检，未见细菌；取病死鸡肝脏接种于琼脂培养基，37℃培养24h，无菌落生长；病鸡血清血凝抑制试验阴性；取发病鸡血清进行ND、IB的血凝抑制试验，ND血清H2抗体效价不等，为7～12lg2，传染性支气管炎血清抗体效价为8～12lg2。诊为传染性支气管炎并发鸡新城疫。治疗：取方药9，用法相同。治疗1周，患病鸡症状消失，1个月后产蛋率分别上升至80.0%和76.0%，且保持相对稳定。(严作廷等，T99，P31)

13. 1986年2月3日，如皋县长江镇中心沙村刘某的876只鸡发病邀诊。主诉：1月3日购进900只2F苗鸡，已饲养28d，前9d死亡24只。2月2日中午鸡舍煤炉熄灭，夜间气温降至－4℃左右，2月3日晨，鸡怕冷，咳嗽，喘气，食量减少，又死亡29只。检查：病鸡群中有80%鸡咳嗽，气喘，畏寒，喉有痰鸣音，鼻窦肿胀，皮肤呈隐紫色。诊为传染性支气管炎。治疗：加减厚朴麻黄汤。厚朴70g，麻黄15g，半夏50g，干姜60g，细辛12g，五味子30克，杏仁、浮小麦各40g。水煎取汁，在饮水和饲料中各加入一半药液，连用4剂，早、晚各1剂/d。2月5日，患病鸡群恢复正常。共治愈820例，死亡3例。(戴蔼夫等，T48，P45)

14. 正定县正定镇毛某的1000余只青年鸡，于3月初开始发病，伸颈，张口呼吸，咳嗽，喉部有特殊的呼吸声，夜间更加明显。先后用青霉素、链霉素、土霉素、卡那霉素治疗症状均未减轻。根据临床症状，诊为传染性支气管炎。治疗：取百咳宁，用法同方药12。治疗5d，大部分鸡病情好转，至第7天临床症状全部消失。(王连福，T53，P23)

15. 1994年3月，榆次市某养鸡场2400只近7月龄大群舍散养父母代艾维茵肉鸡，约10%的鸡不同程度地发病，死亡2～5只/d，曾用青霉素、土霉素、氟哌酸等药物治疗无效邀诊。检查：病鸡呼吸加快，口腔和鼻腔有黏液，甩头，叫声嘶哑，精神不振，畏寒拱背，常出现排粪动作，排出石灰样稀粪、含大量尿酸盐，食欲减退，有的废绝，消瘦，有的腹部水肿，皮肤发绀，触之有明显的疼痛反应；触诊肾脏部位时鸡尾部收缩下垂、疼痛；饮水

增加，肛门周围有白色稀粪污染，羽毛干燥、无光泽、松乱；有的翅下垂，呆立；有的卧地不起，3～5d 死亡。剖检病死鸡可见肛门肿胀，鼻腔、气管有灰白色黏液，气管有炎性病变；嗉囊空虚，腺胃乳头有出血点；心脏和心包粘连，有尿酸盐沉积，心脏肿大，心肌增厚，心房瘀血，心内、心外膜有出血点；肾脏、脾脏肿大约 2 倍，肾脏呈现灰白色斑纹；肝肿大、有出血点、质脆，边缘有坏死灶；在肾、脾、肝、卵巢、肠系膜、泄殖腔表面均有大量尿酸盐沉积，特别是肛门尿酸盐似细砂粒阻塞。治疗：取方药 13，用法相同。停用麸皮及含钙质较多的饲料及添加剂。治疗 7d，仅死亡 7 只，其余病鸡全部治愈，再未出现新发病鸡。（刘惠文等，T73，P40）

16. 2011 年 3 月初，内黄县北郊某大型生态养殖场的 6000 只 60 日龄雏鸡发病邀诊。主诉：发病初期，鸡轻度伸颈，张口呼吸，咳嗽，甩鼻，气管内有啰音，特别是在夜间尤为清晰，用抗感染药治疗 3d 病情好转，但病鸡出现精神沉郁，畏寒，扎堆，呆立，翅下垂，采食量明显减少，饮水量增加，排大量白石灰水样稀粪，每天死亡 50 多只。剖检病死鸡可见机体消瘦，严重脱水，皮肤与肌肉不易剥离；咽喉和气管内有少量黏液，气管、支气管黏膜轻度充血；肾脏明显肿大；鸡爪干燥无光。根据发病情况、临床症状、病理变化，诊为传染性肾型支气管炎。治疗：先用肾传支 W93 疫苗 4 倍量饮水免疫，于全价饲料中按 2.5%比例加入加减八正散，全天饲喂；强力霉素混饲，控制细菌合并感染或继发感染。饮水中加入 0.2%碳酸氢钠，增加通风次数。治疗 2d，病鸡死亡减少，精神好转，采食量增加；治疗 5d，病鸡死亡停止，继用加减八正散 2d，一切恢复正常。（胡红军等，T171，P64）

17. 户县祖庵镇赵某的 500 只迪卡青年鸡发病，用泰乐钾、链霉素等药物治疗无效邀诊。检查：病鸡精神沉郁，闭目缩颈，咳嗽，甩头，可听到气管啰音，羽毛松乱。诊为传染性支气管炎。治疗：取方药 17，水煎取汁，候温饮服。第 1 天，病鸡症状减轻；第 2 天，病鸡症状明显减轻；第 3 天痊愈，未发生死亡。（刘文胜，

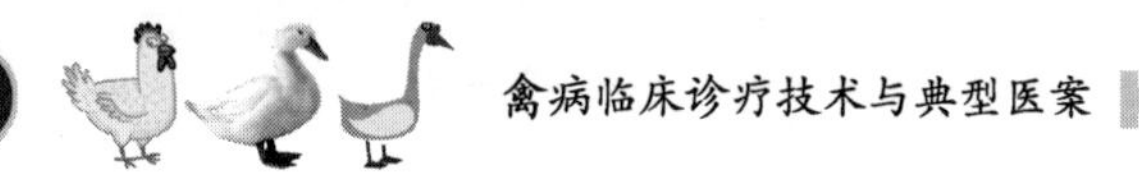

T74，P12）

18. 1999年3月，蓬莱市大季家镇房家村房某的4500只海赛鸡，于19日龄时发生腺胃型支气管炎。治疗：取方药18，用法相同，连用3剂，痊愈，治愈率达97%。（王廷鸿，T107，P38）

19. 2008年8月17日，蓬莱市某肉鸡饲养场购进19800只AA肉雏鸡，分布在4栋鸡舍内，采用全封闭、网上饲养，用火炉燃煤取暖，大型电动排气扇控制舍内空气流动，电动刮粪板除粪，饲喂民和公司的全价颗粒料，并分别于7日龄和13日龄进行新城疫和法氏囊苗免疫接种，14日龄前一直生长良好。15日龄时发现个别鸡腹泻，有呼吸道症状，咳嗽，甩鼻，排黄色稀粪，死亡30～40只/d，当时认为法氏囊免疫应激反应所致，用土霉素治疗，用药4d，病情没有得到控制，死亡增加，每天死亡100余只。检查：初期，病鸡精神不振，食欲减退，甩鼻，咳嗽，张口呼吸，体温升高，饮水量明显增加。2～3d后呼吸道症状似乎有所缓解（典型肾传支暴发前的表面恢复期）。鸡群突然精神沉郁，喘息，怕冷，气管出现明显啰音，同时伴有腹泻；发病中期严重脱水，病鸡多拱背、呆立、厌食，重症者食欲废绝，冠髯发紫，羽毛松乱，翅下垂，排大量白色石灰水样稀粪。因长期脱水，爪干瘪、不能站立，很快因脱水和代谢紊乱而衰竭死亡。剖检病死鸡可见机体脱水，支气管充血、出血；心脏有纤维素性心包炎；肝脏有轻微的肝周炎；气囊浑浊增厚；肾脏高度肿胀、苍白，肾小管和输尿管内尿酸盐沉积，肾脏呈条纹状出血；盲肠扁桃体出血；泄殖腔有出血斑并有白色尿酸盐；腺胃、肌胃无明显变化。无菌采集疑似大肠杆菌病变鸡的肝脏、心脏，在超净台内划线接种普通营养琼脂培养基、麦康凯培养基，置37℃生化培养箱中培养18～24h。普通营养琼脂上形成散在的圆形凸起、光滑、湿润、半透明、灰白色菌落，直径2～3mm；麦康凯琼脂上形成的粉红色菌落。将分离到的菌落均匀涂抹在洁净的载玻片上，革兰染色，显微镜下观察，可见大量散在的革兰阴性、两端钝圆、无芽孢和荚膜的小杆菌。取病死鸡肺脏、肾脏，处理后接种于10日龄鸡胚尿囊腔10个，同时用生理盐水做对照，37℃孵化观察死亡及矮化情况。孵化48h后从试验组中取2个活胚，收集尿囊液，盲传4代（10个/代）。每代抽检后8个鸡胚，用于观察死亡和矮化情况。结果试验组随鸡胚传代次数的增加，出现矮化数量和死亡胚增多，鸡胚死亡时间提早，而对照组未出现矮化和死亡。取16个10日龄SPF鸡胚，分为2组，Ⅰ组尿囊腔接种第4代矮化的鸡胚尿囊液，0.2mL/个，孵化10h接种NDⅣ系活疫苗，继续孵化至36h，收集尿囊液进行NDⅤ的HA检测；Ⅱ组同条件下孵化，10h时接种NDⅣ系活疫苗，孵化至36h，同时进行ND的HA检测。Ⅰ组HA效价平均值为3；Ⅱ组HA效价平均值为8，由此可见NDV复制受到干扰，胚液中可能有IBV存在。取30日龄的健康雏鸡（未免疫IB疫苗）80只，分为2组。Ⅰ组用第4代胚液滴鼻攻毒，0.3mL/只；Ⅱ组为空白对照，观察14d。结果攻毒鸡在36h出现呼吸道症状，继而饮食欲下降，排白色稀粪，出现死亡，死亡率达80%。剖检死亡鸡可见明显花斑肾，同时采集血清各6份进行ELISA检测，结果显示试验组的IB抗体检测阳性，对照组为阴性。根据试验室检查结果，结合临床症状、病理变化，诊为肾型传染性支气管炎与大肠杆菌混合感染。治疗：取方药19，用法相同。用药后，病鸡精神好转，5d后死亡减少，7d后采食量增加，半月后康复。（陈佳等，T156，P66）

传染性法氏囊病

传染性法氏囊病是指鸡感染传染性法氏囊病毒，引起以法氏囊肿大和出血为特征的一种急性、接触性、免疫抑制性传染病。本病主要侵害雏鸡的体液免疫中枢器官法氏囊。

【流行病学】 本病病原为鸡传染性法氏囊炎病毒。鸡和火鸡是主要宿主。病鸡及隐性感染的带毒鸡是主要传染来源。经呼吸道、眼结膜及消化道感染。病鸡粪中含有大量的病毒，被污染的饲料、饮水、垫草、用具等均可成为传播媒介，还可经种蛋传播。本病具有高度接触性，可在感染鸡和易感鸡之间、病鸡及隐性感染鸡群之间迅速传播；2～18周龄鸡都可能感染发病，以3～6周龄鸡最为易感，各品种的鸡均有易感性，轻型鸡易感性更高。一年四季均可发病，5～7月份为发病高峰。

【主证】 初期，病鸡泻水样稀粪，口渴喜饮，鸡体发热、有烫手感。中后期由于病程较长，病鸡口渴但不甚饮，闭目神昏，热久不退，下痢。

【病理变化】 尸体脱水；胸肌、腿外侧肌见菱形或条纹状出血斑块（彩图14）；两翅皮下、颈部肌肉、心肌、肠黏膜有出血斑，尤其是腺胃与肌胃交界处的黏膜有暗红色出血带（彩图15）；法氏囊水肿，较正常大2～3倍，囊壁增厚3～4倍，质地坚硬，外观呈球状、浅黄色，法氏囊皱褶上有出血点或出血斑；病情严重时法氏囊似紫葡萄状，囊内皱褶模糊不清；法氏囊严重水肿，囊内有黄色胶胨样物（彩图16），久之变为黄白色干酪样硬块；多数鸡肾脏肿大、呈苍白色；肝表面有黄色条纹；脾轻度肿大，表面均匀散布有灰白色坏死点。

【治则】 清热解毒，凉血消斑。

【方药】 1. 生石膏130g，生地、大青叶各40g，赤芍、丹皮、栀子、玄参、黄芩、连翘、黄连、大黄各30g，甘草10g。水浸泡半小时，加热至沸，文火煎煮15～20min，共煎煮2次，取汁，合并药液，候温，任鸡自由饮服(为300只雏鸡1d药量)。用于预防，1剂/3d，可增加雏鸡对传染性法氏囊病的抵抗力。

2. 救鸡汤。大青叶、板蓝根、连翘、金银花、甘草、柴胡、当归、川芎、紫草、龙胆草、黄芪、黄芩各60g(为1000～2000只鸡药量)。水浸泡后煎煮取汁，候温让鸡自由饮服；或将各药粉碎，按1%～2%比例均匀拌入饲料中用于预防。治疗量加大，采用滴鼻、灌服方法。一般饮水1～2次即可，饮水前需停水半天。拌料喂完按比例配制的饲料（约1周）即可达到防治效果。

3. 速效囊宝(含有黄芪、红花、当归、茜草、银花、连翘、地榆等的水提物)，1～2mL/(只·d)，加入水中任鸡自由饮服，重病鸡可灌服，连用4～6d。带鸡消毒1次/d，及时隔离病鸡；饮水中加入口服补液盐、法氏囊Ⅱ号、氨苄青霉素、肾肿解毒药以及速补18；恢复期饲料中维生素的含量应提高1～2倍。（谢家声等，T93，P42）

4. 同群鸡饲喂含0.75%禽菌灵粉（由穿心莲、甘草、吴茱萸、苦参、白芷、板蓝根、大黄组成）的饲料进行预防，连喂3～5d。病鸡治疗用禽菌灵片，2片（0.6g）/kg，维生素 B_1 10mg/只，2次/d，连用3～5d。在饮水中加入5%葡萄糖、2%复合维生素B溶液、0.1%维生素C注射液，任鸡自由饮服，连用3d。共治疗1501例，治愈1394例，治愈率为92.87%；预防4774例，再未发现新病例。

5. 毒攻汤。党参、黄芪、金银花、板蓝根、大青叶各30g，蒲公英40g，甘草（去皮）10g，蟾蜍1只（100g以上）。并发球虫病者加常山20g；并发白痢者加黄连20g；并发绦虫病、蛔虫病者加槟榔20g。先将蟾蜍置于砂罐中，加水1.5kg，煎数沸后加入其他7味中药，用文火继续煎煮数沸，放冷取汁，供100只雏鸡3次/d服用。残渣再水煎2次，加蟾蜍1只/次，煎煮3次/剂，连用3d。药液可饮用、拌食和灌服。亦可用于预防。经16.19万鸡临床应用，效果满意。

6. 白头翁汤。白头翁40g，黄柏、黄连、秦皮各50g。水煎2次，取汁5000mL，分盆饮服；不饮者灌服20～30mL/只，3h内饮完。本方药适宜单纯热痢型传染性法氏囊病。

7. 加味干姜黄芩黄连人参汤。干姜、黄芩各50g，黄连、党参、木香各60g。水煎2次，取汁5000～6000mL，任鸡自由饮服，3h饮完。本方药适宜似寒热相悖性传染性法氏囊病。

8. 抗毒素1号（黑龙江省兽药一厂生产。使用前须经煮沸，待自然冷却后使用。如放置时间长，有沉淀，可上下轻轻摇匀，但勿用力过大，不可摇起泡沫。开瓶后1次用完，剩余者废弃或给鸡饮服），2mL/(kg·次)，皮下或肌内注射，1次/d，连用2d。病情严重者2次/d，4mL/(kg·次)，间隔6～8h，连用2d；病情非常严重者要单独进行护理。饮食欲废绝者应强制饮水，也可加服广谱抗生素。在药物治疗的同时，要多饮服0.1%盐水或5%糖水；减少高蛋白饲料，增加富含维生素的饲料或添加维生素添加剂。鸡舍用5%福尔马林消毒。对假定健康鸡可紧急接种法氏囊疫苗。（吕有国，T55，P30）

9. 紫草、板蓝根、甘草各50g，茜草30g，绿豆500g（为50kg鸡药量）。水煎取汁，拌料喂服，或第1煎拌料，第2煎作为饮水饮服，重症病鸡可灌服，连用3d。共治疗8664例，治愈8432例，死亡232例，治愈率为97.32%。（厉宝福，T56，P42）

10. 白虎汤加减。生石膏60g，知母、生地、金银花、连翘、大青叶、板蓝根、紫草、甘草各30g，白茅根50g，牡丹皮40g（为500只鸡药量）。先将药物在凉水中浸泡30min，然后煎煮30min，煎煮2次，取药液4000mL/次，合并混匀，分盆饮服，3h内饮完；不饮者灌服20mL/只。本方药适宜于热入气分证。

11. 清营汤合犀角地黄汤加减。生地60g，玄参40g，党参30g，竹叶心、金银花、连翘、丹参、麦冬、紫草、大青叶、板蓝根、栀子、牡丹皮、甘草各20g，白茅根50g。水煎2次，取药液7500～8000mL，分盆让鸡在3h饮完；不饮者灌服12～15mL/只。本方药适宜于邪入营血证。

12. 板蓝根4kg，分4次用沸水浸泡，用水10kg/次，第1次2～4h，第2次4～6h，第3次6～8h，第4次10～12h。每次取浸液2/3，合并滤液，分3次服用，500mL/次，凉开水加至10kg（10000mL），供1000只鸡1次饮服，约1mL/只。连用3d/剂，1疗程/6d。在饲料中加入氯霉素（白云山兽药厂生产，0.05g/片）0.2g(4片)/kg，研细拌匀，连喂5d。

13. 生石膏汤。生石膏100g。水煎取汁，候温喂服。或复方生石膏汤。生石膏100g，红糖200g。水煎取汁，候温灌服。

14. 千里光、蒲公英、鸭趾草、紫花地丁、金银花、鱼腥草各200g，艾叶400g（以40m^{2}房舍、1000只病鸡计算，1次点燃烟熏）。将病鸡群关入密闭的水泥板结构、粉刷过墙壁的房内(以不拥挤为宜)，置盛有中草药铁盆放于房中间，关闭门窗，点燃中草药

烟熏 25～30min，立即打开门窗，对病情严重鸡可于次日再熏 1 次。

15. 板蓝根、败酱草各 100g，金银花 60g，连翘、生甘草各 20g。水煎 2 次，取汁，混合药液，浓缩成 2000mL，待温，用玻璃注射器滴服，10mL/只，2 次/d。(郎洪胜，T63，P40)

16. 黄芪、党参、茯苓、陈皮、黄芩、黄连、茵陈、白术各 15g，甘草 10g(为 50 日龄 200 只鸡药量)。水煎取汁，候温饮服或灌服，1 剂/d，连服 5d。共治疗 600 余例，治愈率为 100%。

17. 消法灵。板蓝根、大青叶、连翘、金银花、黄芪、当归各 15～40g，川芎、柴胡、黄芩各 15～30g，紫草、龙胆草各 15～40g(为 100 只鸡药量)。水煎取汁，候温饮服。共治疗 5350 例，治愈 5102 例，治愈率达 95.36%；预防 55880 例，保护率达 100%。

18. 板蓝根、大青叶、连翘、蒲公英各 50g，川黄柏、金银花、炒白术(或黄芪 25g) 各 25g，生石膏 12g，甘草 20g。将各药置于罐内 (或锅内)，加水 1000～1500mL，煮沸 10min 左右，冷却，取汁 500mL(供 100 只鸡服用)，2～3mL/(只·次)，3～4 次/d。药渣可再水煎 2 次后将药渣拌料。一般 1d 即可见效，连用 3d 可痊愈。食欲未废绝者可饮用或拌料喂服。

19. 二白散。石膏 3 份，滑石 2 份。共为细末，喂服，5～10g/只，2 次/d。

20. 石膏 200g，生地、黄芩、栀子、玄参、知母、连翘、竹叶、金银花各 50g，黄连 30g，茜草、桔梗各 40g，甘草 20g (为 100 只鸡药量)。先煎石膏，后与诸药共煎，取汁，候温饮服，2 次/d，连用 3d。病的后期，选用党参、黄芪、当归、熟地、厚朴、陈皮、山药、白术、茯苓、神曲、甘草各等份为末，以 0.5% 比例拌料喂服 3d 进行调理；脾虚泻泄者加升麻、柴胡适量。

21. 聚肌胞 1 支，溶于 5%～10% 葡萄糖溶液 1000mL 中，混合后加水适量，1.5～20h 饮完。第 2、第 3 天，聚肌胞、葡萄糖饮用量减半。取金蟾健囊散(新疆乌鲁木齐市金蟾兽药有限公司生产，由党参、黄芪、白术、白头翁、连翘、板蓝根等中药组

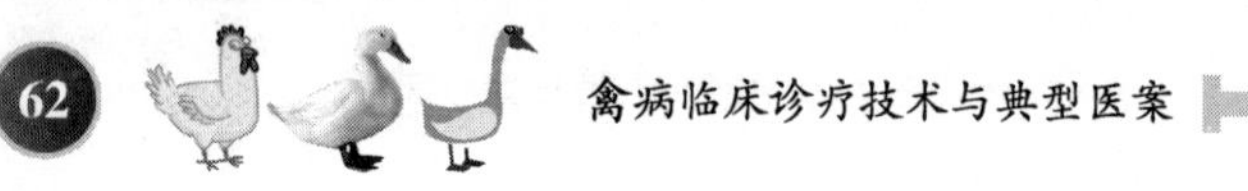

成，100g/袋）200g，利巴败毒散（新疆乌鲁木齐市金蟾兽药有限公司生产，100g/袋）100g，拌入50kg饲料中，供鸡自由采食。或将金蟾健囊散、利巴败毒散用水溶解后，与水混合供鸡饮用，药渣拌料喂服。饮欲废绝者用滴管灌服。同时提高鸡舍温度（34℃），用强力消毒灵（中国农业科学院中兽医研究所药厂生产）喷洒消毒，2次/d，或配成0.01%水溶液供雏鸡自由饮服，1次/d，约饮2h。

22. 鸡囊瘟速效散。蒲公英、黄柏、黄芩、大青叶、生石膏、黄芪、白术各100g，金银花、黄连、苍术、车前草、木香、甘草各50g。各药粉成粗粉过筛，混匀装袋，250g/袋。拌料喂服，2g/(只·d)，1次/d，连用5d。共治疗486例，治愈464例，治愈率为95%。（沈永恕等，T160，P58）

【防制】 雏鸡出壳后每间隔3d用琼脂扩散法或酶标法测定雏鸡的母源抗体，当鸡群的琼脂扩散法阳性率达到30%～50%时对雏鸡进行首免；首免后7～10d进行二免。如果没有检测条件，可于12～14日龄进行首免，20～24日龄进行二免。所用的疫苗为中等毒力疫苗。适当降低饲料中的蛋白质含量（降低到15%左右），提高维生素含量；适当提高鸡舍的温度，饮水中加5%葡萄糖或补液盐，减少各种应激因素。对鸡舍和养鸡环境进行严格的消毒，有机碘制剂、含氯制剂或福尔马林对本病病毒有较强的杀灭作用。

发病早期用传染性法氏囊炎高免血清或高免蛋黄匀浆及时注射，有较好的防治作用。有细菌混合感染时，要投服对症的抗生素控制继发感染。

【典型医案】 1. 2005年，沭阳县龙庙镇红河埃村养鸡户陈某的2500只罗斯鸡，于35日龄时突然发病，第1天死亡8只，另有300余只鸡精神委顿，羽毛蓬松，扎堆昏睡，食欲废绝或减退，排白色稀水样粪。剖检病死鸡可见法氏囊肿胀，囊内黏膜水肿、充血、出血、坏死，有奶油样渗出物；胸肌、腿肌有条片状出血斑；腺胃与肌胃交界处黏膜有条状出血带。诊为传染性法氏囊病。治疗：取方药1，用法相同。第2天，除病重的15只鸡死亡外，其

余病鸡症状好转；第 3 天停止死亡，病情明显好转；第 4 天基本康复，第 5 天全部治愈。（孙秀红，T155，P28）

2. 洪泽县朱坝镇养鸡户赵某的 3000 只蛋鸡、2 万多只肉鸡，用救鸡汤（见方药 2）预防，有效率达 96%。黄集镇养鸡户李某的 4400 只肉鸡，发病 1328 只，用救鸡汤治愈 732 只，治愈率为 55.1%。仁和镇三蒋村饲养的 14 万只蛋鸡，有 29187 只鸡突然发病，排水样稀粪，独居，喜饮水，食欲减退。剖检病死鸡可见法氏囊水肿、充血、增厚，浆膜表面有黄色胶胨样渗出，胸、腿肌灰暗、有条纹状出血；肾脏肿大；腺胃与肌胃交界处黏膜有出血点。用药前已死亡 3719 只。用救鸡汤对所有鸡紧急预防、治疗，控制了鸡群继续发病，对已发病的鸡进行治疗，共治愈 12301 只。（冯连虎，T112，P39）

3. 1990 年 1 月 1 日，茂名市茂南区金塘镇陈某的 440 只 28 日龄石岐杂鸡，突然发病 25 只邀诊。检查：病鸡羽毛松乱，缩头，食欲减退，排白色水样稀粪。用磺胺二甲嘧啶、氯苯胍、土霉素、痢特灵等药物治疗无效。至 3 日，病鸡增加至 92 只，死亡 5 只。诊为传染性法氏囊病。治疗：取方药 4，用法相同，连用 5d，87 只病鸡均治愈。

4. 1990 年 1 月 9 日，电白县霞洞镇崔某的 2000 只 50 日龄石岐杂鸡，有 217 只突然发病邀诊。检查：病鸡羽毛松乱，翼下垂，食欲减退或不食，个别鸡跛行，排白色水样粪。用青霉素、链霉素、土霉素等药物治疗未见好转。至 10 日，病鸡增加至 287 只，死亡 28 只。诊为传染性法氏囊病。治疗：取禽菌灵，用法同方药 4，连用 5d。病鸡症状好转。共治疗 7d，痊愈 241 例，死亡 19 例。同群鸡用药后未再出现病鸡。（李华平等，T44，P43）

5. 某年 4 月 1 日，仪征市新集乡李云村红旗组王某的 1200 只雏鸡，至 14 日龄时用鸡新城疫Ⅰ系疫苗滴鼻，30 日龄后死亡 91 只，存栏 1109 只，成活率达 92.4%。5 月初，该村流行鸡传染性法氏囊病，用加蟾蜍 36 只的 12 剂攻毒汤（见方药 5）防治，鸡安然无恙，而四周鸡群均发生传染性法氏囊病。至 6 月 10 日，圈存的1050只鸡已全部接种鸡新城疫Ⅰ系苗，总成活率为87.5%。4月6日，王某购进900只雏鸡，至14日龄时用Ⅰ系疫苗滴鼻，30日龄后死亡117只，存活783只，成活率为87%。传染性法氏囊病流行期间，用传染性法氏囊病细胞苗给鸡饮水免疫，注射传染性法氏囊病血清及其他药物均未见显效，雏鸡仍发病死亡。改用攻毒汤治疗，鸡发病、死亡才停止。至6月10日，栏存519只，总成活率为57.7%。3月26日，新集乡紫竹村四明组孙某的150只雏鸡，接种鸡新城疫Ⅰ系疫苗。传染性法氏囊病流行期间应用攻毒汤，雏鸡一直未受到感染，健康状况良好，总成活率为84%。（张厚荣，T52，P39）

6. 滕州市某养鸡户的210只艾维茵商品代肉鸡，已用新城疫疫苗免疫，但未用传染性法氏囊病疫苗免疫，鸡圈卫生管理较好，鸡舍温度较高，于28日龄时鸡群采食量突然下降1/2，其中有50多只鸡离群呆立，羽毛散乱，排白色水样粪，食欲废绝。新城疫血凝抑制(HI)试验结果为109：5；传染性法氏囊病琼脂扩散试验为阳性。剖检病死鸡可见胸肌出血；法氏囊肿大，囊腔有炎性渗出物；直肠壶腹部积有白黄色液体。诊为传染性法氏囊病。治疗：取方药6，用法相同，3h内饮完药液。用药10h后，50余只病重鸡出现采食，腹泻减轻。又服药1剂，病鸡腹泻症状明显好转，采食量逐渐恢复正常。

7. 滕州市某养鸡户的280只47日龄依沙褐商品代蛋鸡，因患法氏囊病曾用抗生素、补液盐等治疗3d，仍泻黄色水样粪，不少病鸡的嗉囊积水、胀满，摇头时甩出黏液（据调查，曾因过量饮服加有药物的冷水）。治疗：取方药7，用法相同。服药10h后，病鸡摇头，鸣叫，腹泻好转并逐渐停止，食欲增强，再未作任何治疗。3d后接种新城疫Ⅰ系疫苗，痊愈。（司存夫等，T53，P16）

8. 枣庄市税郭镇东北村刘某的500只依沙褐商品代蛋鸡，用新城疫Ⅰ系疫苗免疫2次，但未用传染性法氏囊病疫苗预防。引入雏鸡的种鸡场曾爆发过传染性法氏囊病和新城疫混合感染。于37

日龄时鸡群采食量突然下降1/2，有200余只鸡离群呆立，口渴喜饮，排白色水样粪，手触鸡体有烫手感，新城疫血凝抑制(HI)试验为$\log2^5$；传染性法氏囊病琼脂扩散试验为阳性。剖检病鸡与死鸡可见胸肌、股内侧肌有少量出血点；法氏囊肿大，周围有少量淡黄色渗出物，囊内有条状、点状出血；肾肿大；直肠壶腹部有黄白色液体。诊为传染性法氏囊病。治疗：取方药10，用法相同。服药10h后，200余只病鸡腹泻减轻，采食，饮水正常，鸡体不再烫手。又服药1剂，病鸡腹泻停止，饮食恢复正常。

9. 枣庄市西王庄乡付柳耀村付某的600只AA商品代肉鸡，于28日龄时采食量突然下降，其中有450只鸡精神萎靡，闭目昏睡，蹲伏不能站立；有80余只鸡拒饮拒食，排白色泡沫样稀粪，驱赶时行走不稳，头颈震颤，眼窝下陷。剖检病死鸡可见胸肌、股内侧肌有出血点；法氏囊肿大，周围有黄红色胶胨样物质，法氏囊内有干燥血样物质，有的呈干酪样；黏膜层有条状出血；心脏有出血点；肾脏苍白；输尿管有灰白色尿酸盐沉积。无菌采集活鸡血液检验，鸡新城疫血凝抑制(HI)为$\log2^5$，传染性法氏囊病琼脂扩散试验为阳性。诊为传染性法氏囊病。治疗：取方药11，用法相同。服药10h后，病鸡精神、饮水、采食、腹泻好转。又服药1剂，腹泻停止，采食逐渐恢复正常，仅死亡12只。（王思庆等，T58，P25）

10. 1991年5月4日，文登县某养鸡场的3572只18日龄京白823蛋鸡，突然死亡106只。剖检病死鸡可见肝脏呈脂肪变性，肾脏充血；肺脏胀大；法氏囊瓣全部出血。诊为传染性法氏囊病。随即分出临床症状典型的1000只病鸡用方药12治疗5d。其余假定健康鸡，饮用青霉素、链霉素进行预防。用药第2天，患病鸡死亡22只，第3天死亡17只，第4天死亡停止，第5天粪成形，精神恢复，饮食量增加，临床症状消失，假定健康鸡群5d死亡186只，继续观察5d，再未发病和出现死亡。

11. 1991年5月，文登县高村镇山前庄于某的2320只京白823蛋雏，于27日龄时突然死亡34只。经剖检和送样检查，诊为传染性法氏囊病。治疗：取方药 12，用法相同。用药后第 2 天，病鸡死亡 28 只，第 3 天死亡 4 只，第 4 天死亡 7 只，第 5 天终止死亡。病鸡粪成形，饮食欲增加，精神活泼。继续观察 5d，再未出现死亡。（董崇友等，T74，P38）

12. 1990 年 4 月 1 日，如皋市郭元乡前河村徐某购进的 280 只 2F 蛋雏鸡陆续发病，死亡 60 只，5 月 13 日又突然死亡 120 只，5 月 14 日上午邀诊时存活的 100 只雏鸡全部发病。检查：病鸡精神委顿，不食，其中有 26 只较大的鸡伏卧不动，极度衰弱。剖检 2 只病死鸡均见法氏囊肿大、充血。诊为传染性法氏囊病。治疗：生石膏 100g，水煎取汁，候温分别喂服。当日上午服药前又死亡 23 只，中午服药后不久即见好转，至傍晚仅死亡 2 只。5 月 15 日上午、下午又各用生石膏 100g，用法同上，所余病鸡全部治愈。

13. 1990 年 5 月 11 日，如皋市郭元乡湾桥村郭某购进的 150 只杂种雏鸡陆续发病，死亡 40 只，5 月 12 日晚又突然死亡 3 只，其余雏鸡全部发病，其中 26 只伏卧不起邀诊。检查：病鸡精神委顿，消瘦，泻白色奶油状水样稀粪，鸡体发热、烫手。26 只重症鸡伏卧不动，极度衰弱。剖检 2 只濒死鸡可见法氏囊高度肿胀、充血。又检查到部分饲料有霉变现象。诊为传染性法氏囊病。治疗：复方生石膏汤，用法同方药 13。建议停喂霉变饲料。至中午用药前死亡重症病鸡 13 只。用药后病鸡的病情全部好转，13 只重症病鸡精神也转好。第 2 天继续服药 1 剂，痊愈。（吴仕华等，T58，P43）

14. 1992 年 5 月，仙居县田市镇水甲村吴某的 1500 只仙居鸡，于 29 日龄时发现鸡群有不食者，精神差，2d 内死亡 100 多只邀诊。检查：剖检病死鸡可见法氏囊肿大，囊内黏膜有出血点，覆有豆腐渣样物质；股肌和胸肌有出血点和瘀血点。诊为传染性法氏囊病。治疗：取方药 14，熏治 2 次，其间仅死亡 44 只，其余病鸡全部康复。（吴寿连，T87，P35）

15. 1993 年 10 月 26 日，陕县张湾乡关沟村孙某的 200 只 50 日龄京白小肉鸡发病邀诊。检查：病鸡精神不振，懒动，羽毛蓬乱，饮食欲下降，下痢，粪呈绿色或白色、偶尔带血。严重者头下垂，眼闭似睡，饮食欲废绝。剖检病死鸡可见浆膜水肿，有的呈胶胨样，大多数雏鸡腹腔积有大量无色或淡红色液体，肠壁充血；有的腺胃乳头有针尖状出血点；法氏囊肿大如食指肚，切开皱褶，上有针尖状出血点。诊为传染性法氏囊病。治疗：取方药 16，用法相同。服药后，病鸡再未出现死亡。翌日，病鸡开始饮食。连服药 5d，病鸡全群康复，再没有出现病鸡。（戚守登等，T69，P31）

16. 1991 年 3 月 19 日，渭南市白杨乡红星村王某购进的 500 只伊莎褐鸡，于 12 日龄时用法氏囊疫苗免疫 1 次，40 日龄时用消法灵（见方药 17）预防 1 次，保护率为 100%（4 月下旬，同村其他养鸡户的鸡普遍发生传染性法氏囊病，唯王某的鸡无恙）。双王乡新风村某养鸡户的 1500 只鸡未用法氏囊疫苗免疫，分别于 14 日龄、40 日龄、120 日龄时各用消法灵预防，水煎取汁饮服 2 次，均未发生法氏囊病，保护率为 100%。

17. 1992 年 4 月 13 日，陕西省黄河工程管理局劳动服务公司的 350 只鸡未用任何药物防疫。5 月 20 日，其中 23 只发生鸡停食，被毛蓬松，排灰白色或绿色粪，死亡 3 只邀诊。检查：剖检病死鸡可见法氏囊肿大；肌胃与腺胃交界处呈环状出血；皮下及两肢内侧肌肉出血。诊为传染性法氏囊病。治疗：取消法灵，用法同方药 17。用药后病鸡仅死亡 1 只，其余 19 只病鸡很快康复。（潘群山，T63，P29）

18. 1994 年 4 月 20 日，仪征市新集乡蔡巷村王某的 400 只 27 日龄杂交蛋鸡发病，22 日上午死亡 4 只。实验室诊断为传染性法氏囊病。23 日晨用方药 18 药液拌料喂服，不食者灌服，4 次/d，连用 3d，全部康复，再未发生死亡。新城乡桃坞村余某的 70 只鸡，于 28 日全部发病，至 30 日上午死亡 10 只。诊为传染性法氏囊病。立即用方药 18 治疗，2～3mL/只，4 次/d；病情好转后改为拌料喂服，连用 3d，再未出现死亡，全部治愈。（冯育斌等，T79，P42）

19. 1994 年 5 月 13 日，淮滨县新里乡陈楼村易某的 1500 只雏

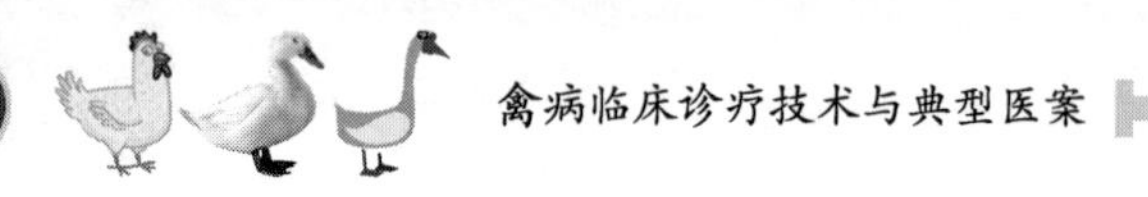

鸡发病，先后用“亚卫 1 号”、“禽病一片康”等中西药物治疗无效，死亡 300 余只邀诊。检查：病鸡畏寒挤堆，精神不振，食欲减退，嗜饮，毛松头低，两翅下垂，大多数病鸡泻黄白色或黄绿色水样粪，有的瘫痪在地。剖检病死鸡可见法氏囊肿大，皱壁增厚，有出血点。诊为传染性法氏囊病。治疗：取方药 19，用法相同。嘱禽主自配糖盐水，任鸡饮服（禁饮污水）。2d 后死亡 23 只，其余病鸡痊愈。（方广超，T94，P31）

20. 2000 年 2 月 12 日，临沂市河东区汤河镇某养鸡场的 5000 只 20 日龄肉鸡，先是个别鸡发病，次日突然大群鸡发病邀诊。检查：病鸡羽毛蓬乱，畏寒怕冷，精神沉郁，饮食废绝，排白色糊状稀粪，肛门周围的羽毛污秽，发病率达 15%以上。剖检病死鸡可见腿部肌肉有大量条状出血斑；法氏囊外被有淡黄色胶胨样渗出物，剖开法氏囊可见多量奶油样渗出物，囊内壁有多量出血点。诊为传染性法氏囊病。治疗：取方药 20，用法相同。用药第 1 天下午，鸡的病情得到控制；第 2 天大群鸡开始好转，60%病鸡开始恢复；第 3 天基本治愈，总有效率达 90%以上。（葛绪贞等，T112，P28）

21. 2002 年 12 月 10 日，伊宁市某养鸡户的 900 只罗曼雏鸡，采用架上网格平养育雏。1 日龄时颈部皮下注射 MD 液氮疫苗，2～4日龄使用庆大霉素、恩诺沙星混合饮水。第 6 天上午发现个别鸡精神萎靡，远离鸡群，晚上死亡 6 只；第 2 天死亡 80 只，第 3 天死亡 175 只，死亡呈急剧上升趋势。检查：起初鸡群饮水量增加，采食量下降，精神尚好，之后少数雏鸡未见任何症状即突然死亡，第 2 天早上近 2/5 鸡精神委顿，排白色或黄色水样粪，部分雏鸡无神嗜睡，怕冷，羽毛松乱、无光泽，皮肤干燥，以喙着地；有的伏于地上呈昏迷状态，肛门附近无粪粘污或少数肛周羽毛被粪污染。剖检死亡鸡可见喙部呈紫色；尸体脱水；胸肌、腿肌色泽暗，未见出血斑点；法氏囊微肿大，黏膜潮红，有的呈点状出血；肝脏略肿大、呈灰色；腺胃与肌胃交界处有褐黑色的出血坏死带；肠黏膜出血；卵黄吸收良好，其他未见异常。无菌采取肝、脾、心脏血液接种血平板和普通肉汤培养基，72h 未见细菌生长。根据临床症状、病理变化和实验室检验，诊为传染性法氏囊病。治疗：取方药 21，用法相同。第 2 天，病鸡的病情基本控制，第 3 天停止死亡。继续用药 1d，全群鸡逐渐恢复正常。（李令启等，T124，P34）

大肝大脾病

大肝大脾病是指鸡感染大肝大脾病病毒，引起以肝脾异常肿大、产蛋量突然下降为特征的一种病毒性传染病。

【流行病学】 本病病原为大肝大脾病病毒。主要侵害鸡的靶器官和免疫器官，其中胸腺和盲肠扁桃体受损最早也最严重，其次是脾和腔上囊等器官，导致免疫功能降低。一般在夏秋季节发生，20～58周龄鸡易感，其临床症状在鸡性成熟前后出现。传播速度快，1～2 周即可传遍全群，鸡的产蛋率急剧下降或达不到产蛋高峰期。

【主证】 病鸡精神沉郁，食欲不振，排黄色水样稀粪，鸡冠和肉髯发白，产蛋率急剧下降，有的病鸡突然死亡，死后仰面倒地。

【病理变化】 肝脏极度肿大、为正常的 2～3 倍、呈黄褐色，被膜上有针尖大或针头大出血点，散在有绿豆大小灰白色结节，切面有多量白色小点；脾肿大，呈暗红色、为正常的 3～4 倍，表面有大小不均的灰白色斑点；肾肿胀，出血；盲肠扁桃体肿胀、出血；卵巢萎缩；肠道呈弥漫性出血。

【治则】 清热解毒，补益正气。

【方药】 鸡宝五五一（主要组成为黄芪、板蓝根、丹参、女贞子、补骨脂等，纯中药散剂），150g/袋，添加于 25kg 饲料中，喂服，1 个疗程/(3～5)d。预防量减半。

【防制】 加强鸡舍卫生，定期消毒，减少病毒传播；提高鸡体免疫功能，增强机体抗病能力。

【典型医案】 1998 年 6 月下旬，太原市北格镇张花村张某的 500 只海兰褐蛋鸡（正值产蛋高峰期）发病，于 25 日邀诊。主诉：

鸡于3d前发病，病鸡采食量下降，有的不食，拉黄色水样稀粪，鸡冠发白，已死亡2只，产蛋率由90%多降至60%，曾用抗生素治疗无效。剖检病死鸡可见肝脏呈黄褐色、极度肿大，为正常的3倍左右，切面外翻、有多量的白色小点，被膜有少量出血点；脾肿大、呈暗红色，约为正常的3倍大，表面有大小不均的灰白色斑点；盲肠扁桃体肿胀、出血；肠道弥漫性出血、坏死，伴有卵黄性腹膜炎；卵巢萎缩。根据流行病学、临床症状、病理变化和实验室检验，诊为肝大脾大病。治疗：取鸡宝五五一，用法同上。服药1个疗程，除5只病重鸡死亡外，其余全部治愈。鸡月产蛋率大幅回升。为巩固疗效，药量减半继服1个疗程，鸡产蛋率基本恢复到原有水平，再未发病，且生长、生产性能良好。（武果桃等，T112，P34）

弧菌性肝炎

弧菌性肝炎是指鸡感染空肠弯曲杆菌，引起以腹泻和肝脏肿大、充血、坏死为特征的一种传染病，又称鸡弯曲杆菌病。

【流行病学】 本病病原为空肠弯曲杆菌。病鸡和带菌鸡是主要传染源，通过被粪便污染的饲料、饮水、用具等传播，经消化道感染。多为散发或地方性流行。饲养管理不良，应激(如长途运输、免疫注射、气候突变等)，患球虫病等都可促使本病发生。各日龄的鸡均可发生，亦可感染火鸡。

【主证】 病鸡精神沉郁，食欲减退，畏寒怕冷，闭目缩颈，呆立不动，羽毛松乱，鸡冠苍白、呈鳞片状皱缩，喜饮水，腹泻，排黄褐色糊状粪继而水样稀粪，逐渐消瘦，产蛋量下降，两翅下垂，肛门周围被粪污染，排粪困难。慢性者腹部增大，行走困难，腹部皮肤呈青紫色，产蛋量下降。青年鸡开产期推迟，产蛋初期软皮蛋、沙皮蛋增多，不易达到预期产蛋高峰。成年鸡畸形蛋增多，整个鸡群长期腹泻。肉鸡发育缓慢，增重受阻。个别急性感染者2～3d死亡。

【病理变化】 血液凝固不全；肝脏肿大、色淡，严重者肝变性、质脆，肝实质内散发黄色三角形、星形小坏死灶或菜花状大坏死区（彩图17），肝被膜下可见到大小、形态不一的出血区。

【治则】 清肝热，解肝郁。

【方药】 1. 肝肾舒1kg，加水5kg，煎煮30min，冷却后对水400kg，供鸡群集中饮用；药渣拌料500kg，供鸡群全天喂服，同时加入适量的多维饮水。克菌先锋(丁胺卡那霉素12.5g) 0.5mL/kg，肌内注射，1次/d，连用2d。

2. 龙胆泻肝汤合郁金散加减。郁金、龙胆草各300g，黄芩、黄柏、白芍各240g，栀子、连翘、木通、柴胡、车前子各150g，金银花、菊花、大黄、泽泻各200g。成年鸡2g/(d·只)，水煎取汁，候温饮用，1次/d，连用5d。西药用四环素、红霉素类。

【防制】 加强饲养管理，用具、鸡舍、场地进行全面消毒，经常保持鸡舍通风和清洁卫生；供给营养丰富的饲料；及时清除粪便，减少应激。

【典型医案】 1. 2006年2月20日，海安县某养鸡户的3000只90日龄三黄鸡突然发病，第2天死亡40余只，误以为是煤气中毒未引起重视，第3天死亡60余只，之后死亡逐日增多，病情加重，于24日邀诊。检查：病鸡精神沉郁，食欲不振，畏寒怕冷，闭目缩颈，呆立不动，鸡冠萎缩、苍白、干燥，鸡体消瘦，泻水样稀粪，羽毛松乱，两翅下垂，肛门周围被粪污染，排粪困难。发病率达85%以上。剖检病死鸡可见腹腔内有大量未凝固的血液；肝脏肿大、质脆、出血，有针尖大的坏死点和出血点；胆囊肿大；脾脏肿大、出血；肾脏肿大；心脏苍白；盲肠膨大，肠腔内积满黏液和水样内容物。无菌采集病死鸡的肝脏、脾脏和胆汁，接种于普通琼脂培养基、麦康凯培养基和巧克力培养基各2份，分别于37℃恒温箱和43℃恒温箱进行需氧和厌氧培养48h，37℃培养的未长出细菌，43℃微厌氧培养和胆汁接种的巧克力培养基上生长出菌落，菌落形态扁平、透明、灰色，有融合倾向，染色镜检，可见革兰阴性弯曲杆菌，形态多样。根据流行病学、临床症状、病理变化和实

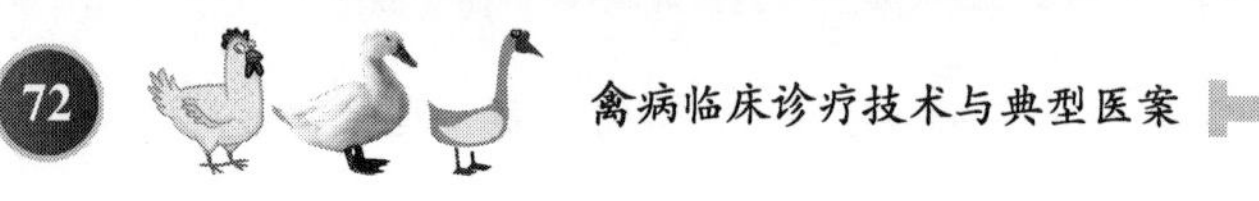

验室检验，诊为弧菌性肝炎。治疗：取方药1，用法相同，连服3d。用药3d，鸡的病情得到完全控制，恢复良好，精神、食欲和饮水正常。（仲学峰等，T143，P59）

2. 2006年8月30日，灵寿县灵寿镇西关张某的2000只300日龄蛋鸡零星死亡邀诊。主诉：死亡鸡鸡冠苍白，鸡体消瘦，产蛋率下降15%，曾用利巴韦林、黄芪多糖、阿莫西林饮用治疗效果不明显。检查：个别鸡精神不振，鸡冠苍白，粪溏稀。剖检死亡鸡可见肝脏有星状出血灶；小肠内充满褐色内容物，肠黏膜出血；卵泡萎缩、呈绿色。治疗：强力霉素、泰乐菌素，加入水中，饮服；取方药2，用法相同，2g/只，1次/d，连用5d。用药5d，病鸡未再出现死亡，产蛋率开始回升。（闫会，T153，P68）

包涵体肝炎

包涵体肝炎是指鸡感染禽腺病毒，引起以严重贫血、肝肿大、出血和坏死为特征的一种急性病毒性传染病。一般雏鸡多发。

【流行病学】 本病病原为禽腺病毒。病鸡、带毒鸡为传染源。病毒通过粪便、气管和鼻分泌物排出体外而感染健康鸡。主要经呼吸道、消化道及眼结膜传播感染，也可通过种蛋垂直传染。多发生于5～6月；23～82日龄雏鸡多发。常呈急性经过。

【主证】 病鸡精神不振，呆立，嗜睡，下痢，羽毛松乱，冠髯苍白，常零星突然死亡，严重者腹部胀大，皮下呈暗紫色，在腹部可触到肝脏边缘。

【病理变化】 肝脏明显肿大、呈淡黄色，有针尖大小的出血点和小米粒大小的黄白色隆起（彩图18）；切面有结节状病灶、质脆。个别鸡心外膜表面粗糙，有白色斑点；胸肌呈淡白色；肾脏不同程度肿大或花斑肾（彩图19）；法氏囊无异常变化。

【治则】 抗病毒。

【方药】 板蓝根注射液，0.5～0.7mL/（只·次），肌内注射，2次/d；吗啉胍，每只鸡每次1/5～1/2片，拌料喂服，连用3～

5d。共治疗1300例，治愈1287例。（翟鸿全，T55，P38）

【防制】 及时隔离病鸡，采用消毒和药物等综合治疗措施。

肝肾综合征

本病指雏鸡肝肾综合征，又称雏鸡铜绿假单胞菌与包涵体混合感染，是铜绿假单胞菌和包涵体混合感染引起雏鸡以肝脏肿大、肾脏发生病变的一种病症。

【病因】 由铜绿假单胞菌、包涵体或与其他病原体混合感染所致。

【主证】 病鸡精神正常，零星出现闭眼呆立，羽毛松乱，腹部胀满，皮肤发绀，能看到肿大的肝脏，排白色或黄绿色粪。从出现呆立到死亡约1d。

【病理变化】 皮下有少量黄色积液（彩图20）；胸肌呈熟肉状或枯黄色；胸腺充血或萎缩；肺实质充血；脾脏肿大、充血、呈樱桃红色或为黑红色；肝脏肿大，黄红色相杂，肝被膜上有针尖状铜绿斑点，或肝腹面为黄红色与铜绿色相杂；胆囊胀满，胆汁外溢；肌胃、腺胃内容物绿染但无出血；肠浆膜为土黄色；输尿管内有的有少量尿酸盐。7日龄以内雏鸡卵黄为黄绿色液体。肢部骨髓为灰白色。

【治则】 补益气血，消食健胃。

【方药】 黄芪多糖（河南环通兽药有限公司生产）10g，肝肿康（主要成分为大青叶、刺五加等，洛阳惠中兽药有限公司生产）50g，肾肿痛风消（主要成分为泽泻、茯苓等，洛阳惠中兽药有限公司生产）50g，奇力健（主要成分为头孢地尼、曲安西尤等，河南农业大学兽药厂生产）50g，多维葡萄糖粉500g，加入50kg饮水中混匀，饮服，连饮3～5d。维生素K_3、维生素C各2g，消食健胃宝（主要成分为苦参、柴胡、干姜、槟榔等，河北安国长虹兽药厂生产）250g，禽用诱食剂（成都大地饲料有限公司生产）20g，加入50kg饲料中，喂服，连用1周（以上饮水、拌料药物同时使用 3～5d)。

【典型医案】 2004 年 9 月 13 日，镇平县安子营乡王洼村王某从南阳市某种鸡场引进的 1700 只 2 日龄罗曼雏鸡突然发病邀诊。主诉：鸡发病后曾分别用烟酸诺氟沙星、丁胺卡那等药物饮水治疗无效，相继死亡 360 只。检查：病鸡精神、食欲正常，没有呼吸道症状。零星鸡排绿色、黄白色粪，精神不振。剖检病死鸡可见皮下有黄色积液；胸肌为熟肉状；胸腺萎缩；肝肿大、为黄红色、有绿色斑点；肾肿大、充血、呈黄红色或土黄色；卵黄囊有黄绿色液体。诊为铜绿假单胞菌与包涵体混合感染。治疗：取黄芪多糖 18g，肝肿康、肾肿痛风消、奇力健、支达宁各 90g，多维葡萄糖 600g，加入水中，混匀，饮服，平均分为 3d 药量 6 次饮完。在 50kg 全价饲料加入维生素 K_3、维生素 C 各 2g，消食健胃宝 250g，调味剂 20g，拌匀喂服，连用 3d。共治愈 1322 只，死亡 18 只。(杨保兰，T137，P45)

葡萄球菌病

葡萄球菌病是指鸡感染葡萄球菌引起的一种急性或慢性败血性传染病。

【流行病学】 本病病原为金黄色葡萄球菌。该菌广泛分布于土壤、空气、水、饲料、物体表面以及鸡的羽毛、皮肤、黏膜、肠道和粪便中。皮肤创伤、雏鸡脐带感染是主要传染途径，也可以通过直接接触和空气传播。鸡群密度过大、拥挤，通风不良，鸡舍空气污浊（氨气过浓），卫生差，饲料单一、缺乏维生素和矿物质，或患某些疾病等均可引发。一年四季均可发生，以雨季、潮湿时节多发；40～60 日龄的鸡多发。

【辨证施治】 本病分为急性败血型和慢性型。

(1) 急性败血型　大多于发病的 1～2d 死亡。病程缓的病鸡食欲不振或废绝，精神沉郁，羽毛蓬乱，蹲卧嗜睡，缩颈，翅膀下垂，体温升至 42～43℃，鸡冠、肉髯发绀，胸、腹或扩展至股内侧的皮下水肿，内含血样液体，外观呈紫黑色，脱毛或溃破，流出血水，下痢，排白色或绿色稀粪。后期，病鸡站立不稳，倒地不久后死亡。

（2）慢性型 病鸡精神委顿，食欲减退，下痢，多发性关节肿胀，以胫和趾关节多发；关节肿大，卧地或跛行；个别鸡呈永久性跛行或成僵鸡。

【病理变化】 急性死亡者，鸡冠多呈紫色；翅尖、腋下、大腿内侧和胸部等处皮肤脱毛、肿胀、发紫、溃烂和坏死；病变皮下充血、呈弥漫性紫红色或黑红色，有大量胶胨样粉红色水肿液；胸前、腿内侧特别是胸骨柄等部位的肌肉呈弥漫性出血斑点或条纹状出血；心冠状沟有小出血点，心外膜时有胶胨样浸润；肌胃浆膜下间或有出血斑；肝脏一般无异常变化，有的可见灰黄色小脓肿；脾脏肿大或有小出血点，有的为散在灰白色坏死点；大肠、小肠和泄殖腔黏膜充血或有出血点；濒死期病鸡的血液呈紫红色。雏鸡脐部发炎，有的为脊椎炎、心内膜炎。

慢性死亡者关节肿大、呈紫黑色，关节囊滑液增多、呈棕黄色，有的内含血样浆液或干酪样物质。

【治则】 清热解毒，凉血活血。

【方药】 鱼腥草、麦芽各90g，连翘、茜草、白芨、地榆各45g，大黄、当归各40g，黄柏50g，知母30g，菊花80g。粉碎，拌料饲喂，3.5g/(只·d)，1个疗程/4d。

【防制】 重视孵化环境和孵化过程，包括种蛋、孵化器、工作人员及其他用具等的清洁卫生和消毒工作，防止病原传播，减少雏鸡发病。鸡舍要经常通风换气，保持空气新鲜，及时清理粪便，重视鸡舍卫生，定期消毒。

饲料中补充所需的维生素和矿物质，增强自身抗病力。鸡群密度不宜过大。尽量避免和消除使鸡发生外伤的因素，如经常维修鸡笼架，防止刺伤，适时断啄、剪趾，采用刺种方法接种疫苗时应注意局部消毒，防止病菌从伤口侵入。引进雏鸡时应严格检疫，杜绝病菌传入。

【典型医案】 1. 武清县下朱庄乡畜牧场4号鸡舍8099只57日龄鸡发病，至服药前死亡率为0.84%。86日龄前虽用土霉素、泻痢宁、浓鱼肝油、喹乙醇、氯霉素、卡那霉素等药物治疗未能控制病情。86日龄时1d就死亡71只；87～89日龄时连用中药，87日龄死亡41只，88日龄死亡33只，89日龄死亡25只邀诊。检查：急性病鸡往往看不见明显症状就突然死亡。一般主要表现为精神不振，羽毛松乱，两翅下垂，少食或不食，排白色或绿色稀粪。剖检病死鸡可见翅膀腹侧、背侧和头部等处的皮肤脱毛，皮下呈暗紫色、坏死，皮肤浮肿；胸腹部皮下呈红褐色；胸腹部及腿内侧的肌肉出现片状或点状出血；肝、脾肿大；十二指肠和直肠充血、出血；关节有炎性渗出物。取死鸡的肝脏和皮下炎性渗出液涂片，经革兰染色镜检，为革兰阳性球菌，呈单个、成双或葡萄状排列。在普通琼脂培养基上，经37℃、24h培养，形成表面光滑、边缘整齐、稍隆起、不透明的金黄色圆形菌落。治疗：取上方药，用法相同。服药后第5天，鸡的病情得到控制，第8天临床症状完全消失，逐渐恢复正常。

2. 武清县农场第2鸡场9号鸡舍5011只鸡，于64～66日龄发病死亡95只，67～69日龄连服中药，3d死亡49只。临床症状、病理变化、实验室检查同典型医案1。治疗：取上方药，用法相同。服药后第6天，病鸡的症状完全消失，死亡2只。(郭胜祥等，T52，P38)

曲霉菌病

曲霉菌病是指鸡感染曲霉菌属多种曲霉菌，引起以呼吸器官发生炎症并形成肉芽肿结节为主要特征的一种急性和慢性感染性疾病，又称曲霉菌性肺炎。

【流行病学】 本病由多种曲霉菌混合感染引起，以烟曲霉菌毒力最强。被污染的饲料、垫草、用具、空气、饮水是主要传染源。在适宜的湿度和温度下，曲霉菌大量繁殖，霉菌孢子被吸入经呼吸道感染；发霉饲料亦可经消化道感染。孵化环境被污染，霉菌孢子穿过蛋壳感染，导致胚胎死亡，或雏鸡出壳后不久即出现病状，也可在孵化环境经呼吸道感染。雏鸡拥挤、通风不良、温度偏低、维生素不足等都能促使本病发生。

【主证】 雏鸡多呈急性经过。病鸡精神沉郁，离群独处，昏睡，羽毛松乱，食欲减退或废绝，频频饮水，呼吸困难，打喷嚏，伸颈，有时可听到气管啰音，体温升高。后期腹泻，皮肤发绀，逐渐消瘦。有的病鸡呈一侧性眼炎，眼睑肿胀，羞明，角膜中心发生溃疡，眼结膜囊内有干酪样凝块。部分鸡病死前出现运动失调，严重的强直性痉挛和麻痹，多在出现症状后 1 周内由于呼吸极度困难而窒息死亡。

成年鸡感染后常为慢性经过，症状轻微。患病鸡长期消瘦，生长发育不良，贫血，排黄色粪，呼吸短促、有尖锐声。

【病理变化】 肺和气囊上出现小米粒大小至硬币大的霉菌结节，肺结节呈黄白色或淡白色干酪样，或呈白色蘑菇状霉菌结节(彩图 21)；胃肠黏膜有溃疡和白色霉菌灶；腺胃和肌胃交界处有溃疡灶；部分鸡的脑和肾等实质性器官有霉菌结节。

【治则】 化痰降气，润肺止咳。

【方药】 1. 千金苇茎汤合双金鱼汤加味。金银花、芦根各 30g，鱼腥草 20g，冬瓜仁 15g，薏苡仁、桔梗、黄芩、柴胡、淡竹叶、桃仁、青蒿各 10g，贝母 6g，甘草 3g(为 100 只成年鸡药量)。水煎取汁，候温饮服，1 剂/d，连用 7d。同时，全群鸡用1∶2000 硫酸铜饮水，连用 3d(只能用 3d)；制霉菌素 50 万单位（为 100 只鸡药量)，拌料喂服，2 次/d，连用 2～4d。

2. 苏子降气汤合二陈汤加减。半夏、陈皮、茯苓、苏子、厚朴、前胡、当归、甘草。水煎 3 次，取汁混合，加入 1d 的饮水量中饮服。

3. 鱼腥草 360g，蒲公英 180g，黄芩、葶苈子、桔梗、苦参各 90g（为 200 只雏鸡药量)。共研细末，混入饲料中，加少量水，使之成块，喂服，0.5g/(只・次)，3 次/d，连用 3d。

【防制】 本病属条件性致病，应切断霉菌来源。孵化室应定期消毒，入孵种蛋严格消毒，育雏室进雏前认真消毒，注意通风换气，不喂霉变饲料；防止用发霉垫料，垫料要经常翻晒和更换，特别是阴雨季节，更应翻晒；保持室内环境及物品的干燥、清洁，饲槽和饮水器具要经常清洗。暴发本病时，用1∶2000硫酸铜溶液饮服，防止扩散（该药毒性大，勿大量和长时间饮用）。

【典型医案】 1. 宁都县养鸡户李某的2000只80日龄三黄鸡，因咳嗽，精神不振，张口吸气，饮食减少邀诊。主诉：鸡群发病后曾用阿奇霉素、罗红霉素等药物治疗无效。检查：病鸡精神衰弱，食欲不振，眼闭合、呈昏睡状，呼吸困难，气喘，流泪，流鼻、甩鼻。剖检病死鸡可见肺和气囊上布满白色蘑菇状霉菌结节，肺结节呈黄白色或灰白色干酪样；肾脏亦有霉菌结节。根据临床症状、实验室检验，诊为曲霉菌病。治疗：硫酸铜150g，每天中午饮水，连用3d；制霉菌素2000万单位，拌料喂服，2次/d，连用4d。下午取金银花、鱼腥草各400g，芦根600g，冬瓜仁300g，薏苡仁、桔梗、黄芩、柴胡、淡竹叶、桃仁、青蒿各200g，贝母120g，甘草3g。水煎取汁，候温饮用，连用7d，痊愈。

2. 新干县养鸡户曾某的2000只麻鸡，因咳嗽气喘，流泪，甩鼻，眼肿胀邀诊。检查：剖检病死鸡可见肺和气囊上有结节，心包炎，肝周炎。根据临床症状、实验室检验，诊为曲霉菌继发大肠杆菌病。治疗：用硫酸铜1∶2000饮水；制霉菌素2000万单位，拌料喂服，同时用10%甲磺酸培氟沙星(经药敏试验，该菌对甲磺酸培氟沙星高度敏感）200g，饮服，连用3d。治疗7d，除10例病重鸡死亡外，其余鸡均痊愈。(李美华等，T143，P44)

3. 2010年5月17日，洪泽县黄集镇花河村李某的3000只20日龄草蛋鸡发病，先后死亡56只邀诊。检查：病鸡精神沉郁，食欲减退或废绝，饮水增加，呼吸困难，有时可听到气管啰音，腹泻，皮肤发绀，有的眼睑肿胀、结膜囊内有干酪样凝块。剖检病死鸡可见肺脏和气囊有数量不等的黄白色粟粒大到绿豆大结节、质地坚硬、弹性消失，切面呈均质干酪样，有的呈同心圆状；部分病鸡呈局灶性肝变或呈弥漫性肺炎，肝脾肿大，色质不一。诊为霉菌病。治疗：半夏、当归各60g，陈皮、苏子、前胡各80g，茯苓50g，厚朴70g，甘草40g。用法同方药2，连用2剂，痊愈。1周后回访，鸡群未再发病。（赵学好等，T170，P60）

4. 1987年4月2日，武清县小辛庄村王某购进的250只雏鸡，由于育雏坑用霉变的麦皮作垫草，鸡粪清除不及时，通风不良，至12日龄时发病，用多种抗生素治疗7d无效，平均死亡8只/d，陆续死亡50多只，仍有10多只病鸡不食，全群鸡食量减少，于21日就诊。检查：病鸡呼吸困难，精神委顿，羽毛松乱，下痢，很快死亡，病程仅几小时，长的达1～2d。剖检4只病死鸡可见气囊混浊，胸气囊有多量散在的黄色干酪样渗出物，两肺肿胀，有小米粒至高粱粒大小的结节突出于肺表面，中央呈圆形褐色斑块，质地较硬；肝稍肿胀，表面散在针尖至针头大小的黄白色坏死灶；肠道呈卡他性炎性病变。取肺部病变处霉斑结节，剪碎压片，加一滴生理盐水，加盖玻片，在低倍镜下见到大量菌丝和孢子。诊为曲霉菌病。治疗：取方药3，用法相同。同时立即清除霉变麦皮；坚持每天清扫1次鸡粪；保持育雏室温度，加强通风换气，用火炉熬食醋进行熏蒸消毒。5月5日，病鸡死亡8只，其余鸡食欲恢复，未再出现新的病例。（沈建业等，T36，P52）

支原体病

支原体病是指鸡感染败血性支原体（霉形体），引起以咳嗽、窦部肿胀、流鼻涕及呼吸啰音为特征的一种慢性呼吸道传染病。

【流行病学】 本病病原为败血支原体。病鸡和耐过鸡为传染源。病鸡与健康鸡接触时，病原体通过飞沫或尘埃经呼吸道吸入传染，或通过污染的器具、饲料、饮水等传播，或经蛋传播。在感染公鸡的精液中也发现有病原体，因此配种也能传播本病。一年四季均可发生，以寒冬及早春季节最为严重。本病在新发病的鸡群中传播较快，一般鸡群中传播较慢。当鸡群同时受到其他病原微生物和

寄生虫侵袭，致使抵抗力降低的多种因素作用时（如气雾免疫、卫生不良、拥挤、营养不良、气候突变等），均能促使本病暴发，病情加重，死亡率增加。多发生于1～2月龄雏鸡。

【主证】 初期，病鸡精神不振，食欲减退或不食，腹泻，鼻液较多，流浆液性鼻液，部分病鸡鼻孔周围沾污明显，鼻孔堵塞，频频摇头或发出怪叫声。严重时，病鸡呼吸困难，伸颈张口喘气，接近鸡群，可听到明显的甩鼻、咳嗽、气喘以及气管啰音，夜间声音较白天大，严重者呼吸啰音似青蛙叫声。部分病鸡眼睑肿胀，眼内可挤出灰黄色干酪样物质，严重者视力减退甚至失明，排黄白色稀粪，采食量、产蛋率下降；有些病鸡呈犬坐姿势。

【病理变化】 鼻腔中有多量淡黄色、混浊黏稠、气味恶臭的渗出物（彩图22）；喉头黏膜轻度水肿、充血和出血，覆盖有多量灰白色黏液性或脓性渗出物；气管内有多量灰白色或红褐色黏液。严重时气囊壁混浊、表面呈念珠状，内部有黄白色干酪样物质（彩图23）；心包膜、输卵管及肝脏发炎；部分病鸡肝脏肿大、表面有一层黄白色的纤维蛋白附着，肝脏渗出的纤维蛋白将胸腔、心脏、胃肠道粘连在一起。

【治则】 清热凉血，止咳平喘，平肝明目。

【方药】 1. 鱼腥草、枇杷叶各90g，葶苈子、连翘、板蓝根各40g，麻黄、款冬花、甜杏仁、桔梗、川贝母、姜半夏各30g，甘草25g。水煎2次，取汁混合，分2次加入饮水中自由饮用（为300只鸡药量），1个疗程/(4～6）剂，重症者连用2个疗程即可痊愈。取支原泰(硫氢酸红霉素）150g/瓶，加水100kg，饮服；呼美特（左旋氧氟沙星）200g/瓶，拌料100kg，喂服，连用5～7d；阿奇泰美（延胡索酸泰妙菌素）150g/瓶，加水200kg，饮服，连用5～7d；庆大霉素1万单位/kg，饮服，3～5次/d；复方甘草片0.1g/kg，拌料喂服，连用3～5d；卡那霉素1.2万单位/kg，肌内注射，1次/d，连用3～7d。

2. 苇茎汤(《千金方》）加味。芦根、鱼腥草各900g，薏苡仁、全瓜蒌各600g，冬瓜仁、瓜子金各450g，桔梗、丝瓜络各300g

(为 800 只鸡 1d 药量)。水煎取汁，候温饮服，连用 3d。

3. 芦根 100g，薏苡仁、冬瓜仁、桃仁、黄芩、桔梗各 300g，金银花、鱼腥草各 600g，竹叶、柴胡各 200g，贝母 150g（为 3000 只鸡药量)。水煎取汁，供鸡自由饮用。

4. 芦根、鱼腥草各 6000g，薏苡仁、桃仁、杏仁、葶苈子、桑白皮各 3000g，冬瓜仁 300g，枇杷叶 100g。高热者加生石膏、金银花；气急者加大葶苈子、桑白皮用量；咳甚痰多者加紫菀、款冬花。水煎取汁，候温饮服。共治疗支原体肺炎 63524 例，有效率达 96%。

5. 石决明、草决明、黄药子、黄芩、白药子、陈皮、苍术、桔梗各 50g，栀子、郁金、龙胆草、三仙各 40g，鱼腥草 100g，苏叶 70g，紫菀 85g，大黄、苦参、甘草、山楂、神曲、麦芽各 45g。共研细末，2.5～3.5g/只，拌入 1/3 日粮中充分拌匀，任鸡自由采食，待食尽后再饲喂未加药的饲料，连用 3d。取硫酸卡那霉素，肌内注射，首次 4 万单位/d（为 1～2kg 鸡药量)，第 2 天 2.5 万单位/d，连用 7d。预防量减半。硫酸链霉素 1g，用注射用水 5mL 稀释，肌内注射，0.75～1.00mL/(只・d)，同时口服土霉素（片）25 万单位，连用 4d；或猪喘平注射液 1.5～2.0mL/只，肌内注射，1 次/d，同时口服土霉素（片）25 万单位，连用 4d。眶下窦潴留物多、肿胀凸出严重者，可轻压予以清除，并用硫酸链霉素稀释液或猪喘平注射液冲洗患眼，以后每天用药时再同时冲洗。治疗 3～5d，患眼痊愈。共治疗 46875 只，用药 3～5d 后，患病鸡临床症状基本消失，采食量有所增加；8～10d 后，鸡产蛋量开始回升。(李仲武，T141，P51)

6. 硫酸卡那霉素，1～2kg 的鸡 2.5 万单位/次，肌内注射，1 次/d，首次剂量 4 万单位/次，连用 7d。预防量减半。共治疗 40 余群 2273 只，治愈率达 95%以上。(单玉兰等，T91，P25)

7. 克呼散。麻黄、鱼腥草、黄芩、连翘、穿心莲、牛蒡子、金银花、半夏各 100g，杏仁、石膏、金荞麦根、桔梗各 120g，甘草 85g，板蓝根 150g。共为细末，过 60 目筛。雏鸡（30 日龄以内）1g/(d·只)；成年鸡1.5g/(d·只)，拌料饲喂，连用3d。共治疗败血霉形体病病鸡8群，均治愈。

8. 黄芪、淫羊藿各2份，苏子、半夏、桔梗、桑白皮、连翘、金银花、黄芩、板蓝根、青黛、麻黄、杏仁、荆芥、防风、射干、山豆根、白芷、辛夷各1份。混合，粉碎，过60目筛，按日粮4%拌料，也可按体重2%用药，水煎30min，取汁，候温灌服或加入饮水中饮服，1个疗程/(3～5)d。酒石酸泰乐菌素1g，对水10kg，供鸡全天自由饮用，1个疗程/(3～5)d。

9. 麻黄、石膏各150g，杏仁80g，黄芩、连翘、金银花、菊花、穿心莲各100g，甘草50g。粉碎，混匀，雏鸡0.5～1.0g/(只·d)，成年鸡1.0～1.2g/(只·d)。将药物用沸水冲泡，凉后拌料，每天最后1次喂料时，将1d的药量1次喂服，连用5～7d。

10. 石决明、草决明、紫菀、苍术、桔梗各50g，大黄、黄芩、陈皮、苦参各40g，栀子、郁金各35g，鱼腥草100g，苏叶60g，黄药子、白药子各45g，龙胆草、焦三仙各30g，甘草40g。共研细末，取全日饲料量的1/3将药粉充分拌匀，均匀撒在食槽中，待鸡吃尽后再添加未加药的料，2.5～3.5g/(只·d)，连用3d。共治疗46467例，用药3～5d，病鸡的临床症状基本消失，采食量有所增加，8～10d后产蛋率开始回升。

11. 自拟清肺散。鱼腥草100g，黄芩、连翘、板蓝很各40g，麻黄25g，贝母30g，枇杷叶90g，款冬花、甜杏仁、桔梗各25g，姜半夏30g，生甘草25g［为25～30日龄肉鸡药量，相当于生药1g/(只·d)］。水煎2次，合并药液，于上午、下午加入饮水中饮服，连用4～6d（为1个疗程）。（张根祥等，T72，P33）

12. 济世消黄散（《元亨疗马集》）。黄连、黄柏、黄芩、栀子、黄药子、白药子、款冬花、知母、贝母、郁金、秦艽、甘草各10g，大黄5g（为100只成年鸡药量）。温开水煎煮3次，取汁候温，饮服。

13. 麻杏甘膏汤合五味消毒饮加减。黄芩、连翘、金银花、菊花、穿心莲各100g，麻黄、杏仁各80g，石膏150g，甘草50g（为500只成年鸡药量）。水煎取汁，候温饮用，1次/d，连用3d。病重鸡可灌服3～5mL/只，2次/d，一般1d即愈。

【防制】 加强检疫，严防本病传入健康鸡场；新引进的鸡要隔离观察2周，进行血清学检查，并在2个月内进行复查。建立无病鸡群，对鸡群进行多次全面凝集反应检查，淘汰阳性鸡。加强饲养管理，搞好环境卫生，注意鸡舍通风、保温等防护措施，增强鸡的抵抗力。用3%～5%强力消毒灵溶液1次/d喷雾消毒或用0.3%过氧乙酸喷雾消毒鸡舍。对病鸡粪便用生石灰消毒，及时清理，做生物发酵处理。目前，败血支原体菌苗主要有弱毒苗［如F36株、F(MGF)株、6/85株、TS-11株］和灭活苗。在6～20日龄时，用支原体弱毒苗点眼免疫，一般免疫1次即可；10～16周龄可再用弱毒苗补免1次。种鸡在开产前最好用油乳剂支原体灭活苗免疫。

【典型医案】 1. 2010年9月13日，武威市高坝镇某养鸡户的1200只230日龄产蛋鸡，个别出现咳嗽，呼吸有啰音，产蛋量、采食量均正常。3d后病鸡增多，出现眼肿胀、流泪、流鼻涕、鼻孔粘有饲料等症状，死亡30只。7d后发病鸡达195只邀诊。检查：病鸡初期流浆性或黏性鼻液，打喷嚏，鼻孔周围和颈部羽毛常被玷污。随之炎症蔓延至下呼吸道，出现咳嗽，呼吸困难，气管有啰音，食欲不振，逐渐消瘦。眼睑肿胀的鸡，眼内可挤出灰黄色干酪样物质，精神沉郁，体温升高，排黄白色稀粪，采食量、产蛋率下降。后期，炎症进一步发展到眶下窦时，由于该部位蓄积的渗出物引起眼睑肿胀，向外突出如肿瘤，使一侧或两侧眼睛受压而发生视神经萎缩，视觉减退，严重时失明。剖检5只病死鸡可见鼻道和眶下窦黏膜水肿、充血，窦腔内有干酪样渗出物；喉头和气管内有黏液性物质，气管黏膜增厚，有的有不同程度的肺炎，炎症蔓延至心、肝、腹膜及卵巢等；气囊轻度混浊、水肿，表面有增生的结节病灶，外观呈念珠状；严重者胸腹部气囊呈纤维性炎性病变，气囊膜增厚，附有黄色干酪样渗出物；部分病鸡可见肝脏肿大，表面有一层黄白色纤维蛋白附着，严重者肝脏渗出纤维蛋白与胸腔、心脏、胃肠道粘连在一起。采取病死蛋鸡气管或气囊渗出物制成混悬液，加青霉素 250 单位/mL，置温箱 3d 后接种至鸡支原体专用培养基培养，每天观察，培养数天至 1 周。如无典型菌落生长，可取凝集水 0.1mL 于相同的培养基上，盲传 2～3 代；如有典型菌落生长，涂片镜检有卵圆形丛菌体即可确诊。全血凝集反应，在室温（20～25℃）下取 2 滴染色抗原于白瓷板或玻璃板上，用针刺破翅下静脉，取 1 滴新鲜血液滴入抗原中，充分混合，2min 内在液滴中出现蓝紫色凝块者可判为阳性；仅在液滴边缘部分出现蓝紫色带，或超过 2min 仅在边缘部分出现颗粒状物时可判为疑似；液滴无变化者为阴性。根据临床症状、病理变化和实验室检验，诊为支原体病。治疗：取方药 1，用法相同。用药后，除发病时死亡 67 例外，治愈 128 例，取得了良好的治疗效果。（张啸，T169，P66）

2. 2009 年 7 月 2 日，新干县金川镇养鸡户李某的 3000 只 40 日龄麻鸡发病邀诊。主诉：病鸡食欲减退，流鼻涕，甩鼻，流泪，咳嗽，呼吸有啰音。剖检病死鸡可见气囊炎、心包炎、腹膜炎、肺部化脓。曾用泰乐菌素、罗红霉素、氟苯尼考治疗无效。检查：病鸡咳嗽，流鼻涕，呼吸有啰音，张口呼吸。成年鸡多为隐性感染，在鸡群中长期存在和蔓延，病死率低，但病鸡食欲不振，生长停滞。剖检病死鸡可见呼吸道黏膜水肿、充血、肥厚；窦腔内充满黏液和干酪样渗出物，波及肺和气囊，气囊内有干酪样渗出物附着，有的见于腹腔气囊；如有大肠杆菌混合感染时，可见纤维素性肝被膜炎和心包炎。根据临床症状、病理变化和实验室检验，诊为支原体病。治疗：取方药 2，连用 3d。用药后，病鸡流鼻、甩鼻、流泪、咳嗽、呼吸有啰音症状明显减轻，食欲增加。继用方药 2 加北沙参、麦冬各 450g，用法相同，连用 3 剂，痊愈。（朱红英等，T161，P58）

3. 广昌县养鸡户李某的 3000 只 60 日龄永安麻鸡发病邀诊。检查：病鸡咳嗽，气喘，气管有啰音。用泰乐菌素、红霉素等药物治疗无效，继而张口喘气，排白色稀粪。剖检病死鸡可见气囊炎症明显，心包炎、肝周炎。诊为支原体继发大肠杆菌病。治疗：取方药 3，用法相同，连用 5d，痊愈。

4. 临县江某养鸡集团的 10000 只 80 日龄三黄鸡发病邀诊，检查：病鸡咳嗽气喘，有气管音。剖检病死鸡可见鼻道、气管有卡他性渗出物和严重的气囊炎。诊为支原体病。治疗：取方药 4，用法相同，连用 3d，痊愈。（李敬云，T126，P41）

5. 1996 年 10 月中旬，赤峰市喀喇沁旗锦山镇卢某的 6 万只 35 日龄 AA 肉仔鸡，约有 1/3 发生支原体病。用克呼散（见方药 7）治疗，1.5g/（d·只），连用 3d，鸡的病情基本得到控制，继续用药 2d，痊愈。

6. 1996 年 11 月初，赤峰市喀喇沁旗锦山镇张某的 300 只 5 月龄伊萨褐蛋鸡，产蛋 1 周，就有 208 只鸡发生支原体病，先按喉气管炎治疗 2d 未见明显效果，遂改用克呼散（见方药 7）治疗，1.5g/（d·只），连用 3d，全部治愈。（王小民等，T94，P46）

7. 2001 年 4 月 6 日，隆德县沙塘镇十八里村薛某的 2000 只 32 日龄蛋雏鸡发病邀诊。主诉：该鸡群已发病 1 周多。检查：病雏鸡精神不振，相互拥挤，气喘、咳嗽、流涕，张口呼吸并发出啰音，用硫氰酸红霉素、环丙沙星等治疗效果不明显，共发病 1100 只，死亡 160 只。剖检病死鸡可见鼻腔、喉、气管充满黏稠渗出物，黏膜外观呈念珠状；气囊壁变厚、混浊，个别鸡有干酪样渗出物；鼻窦、眶下窦内充满黏液或干酪样渗出物；有的鸡呈纤维素性心包炎和肝被膜炎。根据临床症状和病理变化，诊为慢性呼吸道病。治疗：在日粮中添加 4%的方药 8 中药；取酒石酸泰乐菌素按 1∶1000 的比例溶于水中，让鸡全天自由饮服，连用 5d；对未治愈的鸡再用药 3d。共治愈 861 例，好转 48 例。

8. 2003 年 5 月 7 日，隆德县山河乡何坡湾村王某的 200 只 56 日龄鸡发病邀诊。主诉：该鸡群发病已 20 多天，起初病鸡精神沉郁，张口呼吸，有啰音，咳嗽，流泪，随后出现下痢，粪呈白色或黄绿色。共发病 180 只，死亡 50 只。用红霉素、土霉素、炎瘟清、毒瘟清等治疗效果不明显。剖检病死鸡可见鼻腔黏膜水肿、充血；眶下窦内有黏液，剥开眼结膜挤出黄色干酪样物；喉、气管有混浊黏液；个别鸡有黄色干酪样物；气囊增厚；心包积液、呈纤维素性心包炎和肝周炎；脾脏充血、肿胀，有小的坏死灶；肠道黏膜增厚、出血。根据流行病学、临床症状和病理变化，诊为支原体与大肠杆菌混合感染。治疗：在日粮中添加4%的方药8中药；将酒石酸泰乐菌素和恩诺沙星溶于水中，浓度分别为1‰和0.4‰，让鸡全天自由饮服，连用5d；对未治愈的鸡再用药5d。共治愈117例，好转7例。(刘燕等，T132，P50)

9. 1999年3月24日，永年县西阳城养鸡户刘某的3200只28日龄商品蛋鸡，从10日龄开始个别鸡流鼻涕，甩鼻，打呼噜，咳嗽，曾用红霉素、恩诺沙星、环丙沙星等药物治疗效果不佳邀诊。检查：部分鸡精神沉郁，不愿走动，饮食减退，脸、眼肿胀，张口呼吸。剖检病死鸡可见眼内干酪样物；气囊混浊，气囊内有泡沫样液体；个别鸡出现心包炎、肝周炎。诊为支原体病。治疗：取方药9，用法相同，连用5d，痊愈，治愈率达93.5%。

10. 1999年11月26日，沙河市渡口石某的4500只260日龄商品蛋鸡发病邀诊。主诉：前10d大群鸡都比较好，个别鸡打呼噜，轻度咳嗽；随后病鸡增多，症状加重。曾用强力霉素、土霉素、氧氟沙星等药物治疗，病情时轻时重，现在打呼噜鸡较多，咳嗽；个别鸡脸肿胀，鸡冠萎缩，消瘦，产蛋率由90%降到82%。检查：剖检病鸡可见气管有少许黏液，鼻内、眶下窦有黄色干酪样物，气管混浊、增厚，气囊内有黄色块状干酪样物。诊为支原体病。治疗：取方药9，用法相同，连用5d。随后追访，治愈率为95.6%，产蛋率恢复至90%以上。(李存，T109，P26)

11. 1990年10月15日，武清县某养鸡场2号鸡舍的5158只75日龄鸡发病邀诊。检查：病鸡眼睑肿胀，咳嗽气喘，采食量减少，常有死亡。用血清平板凝集反应检测23只病鸡，阳性19只，弱阳性1只，阴性3只。根据流行病学和临床症状，诊为支原体感染。治疗：19日取方药10，2.5g/(只·d)，用法相同，连服3d。

给药前，病鸡平均死亡 10.1 只/d，采食 30g/(只·d)；给药后，病鸡症状基本消失，平均死亡 4.2 只/d，采食 45g/(只·d)。青年鸡的生长未受影响，产蛋正常。

12. 1991 年 5 月 7 日，武清县某农场第二鸡场 8 号鸡舍的 7659 只鸡发病邀诊。检查：临床症状同典型医案 7。35 只病鸡的血清凝集反应，阳性 28 只，弱阳性 4 只，阴性 3 只。诊为支原体感染。治疗：取方药 10，3.5g/(只·d)，连用 3d。服药前，病鸡平均死亡 13 只/d，产蛋率为 61.3%，采食量 80g/(只·d)；服药后第 4 天，病鸡症状基本消失，死亡 9 只/d，产蛋率上升为 69.4%，采食量 90g/(只·d)。至 2001 年 6 月 26 日，产蛋率已升至 82.7%。(郭胜祥等，T53，P39)

13. 1995 年 3 月 12 日，东丰县三合乡兴泰村某养鸡户的 2100 只 AA 肉鸡（平均体重 1500g）发病邀诊。主诉：由于饲养密度大，转群时温差过大，引起全群鸡咳嗽，甩鼻（日轻夜重），曾用北里霉素治疗 3d 未见好转，采食量下降，个别鸡出现白痢。经检查，诊为慢性呼吸道病。治疗：取方药 12，用法相同，连用 5d，痊愈，至出栏时未再复发。

14. 1995 年 4 月 2 日，东丰县二龙乡双庙村某养鸡户的 4200 只艾维茵肉鸡（平均体重 1000g）发病就诊。主诉：由于育雏地面小，鸡的密度过大，鸡舍内氨味过浓引起发病。病初，患鸡甩鼻，继而咳嗽，全群鸡用氢化可的松与高力咪先（饮服）治疗 3d 未见好转，病鸡与日俱增，采食量下降；个别鸡出现腹泻。诊为慢性呼吸道病。治疗：取方药 12，用法相同，连用 5d，痊愈。（徐贵林等，T82，P27）

15. 2004 年 4 月 28 日，洪泽县岔河镇吴祁村杨某的 2000 只 46 日龄草鸡发病邀诊。检查：病鸡精神委顿，食欲减退，咳嗽，气管有啰音，眼睑肿胀，上下眼睑粘连、凸出，掰开眼睑内有豆腐渣样物，排黄白色粪，3d 死亡 57 只。剖检病死鸡可见心包炎、肝周炎、气囊炎；气管内有黄白色泡沫样渗出液。诊为支原体与大肠杆菌混合感染。治疗：取方药 13，水煎 3 次，合并药液，供鸡自由饮服（用药前先停水3h），1剂/d，26只病重鸡灌服3mL/只。用药1剂，病鸡排黄白色粪停止，呼吸道症状减轻，精神好转；用药2剂，病鸡恢复正常。

16. 洪泽县黄集镇花河村李某的4200只42日龄草母鸡发病，曾用强力霉素饮水和阿莫西林拌料治疗效果不明显邀诊。检查：病鸡精神委顿，食欲减退，咳嗽，气管有啰音，眼睑肿胀，上下眼睑粘连、凸出，掰开眼睑内有干酪样渗出物，排黄白色粪。剖检病死鸡可见心包炎、肝周炎、气囊炎，气管内有黄白色泡沫样渗出液。诊为支原体与大肠杆菌混合感染。治疗：金银花700g，连翘900g，菊花、穿心莲各800g，石膏1000g，杏仁500g，麻黄、甘草各300g。水煎3次，合并药液，供鸡自由饮服(用药前停水3h)，病重鸡灌服3～5mL/只。用药1剂，病鸡排黄白色粪停止，呼吸道症状减轻，精神好转；用药2剂，除病重死亡3只外，其余鸡恢复正常。(赵学好等，T139，P44)

新城疫

新城疫是指鸡感染新城疫病毒，引起以呼吸困难、泻稀粪、神经功能紊乱、黏膜和浆膜出血为特征的一种高度接触性传染病，又称亚洲鸡瘟或伪鸡瘟。

【流行病学】 本病病原为鸡新城疫病毒。病鸡和带毒鸡的粪尿及口腔黏液以及被病毒污染的饲料、饮水和尘土为传播源，主要经消化道、呼吸道或结膜传染，亦通过空气和饮水、器械、车辆、垫料（稻壳等)、种蛋、幼雏、昆虫、鼠类的机械携带传播。一年四季均可发生，以冬春寒冷季节多发。不同年龄、品种和性别的鸡均可感染，幼雏鸡的发病率和死亡率明显高于成年鸡。纯种鸡比杂交鸡易感，死亡率也高。某些土种鸡和观赏鸟（如虎皮鹦鹉）对本病有较强的抵抗力，常呈隐性或慢性感染，成为重要的病毒携带者和传播者。

【辨证施治】 本病分为典型性和非典型性新城疫。

（1）典型性新城疫　病鸡体温升高至40℃以上，精神萎靡，呼吸困难，张口伸颈，时有喘哮音或咯咯音，采食减少或废绝，下痢，粪呈黄绿色或白色水样，嗉囊充满液状内容物，倒提时自行从口角流出，气味酸臭，流黏性鼻液，个别鸡出现爪、翼麻痹、瘫痪，头颈扭曲、转圈等神经症状。

（2）非典型性新城疫　主要以呼吸道症状为主。病鸡张口呼吸，有呼噜声，咳嗽，口流黏液，排黄绿色稀粪，出现歪头、曲颈或呈仰面观星状等神经症状。产蛋鸡群发病时产蛋量急剧下降，破蛋、软蛋及褪色蛋增多，零星可见黄绿色或蛋清样粪，少数鸡冠尖端呈紫黑色。

【病理变化】　典型性新城疫病死鸡可见口腔、咽部有黏稠痰液；嗉囊黏膜有时可见浅红色糜烂；腺胃黏膜的腺体开口处多有环状充血和点状出血(彩图24)；肌胃角质层下有时见点状或片状出血(彩图25)；十二指肠黏膜肿胀、出血甚至坏死、溃疡(彩图26)；盲肠扁桃体肿胀、呈枣核状，严重出血；直肠黏膜条状出血点；喉头充血或出血；气管下段气管环黏膜出血，含有黏稠痰液；心冠脂肪有针尖状出血；卵黄膜树枝状充血或出血，卵黄破裂弥散于腹腔，严重时粘连肠管及其他脏器，形成卵黄性腹膜炎（彩图27）。

非典型性新城疫病死鸡很少见到典型性新城疫的腺胃出血等典型病变；气管轻度充血，有少量黏液；鼻腔有卡他性渗出物；气囊混浊；卵黄膜充血、出血，卵黄破裂及所引起的腹膜炎较为严重；盲肠扁桃体肿胀，有新鲜出血点；卵黄蒂周围和两盲肠夹拢的回肠段黏膜有枣核状溃疡；直肠条状出血尤为突出。

【治则】　清热解毒，止咳化痰。

【方药】　1. 特效病毒消(主要为板蓝根、紫萁、鹿药、铃兰等)，1mL/只，饮服，2次/d，用药前1～2h/次禁止饮水，2～3h内将药液饮完。共治疗非典型性新城疫26940例，治愈25780例，有效率为95.7%。

2. 黄芩、蒲公英、射干、紫菀各10g，金银花、甘草各30g，

连翘 40g，地榆炭、紫花地丁各 20g。水煎 2 次，取汁混合，饮服（供 100 只鸡饮用），连用 4～6d。取病毒灵 30mg/(d·只)，氨茶碱片 25～50mg/(d·只)，高力米酰 30～50mg/(d·只)，板蓝根冲剂 1～2g/(d·只)，1 次饮服，连用 3～5d。（谢家声，T92，P37）

3. 贯众、黄芩、白头翁、黄芪、大青叶各 1200g，地榆、秦皮、金银花各 900g，穿心莲、连翘、鱼腥草各 1100g，黄柏 1000g，桔梗、党参各 800g。混合，粉碎，过 60 目筛，2g/kg，开水冲闷 30min，于下午一次性拌料喂服。氟苯尼考(60%)，1g 对水 6kg，饮服；病毒唑原粉，1g 对水 10kg；黄芪多糖，1g 对水 10kg，于上午一次性饮服。严重者取庆大霉素(8 万单位)，病毒唑注射液（0.1g）（为 4 只成年鸡药量），肌内注射，1 次/d。

4. 巴豆、罂粟壳、皂角各 50g，雄黄 20g，香附、狼毒、鸦胆子各 100g，鸡矢藤 25g，韭菜(鲜)、钩吻(鲜）各 250g，了哥王(鲜)1000g，血见愁(鲜)500g。共为末，过筛分装，30g/包。用量为 1g/kg，取少许白酒和红糖为引，加凉开水 5mL，调和灌服，3 次/d。本方药适用于非典型性新城疫。

5. 黄连、栀子、牡丹皮、甘草各 400g，黄芩、大黄各 500g，当归、赤芍、木通、知母各 300g，肉桂 200g。混合，粉碎成细粉，拌料喂服，成年鸡 2～3g/(次·只)，2 次/d，连用 3d。同时，用（克隆）新城疫Ⅳ系疫苗 4 倍量饮水，1 次/6h，饮水前停水 3～4h。根据鸡日龄大小，饮水控制在 1h 内饮完，饮完疫苗应给予电解多维或其他抗应激药物。

【防制】 4～7 日龄雏鸡用Ⅱ系疫苗滴鼻免疫，25～30 日龄用Ⅱ系或 L 系弱毒苗进行第 2 次免疫(滴鼻或饮水)。2 月龄后用Ⅰ系疫苗肌注免疫，免疫期可持续 1 年以上。在有零星新城疫发生的鸡场或鸡群，雏鸡在 3～5 日龄时以Ⅱ系疫苗滴鼻免疫，至 17～21 日龄仍以Ⅱ系或 L 系疫苗滴鼻或饮水进行第 2 次免疫，待 2 月龄后用Ⅰ系疫苗肌注免疫。对产蛋鸡或种鸡进行 1～2 次/年Ⅰ系疫苗肌注免疫。鸡新城疫油乳灭活疫苗可用于任何年龄的鸡。2 周龄以内的雏鸡皮下或肌内注射 0.2mL，同时以Ⅱ系或 L 系疫苗滴鼻，鸡很快产生免疫力，免疫期可达 70～140d。肉鸡用本法 1 次免疫可保护至出售，2 月龄以上鸡用 0.5mL，肌内注射，免疫期可达 10 个月以上；经弱毒苗免疫过的育成鸡，在开产前 2～3 周肌内注射 0.5mL，整个产蛋期均可得到保护。大型鸡场应建立免疫监测，定期测定母源抗体水平和鸡群的血凝抑制效价（HI），以便制定科学的免疫程序。鸡群一旦发病，首先将可疑病鸡检出焚烧或深埋，被污染的羽毛、垫草、粪、新城疫病变内脏亦应深埋或烧毁。封锁鸡场，禁止转场或出售，立即彻底进行环境消毒，并给鸡群进行注射感康多肽配合刀豆素混合饮水，每瓶用于 1000 只成年鸡或 2000 只雏鸡，病情严重者连用 2～3d。

加强饲养管理，严格隔离消毒，切断传播途径。大中型鸡场应执行“全进全出”制度，谢绝参观，加强检疫，防止动物进入易感鸡群，工作人员、车辆进出须经严格消毒。

【典型医案】 1. 广昌县头坡镇上马路村王某的 1500 只麻鸡发病邀诊。检查：病鸡群咳嗽，时而发出喘哮声，排绿色粪，用泰乐菌素等药物治疗无效。剖检病死鸡可见肠道广泛出血，盲肠扁桃体肿胀、出血，泄殖腔出血坏死，小肠段有形成岛屿状溃疡灶。发病第 10 天随机抽取 10 只鸡血液进行抗体检测，发现其抗体水平异常高，并且参差不齐。根据临床症状、病理变化和血清学检查，诊为非典型性新城疫。治疗：取方药 1，用法相同，2 次/d，连用 3d，5d 后随访，痊愈。

2. 广昌县头坡镇上马路村谢某的 3000 只 40 日龄三黄鸡发病邀诊。检查：病鸡群咳嗽、甩鼻，时而发出哮咳声，排绿白色粪，用病毒灵、环丙沙星治疗无效。剖检病死鸡可见明显的心包炎，肝周炎，小肠段广泛出血，卵黄蒂出血，盲肠扁桃体肿胀出血，泄殖腔出血坏死。根据抗体检测、细菌分离培养、生化试验和动物接种试验，诊为非典型性新城疫继发大肠杆菌病。经药物敏感性试验，对氟苯尼考最敏感。治疗：取方药 1，用法相同。同时用 5%氟苯尼考 10g，对水 1000mL，供鸡饮服，连用 3d，痊愈。（李敬云，

T133，P44）

3. 灵寿县某养鸡场的鸡群中先有2～3只鸡拒食，头肿，呼吸困难，伸颈，怪叫，随后迅速蔓延，其严重程度视鸡群体况有所不同，一般180d左右产蛋高峰鸡群病情发展快，采食量减少，粪呈黄白色，打呼噜，怪叫，发出咯咯声，流鼻液，脸肿胀，挤压眼部流出白色脓性物质，严重者引起死亡。剖检病死鸡可见喉头、气管有针尖状出血点，气管内有黏液；腺胃乳头有少量出血；肝肿大、质脆、色黄；心外膜及心冠脂肪有出血点；直肠末端呈弥漫性出血，小肠呈卡他性炎性病变；眼结膜出血，剪开肿胀部位有干酪样物质；气囊一般混浊；卵黄充血，严重者破裂，形成卵黄性腹膜炎；盲肠扁桃体出血。经药物敏感性试验，对氟苯尼考、庆大霉素、磷霉素钙、氧氟沙星高度敏感。根据实验室新城疫抗体检测及细菌培养，诊为非典型性新城疫和大肠杆菌混合感染。治疗：取方药3，用法相同。用药5d，大部分病鸡精神基本恢复正常，仍有个别鸡呆立、不食。西药停止饮用，中药继用3d，病鸡恢复正常。（闫会等，T148，P61）

4. 1988年12月25日，阳山县水口镇五爱区梁某的20只本地鸡全部发病，曾用磺胺脒、长效磺胺、敌菌净、鸡瘟散等药物治疗无效邀诊。检查：病鸡食欲废绝，流涎，嗉囊胀满，张口呼吸，伸颈，发出咕咕声，下痢并夹杂有少量血液；翅下垂，爪软，鸡冠呈紫黑色，发病2d，其中1只死亡。剖检病死鸡可见嗉囊壁水肿，全身黏膜出血，食管黏膜有出血点，腺胃乳头出血，腺胃与肌胃交界处有带状出血及点状出血，肌胃角质膜下出血，并有粟粒大溃疡，盲肠肿大、出血、坏死。根据临床症状、病理变化及流行病学，诊为新城疫。治疗：取方药4，用法相同。用药3d，病鸡症状明显减轻，5d痊愈，治愈18只。（陈焕松，T53，P41）

5. 2000年8月，文登市文城镇马家汤后王某的2800只35日龄艾维茵肉鸡发病邀诊。检查：病鸡群精神委顿，食欲减退，羽毛逆立，呼吸困难，口流黏液，排绿色稀粪，头颈弯曲于腹下，闭眼不愿行走，第2天死亡75只，连续3d死亡140多只。根据临床症状、病理变化和实验室检验，诊为新城疫病毒与大肠杆菌混合感染。治疗：取方药5中药细粉，1.5g/(次·只)，拌料喂服，早、晚各1次。同时全群鸡用（克隆）新城疫Ⅳ系疫苗4倍量分2次饮水（最好每次饮完）。用药1d，病鸡排绿色粪停止，水样粪、白色粪减少；2d后粪转为正常，精神好转，食欲增加，3d后基本恢复正常。(王培君等，T114，P28)

霍　乱

霍乱是指鸡感染多杀性巴氏杆菌，引起以突然发病、下痢、急性败血症为特征的一种急性败血性传染病，又称鸡巴氏杆菌病。慢性霍乱以鸡冠、肉髯水肿和关节炎为特征。

【流行病学】 本病病原为多杀性巴氏杆菌。病死鸡及康复带毒鸡、慢性感染鸡为主要传染源，主要通过消化道、呼吸道及皮肤伤口感染。一年四季均可发病，以春、秋季节发生较多。饲养管理不当，气候突变，营养不良，鸡舍不卫生，鸡群拥挤，阴雨潮湿，维生素、蛋白质及矿物质饲料缺乏，体内寄生虫侵袭，或感染其他疾病导致机体抵抗力下降，均可引起发病。

【辨证施治】 临床上分为最急性、急性和慢性三型。

（1）最急性型　一般见于流行初期，多发生于肥壮、高产鸡，无任何临床症状突然死亡。

（2）急性型　临床上最为常见。病鸡高热（43～44℃），口渴，昏睡，羽毛松乱，翅膀下垂，剧烈腹泻，排灰黄色甚至污绿色带血样稀粪，呼吸困难，口鼻分泌物增多，鸡冠、肉髯发紫。

（3）慢性型　多见于病的后期，以肺、呼吸道或胃肠道的慢性炎症为特点。病鸡鸡冠、肉髯发紫肿胀；有的发生慢性关节炎，关节肿大、疼痛、跛行。

【病理变化】 最急性型无任何特征性变化。急性型可见腹膜、皮下组织、腹部脂肪、呼吸道和胃肠道黏膜有点状出血，肠道充血、发炎、黏膜红肿（彩图 28）；肝肿大、质变脆、呈棕色或黄棕色、表面有灰白色针尖大的坏死点（彩图 29）；鼻腔及上呼吸道内有黏液，个别病鸡卵巢有干酪样物质。慢性型可见关节肿大、变形，有炎性渗出物和干酪样坏死。

【治则】 清热祛湿，宽肠理气。

【方药】 1. 苍术、藿香各 30g，半夏、白芷、山柰各 25g，陈皮 20g，连翘 50g，贯众 45g，板蓝根 60g。共研末，加白酒 100mL，大蒜 3 枚，用适量麸皮拌匀，喂服（供 100 只鸡食用）。在饲料中添加 0.1%或 0.5%的磺胺嘧啶，喂服，连用 3d。成年鸡肌内注射青霉素 2 万～5 万单位/(只·次)，3 次/d。

2. 桐油 10L，大蒜 10g。将大蒜捣成泥与桐油混合后浸泡 2h，灌服；喂绿豆大 2 粒/只，雏鸡酌减。亦可用桐油 10mL、大蒜泥 10g、大米 100g 或大米饭 200g，混合浸泡 5h，喂服（为 20 只鸡用量，雏鸡酌减）。

3. 痢菌净 15g，溶于水中，拌料喂服，2 次/d，第 1 次 4.0g，第 2 次 3.0g，第 3 次 2.5g；停食鸡灌服痢菌净水溶液 1.5～2.0mL/只，连用 4 次。用痢菌净防治霍乱药量要足，需连续用药 3 次，使机体内的药物保持一定浓度，效果才好。对个别少食、不食或病重鸡应单独灌药，以免失治而死亡。

4. 0.5%痢菌净水溶液 1mL/(只·次)，肌内注射。于发病的第 1 天给药 1 次/4h，连用 2～3 次，以后肌内注射 2 次/d，剂量减半，连续用药 2～3d 为 1 个疗程。共治疗 3600 例，治愈 3400 例，治愈率为 94.4%。(王洪连等，T15，P62)

5. 生葶苈子粉 3g，加适量温开水冲调，分 3 次灌服，1 次/4h。预防量取生葶苈子粉 3g，1g/d，拌入饲料中 1 次喂服，连用 3d。

6. 猪胆汁拌小麦，占日粮 1/10～1/8，阴干后喂服，1 次/d，连用 5d。用于预防。(许光玉等，T60，P26)

7. 牛黄解毒片，每次 1/5～1/2 片，喂服，2 次/d，连用 3d。(许光玉等，T60，P26)

8. 金银花、连翘、黄连、黄芩、茯苓各15g，穿心莲、黄柏各20g，甘草10g。水煎取汁，拌入粉料（占粉料的10%）中喂服，连用3d；病鸡滴服，3～5mL/(次·只)，2～3次/d，连服3d。

9. 六草丸。龙胆草、地丁草、紫草、鱼腥草、仙鹤草、甘草各等份。共为末，加2倍量的面粉糊，搓成黄豆大药丸，晒干保存。在鸡群出现病鸡时即可投服，也可用其粉剂拌料直接喂服。成年鸡4～5丸，幼鸡减半，2次/d，连用7d。或在饲料中拌药10g/kg，饲喂。共预防2010例，有效1849例，有效率为92%。无副作用及不良反应。

10. 穿心莲、板蓝根各6份，蒲公英、旱莲草各5份，苍术3份。混合，粉碎成细末，加适量淀粉，用压片机压制成表面光洁、有一定硬度的药片（含生药0.45g/片），烘干装瓶，1.35～1.80g/只，饮水或拌料喂服，3次/d，连用3d。

11. 独活寄生汤。独活180g，桑寄生、党参各200g，秦艽、防风各130g，细辛30g，川芎、芍药、牛膝、防己各120g，杜仲100g，当归160g，甘草55g，苍术150g。水煎取汁，饮水或拌料喂服。共治疗1259例，治愈1202例，治愈率为95.5%。

12. 石膏、穿心莲各200g，黄连、栀子、黄芩、连翘、桔梗、竹叶各50g，千里光100g，甘草20g。甲氧苄氨嘧啶10g，强力霉素40g。将中药粉碎，与西药拌匀，拌料喂服，0.5g/(只·次)，2～3次/d，1个疗程/5d，间隔4～5d再服第2个疗程。

13. 白芷25g，胡黄连40g，乌梅44g，藿香、木香各50g，黄柏35g，一见喜100g，苍术、半边莲、大黄各30g，甲氧苄胺嘧啶（TMP）6g，磺胺对甲氧嘧啶（SMD）30g，土霉素30g，淀粉适量。制成1000片（含中西药0.5g/片）。治疗量：成年鸡4～5片/次，2次/d。预防量：成年鸡2.5～3.5片/次，2次/d。雏鸡量约为成年鸡的1/5。（袁成新，T25，P63）

14. 茵陈、半枝莲、赤芍、白茅根、甘草、大青叶各100g，柴胡75g，常山、当归各180g，白头翁200g，苍术120g，地榆炭150g。混合，碾为细末，2g/(只·次)，拌料喂服，病鸡2次/d，健康鸡 1 次/d，连用 7d。取电解多维 200g，球痢灵 100g，对水 200kg，让鸡自由饮服；磺胺二甲嘧啶，按 0.5%拌入饲料，喂服，病鸡 2 次/d，健康鸡 1 次/d，连用 7d。重症者肌内注射青霉素 2 万～5 万单位/只，2 次/d，连用 4d。

【防制】 严格执行鸡场饲养管理和卫生防疫制度，以独立的圈舍为单位采取全进全出饲养。新鸡引进时要进行严格检疫，杜绝本病传入。在发病地区应定期进行预防接种，采取综合防疫措施防止本病的发生和流行。发现本病时应及时采取封锁、隔离、消毒等有效防治措施，尽快扑灭疫情。有条件的鸡场应通过药敏试验选择有效药物进行全群鸡给药预防。磺胺类药物、氯霉素、红霉素、庆大霉素、环丙沙星、恩诺沙星、喹乙醇对本病均有较好的疗效。在治疗过程中，剂量要足，疗程要合理，当鸡死亡明显减少后应继续服药 2～3d，以巩固疗效，防止复发。对病死鸡进行无害化处理。立即将患病鸡隔离。对鸡舍、周围环境及用具进行消毒处理。对常发地区或鸡场应用疫苗进行预防。有条件的鸡场可分离细菌，经鉴定合格后制作自家灭活疫苗，定期对鸡群进行注射，经过 1～2 年的免疫，可有效控制本病。从未发生本病的鸡场不宜接种疫苗。

【典型医案】 1. 2005 年 10 月 6 日，天水市麦积区花牛镇花牛村肖某的 2000 只蛋鸡发生剧烈腹泻邀诊。检查：病鸡精神不振，羽毛松乱，弓背缩头，呆立一隅，粪呈灰黄色或绿色，有的混有血液，鸡冠、肉髯发紫，呼吸困难。剖检病死鸡可见腹膜、皮下组织、腹部脂肪、呼吸道和胃肠道黏膜有小出血点。根据临床症状和病理变化，诊为霍乱。治疗：取方药 1，用法相同，连用 3d，痊愈。（柏建明等，T139，P54）

2. 1999 年 4 月 6 日，石阡县国荣乡各宋村四组杨某的 20 只成年鸡，其中 3 只羽毛不顺，翅下垂，缩颈不食，粪呈水样。经检查，诊为霍乱。治疗：桐油 20mL，大蒜泥 20g，大米 200g，混合，浸泡 5h，将浸泡的大米分 2 次喂鸡，其中 3 只病鸡直接喂服，其余鸡自由采食。第 2 天，3 只病鸡开始进食，粪转好，其他鸡再未发病。（张廷胜，T103，P38）

3. 镇海县养鸡户何某的250多只新浦东肉鸡，在7d内因患霍乱死亡9只，且有半数鸡采食量减少。经检查，诊为霍乱。治疗：取方药3，用法相同，痊愈。（镇海县畜牧兽医站，T15，P42）

4. 1985年9月8～9日，南阳县汉冢乡王李庄王某的85只鸡，连续死亡9只，10月10～11日又连续死亡15只。病鸡死亡前没有症状，正产蛋的鸡突然死在窝中，刚产完蛋咯咯叫的鸡突然倒地死亡，或晚上正常上架而翌晨死于架下，病势稍缓者腹泻，粪色红、白、黄、绿不同，体温43～44℃，鸡冠呈紫红色。剖检病死鸡可见心外膜有针尖大的出血点，肝脏有灰白色小点，肺肿大、变硬，气管充满黏稠痰液，肠黏膜呈卡他性炎性病变。治疗：取生葶苈子粉24g，按方药5的方法灌服8只病鸡，其他53只鸡(体重约1.75kg/只）共用生葶苈子粉159g，分成3份，喂服1份/d。服药3d，8只病鸡中仅死亡1只，7只鸡均在第2天觅食，恢复健康。

5. 1955年9月1～2日，南阳县大沟李村23户农民的1465只鸡，因霍乱连续死亡95只。3日上午9时，按方药5服药，当天下午死亡9只。9月4日～10月6日，鸡再未见发病。

6. 1985年8月12～20日，南阳县王营村21户农民的1121只鸡，其中35只鸡接连出现霍乱，于13日邀诊。治疗：取方药5，用法相同。服药第2天，患病鸡痊愈。9月27日又发生本病，死亡8只。即日下午再服药1次，第2天转为正常。（刘永祥，T19，P61）

7. 邓州市城区建设街唐某的20多只蛋鸡因患霍乱邀诊。治疗：取方药8，用法相同，效果良好。其后给鸡喂药2～3d/月，再未见发病。（许光玉等，T60，P26）

8. 1990年6月19日，浦江县平湖区寺前村陈某的21只鸡发病，死亡1只邀诊。经检查，诊为霍乱。治疗：取六草丸进行预防，用法同方药9，其余20只鸡再未发病。（陈英模，T63，P40）

9. 常德县韩公渡、周家店等7个乡镇的90户960只鸡（含鸭）发病，取方药10治疗，1.80g/次或1.35g/次，灌服，3次/d，连用3d。共治愈817例，治愈率为85.1%；同群的2162只鸡同时

给药，无效 17 例，其余 2145 只鸡均未发病。（周辅成，T23，P55）

10. 1992 年 10 月 14 日，如皋市车马湖乡车马湖村养鸡户潘某购进的 500 只雏鸡，近半个月每天出现死亡邀诊。检查：剖检病死鸡可见肝脏肿大、有大小不等的白点。曾用青霉素治疗病情好转，但停药后又复发；曾用灭霍灵拌料喂服，仍有零星死亡。现存活 398 只，排绿色稀粪，产蛋率由 50%降至 20%，疑为慢性霍乱。治疗：取方药 11，用法相同，连用 2 剂。半月后追访，共治愈 380 例，治愈率 95.48%，产蛋率回升至 40%。（吴仕华，T80，P23）

11. 1995 年 12 月初，桂平市社步镇新岭村李某等 3 户的 6 群 1 万只本地三黄肉鸡，分别自由放养于 6 个相邻的小丘岭，至 120 日龄时有 2 群鸡出现不明原因的死亡，随后其他鸡群也相继出现死亡。户主曾用青霉素、链霉素、氯霉素、磺胺嘧啶等药物治疗，病情时伏时起或此起彼伏，投药病止，停药病起，连绵不断，治疗效果不理想邀诊。检查：病鸡精神不振，食欲减退或废绝，口渴，腹泻，粪初期呈黄白色，后期为绿色，呼吸困难，流鼻液，伸颈张口，有时发出咯咯声，鸡冠呈紫色。病程 1～5d。剖检病死鸡可见肝脏稍肿大、质脆、呈棕色，表面散在针头大小的灰白色坏死点；肠浆膜有出血点；心包内多量不透明的淡黄色液体；心外膜、冠状沟脂肪有出血点；十二指肠黏膜充血、出血，肠内容物含有血液；接种局部皮下组织水肿；胸腔有纤维素性渗出物；淋巴结肿大。取心血和肝组织直接涂片，分别用革兰、瑞特染色，镜检，可见革兰阴性短杆状菌体，瑞特染色呈明显的两极着色。将病料分别接种于血斜面、肉汤琼脂，37℃培养 24h，在血斜面呈微凸、圆形、半透明的露珠样菌落，不溶血，黏稠。在肉汤琼脂培养基上呈轻微混浊，于管底生成沉淀；用培养基菌落涂片，镜检，可见革兰阴性小杆菌。将病料制成 1∶10 乳剂，给小白鼠皮下接种 0.2mL，18h 后死亡。肝涂片可见革兰阴性、瑞特染色两极着色明显的小杆菌。根据发病情况、临床症状、病理变化及实验室检测，诊为霍乱。治疗：取方药 12，用法相同。服药 2～4 次，病鸡死亡停止。经 2 个

疗程的治疗，6 群 9500 只鸡仅死亡 49 只，治愈率为 99.5%。停药后至全部出栏时 1 个多月未再发现新病例。（黎只兴等，T81，P24）

12. 2007 年 9 月 3 日，泾源县某养鸡户在山上果树林放牧的 1230 只 40 日龄鸡，排混有血液的稀粪，用氟哌酸、土霉素、盐酸氯苯胍治疗效果不佳，每天平均死亡约 20 只，至 9 月 7 日已发病 398 只，死亡 102 只，发病率为 32.4%，死亡率为 8.3%。检查：病鸡体温升高，精神沉郁，羽毛松乱，缩颈闭目、呆立，食欲减退，饮欲增加，口流黏液，排灰黄色带有血液的稀粪。病情严重者食欲废绝，严重腹泻，排黄色、灰白色或绿色混有血液甚至全是血液的稀粪，泄殖腔周围被排泄物污染，带有血液。有的鸡在跑动时伸颈张口呼吸，鸡冠、肉髯发青。最后衰竭昏迷死亡。剖检病死鸡可见嗉囊积液；心包积有淡黄色纤维素性渗出液，心外膜有出血点；肺脏出血或有出血点；肝脏肿大、呈土黄色、质地变脆，肝表面布满针尖大小的灰白色坏死点；十二指肠黏膜出血严重，黏膜红肿并覆盖有纤维素性渗出物，肠内容物含有血液；盲肠极度肿大，肠壁变厚，黏膜出血，严重糜烂，肠管内充满凝固的或新鲜的暗红色血液。取盲肠病变处黏膜少许，置于载玻片上，加甘油生理盐水 1 滴，混合均匀，加盖玻片，置显微镜下检查，可见大量的球虫卵囊。无菌取新鲜肝、脾、心脏血涂片，革兰和碱性美蓝染色，镜检，可见革兰阴性、两极着色的球杆菌。无菌采取病死鸡心、肝、脾脏，分别接种于新鲜血琼脂平皿和麦康凯琼脂培养基，37℃培养 24h。麦康凯琼脂培养基上无菌落长出，血液琼脂培养基上形成不溶血的、淡灰白色、圆形、露珠样小菌落。挑取该菌落革兰染色，镜检，可见革兰阴性、两极着色的球杆菌。分离菌药敏试验，结果对磺胺嘧啶、青霉素、强力霉素敏感，对氟哌酸、氧氟沙星、土霉素不敏感。根据临床症状、病理变化和实验室检验，诊为多杀性巴氏杆菌和球虫混合感染。治疗：取方药 14，用法相同。除 15 只鸡因病重死亡外，其余鸡全部治愈，没有复发。（李春生等，T153，P61）

伤　寒

伤寒是指鸡感染伤寒沙门菌，引起以肝脾等器官发生病变、下痢为特征的一种急性、败血性或慢性传染病，主要发生于3周龄以上的青年鸡和成年鸡。

【流行病学】 本病病原为鸡沙门菌。病鸡和带菌鸡为主要传染源。病鸡和带菌鸡从粪便不断排出病菌，被污染的土壤、饮水和用具为其传播媒介。传染途径以消化道为主。雏鸡感染主要是经蛋传播，或在孵化器和育雏器内相互传染；也可在孵出后直接或间接接触病鸡或带菌鸡而感染。另外，野禽或苍蝇以及饲养人员也是传播的重要媒介。

【病理变化】 腹腔内充满稀薄的血水或蛋清样液体，有干酪样凝块、似煮熟的蛋黄样；肝脏肿大，布满密集白色细小坏死点、质脆易碎，偶见肝表面覆盖有纤维素膜，肝呈古铜色（彩图30）；脾脏肿大，有白色针头大坏死灶；卵泡变形、变性，似半煮熟样（彩图31）；胆囊肿胀，胆汁黏稠；个别鸡心包发炎，有乳糜状白色渗出液。病的后期，心脏、肝脏上有肿瘤结节；卵巢破裂，引起卵黄性腹膜炎，个别鸡卵泡坏死，肠道等内脏器官粘连。

【主证】 病鸡精神委顿，体温升至43～44℃，羽毛蓬乱，食欲废绝，腹泻，排黄绿色稀粪，鸡冠呈暗红色，呆立，两翅下垂，缩颈，双目紧闭，羽毛松乱。慢性者病程达10d以上，病鸡极度消瘦。母鸡产蛋率下降，破损率升高，蛋壳薄，蛋壳上有密集的小红斑点，软皮蛋增多。

【治则】 清热解毒，燥湿止泻。

【方药】 1. 黄连解毒汤。黄连、黄芩、黄柏、栀子各0.5kg（为10020只鸡药量）。水煎3次，取汁混合，饮服，2次/d，连用5d。病重鸡可灌服。

2. 黄连、白矾、黄柏、黄芩、桔梗各25g，甘草35g，大蒜、艾叶、知母各30g（为100只鸡药量）。水煎取汁，候温饮服。药渣切碎拌料喂服，1 剂/d，连用 3d。

【防制】 加强卫生管理，对种蛋、孵化环境、孵化器及所用器具要严格消毒。加强育雏期饲养管理，保证育雏室的温度、湿度和雏鸡的饲料营养。在伤寒易发的日龄应添加抗生素类、磺胺类、呋喃类药物进行预防。加强场地消毒，病重鸡应及时淘汰，病轻鸡应隔离治疗。定期在鸡群中进行伤寒凝集试验，将带菌鸡检出淘汰。鸡粪要堆积发酵，进行生物热消毒。种鸡场必须适时（14 日龄）地进行检疫，淘汰带病种鸡，净化种鸡群。

【典型医案】 1. 2002 年 5 月，铁岭县某鸡场的 11000 只 110 日龄海兰褐商品蛋鸡，转至产蛋鸡舍。于 300 日龄时开始发病，存栏 10650 只，每天死亡率达 0.5%～1.0%，死亡高峰时每天达 3.0%～5.0%，至 5 月 20 日死亡 600 余只邀诊。检查：病鸡腹泻，排土黄色稀粪，饮欲强烈，鸡冠为暗红色，病程稍长者鸡冠苍白萎缩，体温高达 43～44℃，精神委顿，呆立，两翅下垂，缩颈，双目紧闭，羽毛松乱，食欲减退或不食，母鸡产蛋率下降、破损率升高，蛋壳薄，蛋壳上有密集的小红斑点，软皮蛋增多。剖检病死鸡可见肝脏肿大、布满密集白色的细小坏死点、质脆易碎；脾脏肿大、有白色针头大坏死灶；卵泡变形、变性、似半煮熟样。病的后期，心脏、肝脏上有肿瘤结节。取病死鸡肝、脾、心脏血涂片，革兰染色，镜检，为革兰阴性短而粗的小杆菌。在营养琼脂上培养，菌落呈白色、透明、细小；在麦康凯培养基上不呈现红色。发酵葡萄糖、甘露醇、麦芽糖不产气，不发酵乳糖、蔗糖，不水解尿素。诊为伤寒病。治疗：黄连解毒汤，用法同方药 1，连用 5d。病鸡痊愈，无复发。（李淑娟，T120，P26）

2. 2004 年 4 月，沭阳县某鸡场的 2000 只 182 日龄杂交草鸡发病邀诊。检查：病鸡精神委顿，呆立，两翅下垂，缩颈，双目紧闭，羽毛松乱，食欲减退或不食，肛门周围羽毛粘着黄绿色稀粪，饮欲增强，体温升至 43～44℃；个别鸡关节肿大，伏地，母鸡产蛋率显著降低，破损蛋增多，破损率高达 11.5%，蛋重减轻，蛋壳变薄。2005 年 4 月 9 日出现死亡，死亡 3～4 只/d。死亡鸡的营养状况良好，肌肉丰满，死亡前鸡冠、肉髯苍白；死亡后多数鸡眼球凹陷，腹部膨胀，手感柔软、有波动感，偶见鼻、口腔出血。剖检病死鸡可见腹腔内充满稀薄血水或蛋清样液体，同时有干酪样凝块、似煮熟蛋黄样；肝脏显著肿大，多数有针头大小的白色坏死灶，偶见肝表面覆盖有纤维素膜，呈古铜色；个别鸡肝脏破裂出血，多数鸡肝脏质地脆弱；脾脏肿大、有坏死点；胆囊肿胀，胆汁黏稠；个别鸡心包发炎、有乳糜状白色渗出液；肺、肾均见异常；个别鸡十二指肠、盲肠和腺胃有出血点；卵巢破裂，引起卵黄性腹膜炎；个别鸡卵泡坏死，肠道等内脏器官粘连。取病死鸡肝脏、脾脏和腹水等涂片，革兰染色，镜检，可见革兰阴性短而粗杆菌，单独或成对存在，菌体两端着色较深，不运动，无荚膜。在培养基中培养的菌落呈灰白色、圆形、较小。发酵葡萄糖、甘露醇、麦芽糖不产气，不发酵乳糖、蔗糖。根据临床症状、病理变化和实验室检验，诊为伤寒病。治疗：先用复方敌菌净拌料、青霉素饮水无效，又用磺胺嘧啶及磺胺增效剂按1∶5比例0.02%拌料，效果均不理想，改用方药2中药治疗，病鸡死亡停止，逐渐康复，痊愈。（施仁波等，T142，P45）

鸡　痘

鸡痘是指鸡感染鸡痘病毒引起的一种急性、接触性传染病。

【流行病学】 本病病原为鸡痘病毒。吸血昆虫（如蚊子、体表寄生虫）、飞鸟等是传播媒介。传播途径主要是通过皮肤、黏膜创伤接触传染或经蚊虫叮咬传染，也可经眼结膜和呼吸道黏膜感染。

【辨证施治】 本病分为皮肤型、眼鼻型、黏膜型和混合型。

（1）皮肤型　一般比较常见。病鸡鸡冠、肉髯和耳等处出现细薄的灰色麸皮样覆盖物，继而出现小结节，初呈灰色，逐渐呈豌豆大、表面形成凹凸不平的干硬结节，内含有黄脂状块形物质（彩图32）。有时结节相互融合产生较大的厚痂，严重者能使眼睛闭合，啄食困难。经数日结成棕黑色痘痂，慢慢脱落痊愈。

（2）眼鼻型　主要见于20～50日龄鸡。病鸡最初眼、鼻流稀薄液体，逐步变稠，眼内蓄积脓性渗出物使眼皮胀起，严重者造成眼皮闭合、失明（彩图33），最后因营养衰竭而死亡。

（3）黏膜型　病鸡咽喉黏膜上出现灰黄色痘疹，很快扩散融合形成假膜，造成鸡呼吸困难，最后窒息死亡。

（4）混合型　皮肤型与黏膜型鸡痘两种临床症状兼之（彩图34）。

【治则】 清热解毒，宣表祛邪。

【方药】 1. 银翘散加减。金银花、连翘、板蓝根、赤芍、葛根各20g，蝉蜕、甘草、竹叶各10g，桔梗15g。加水适量，煎煮2次，合并2次药液约500mL(为100只鸡1d药量)。将药液加水适量供鸡自由饮用，或将药液均匀地拌入当日饲料内喂服，连服3d。病鸡病情得到控制，6d后痊愈。

2. 鱼腥草，切碎，让鸡自由采食。

3. 根据鸡群数量及鸡舍场地大小，将新鲜樟树叶垫入鸡舍，7d后重垫1次，一般1～2次病鸡痘痂脱落，症状消失，用于预防只须垫1次即可。

4. 皮肤型鸡痘，用镊子剥离痘痂，患部涂擦红霉素软膏；黏膜型鸡痘，用小刀谨慎地将口腔与咽喉黏膜上的斑块剥离，再用0.1%的高锰酸钾溶液冲洗2次。经上述方法处理后再用板蓝根汤：板蓝根10g，金银花、栀子各5g，连翘6g，赤芍3g，车前子4g(为10～30只鸡药量)。加水煎煮2次，合并药液拌料，让鸡自由采食。共治疗3000余例，效果满意。(孙荣华，T56，P49)

5. 荆芥穗、防风、薄荷、川芎、赤芍各9g，蒲公英15g，黄芩、栀子各12g，大黄、甘草各10g(为50只成年鸡药量，可随鸡群大小酌情加减)。水煎取汁，加入饮水中饮服或研为细末拌入日粮内喂服。

6. 金黄散。大黄、黄柏、姜黄、白芷各50g，生胆南星、陈皮、苍术、厚朴各20g，甘草30g，天花粉100g。共研细末，临用时取适量药粉于干净容器内，用水酒各半调成糊状。剥除痘痂，创

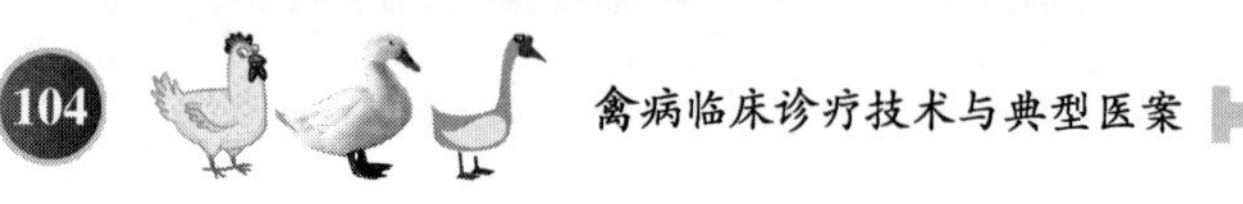

面呈红色，有的甚至渗血或滴血，不易剥除时用温盐水浸湿患处，待软化后剥除，然后将金黄散药糊涂于创面，2 次/d。(华钟，T23，P55)

7. 黄芩、栀子、苍术、鲜芦根、桔梗各 60g，白藓皮、连翘各 50g，黄柏、黄药各 45g，灯心草 3 把、茵陈 30g，甘草 20g。水煎取汁，候凉饮服(为 150～200 只鸡药量)，1 剂/d，连用 3 剂。一般服药 3d 后鸡的病情开始好转，停止发病，大部分病鸡逐渐恢复健康，1 周内鸡群转为正常。(史占文，T15，P50)

8. 金银花、板蓝根、丹皮、防风、黄芩各 70g，栀子 90g，山豆根、黄柏、甘草各 80g，白芷、紫草各 60g，桔梗、葛根各 50g，升麻 100g。共研细末，1～2g/只，喂服或拌料食服。

9. 板蓝根 100g，蒲公英、金银花、山楂、甘草各 50g，黄芩 30g。粉碎，拌入少量饲料内，分早、中、晚 3 次/d 喂服。另取板蓝根 50g，水煎取汁 1000mL，于第 2 天让病鸡自由饮用。患部涂擦龙胆紫液。

10. 板蓝根 10g，连翘 6g，金银花、栀子各 5g，赤芍 3g，车前子 4g(为 10～30 只鸡药量)。水煎 2 次，取汁，拌料喂服。1% 黄连素注射液 2mg，肌内注射，连用 3d。取疏分解毒汤：金银花、连翘、白芍、黄芩、龙胆草、葛根、桔梗、荆芥、白芷各 30g，板蓝根、蒲公英各 40g，蝉蜕、竹叶、紫草、甘草各 25g（为 100 只 1.0～1.5kg 鸡 1d 药量），连用3～5d，治愈率可达 97.2%。普金(黄芪多糖口服液，100mL/瓶)，加水 350L，根据鸡群 1d 的饮水量计算 1d 的药量，分上午、下午 2 次自由饮用，2 次/d，连用 3～5d。重症者加量，投药前酌情停水 1～2h。病毒灵片（20～30mg/kg)，拌料喂服，连用 5～6d。对皮肤型痘疹，用镊子小心剥离，伤口用碘酊消毒。口腔、咽喉黏膜上的假膜如影响进食和呼吸，用镊子小心剥离，然后用碘甘油消毒。

【防制】 接种鸡痘疫苗是预防鸡痘行之有效的措施。蚊虫活动季节育雏，小鸡进入育雏舍后 1～2 周内必须接种鸡痘疫苗。一般情况下，预防接种鸡痘疫苗应在 6 月底、7 月初为好，或在 130 日龄与新城疫苗同时接种。鸡痘疫苗只作皮肤刺种，严禁肌内注射。另外，刺种疫苗7d后，经检查在刺种处有绿豆大的小疱即可；如无反应，应重新刺种疫苗。成年鸡应在产蛋前再接种1次。

鸡粪堆积发酵，用百毒杀(浓度为1∶600)对场地、用具及环境进行消毒，1次/d。淘汰并销毁严重的黏膜痘病鸡或死鸡，对鸡舍、鸡笼和用具进行严格消毒。鸡群发病后，被隔离的病鸡应在完全康复后2个月方可合群。

【典型医案】 1. 1983年10月20日，尚义县某养鸡户的115只5月龄星杂288鸡发病邀诊。主诉：曾在鸡群饲料内拌入四环素治疗3d未能控制病情，至27日发病35只，死亡3只。检查：病鸡精神不振，个别鸡呼吸困难，鸡冠、髯有痘痂，有的眶下窦肿胀，口腔内有白黄色干酪样假膜。诊为混合型鸡痘。治疗：银翘散加减（见方药1），健康鸡与病鸡饮用同一药液，1剂/d。用药3d，同群健康鸡中未出现新的病例，病鸡逐渐好转，眶下窦肿胀开始消退；用药6d，除1只鸡因眶下窦肿胀严重造成一眼失明外，其余鸡均治愈。(刘文亮，T7，P53)

2. 1986年6月12日，黄岩县头陀镇新蚕村养鸡户张某的400只刚开产的罗斯蛋鸡发生皮肤型鸡痘，于当天下午将3.5kg鲜鱼腥草切碎，分为2份让病鸡自食。第1天鸡的病情显著好转；第2天再服另1份，1周内治愈。1987年6月3～6日，新蚕村邱某的800只罗斯蛋鸡4d内全群鸡发生皮肤型鸡痘。采用鲜鱼腥草4kg，每天早晚让鸡自食，分2d喂完。用药后1周，患部痂皮脱落。(陈枫等，T39，P62)

3. 都昌县多宝乡下陈村陈某等20余户村民的200多只鸡发生皮肤型鸡痘，采用方药3治疗后，1个月内全部康复，无一死亡。(徐良海，T39，P47)

4. 1982年春，平遥县十九街村养鸡户安某的200只鸡发生皮肤型鸡痘，占鸡群的70%。治疗：取方药5，水煎取汁，候温饮服2次，连用7d，均获痊愈。未发病鸡服药后起到了预防作用。1983年秋，城关镇北城村养鸡户赵某的150只鸡，有70%以上的鸡发

生皮肤型鸡痘。用方药 5 粉碎拌入饲料内喂服，连用 7d，病鸡相继痊愈。(裴显晶，T61，P40)

5. 1990 年 10 月 24 日，卫辉市后河乡李兴村李某的 230 只罗斯产蛋鸡，有 180 只鸡发生皮肤型鸡痘。治疗：取方药 8，用法同上。服药当天，鸡的病情得到控制，第 3 天基本痊愈，痘痂全部脱落，1 个月内无复发。

6. 1991 年 9 月 3 日，卫辉市孙杏村乡贺生屯村张某的 120 只 4 月龄伊莎蛋鸡发生鸡痘，其中皮肤型 107 只，黏膜型 13 只。治疗：取方药 8，用法相同。翌日，病鸡病情得到控制，部分鸡的病状明显好转；第 4 天，痊愈 118 只(其中皮肤型 107 只、黏膜型 11 只)。(刘永会，T65，P29)

7. 1985 年 9 月，榆次市桥东街养鸡户范某的 250 只鸡，有 60 多只在 4～7d 内发病，有的鸡冠、肉垂等处出现灰白色突出皮肤的水泡；有的水泡破裂成痘痂，有的鸡精神不振，经常卧地，食欲不振，有时发出咯咯声。严重者呼吸、吞咽困难，喉头周围黏膜上附着一层黄白色假膜，眼睑水肿，流泪，鼻孔流黏液，粪带血，产蛋停止，已死亡 20 多只，还有 100 多只出现不同程度的症状。治疗：取方药 9，用法相同。服药第 1 剂，有 1/3 病鸡病情好转，停止死亡；第 3 剂 (6d)，患病鸡症状基本消失，食欲增加，精神好转。

8. 1985 年 10 月，榆次市长凝乡养鸡户李某的 200 多只来航母鸡刚开始产蛋，在 7～8d 内死亡 40 多只，他医诊为鸡痘，每次每只鸡喂服四环素 1/3 片，2 次/d，治疗 5d 鸡仍继续死亡。检查病鸡 1 只，诊为混合型鸡痘。治疗：取方药 9，用法相同，连用 2 剂，痊愈。(刘慧文等，T31，P53)

9. 2007 年 8 月，湟源县董家庄村某养鸡户的 1600 只罗曼褐商品蛋鸡，有 20％鸡鸡冠或口腔有豌豆大的痘疱，2d 后发展至 1440 只，鸡的皮肤和口腔周围无毛处出现痘疹，产蛋量明显减少邀诊。检查：病鸡精神委顿，食欲减退，羽毛蓬乱，呆立，产蛋量减少，部分鸡结膜潮红，鼻流黏液，体温 43.0～43.5℃，个别鸡呼吸、心跳加快，喘气，鸡冠、口腔、眼睑、啄角、肉髯上有黄豆至芝麻

大小不等、坚硬、表面粗糙的结节状黄灰色糠麸样痘疹，起初为细薄的灰色麸皮样覆盖物，迅速形成结节，随后变为黄色，如豌豆大小、呈干而硬的结节，结节相互融合，形成粗糙、坚硬、凹凸不平的褐色痂块。口腔、咽喉等黏膜发生痘疹，初为圆形黄色斑点，逐渐扩大融合成一层黄白色的假膜，不易剥离，强行撕下易引起出血。痘疹蔓延到喉部，病鸡呼吸、吞咽困难，有的鸡失明。剖检病死鸡可见头部、鸡冠、啄角、眼睑肿胀，有豌豆大的粗糙干硬结节；咽喉、气管有针尖大的出血点，黏膜有圆形黄色斑点，喉裂隙被硬结节堵塞，导致呼吸困难而窒息死亡；鼻腔有浆液性分泌物；肠黏膜有出血点；肝、脾、肾脏肿大；颌下淋巴结肿大。取病死鸡气管内假膜制成1∶5悬液给健康鸡皮下注射，5d后在皮肤和鸡冠上出现典型的皮肤痘疹。根据流行病学、临床症状及病理变化，诊为鸡痘。治疗：取方药10，用法相同。经过1周的中西药物治疗，病鸡精神开始好转。共治愈1405例，治愈率为97.6%，产蛋量恢复至85%。（铁永安，T151，P59）

白　痢

白痢是指鸡感染白痢沙门菌，引起以排白色或呈浆糊状粪为特征的一种传染病。临床上极为常见，主要危害雏鸡。

【流行病学】 本病病原为鸡白痢沙门菌。排泄物及其被污染的环境、饮水、饲料、用具等为主要传播媒介。经消化道感染，亦可经蛋垂直传播。饲养密度大，长途高温或低温运雏，通风不良，鸡舍内温度过高或过低，卫生条件不良，氨气密度大，饲养管理不善等均可诱发本病。

【主证】 病鸡腹泻，粪呈白色或呈浆糊状、黏稠，肛门周围的羽毛粘有粪或堵住肛门造成排粪困难，畏寒怕冷，常挤成一堆，身体蜷缩，羽毛松乱，翅膀下垂，精神沉郁，缩头拱背，闭目打瞌睡，食欲不振。

【病理变化】 急性死亡雏鸡病变不明显。病程较长者肝脏肿大、充血，有条纹状出血或点状出血，伴有坏死灶（彩图 35）；卵黄吸收不全、呈带黄色的奶油状或干酪状（彩图 36）；脾脏肿大；肾脏充血或贫血，输尿管因充满尿酸盐而明显扩张；盲肠中可见干酪样物，有时混有血液；肠壁增厚，常伴有腹膜炎。

【治则】 清热利湿。

【方药】 1. 白头翁酊。白头翁 1000g，鸦胆子、苦参各 500g，黄连、黄柏、罂粟壳、马齿苋各 250g，炒槐米、黄芩、甘草各 50g。加温水 9kg，浸泡 24h，煮沸后用纱布过滤取汁。另取大蒜 10g，捣烂后加白酒 3000mL，配成大蒜酊。混合煎液与酊剂，装瓶备用（可存放 3～5 年）。成年鸡 1.0～2.0mL/次，雏鸡 0.5～1.0mL/次，2 次/d。共治疗 500 余例，治愈率为 93%。

2. 取鲜乌韭（乌韭为鳞始蕨科植物乌蕨的全草或根状茎，生长于田边、路旁及河边林下湿石上，四季均可采集。性寒味苦，具有清热解毒、利湿消肿、抗菌消炎、止泻等功效）约 150g，加水 300mL，煎成浓汁，拌料喂服（为 40 只鸡药量）；也可直接捣汁灌服，2 剂/d，连用 2d。预防取鲜乌韭 200g，加水 500mL 煎煮，取汁饮服（为 100 只鸡药量），连用 3d，可达到预防和治疗的目的。

3. 雄黄、白头翁、黄柏、滑石、藿香各 10%，马齿苋、马尾莲、诃子各 15%。共研细末，混合均匀，按 2%～4% 均匀拌入饲料中，任鸡自由采食；病重者，取 0.2～0.5g 药物与少许饲料混合制成面团填喂。共治疗患白痢鸡 153 例、带菌鸡 1281 例，效果满意。

4. 三白散。白术 15g，白芍 10g，白头翁 5g。共研细末，拌料饲喂，0.2g/只，1 次/d，连用 7d。（郭洪峰，T42，P11）

5. 复方穿心莲散。穿心莲 4.7g，呋喃唑酮（400mg/kg）0.1g，土霉素（800mg/kg）0.2g。5g/包，拌粉料 500g，喂服。对症状明显、不食者可灌服，20 只/包。

6. 大蒜（紫皮独头者最佳），捣碎，加 4 倍量水，搅匀。大群鸡预防可加入饲料内（占饲料的 10% 左右）任鸡自食；小群病鸡可直接滴服（注意：先滴健康鸡，后滴病鸡），2mL/（只·次），

2 次/d，连服 3d。

7. 辣蓼草 3 份，苦瓜根 1 份。水煎取汁，拌粉料（占饲料的10%）喂健康鸡；病鸡滴服，1mL/次，2 次/d，连服 3d。（许光玉等，T60，P26）

8. 白头翁 30g，黄柏、秦皮、茯苓各 20g，黄连、桂枝、姜炭各 15g。加水 300～400mL，煎至一半，取汁，健康鸡拌料（占饲料的 10%左右）喂服；病鸡滴服，约 1mL/次，2 次/d，连服 3d。

9. 红马齿苋，加红糖适量，捣碎，按鸡进食量的 1/3 喂服，2～3次/d，连喂 3d。

10. 大蒜汁滴服（见方药 6）。

11. 常山、椿白皮各等份，水煎取汁，按 10%拌入粉料中喂健康鸡；病鸡滴服，1～3mL，2 次/d，连喂 3d。

12. 黄连、焦地榆、黑槐花各 15g，黄柏、炒大黄各 20g，黄芩、黑蒲黄、甘草各 10g。共为细末，按 5%拌入粉料中喂健康鸡；药末与淀粉成 1∶1 比例制成桐子大小的药丸饲喂病鸡，1～3 粒/次，2～3 次/d，连服 3d。

方药 9～12 适用于治疗粪中混有血液的病鸡。

13. 独活寄生汤。独活 180g，桑寄生 200g，秦艽、防风各 130g，细辛 30g，川芎、芍药、牛膝各 120g，杜仲 100g，当归 160g，党参 200g，甘草 55g，苍术 150g，防己 120g。水煎取汁，候温饮服或拌料喂服。共治疗 6 群 1259 只，治愈 1202 只，治愈率为 95.5%。（吴仕华，T80，P23）

14. 生大黄或大黄根，酒炒，炒炭或制熟。治疗量不超过 5 g/(只・次)，水煎取汁，候温饮服；预防量 2g/(只・次)，水煎取汁，加入饲料中喂服或饮用。

15. 六茜素。治疗量，取 0.1%六茜素均匀拌入饲料中喂服；或 0.5%六茜素溶于水中饮服，亦可与饲料同时给药，饮水尽可能在药物溶于水后 10min 之内进行，久置药效则下降。预防量，将六茜素按 0.05%拌入饲料中饲喂至 15 日龄。饮水或拌料喂服一般 2d 可治愈。共治疗 625 例，治愈 583 例，总治愈率 93.28%；预防

4900例，保护率达98%以上。比空白对照组提高28%；比痢特灵提高3%。(张继瑜等，T82，P13)

16. 马齿苋、铁苋菜、旱莲草、车前草各500～1000g(均为鲜品)，捣烂挤汁，喂服，2次/d。(郭金海，T78，P39)

17. 土霉素粉，按0.2%比例拌入饲料中喂服，同时在饮水中添加敌菌净饮服。取鱼腥草70g，地锦草、绵茵陈、桔梗、穿心莲、铁苋菜各30g，蒲公英40g，车前草20g。水煎取汁，候温饮服，连服4d。

18. 九应丹。胆南星、半夏各30g，朱砂、木香、肉豆蔻、川羌活各25g，明雄黄10g，巴豆7g，蒙砂40g。共研细末，开水冲调灌服或拌料喂服，1～3g/次。

19. 黄连、黄柏、黄芩各200g，大黄100g。水煎1.0h，取汁，药渣再煎0.5h，取汁，合并药液，浓缩至2000mL。取柴胡100g，加2～3倍水浸泡4.0h，蒸馏，收集蒸馏液200mL，加吐温-80 2～5mL，振摇，使挥发油完全溶解后与药液混合，摇匀，以5倍水稀释，酌加维生素C和葡萄糖，供1357只病鸡1次饮服，2剂/d，连服3d。

20. 鸡宁Ⅰ号。淫羊藿3份，黄芪2份，板蓝根、大青叶、黄连、黄芩、苦参、金银花、白头翁、秦皮、柴胡、常山、建曲各1份。粉碎，过60目筛，按日粮的2%～5%拌料喂服；病情严重者，每日按体重2%取药粉，水煎30min，取汁，滴服或加入水中自由饮服，药渣拌料喂服。脱水严重雏鸡可同时饮用口服补液盐。

【防制】 净化鸡群，对发病鸡或带菌鸡及时淘汰。对种蛋入孵化器前严格消毒。出雏达50%左右时，在出雏器内用10mL/m^3福尔马林熏蒸消毒。对育雏舍、育成舍和蛋鸡舍进行地面、用具、饲槽、笼具、饮水器等的清洁消毒，定期对鸡群进行带鸡消毒。加强雏鸡饲养管理。在本病流行地区，育雏时可在饲料中交替添加相关药物进行预防。

【典型医案】 1. 1983年，灵台县独店乡北庄合作社巩某的51只雏鸡发生白痢，先后用磺胺类、抗生素治疗，死亡25只，其余

26只取白头翁酊（见方药1）100mL，用法相同，连用3d，治愈23只。（宋廷璧，T14，P33）

2. 信丰县黄泥公社黄泥大队王某的40只种鸡，有16只患病邀诊。检查：病鸡食欲减退或废绝，排黄白痢或血痢，几只鸡挤在一起或单个闭眼缩颈。先用土霉素治疗2d效果不明显，1只病重鸡死亡。改用鲜乌韭（见方药2），水煎取汁，候温灌服，2次/d。第2天，患病鸡粪趋于正常，第3天15只病鸡均治愈。其他24只未发病的鸡以自饮药液的方法预防，没有出现新病例。

3. 信丰县黄泥公社白兰大队河背生产队黄某的40只种鸡，有14只患病，曾用四环素、磺胺嘧啶片治疗10多天效果不明显，死亡12只。改用鲜乌韭（见方药2）水煎取汁，候温灌服，2只病鸡痊愈，其他26只鸡安然无恙。

4. 1982年12月10日，信丰县黄泥公社从赣州市水南公社养鸡场引进680只45日龄的星布罗、白洛克、来航鸡3个品种的雏鸡，分给重点养鸡户养殖。次日，各种鸡群少数出现食欲减退或拒食，精神不振，闭目缩颈，派黄白色或带血的红色腥臭稀粪，尾部附近绒毛全粘着粪，有的尖叫，2d死亡12只，少数病鸡发病1周，消瘦、脱水、死亡。根据临床症状和流行病学，诊为雏鸡痢疾。治疗：取鲜乌韭（见方药2），水煎取汁，候温灌服，痊愈。（黄桂英，T2，P64）

5. 1984—1991年，洪湖市新堤、汉河、石码头、界牌等乡镇鸡白痢疫区，采用复方穿心莲散剂（见方药5）拌料预防352户14983只雏鸡，均未发生白痢病。

6. 1991年4月，洪湖市新堤镇周某的320只雏鸡，至10日龄时发现15只鸡下痢，排白色、灰白色浆糊状粪，肛门附近绒毛被粪污染结成一团，有的鸡排粪困难，啾啾鸣叫，精神不振，羽毛松乱，体温升高，不食，呼吸急促。治疗：取复方穿心莲散剂（见方药5），用法相同，20只/包。连服3d，患病症状明显的15只鸡死亡1只，其余14只痊愈。同群的其他305只雏鸡，用复方穿心莲散剂拌料喂服，均未发病。

7. 1986年，洪湖市江南镇胜塘村吴某的500只雏鸡，于购进第5天就用复方穿心莲散剂(见方药5) 连续拌料喂服10d，均未发生白痢，而往年未使用复方穿心莲散剂，年年都发生鸡白痢。（袁成新等，T57，P49)

8. 邓州市砖瓦厂刘某的100只雏鸡陆续发病，死亡20只，畜主带病鸡4只来诊。检查：患病鸡羽毛松乱，闭目垂翅，尖叫，拥挤一团，排白色稀粪，肛门周围的羽毛粘满粪。诊为白痢。治疗：取方药8，用法相同。服药后，除就诊的4只鸡死亡外，其他病鸡逐渐痊愈，70只健康鸡再未见发病。

9. 邓州市城郊乡五一村贾某的50只2月龄雏鸡，近来发现有的鸡拉红痢，已死亡2只来诊。嘱畜主将病鸡、健鸡隔离饲养；取方药12，喂服，2粒/(只·次)，3次/d，连喂3d。除1只病重鸡死亡外，其余鸡均痊愈，健康鸡再未见发病。（许光玉等，T60，P26)

10. 湟源县某养鸡户的160多只2周龄雏鸡突然发生腹泻，通过流行病学调查、临床诊断、实验室检验，诊为鸡白痢，用氯霉素治疗病情得到控制，但仍有零星死亡和腹泻。治疗：大黄，3g/只，研末，水煎取汁，候温饮服。服药后，患病鸡腹泻和死亡停止。对鸡群每隔2周用大黄1次，1g/只，水煎取汁，候温饮服，再未发生腹泻。(芦宝林等，T134，P58)

11. 1993年4月22日，新洲县刘集乡城西村陈某的210只雏鸡发病邀诊。检查：病鸡精神委顿，畏寒，眼半闭，排白色浆糊状稀粪，肛门周围绒毛上结有石灰样的粪，肛门露出，频频伸缩。23日死亡37只，尚有104只发病，诊为白痢。治疗：取土霉素粉，按0.2%比例拌入饲料喂服，同时饮水中添加敌菌净饮服。24日，取方药17中药，用法相同，连服4d。25日，病鸡病情得到控制。28日，有96只鸡痊愈，死亡8只，治愈率为92.3%。对其余雏鸡隔离，在饲料中添加切碎的铁苋菜20g，鱼腥草50g，用于预防，再未出现新的病例。(申济丰等，T80，P45)

12. 1990年9月，乐平市某养鸡户的600多只红布罗肉鸡，因鸡舍潮湿，饲养密度大，全部患白痢及支气管炎。治疗：取方药18，1.5g/只，拌食喂服，连用3d，均获痊愈。（汪成发，T88，P34）

13. 1997年5～6月，安吉县孝丰镇大邑村约2300只30日龄的AA型雏鸡爆发雏鸡白痢，1周内死亡943只，死亡率为41%。曾用氯霉素、氟哌酸散、环丙沙星散、敌菌净、红霉素（高力米先）治疗均未显效。治疗：取方药19，用法相同。用药后，除27只病重鸡死亡外，其余鸡全部治愈。（王介庆，T95，P44）

14. 1998年4月6日，隆德县丰台乡咀头村11群286只24～30日龄雏鸡陆续发病邀诊。主诉：该鸡群就诊时已死亡36只。病初，部分鸡啄肛，随后腹泻，排白色或绿色带泡沫稀粪，死亡鸡极度瘦弱。检查：病鸡羽毛松乱，缩头呆立，常拥挤一隅，畏寒发抖，偶有离群觅食者，又很快挤在一起，发病率为90%以上，病程1～4d。剖检病死鸡可见法氏囊肿胀、出血、坏死，剖开囊壁内有干酪样渗出物。治疗：取方药20，将鸡宁Ⅰ号按日粮的3%拌料，另外称取药粉500g，加水4000mL，煎煮30min，取汁1000mL，对38只不思饮食的雏鸡滴服，8mL/只，药汁按5%稀释供其余鸡饮用，以防采食不足、药物摄入量少而影响疗效。所有病雏鸡全部饮用口服补液盐。共治疗4d，除12只鸡死亡外，其余病鸡全部治愈，治愈率为95.2%。（李永刚等，T117，P32）

坏死性肠炎

坏死性肠炎是指鸡感染魏氏梭菌，引起以小肠壁出血和黏膜坏死为特征的一种急性传染病，又称肠毒血症。

【流行病学】 本病病原为魏氏梭菌。被污染的饲料和垫料是传播媒介。鸡群密度大，通风不良，或突然更换饲料、饲料蛋白质含量低，或不合理地使用药物添加剂，或患球虫病等均可诱发。一年四季均可发生，以夏季潮湿季节多发。雏鸡和青年鸡多发，肉鸡多发生于2～5周龄。

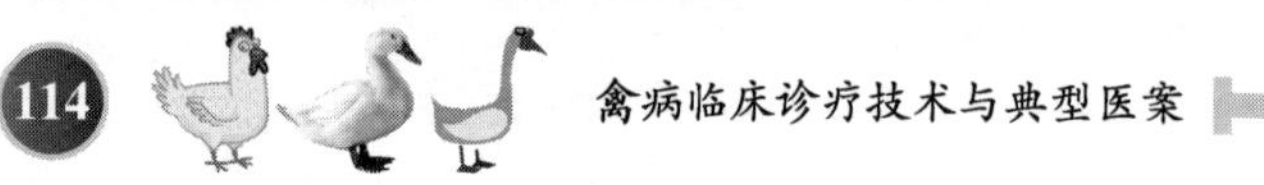

【病理变化】 小肠变粗，肠浆膜下有较大的出血点、出血斑，肠黏膜坏死，肠内容物呈棕色（彩图37），有时肠管充满气体，盲肠充满血液或血块。病程稍长者可见肝有圆形坏死区。

【主证】 病鸡精神委顿，羽毛逆立，躯体蜷缩，翅下垂，眼睛紧闭，食欲废绝，粪呈暗黑色或煤焦油色，有时混有血液。

【治则】 抗菌消炎。

【方药】 痢特灵粉30g，白糖300g，加清水2000mL（为30日龄1000只肉仔鸡药量），置砂锅内加热至沸后，文火煎至棕红色为宜，加清水让鸡自饮（饮药前禁水2h）。

【防制】 加强饲养管理，减少各种应激因素的影响，做好其他疾病的预防工作，同时控制球虫病的发生。改善卫生条件，定期消毒，降低饲养密度，加强鸡舍通风。

【典型医案】 1. 1996年7月，临朐县柳山镇仁子沟村李某的1100只29日龄肉鸡发病邀诊。检查：病鸡排暗黑色粪，有的混有血液，精神沉郁，食欲减退，死亡24只。曾按球虫病治疗无效。剖检病死鸡可见小肠变粗，肠浆膜下有出血点，肠黏膜局部坏死，盲肠充满血块。诊为坏死性肠炎。治疗：取上方药，1次/d，连用2d。除7只病重鸡死亡外，其余鸡全部康复。

2. 1997年8月，临朐县柳山镇朱家沟村张某的2200只4周龄肉鸡发病，症状同典型医案1，诊为坏死性肠炎。治疗：取上方药，用法相同。除12只重症病鸡死亡外，其余鸡用药3次，全部治愈。（李宽启等，T91，P24）

大肠杆菌病

大肠杆菌病是由致病性大肠埃希菌中某些血清型菌株引起鸡的一种传染病，包括大肠杆菌性气囊炎、败血症、脐炎、输卵管炎、腹膜炎及大肠杆菌肉芽肿等。

【流行病学】 本病病原为埃希大肠杆菌。病鸡和痊愈鸡为传染源，经蛋、呼吸道、消化道和口传染。饲养管理不善、饲养密度过大、通风不良、应激或并发其他病原感染都可成为大肠杆菌病发病的诱因。不同年龄的鸡均可感染，以雏鸡最为易感。冬春寒冷和气温多变的季节多发。雏鸡和青年鸡多呈急性败血症；成年鸡多呈亚急性气囊炎和多发性浆膜炎。

【辨证施治】 本病分为急性败血症型、肠炎型、腹膜炎及输卵管炎型、卵黄囊炎和脐炎型、肉芽肿型等。

（1）急性败血症型　病鸡不显症状突然死亡，食欲减退或废绝，排黄白色稀粪，肛门周围羽毛污染，部分病鸡离群呆立或扎堆。

（2）肠炎型　病鸡肛门下方羽毛潮湿，污秽粘连。

（3）腹膜炎及输卵管炎型　病鸡精神沉郁，渐进性消瘦，产蛋停止，腹部膨大，腹腔内充满淡黄色、气味腥臭的液体及破裂卵黄，肠道粘连。

（4）卵黄囊炎和脐炎型　主要发生于2周龄内的雏鸡。病鸡卵黄吸收不良，脐孔闭合不全，腹腔肿大、下垂等。

（5）肉芽肿型　病鸡肠粘连不能分离，在盲肠、十二指肠、胰脏、直肠和回肠的浆膜上可见肉芽肿结节。

【病理变化】 急性败血型以纤维素性心包炎和肝周炎为主要特征。心包膜浑浊，纤维素及干酪状渗出物夹杂附着在心包膜表面（彩图38），常和心肌粘连，心冠有小出血点；肝脏肿大，边缘钝圆，表面光滑、呈绿色，上有一层纤维素膜沉着（彩图39），但与肝不粘连，极易分离，有时表面和实质内可见到疏密不均的白色坏死斑；胆囊肿大呈黑绿色，胆汁外渗；脾、肾多充血、瘀血，少数肾脏苍白、肿大。卵黄囊炎和脐炎型死胚和弱雏鸡卵黄吸收不良，卵黄膜薄而易碎，卵黄呈黄泥土状或呈黄绿色液状，混有干酪样颗粒状物（彩图40）；大肠杆菌引起的卵黄性腹膜炎主要发生于产蛋期的母鸡，输卵管变薄，卵泡变形、变性和变色，甚至有的卵泡破裂，腹腔有多量卵黄状物、气味腥臭，久之腹水增多，大量纤维素蛋白渗出物覆盖于腹腔各器官，使肠管粘连，形成广泛性腹膜炎。大肠杆菌肉芽肿病鸡主要以肝和十二指肠、盲肠系膜上出现典型肉芽肿为特征，其大小自针头至核桃甚至鸡蛋大，一般盲肠壁上的较大，常位于浆膜下。

【治则】 清热解毒，活血散瘀。

【方药】 1. 硫酸新霉素，0.035～0.078g/L，饮服，或0.07～0.14g/kg，拌料喂服，连用5～7d；痢特灵0.3～0.5g/kg，拌料喂服，连用3～5d；氯霉素0.2g/kg，拌料喂服，连用5～6d；卡那霉素40mg/kg，拌料喂服，连用6d；复方禽菌灵8g/kg，拌料喂服，连用7～10d。取黄柏、黄连、大黄、地榆、赤芍、甘草（剂量酌情），水煎2次，取汁，制成100%浓度，加入饮水中饮服，连用5～7d。（谢家声等，T90，P44）

2. 黄连、白头翁各5g，穿心莲4g，苍术、党参、白术各3g，紫河车1g（为200只15日龄肉雏鸡药量）。粉碎，与西药一同拌料喂服。同时取多种维生素5g，拌料50kg，喂服；电解多维10g，恩诺沙星5g，加水50kg，饮服，连用3～5d。本方药适用于原发性大肠杆菌病。

3. 郁金散加减。郁金、栀子各5g，白芍、诃子各4g，大黄、黄芩、黄连各3g，甘草2g（为100只35日龄肉鸡药量）。粉碎，与西药一同拌料喂服。取多种维生素5g，拌料50kg，喂服，恩诺沙星5g，对水50kg，饮服。本方药适用于继发性大肠杆菌病。

4. 白头翁200g，黄柏、黄芩、柴胡、赤芍、白茅根、甘草各100g，黄连、当归、常山各180g，苍术120g，地榆炭150g。混合，共为细末，拌料喂服，2g/只，2次/d，连用7d。取电解多维200g，地克珠利0.5g，加水200kg，让鸡自由饮服，取盐酸恩诺沙星，10mg/kg，拌料喂服，2次/d，连用7d。重症者取中西药逐只灌服。

5. ①平胃散合三黄汤加减。苍术、黄柏、黄芩各30g，厚朴、陈皮各20g，黄连15g，大黄5g，甘草10g（为100只鸡1d药量），拌料喂服，连用3d。②平胃散合补中汤加减。苍术、黄芪各30g，厚朴、陈皮、党参、生地、元参各20g，甘草10g（为100只鸡1d药量），拌料喂服，连用3d。共治疗248例，治愈237例，治愈率

95.56%，无复发。

取方药①，拌料饲喂 4d，后改用方药②，连用 3d。庆大霉素 2 万单位/只，饮水；兽用口服补液盐，50g/袋，加 1.5kg 水饮服，2 次/d；同时在饲料中加入方药①，连用 4d，后改用方药②拌料喂服，连用 3d。共治疗 289 例，治愈 286 例，治愈率 98.96%，无复发。（李志兴，T111，P21）

6. 三黄汤。黄柏、黄连各 100g，大黄 50g（为 1000 只雏鸡药量）。加水 1500mL，微火煎至 1000mL，药渣再煎煮 1 次，合并 2 次药液，10 倍稀释于饮水中，让鸡自由饮服。1 剂/d，连用 3d。用三黄汤剂治疗时，必须维持一定的治疗时间，至少 1 个疗程/3d，同时改进饲养管理，注重环境卫生，以防重复感染。

【防制】 加强饲养管理，搞好环境卫生。如果水源被大肠杆菌污染，应彻底更换；注意育雏期保温及饲养密度；鸡舍及用具经常清洁和消毒；人工授精应按操作规程严格进行，注意卫生，杜绝粪混入集精杯，以防病原菌横向传播。

大肠杆菌的血清型相当复杂，不同型间缺乏交叉免疫作用，无疑给菌苗的研制和生产应用带来很大困难。国外用 O1、O2、O78 三个血清型的大肠杆菌制成三价灭活苗预防本病，收到较好效果。用当地分离到的大肠杆菌制成菌苗，免疫种鸡和商品鸡群，效果确实，安全可靠。

药物预防选用复方禽菌灵 7g/kg，拌料喂服，连用 7～10d；庆大霉素 3 单位/kg，分别在 3～5 日龄和 4～6 周龄饮水 3～5d。大肠杆菌对某些药物产生抗药性，应对分离到的大肠杆菌进行药物敏感性试验，在此基础上筛选出高效药物用以治疗，才能收到预期的效果。

【典型医案】 1. 2002 年 3 月 5 日，济宁市接庄镇某养鸡户的 2000 只肉鸡零星发病死亡，至 14 日已死亡 80 多只，用庆大霉素 4mg/只，5%恩诺沙星 100mL，对水 200kg，饮水无效，于 18 日邀诊。检查：剖检病死鸡可见心包炎、肝包炎、浆膜炎，肠出血。根据细菌鉴定及药敏试验，诊为大肠杆菌病。治疗：丁胺卡那，

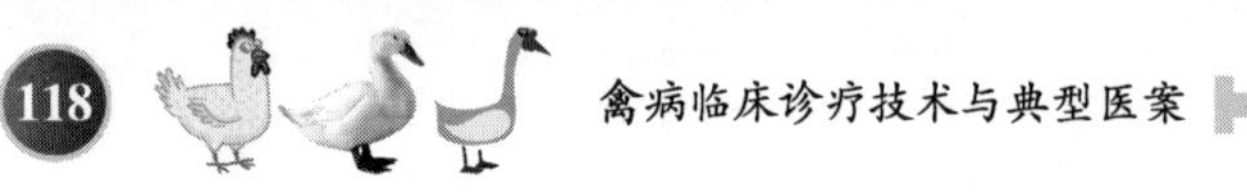

3mg/kg，拌料喂服，2次/d，连用5d；多种维生素，5g/50kg，拌料喂服。黄连、白头翁各50g，穿心莲40g，苍术、党参、白术各30g，紫河车10g。水煎取汁，拌料喂服，连用5d，痊愈。

2. 济宁市加祥符庄某养鸡户的3000只35日龄肉鸡，患传染性法氏囊病，经多方治疗仍不愈。诊为大肠杆菌病继发感染。治疗：西药取多种维生素5g，拌料50kg，喂服；恩诺沙星5g，对水50kg，饮服；取郁金、栀子各50g，白芍、诃子各40g，大黄、黄芩、黄连各30g，甘草20g。水煎取汁，拌料喂服。连用5剂，痊愈。（周勇，T133，P51）

3. 2006年7月21日，彭阳县白阳镇中庄村黄某引进的1200只法国萨索鸡，经30d舍饲育雏和6d过渡阶段饲养后，于8月27日开始散养（放牧），9月1日鸡群排白色稀粪或红色血粪。畜主用硫酸庆大霉素、诺氟沙星、盐酸氯苯胍治疗，效果不佳，死亡5～20只/d，至9月27日就诊时共发病680只，死亡216只。检查：病鸡精神沉郁，羽毛松乱，双翅下垂，行动迟缓，食欲减退或废绝，排白色或红色血粪，个别鸡出现呼吸道症状。病鸡在放牧驱赶或捕捉时，则张口呼吸，面部、冠、肉髯色青，有的猝死。剖检病死鸡消瘦，鸡冠与可视黏膜苍白或发青；泄殖腔周围羽毛被液状排泄物污染，有的带有血液；心包积液，心包膜混浊，有的渗出物与心肌粘连，有的心包与胸腔粘连；肺局部瘀血，少数可见卡他性肺炎灶；肝脏稍肿大，肝包膜肥厚，表面有纤维素性渗出物，有的整个肝脏被覆一灰白色易剥离的纤维素性膜；气囊浑浊，有纤维素性渗出物；脾表面、肌胃、腺胃和肠浆膜均有纤维素性渗出物附着，各脏器粘连；小肠黏膜肿胀、充血和点状出血；盲肠极度肿大，为正常的3～5倍，其中充满凝固的或新鲜的暗红色血液，盲肠上皮变厚，严重糜烂。取盲肠病变处的刮取物少许，放载玻片上，与甘油饱和盐水1～2滴混合均匀，加盖玻片，置显微镜下观察，可见大量各个发育阶段的球虫卵囊。取病死鸡的心血、肝脏，分别接种营养肉汤、普通营养琼脂和麦康凯琼脂培养基上37℃培养24h。在营养肉汤培养基中呈均质混浊，形成菌膜，管底有白色

沉淀；在普通营养琼脂培养基中形成圆形、隆起、表面光滑、边缘整齐、不透明的菌落，挑取该菌落涂片，革兰染色镜检，为单个或成双的革兰阴性卵圆形小杆菌；在麦康凯琼脂培养基上形成红色、周边透明、有光泽的菌落。生化试验，能还原硝酸盐，分解葡萄糖产酸产气，不产生硫化氢，不液化明胶，不分解尿素，M.R. 试验阳性，V-P 试验阴性，不利用枸橼酸盐，产生靛基质，在氰化钾培养基中不生长。诊为大肠杆菌与球虫混合感染。治疗：取方药 4，用法相同，连用 7d。同时圈舍、场地等用 0.2%二氯异氰脲酸钠彻底消毒，用具用 0.5%高锰酸钾消毒，2 次/d。之后回访，除 22 只鸡因病重死亡外，其余全部治愈，再未复发。（赵亚峰等，T144，P51）

4. 1984 年 7 月 31 日，永安市食品公司购进 2150 只 1 日龄雏鸡，于 8 月 3 日发病，至 4 日上午死亡 150 只。发病前饲料中添加土霉素 0.05%，饮水中加痢特灵 0.02%；发病时又在饲料中添加 0.5%磺胺嘧啶，死亡并没有减少。检查：多数患病鸡突然死亡，有些仅表现不食，精神不振，羽毛蓬松，缩颈闭眼，两翅下垂，腹泻，数小时内死亡。整个鸡群采食量明显减少。剖检病死鸡可见肝脏呈土黄色或砖红色，有点状、块状或条状出血，胆囊肿大；肠充气，肠黏膜点状或弥漫性出血；气囊浑浊、有点状灰白色物；肾脏、肺脏瘀血或出血；脐炎是最普遍的病变，占死亡鸡的 80%，卵黄囊肿大，卵黄液呈黄绿色。根据临床症状、病理变化、流行病学以及病原鉴定，诊为大肠杆菌病。治疗：取方药 6，用法相同，连用 3d。隔日，患病鸡的病情好转，但户主自行停药，至 11 日再次发病，死亡 60 多只。当即按上方药治疗 2d，控制病情，再未发生。至 50 日龄，成活率仍保持 90%。（薛南山等，T14，P35）

副大肠杆菌病

副大肠杆菌病是指鸡感染亚利桑那属副大肠杆菌引起的一种急性或慢性、败血性传染病，又称亚利桑那菌病。多发生于雏鸡。

【流行病学】 本病病原为亚利桑那菌，属革兰阴性、不产生芽孢的杆菌，有周鞭毛，能运动，大多数菌株的最适宜生长温度为37℃，兼有厌氧性。病鸡和被感染的成年鸡肠道带菌，可长期传播；野鸟、家鼠、鼷鼠、爬虫等是鸡群中亚利桑那菌的最常见传播源。经过孵化器与育雏器内雏鸡直接接触以及由污染的饲料和水传播，也可经蛋垂直传播。主要感染4周龄以下的雏鸡，具有明显的季节性，多发于春夏季节。

【辨证施治】 本病分为急性型、亚急性型和慢性型三种。

（1）急性型　一般病前无任何先兆，鸡往往在觅食或行走中突然发病，两翅下垂，全身颤抖，步态不稳，两肢空踩，呈阵发性跳跃，突然向前冲撞或退行，尖声鸣叫，仰头，有的行圆圈运动，继而仰卧，两肢伸直，头向后仰，数分钟内死亡。

（2）亚急性型　初期，病鸡精神不振，稍为倾斜即作圆圈运动，恐惧尖叫，跳跃前冲几次后卧地不起，数分钟后恢复正常；有的每日反复发作数次后死亡。

（3）慢性型　病鸡出现典型症状前精神、食欲不振，继而两眼发直，恐惧，一旦听到响声即尖声鸣叫，跳跃奔跑或转圈，卧地（不痉挛、不颤抖），数分钟后精神复常，开始觅食。有的鸡一天反复几次，有的仅发作1次。

【病理变化】 口腔有大量黏液；肝脏轻度肿大；肠黏膜充血、肿胀、呈卡他性变化，部分鸡小肠黏膜出血；少数鸡硬脑膜充血；其他脏器无肉眼可见变化。

【治则】 宣窍除痰。

【方药】 1. 宣窍除痰汤。胆南星、石菖蒲各0.05g，党参、麦冬、苍术各0.075g（为1只雏鸡药量）。根据服药只数，分别计算出方药中各药的总量，称药，混合，加水适量（按20mL/只计算总水量），煎煮至原水量的一半，取汁。大群鸡投药时，将药液倒入饮水器中让鸡自饮，当日饮完，饮前先停止给水3h，饮完药液后再给饮水；个别鸡灌服药液10mL/只，隔日1剂，连服2～3剂。（徐福深等，T35，P39）

2. 复方氯丙嗪注射液，0.5mL/只，滴服；土霉素片5万单位，喂服；0.5%恩诺沙星1mL/只，复合维生素B、维生素C注射液各0.5mL/只，分别肌内注射，2次/d。治疗2d痊愈，再未复发。预防用痢特灵5g/kg，拌料喂服。

【防制】 种蛋用福尔马林作孵前熏蒸；产于地面上的蛋不可作种蛋孵化；经常擦拭产蛋箱，以保持其干净清洁；如蛋壳沾有小污斑，可用清洁干净的细河沙加以擦拭，切忌用水洗或湿布揩抹；蛋盘、孵化机和出雏机使用前必须彻底清洁消毒，并用福尔马林熏蒸；如有必要，孵化前蛋已入盘时可再用福尔马林重复熏蒸1次；储蛋室应与其他房舍隔离；怀疑种鸡群患有本病，可进行预防性或治疗性用药，雏鸡群亦可用药预防。

发现本病应立即隔离，彻底消毒鸡舍、鸡笼等。要定期灭鼠、灭虫，防止野鸟进入鸡舍。对孵化场的孵化器、育雏器在使用前要彻底消毒。

【典型医案】 1997年4月3日，如南县城关镇李某的450只2月龄罗曼鸡，突然发病32只，遂携带病鸡与病死鸡各1只就诊。主诉：两只鸡正在采食，1只鸡突然尖叫惊恐，两爪空踏，跳跃前冲，继之倒退而卧地，卧后两肢朝天，角弓反张，浑身僵硬，须臾即死。另1只鸡发病后惊恐，两眼直视，转圈，尖叫，卧地后两肢伸直但不僵硬，持续约5min，精神复常。检查：剖检病死鸡可见颅腔出血，心肌柔软，肝、脾、肠、胃均无明显变化。无菌采心血、脑涂片染色镜检，可见革兰阴性杆菌。诊为雏鸡亚利桑那菌病。治疗：取方药2，用法相同，连用7d。同时对鸡舍及周围环境用强力消毒灵彻底消毒。5月10日追访，鸡群不再发病，但治疗后有的鸡出现跛行，两跗关节着地行走，摇头，或开始觅食时空啄。(魏海峰等，T88，P23)

减蛋综合征

减蛋综合征是指鸡感染腺病毒属中的产蛋下降综合征-76病毒

引起的一种传染病。主要感染6～8月龄产蛋母鸡，产蛋量显著下降。

【流行病学】 本病病原为产蛋下降综合征-76病毒。病毒经喉头和粪排出体外，被污染的鸡蛋、饲料、饮水、用具等是传播媒介，主要经种蛋垂直传播，或通过呼吸道传播。各日龄的鸡均可感染；雏鸡感染后不表现临床症状。

【主证】 病初病鸡产异形蛋、软皮蛋，继而产蛋率下降，有时出现厌食、腹泻等症状，但很少死亡。

【病理变化】 成熟卵泡减少，输卵管黏膜有轻度炎症；病初与患病后期的血清做HI试验，特异性抗体滴度达25倍。

【治则】 清瘟败毒。

【方药】 1. 清瘟饮。黄连、黄柏、黄芩、金银花、大青叶、板蓝根、甘草各50g，黄药子、白药子各30g。加水5000mL，煎至2500mL，连煎2次，共取汁5000mL，加白糖1kg，供50只鸡饮服，1剂/d，连用3～5剂，即可恢复产蛋率。

2. 活解益母散。黄芪、益母草各100g，当归、枳壳、白头翁、地榆、山楂各60g，川芎、栀子、甘草各45g，黄连30g。粉碎，过40目筛，每吨饲料中添加10kg，喂服，连用7d。

【防制】 预防接种是防治本病的主要措施。商品蛋鸡约在120日龄(16～18周)时注射1次EDS-76油乳剂疫苗即可在整个产蛋期内维持对EDS-76的免疫力，最好使用单苗，胸肌处或股肌处注射，0.5mL/只。对发病鸡群用活解益母散按1%拌料，同时配合使用阿莫西林、替硝唑。

加强饲养管理，消除各种应激因素。在饲料中增加多种维生素和微量元素。

【典型医案】 1. 1993年8月28日，蓬莱市潮水镇六十堡村养鸡户郝某的36周龄京白904蛋鸡发病邀诊。主诉：前5d发现鸡采食量减少，软皮蛋增多，产蛋率由83%降至51%。当时误认为是由热应激所致，故鸡舍内增设了2台电风扇，饲料中添加维生素C和抗生素添加剂仍不见效。检查：病鸡精神不振，泻稀粪，采食量减至4成，产蛋率仅40%，蛋壳明显呈砂纸样，软皮蛋占30%。剖检2只病鸡可见内脏无特异性变化。诊为减蛋综合征。治疗：取方药1，用法相同，连用3剂。病鸡采食量开始增加，服药5剂，2周后鸡产蛋率开始回升，4周后升至79.6%，5周达81.8%。（孟昭聚，T68，P36）

2. 2005年11月23日，安阳县崔桥乡李某的1000只305日龄商品代罗曼褐壳蛋鸡，产蛋率从7d前开始下降，每天下降3%～5%，已从90%下降至67%邀诊。检查：病鸡蛋壳颜色变浅，无其他症状。剖检病鸡可见成熟卵泡仅有3个，输卵管黏膜潮红。诊为产蛋下降综合征。治疗：利巴韦林20g/d，阿莫西林30g/d，饮水，连用5d。同时在每吨饲料中拌入活解益母散（见方药2）10kg，喂服，连用7d。5d后，鸡产蛋率开始回升，9d后恢复到86%。（关现军，T148，P45）

球虫病

球虫病是指鸡感染一种或多种球虫引起的一种寄生虫病。多发生于雏鸡，成年鸡为带虫者。

【流行病学】 本病病原为艾美尔科孢子球虫，其中引起鸡球虫病的有9种，致病力最强、危害最大的有柔嫩艾美尔（脆弱艾美尔）球虫和毒害艾美尔球虫。鸡是其唯一自然宿主，各品种的鸡均易感。在阴凉潮湿、卫生条件不良、饲养管理不善等因素影响下均易导致球虫病的流行。被污染的饲料、饮水、垫料、饲养员、昆虫等是重要的机械传播者。带虫的成年鸡排出的卵囊达半年之久，排出的部分卵囊在外界环境中发育成具有感染性的孢子化卵囊，通过传播媒介经易感鸡的口摄入而引起发病。

【主证】 本病分为急性型和慢性型。

（1）急性型　病鸡精神沉郁，食欲减退甚至废绝，缩颈呆立，两翅下垂，羽毛蓬乱，甚则两翅轻瘫，运动失调；病初粪呈褐色、糊状，中期粪中带血，严重时完全便血，脸、冠苍白，严重贫血，濒死期昏迷、抽搐。

（2）慢性型　一般病程较长，常迁延数周至数月。病鸡间歇下痢，粪粗糙松散、呈细长带状，混有未消化的饲料颗粒，外裹灰白色黏液。患病雏鸡呈渐进性消瘦、衰弱，两肢无力，甚则瘫倒不起。

【病理变化】 急性型主要病变在盲肠，盲肠肿大2～3倍，浆膜表面可见不均匀的紫红色斑纹，黏膜严重出血，腔内充满血液；有的黏膜坏死脱落，与血液形成干酪样盲肠栓，盲肠硬化变脆。

慢性型主要病变在十二指肠和小肠中段，受损肠段弹性消失，浆膜可见无数粟粒大、灰白色坏死点，肠管较正常扩张而增粗，肠黏膜变厚、充血或出血、坏死，肠内容物为血液和黄褐色黏液，常混有纤维素和坏死脱落的上皮组织。

【治则】 清热利湿，杀虫止痢。

【方药】 1. 抗球王(10%马杜拉霉素预混剂)，100kg饲料中添加50g，喂服，连用5～7d；强效氨丙林，100kg饲料中添加8～10g，喂服；敌球灵，100kg饲料中添加400～500g；球虫王，100kg饲料中添加1000g，喂服，连用7～10d。(谢家声等，T91，P42)

2. 生大黄或大黄根，酒炒、炒炭或制熟，5g/(只·次)，水煎取汁，供鸡自由饮服或拌料喂服。

3. 常山，雏鸡0.3～1.0g/次，成年鸡1.5～2.0g/次，水煎取汁，拌料喂服或灌服，2次/d（1剂/d，分2次灌服），连服3～5剂。严重者，在病情好转后应继续服用数剂。

4. 黄连、苦楝皮各6g，贯众10g。水煎取汁，雏鸡分4次、成年鸡分2次灌服，2次/d，连服3～5d。

5. 黄连、黄柏各10g，大黄7g，甘草15g。共研细末，拌料喂服或水调灌服，雏鸡0.5～0.8g/(只·次)，成年鸡1.5～2g/(只·次)，连服3～5d。

6. 黄连、黄柏各12g，大黄10g，黄芩30g，甘草20g。共研细末，拌料喂服或水调灌服，雏鸡0.3～0.5g/(只·次)，成年鸡

1g，2次/d，连服3～7d。

7. 球虫九味散。白术、茯苓、猪苓、桂枝、泽泻各15g，桃仁、生大黄、地鳖虫各25g，白僵蚕50g。共研细末，拌料喂服或水调灌服，雏鸡0.3～0.5g/(只·次)，成年鸡2～3g/(只·次)，连服3～5d。

用方药3～7，先后共治疗357例，治愈332例，治愈率为93%。(于华光，T101，P32)

8. 通变白头翁汤。白头翁、秦皮各20g，白芍、生地榆、苦参、三七、白芨各10g，鸦胆子10粒，炒侧柏叶、生甘草各5g(为100只青年鸡1d药量)。水煎2次，取汁，加水600mL/次，合并药液（共约600mL)，分盆让病鸡自由饮服；病重者用滴管滴服，3mL/次，2次/d，连用3～4d。体重过大或过小的鸡应酌情增减药量。病程长者加黄芪、山药、当归等以补益气血。共治疗3000余例，治愈2860例，治愈率达95%以上。

9. 白头翁25g，苦参15g，黄连5g。加水2000mL，煎煮取汁，候温饮服（为100只30～60日龄雏鸡药量，幼雏酌减)，1剂/d；病情重者，将药煎至100～150mL，灌服，2～5mL/只。西药常用氯苯胍、克球粉等抗球虫药。

10. 黄连、黄柏、猪苓、泽泻、茜草、地榆炭、诃子、生地、地骨皮、金银花各500g，川楝子400g，白头翁800g。水煎取汁，候温自由饮服，连用3d。按说明书对病重鸡肌内注射复方恩诺沙星注射液，1次/d，连用3d。按说明书在日粮中添加克球粉（氯羟吡啶预混剂)，同时配合加入禽用多种维生素和禽用微量元素进行全群鸡喂服，连用5d。

11. 常山150g，加水1000mL，水煎取汁，拌料喂服，3次/d。严重者用滴管灌服。

注：雏鸡口服常山0.5～0.7g是安全的，用煎剂或粉剂，口服或混料饲喂，但不宜长期连续用药，给药3d后要停几天再喂服。如果用药剂量过大或连续喂药1周以上，将引起中毒而死亡，死前伴有呕吐症状。

12. 黄连、黄柏、黄芩、大黄各10g，紫草15g。水煎取汁，拌料喂服，2次/d（为20只30日龄雏鸡药量）。用药2d，病鸡血粪基本停止，3d后未出现血粪，15d后未复发。（姜遵义，T18，P60）

13. 马齿苋、车前草、地锦草各60g（为100只鸡药量），水煎取汁，候温饮服。本方药适用于治疗或预防。

14. 白头翁苦参散。白头翁、苦参、鸦胆子各等份。腹痛“啾啾”者加白芍、甘草、木香；粪血多者加地锦草；病期迁延、湿热虫积未尽而气血亏损者加黄芪、当归等。共研细末，病轻者拌料或面粉为丸喂服；病重者，开水冲调或水煎取汁，用滴管灌服，0.5～1.0g/(只·次)，3次/d，连用3～5d。预防用量和次数酌减。

15. 独活寄生汤加减。独活40g，桑寄生、党参各60g，秦艽、防风、芍药、牛膝、当归、干地黄、柴胡各30g，槟榔35g，杜仲20g，细辛7g，甘草10g，莱菔子200g，常山适量。水煎取汁，候温饮服或拌料喂服，连用2剂。共治疗2群425只，治愈422只；同时服用驱虫西药，效果颇佳。

16. 常山60g，连翘、柴胡各40g，生石膏100g（为100只40～60日龄雏鸡药量，幼雏酌减）。水煎2次，取汁混合，喂服，1剂/d，连用3～4剂（本方药和剂量可随症状增减）。西药用氨丙林、克球粉、抗球王等。

17. 马齿苋、地锦草、车前草各30g，凤尾草、铁苋菜各60g。水煎取汁，候温饮服，连用5～7d。

18. 藿香正气散。藿香、大腹皮、地榆各80g，玄参、紫苏、陈皮各50g，常山、茯苓、地锦草各100g，白芷、白术、厚朴各60g，白茅根（鲜）800g。水煎取汁12kg，饮服。病重者可灌服。

【防制】 球虫病主要危害雏鸡，所以预防球虫病的发生要搞好雏鸡的饲养管理，保持鸡舍清洁干燥、通风。一旦发生球虫病，应立即将病鸡和健康鸡分开饲喂，用具清洗消毒，降低感染概率。定期清除粪便，堆放发酵，杀灭卵囊。保持饲料、饮水清洁，笼具、料槽、水槽定期消毒，一般1次/周，可用沸水、热蒸气或3%～5%热碱水等处理。

鸡的致病性球虫种类较多，对化学药物易产生抗药性，且抗球虫化学药物毒性较大，使用不当易发生中毒。中药毒性小，使用安全，球虫不易产生抗药性。如敌球灵，在饲料中添加200～300g/100kg，连用7～10d。

【典型医案】 1. 某年夏天，湟源县某养鸡户的186只鸡突发血痢，逐渐消瘦、死亡，粪中含有大量的球虫卵囊。诊为球虫病。治疗：炒制大黄（见方药2），水煎取汁，按治疗量配成20%的水剂饮服；再取预防量，水煎取汁，候温饮服，痊愈。（芦宝林等，T134，P58）

2. 1994年7月10～14日，枣庄市渴口乡大刘庄村杜某的700只1月龄AA肉鸡，有300只发生血痢，死亡3只邀诊。检查：病鸡精神委顿，尾、翅下垂，羽毛蓬乱，饮食欲减退；粪中带有碎肉渣样鲜血，涂片镜检有球虫卵囊。诊为球虫病。治疗：白头翁汤加减。白头翁、秦皮各60g，白芍、生地榆、苦参、三七、白芨各30g，鸦胆子30粒，炒侧柏叶、生甘草各15g。加水1800mL/次，煎煮2次，取药液900mL，合并，饮服。不饮者滴服，3mL/次，2次/d，连用3d。病鸡恢复健康。继续服药1剂，以巩固疗效。先后共死亡14只。另外，对400只未显临床症状的鸡，取上方药，用量减半进行预防，1剂/d，连用4d。至50日龄出栏时再未发病。（王思庆，T90，P36）

3. 2005年2月12日，西吉县种鸡场的500只雏鸡大部分出现血痢，1周内死亡95只，曾用氯苯胍拌料预防球虫病，出现血痢后又饮服青霉素溶液未见好转邀诊。检查：80%以上雏鸡伏卧不动，精神委顿，仅少数雏鸡摄食。剖检病死鸡可见小肠、大肠充满血液和脱落的肠黏膜碎片。取粪和肠管坏死灶、内容物进行显微镜检查发现球虫卵囊。诊为球虫病。治疗：早服氯苯胍10mg/只，晚服25mg，连用3d。中药取方药9，用法相同，连用2剂。当天上午服用中药、西药后，除重症死亡的26只外，

其余鸡再未出现死亡，数日内全部治愈。（金秀萍等，ZJ2006，P161）

4. 2007年6月，滨海县界牌镇某养鸡户的6200只草鸡，于7日龄用新支二联苗饮水，12日龄用法氏囊苗饮水，24日龄用法氏囊苗加倍量饮水，35日龄用新支二联苗加倍量饮水。43日龄时发现鸡群采食量下降，部分鸡精神不振，羽毛松乱，排紫黑色血粪。发病后曾用痢特灵、球清拌料或饮水未能控制病情，3d死亡60余只邀诊。检查：病鸡精神沉郁，食欲不振，消瘦，闭目呆立，缩头缩颈，羽毛蓬松，两翅下垂，拥挤扎堆，肛门周围羽毛污秽，粪稀、带血。剖检病死鸡可见肠道肿胀、外表呈粉红色，肠黏膜充血、增厚；盲肠显著肿大、外表呈暗红色，肠内充满紫黑色的血凝块，盲肠黏膜出血。取病鸡粪镜检，可见许多球虫卵囊。将病死鸡的肝脏、脾脏和心血涂片，革兰染色后镜检，可见革兰阴性、两端钝圆、散在的中等大小的杆菌。无菌采取病死鸡心脏、肝脏组织，分别接种于普通琼脂培养基和麦康凯培养基上，37℃培养24h，普通琼脂培养基上有边缘整齐、隆起、灰白色、直径1～3mm的圆形菌落；麦康凯培养基上的菌落呈红色、表面光滑、稍隆起。按常规纸片法进行药敏试验，结果待检菌对氟苯尼考、恩诺沙星高度敏感；对氧氟沙星、丁胺卡那霉素中度敏感；对青霉素、庆大霉素低度敏感。根据发病情况、临床症状、病理变化及实验室检验，诊为盲肠球虫病并发大肠杆菌病。治疗：取方药10中药、西药，用法相同，连用3d。按说明书在日粮中添加克球粉（氯羟吡啶预混剂），同时配合加入禽用多种维生素和禽用微量元素进行全群鸡饲喂，连用5d。鸡粪堆积发酵，用百毒杀（浓度为1∶600）对场地、用具及环境进行消毒，1次/d，连用3d。病鸡群病情得以控制，痊愈。（李传新，T148，P55）

5. 1983年，遵义市丝织厂养鸡场购进500只来航、洛克两品种雏鸡，由于鸡舍地面潮湿、饲养密度大、营养不良等原因，20日龄鸡群中少数雏鸡精神委顿，鸡冠苍白，羽毛蓬松，翅膀下垂，挤在育雏室的一角，头颈蜷缩，闭眼打瞌睡，食欲减退，严重者完全拒食，排血样稀粪，肛门周围羽毛被血粪染成红色，一天死亡数只至十多只。经用呋喃唑酮、青霉素、金霉素、黄连素、土霉素治疗疗效均不显著，2周死亡达250只。剖检死亡雏鸡12只，可见盲肠肿胀、外观呈暗红色，肠壁增厚，黏膜上有弥漫性出血区，内容物为红褐色凝固物，充满肠管；小肠内容物稀薄、呈红黄色；肝脏肿大、呈土红色；胆囊扩张，胆汁浓稠；腹水增多、呈黄色；心肌柔软，少数鸡肺脏有红色肝变区。取死鸡盲肠黏膜少许，涂片镜检，可见许多球虫卵囊。诊为球虫病。治疗：取方药11，用法相同。用药3d，病鸡血粪基本停止，球虫病得到控制，连续观察2个月未出现新的病例。(刘其容，T10，P17)

6. 1987年3月，青神县某农户的5只鸡发病，随后半个村庄的雏鸡感染发病。治疗：取方药13，用法相同。服药后，病鸡病情显著好转。第4天，在上方药的基础上加凤尾草、铁苋菜，疗效更为显著。本方药用于治疗，也可用于预防。(卢文贵，T42，P48)

7. 1957年7月10～15日，陕西省某林场的156只1月龄来航仔鸡，有65只发生血痢，死亡11只邀诊。检查：病鸡精神委顿，缩颈闭眼，羽毛松乱，翅尾搭拉，呆立不动，腹痛“啾啾”，有时挤在一起，减食喜饮，下痢，粪带血、似碎肉状。取粪涂片镜检，有球虫卵囊。诊为球虫病。治疗：白头翁苦参散(见方药14) 加白芍、甘草、木香，开水冲调，滴管灌服，0.8g/(只·次)。用药5d，54只病鸡治愈48只。同时对健康鸡喂服预防，0.5g/(只·次)，用药3d，病情得到了控制。(王恒恭，T55，P25)

8. 1992年5月6日上午，如皋市车马湖乡薛田村田某的415只47日龄海赛克斯鸡拉红痢，2d死亡28只，平时用克球粉拌料预防球虫病，昨日出现红痢后又饮服青霉素溶液未见好转邀诊。检查：鸡群中有80%以上的鸡伏卧不动，精神委顿，仅少数鸡摄食，粪稀薄，排血痢。剖检病死鸡可见小肠、大肠充满血液；盲肠为血凝块充塞。诊为球虫病。治疗：常山180g，柴胡、连翘各100g，石榴皮60g，生石膏500g，甘草35g。水煎取汁，候温饮服，连服

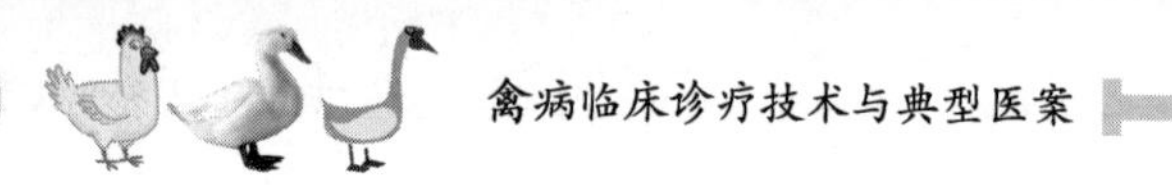

2剂。早服氯苯胍10mg/只，晚服5mg/只，连用3～5d。当日上午服用中药、西药后，除重症鸡死亡13只外，第2天鸡群再未出现死亡。病鸡血痢停止，精神好转，采食量增加，5日痊愈，治愈率为96.6%。

9. 1991年6月26日，如皋市郭元乡湾桥村吴某的250只41日龄海赛克斯鸡，不到一天死亡20只邀诊。检查：约80%的鸡伏卧不动，精神委顿，少数能站立的鸡头颈置于翅下呆立一隅，排红痢。剖检3只病死鸡均见肠腔充满血凝块，未见有法氏囊肿大。诊为突发性球虫病。治疗：氯苯胍10mg/只（为首次药量，第2次使用量减半），2次/d，连用3～4d。常山、薏苡仁各80g，连翘、刺五加各60g，莱菔子、生石膏各100g。水煎取汁，候温饮服。服药1次，病鸡精神状态好转，食欲增加。畜主遂即停药，服药后的数天中又陆续死亡28只，因用药时间不足，治愈率仅为57.5%。

10. 1993年7月28日，如皋市车马湖乡刘庄村张某的200只红布罗肉雏鸡，自9日龄起陆续发生球虫病，曾用氨丙林、克球粉、氯苯胍等抗球虫药及青霉素、痢菌散等药物治疗未愈，死亡10只邀诊。检查：病鸡高度消瘦，精神沉郁，泻红痢，间有黄色、白色粪。治疗：根据气候变化、鸡群状态及户主用药情况，停用西药，取独活、杜仲各20g，桑寄生30g，秦艽、防风各12g，当归24g，党参14g，牛膝、芍药、干地黄、茯苓、石榴皮各10g，甘草15g。水煎取汁，候温饮服。翌日晨，用常山60g，连翘30g，柴胡20g，生石膏、莱菔子各100g。水煎取汁，候温饮服。1周后追访，鸡群再未发生死亡，全部治愈。（吴仕华等，T74，P22）

11. 1993年8月中旬，清流县新垦农场畜牧场的285只35～50日龄雏鸡，因患球虫病邀诊。检查：病鸡食欲减退，嗉囊胀满，喜饮水，瘦弱，贫血，排带有血液或血凝块的稀粪，泄殖孔周围羽毛被带血粪污染。治疗：取方药17，用法相同，连服5～7d。共治疗283例，治愈279例，死亡4例，治愈率为98.6%。（郭金海，T78，P39）

12. 1988年5月17日，泰和县职业中学养鸡场的480只34日龄泰和乌骨鸡群爆发球虫病，有30%～40%雏鸡泻血样粪，死亡10～20只/d，曾用喹乙醇、克球粉等抗球虫药治疗，效果不佳。治疗：藿香正气散（见方药18），水煎取汁，候温饮服；病重者灌服。第2天，病鸡死亡停止，病轻的雏鸡已有食欲。再用药4d，基本痊愈。（乐载龙，T81，P36）

绦虫病

绦虫病是指赖利属的多种绦虫寄生于鸡的十二指肠中引起的一种寄生虫病。各种年龄的鸡均可感染。

【流行病学】 常见的赖利绦虫有棘沟赖利绦虫、四角赖利绦虫和有轮赖利绦虫等。鸡经口食入含有绦虫卵囊的中间宿主（如蚂蚁、金龟子、家蝇、蛞蝓）而感染。环境潮湿，卫生条件差，饲养管理不良均易引发本病。多发生于夏秋季节。一般成年鸡发病较多。

【主证】 病鸡食欲不振，精神沉郁，下痢，粪中混有血样黏液，贫血，鸡冠和黏膜苍白，寄生绦虫量多时可使肠管堵塞，肠内容物通过受阻，造成肠管破裂和引起腹膜炎。粪检查可发现绦虫节片或虫卵。

【病理变化】 小肠内发现虫体。肠黏膜增厚，肠道有炎症，伴有灰黄色的结节，中央凹陷，其内可找到虫体或黄褐色干酪样栓塞物。

【治则】 驱虫杀虫。

【方药】 1. 黄烟（市售）500g，加水2500mL，煎煮取烟草水500g，候凉灌服。

2. 取仙鹤草根和根上发出的芽，洗净，晒干，研细，用少量灰面和水调制成1～2g丸剂，1丸/kg，拌入饲料中喂服。（景宣德，T2，P55）

3. 敌百虫片（含量0.5g/片），0.25g（即半片）/只。用药3h，

患病鸡排下大量虫体，其中有蛔虫、绦虫、异刺线虫等。（魏秉尧，T63，P40）

4. 槟榔 0.4～0.8g/kg，南瓜子 0.6～1.2g/kg。共研细末。吃食者，将药粉拌入少量饲料中喂服；不食者则直接喂服，2 次/d，连喂 2～3d。

5. 槟榔片（市售），加水煎煮约 15min（含生药 1g/mL），取汁饮服，成年鸡 3～5mL/次，2.5kg 以上鸡可酌情增加药量。经对 100 余只鸡驱虫，给药 1 次下虫约 300 条。（刘志远，T27，P34）

【防制】 消灭中间宿主（如填蚂蚁穴、灭蝇等）。集约化养鸡场采取笼养的管理方法，使鸡群避开中间宿主。鸡舍和运动场要清洁、干燥，定期消毒。

【典型医案】 1. 1979 年 11 月中旬，本溪县某鸡场的 1000 只雏鸡发病和陆续死亡邀诊。检查：病鸡排混有血丝的稀粪，食欲减退，饮欲增加；对外界刺激反应淡漠，常离群独栖；有的鸡精神沉郁，头藏于翅下，任人捕捉，被毛蓬乱，两翅零落；呼吸急促，缩颈蹲伏，鸡冠和肉髯呈黄蜡色；部分鸡出现癫痫状态和进行性麻痹。剖检死鸡和活鸡各 20 只，可见小肠中均有绦虫，数量范围为 6～62 条。治疗：取方药 1，将病鸡从下午 5 时至次日上午 7 时禁食（即禁食 14h），投服烟草煎剂，4mL/只，药后 3h 给食，间隔 1 周再给药 1 次。第 1 次投药后，剖检健康鸡 20 只，肠道无绦虫的鸡 16 只；第 2 次投药后，又剖检健康鸡 20 只，肠道无绦虫的鸡 19 只。第 2 次投药后，鸡群食欲明显增加，粪由稀变干趋于正常，鸡冠和肉髯由黄蜡色逐渐变为幼嫩鲜红。（许乃谦，T20，P38）

2. 蓬安县畜牧局和民警队鸡场的 539 只 54 日龄来航鸡，发病 364 只邀诊。检查：病鸡精神沉郁，食欲减退，饮欲增强，呼吸迫促，消瘦，羽毛松乱，两翅下垂；黏膜发黄，胸腹部水肿发紫，下痢；有的鸡发病 7～14d 死亡。剖检 3 只病死鸡可见肠内有绦虫；用饱和盐水漂浮法检查病鸡粪，内有绦虫卵；将鸡粪彻底清洗沉淀，可见绦虫节片。治疗：取方药 4，用法相同。共治疗 364 例，痊愈 355 例，治愈率为 97.5%。（李松柏，T29，P12）

蛔虫病

蛔虫病是指蛔虫寄生于鸡的小肠引起的一种寄生虫病。

【流行病学】 本病病原为鸡蛔虫。病鸡和带虫鸡为传染源。鸡因吞食了被感染蛔虫虫卵污染的饲料或饮水而感染。3～10 月龄的鸡多发，3～4 月龄鸡最易感且病情最重，1 年以上鸡感染不呈现临床症状而成为带虫者。

【主证】 病雏鸡食欲减退，消瘦虚弱，黏膜苍白，羽毛松乱，两翅下垂，胸骨突出，下痢和便秘交替出现，有时粪中有带血的黏液。

成年鸡一般为轻度感染，严重感染者下痢，日渐消瘦，产蛋量下降，蛋壳变薄。

【病原检查】 采用水洗沉淀法或饱和盐水漂浮法检查，可见粪中有大量虫卵，或通过剖检发现肠道有大量虫体。

【病理变化】 大肠、小肠内有成虫；感染严重时成虫大量聚集，导致肠阻塞或引起肠破裂，偶尔在输卵管和鸡蛋中也能发现虫体。

【治则】 杀虫驱虫。

【方药】 1. 硫黄粉，0.5～1.0g/(只・d)，拌料喂服，连用 2d。第 3 天可在鸡运动场发现大量被驱出体外的蛔虫。（王良俊，T57，P48）

2. 敌百虫片（0.5g/片），0.25g/只（即半片）。用药 3h 后，病鸡群排下大量虫体，其中有蛔虫、绦虫、异刺线虫等。（魏秉尧，T63，P40）

3. 独活寄生汤加减。独活 40g，桑寄生、党参各 60g，秦艽、防风、芍药、牛膝、当归、干地黄、柴胡各 30g，槟榔 35g，杜仲 20g，细辛 7g，甘草 10g，莱菔子 200g，槟榔适量。水煎取汁，候温饮服或拌料喂服，连用 2 剂。共治疗 440 例，治愈 438 例，治愈率为 99.5%。

【防制】 注意鸡舍内外卫生，及时清除鸡粪，料槽等用具经常清洗并且用开水消毒。蛔虫卵在阴湿地方可以生存6个月，粪便经堆沤发酵可以杀死虫卵。本病流行的鸡场应每年2次定期驱虫，雏鸡于孵化后2个月左右驱虫1次，当年秋末进行第2次驱虫。

【典型医案】 1992年12月12日，如皋市车马湖乡朱楼村3组朱某携1只死鸡来诊。主诉：10月3日购入500只雏鸡，近10余天来不断发生死亡，鸡群普遍腹泻，消瘦，食欲不振。检查：病鸡极度消瘦，肛下羽毛湿淋，且被粪沾污。剖检病死鸡可见肝、肾、脾肿胀，回肠段有3条蛔虫，诊为蛔虫病。治疗：对现存440只鸡用左旋咪唑驱虫；取方药3，用法相同，连用2剂。共治愈438例，治愈率为99.5%。（吴仕华，T80，P23）

鸡住白细胞原虫病

鸡住白细胞原虫病是鸡因感染卡氏白细胞原虫，引起以下痢、贫血、鸡冠苍白、内脏器官和肌肉组织广泛性出血以及形成灰白色裂殖体结节为特征的一种细胞内寄生性原虫病。其典型特征是病鸡鸡冠发白，又称为白冠病。

【流行病学】 鸡住白细胞原虫分为卡氏白细胞原虫、沙氏白细胞原虫和休氏白细胞原虫。卡氏白细胞原虫毒力最强、危害最严重。本病的传染源是病鸡及隐性感染的带虫鸡；栖息在鸡舍周围的鸟类(如雀、鸦等)也能成为本病的感染源。传播媒介是库蠓。本病的发生有明显的季节性，北方地区一般发生在7～9月，华南地区多发生在4～10月。雏鸡比较易感，1月龄左右的雏鸡发病严重，死亡率高。母鸡感染后个别发生死亡，多数鸡耐过后消瘦，产蛋率下降甚至停产。

【主证】 病鸡精神沉郁，食欲不振，体温升高，羽毛蓬乱，排黄绿色稀粪，鸡冠和肉髯逐渐变淡乃至苍白色。急性者呼吸困难，咯血，突然死亡，个别鸡死后口流鲜血。母鸡症状较轻微，产蛋量减少或停止。

【病理变化】 血液稀薄、不凝固；皮下、胸肌和腿肌有出血斑点，全身肌肉苍白，呈广泛性全身出血；肝、脾肿大，表面有出血点，有的肝表面有粟粒大白色结节；腹腔有血水；消化道充血，肠道内有炎性变化；肾脏出血；肺充血、出血；卵巢、子宫黏膜瘀血、出血；喉头、气管出血，有的可见白色结节。

【治则】 清热利湿，杀虫止痢。

【方药】 1. 青蒿，5g/只，加倍量水煎煮，浓缩后加入饮水中饮服，连用10d。复方泰灭净钠粉，病初前3d以0.10%添加饮水中饮服，后改为0.05%饮服，连用10d。共治疗1100例，其中产蛋鸡500例，20日龄左右的雏鸡600例；治愈1080例，治愈率98.18%。

2. 龙胆草、柴胡、甘草、泽泻、车前子、木通、生地、栀子、黄芩、当归尾。水煎取汁，候温饮服。

3. 雏痢净散。白头翁、马齿苋各30g，黄柏、木香各20g，黄连、乌梅各15g，诃子9g，苍术60g，苦参10g。混合，研磨成粉，拌料，雏鸡300～500mg/(只·d)，拌入日粮中喂服，连用（包括已发病和未发病的鸡）5～10d。对已发病尚能饮水的鸡，取磺胺间甲氧嘧啶（泰灭净），按治疗量加入100kg饮水中，同时加入维生素$K_3$20g，饮服，连用5d，停药2d，再饮服3～4d。症状较严重尤其是食欲废绝的鸡，取复方磺胺对甲氧嘧啶注射液（10mL中含二甲氧苄氨嘧啶200mg、磺胺-5-甲氧嘧啶1000mg），用生理盐水5倍稀释，1mL/只，肌内注射，2次/d，连用7d。在每100kg饮水中分别加入氨基电解多维30～50g，维生素C 40～60g，自由饮服，连用7d以上（以上中药、西药为1月龄1000只雏鸡药量）。

4. 常山150g，白头翁120g，苦参100g，黄连40g，秦皮、柴胡、甘草各50g。水煎取汁，候温饮服。共治疗870例，治愈820例，治愈率为93%。

5. 病重鸡，取0.5%痢菌净，3mL/只，肌内注射，2次/d。其他鸡，取0.5%痢菌净1.5mL/(只·d)，加入水中饮服，1个疗程/7d。以后每隔7d服药7d，直至度过发病季节。

【防制】 在本病流行季节，应定期对鸡舍内外喷洒杀虫药以杀灭库蠓，切断病原传播。溴氰菊酯喷雾，连用7d，也可用6%～7%马拉硫磷溶液喷洒在鸡舍的纱窗上，防止库蠓进入鸡舍。及时隔离病鸡，对全场所有的死鸡进行消毒、深埋处理。用磺胺类药物以拌料或饮水方式治疗时，如果连续服用，易发生食入药物量过大而导致中毒，应采用间歇性给药，连用数天后，适当停药几天，再继续使用几大。使用其他磺胺类药肌内注射时，也要注意用量，尽量避免因超长时间给药而发生中毒。

【典型医案】 1. 1998年6月22日，太原市南部区某养殖户的500只5月龄产蛋鸡发病邀诊。主诉：21日，部分鸡咯血后突然死亡，已死亡5只。检查：病鸡精神沉郁，体温升高，鸡冠、肉髯发白。剖检病死鸡可见皮下、胸肌有出血点，广泛性全身出血；肝、脾肿大、出血；卵巢、子宫出血、瘀血；喉头、气管出血、有白色结节；腹腔内有血水并伴有大量卵黄凝块。诊为卡氏住白细胞原虫病。治疗：复方泰灭净钠粉，用法同方药1；青蒿5g/只，水煎取汁，加入饮水中饮服，连用10d。服药3d，病鸡症状开始减轻，10d后基本痊愈。（武果桃等，T103，P26）

2. 广昌县头陂镇上马路村陈某的1500只40日龄麻鸡发病邀诊。检查：病鸡鸡冠、肉髯苍白，厌食、废食，排绿色稀粪或血粪，不断发生死亡，个别鸡死前咯血，呼吸困难，死后口角带有血迹。剖检病死鸡可见其全身多处组织器官、心外膜、肠道浆膜及肝脏、肾脏等表面和实质、胸、腿肌表面、深层、食管、口腔黏膜、脂膜等部位均见灰白色粟粒大小的卡氏住白细胞虫裂殖体小结带，伴有出血；有的病鸡肾脏、肺脏等还形成血肿或肝脏被膜破裂出血；腹腔积聚血液。根据临床症状、病变变化和实验室检验，诊为鸡住白细胞原虫病。治疗：龙胆草、栀子、黄芩、柴胡、车前子、泽泻、木通、当归、大黄、黄柏、菊花、赤芍、丹皮各150g，金银花、连翘、生地黄各235g，甘草90g。水煎取汁，候温饮服，1剂/d。同时取10%磺胺喹噁啉100mL，1次饮服，2次/d，连用3d，痊愈。（李敬云，ZJ2005，P477）

3. 2004年7月24日，柳州市怀远镇养鸡户莫某的9200只4周龄柳麻鸡发病邀诊。主诉：几天前部分鸡精神沉郁，食欲减退或废绝，羽毛松乱无光，鸡冠和肉垂苍白，腹泻，粪呈绿色或黄绿色，其中少数病鸡粪带血，第3天病鸡陆续死亡。剖检病死鸡可见胸肌和腿肌广泛出血，肝、脾肿大且有针尖至粟粒大小的灰白色结节，疑为新城疫和禽霍乱，遂对未发病的鸡进行新城疫疫苗紧急免疫接种，并用环丙沙星、强力霉素、新霉素、阿莫西林、氟苯尼考、氟哌酸和痢菌净等药物治疗，病情不但没有好转，反而病鸡数量逐渐增加，并陆续出现死亡，发病率为35.27%，死亡率为58.00%。检查：发病雏鸡、肉仔鸡多呈急性或亚急性经过。患病鸡精神沉郁，萎靡不振，喜饮水，缩头呆立，两翅下垂，羽毛松乱，两肢轻瘫，伏地不动，食欲减退或废绝，排绿色或黄绿色粪，有的粪有潜血；从外表上看，鸡体消瘦，鸡冠和肉髯苍白，大腿、胸腹及翅下几乎看不到血管；多数在1周内死亡，死前抽搐、痉挛，呼吸困难，咯血；死后口鼻带血。成年鸡多呈慢性经过。患病鸡消瘦，鸡冠发白、贫血，排水样的白色或绿色稀粪，产蛋率下降，无精蛋和软皮蛋增多，蛋壳薄，个别鸡瘫痪。病程达7～15d。剖检病死鸡可见尸体消瘦，血液稀薄、不凝固；肌肉苍白，高度贫血；腹部皮下脂肪、胸肌和腿肌广泛出血，其中胸肌和腿肌有针尖至粟粒大小、与周围组织分界明显的稍凸出表面的灰白色结节；肝脏、脾脏肿大2～4倍，有散在出血点、不规则出血斑及针尖至粟粒大小与周围组织分界明显的稍凸出表面的灰白色结节；肾脏肿大，有散在出血点；心肌有散在出血点和灰白色结节；肺脏有散在出血点；腹腔有血水；盲肠有溃疡及红色内容物；腺胃有溃疡，有散在出血点；口、鼻有带血黏液；嗉囊有积液，切开有大量红褐色酸臭液体；气管充满血样黏液。从病鸡翅静脉或鸡冠采血1滴，涂片，用姬姆萨染色，在高倍镜下观察，发现紫红色圆点状及两极着色、钝端有红色圆形的核、细胞质为淡青色，3～5个或更多成堆排列的虫体(裂殖子）游离于血浆中；鸡血细胞严重变形、呈纺锤形，细胞核呈深色狭长的带状，围绕于虫体的一侧；再挑取病鸡

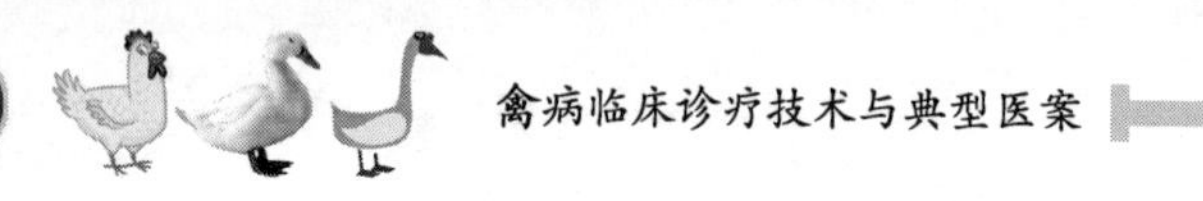

肝、脾或其他组织上的灰白色结节压片，经姬姆萨染色，镜检，发现虫体(小配体）呈深蓝色，近似圆形，细胞质着色均匀，细胞核较大，整个细胞几乎被核占有。根据流行病学、发病情况、临床症状、病理变化以及实验室检验，诊为卡氏住白细胞原虫病。治疗：取方药 3，用法相同。同时及时隔离病鸡，对全场所有的死鸡进行消毒、深埋处理。对鸡舍内外用溴氰菊酯喷雾，以杀灭库蠓、蚋等吸血昆虫，连用 7d。鸡舍安装纱门、纱窗，防止库蠓、蚋等吸血昆虫进入鸡舍，保持舍内空气清新。经采取以上治疗措施，第 3 天鸡群发病率明显下降，病鸡症状开始减轻，食欲逐渐恢复；1 周后病鸡死亡停止，鸡群逐渐恢复健康。共治疗 1611 例，治愈 1034 例，治愈率为 64.18%；全场利用中草药预防 5955 例，用药期间发生本病 127 例，预防总有效率为 97.87%。（莫文溢等，T137，P49）

4. 2002 年 8 月 6 日，尉氏县三李村李某的 1000 只 28 日龄艾维茵肉鸡发病邀诊。主诉：8 月 3 日，鸡群开始发病并出现死亡，当地兽医治疗 3d 不见好转，已死亡 130 只。检查：病鸡呼吸困难，皮下出血，卧地不动，鸡冠苍白、贫血，粪呈绿色或白绿色，精神高度沉郁。诊为鸡住白细胞原虫病。治疗：常山白头翁汤。常山 150g，白头翁 120g，苦参 100g，黄连 40g，秦皮、柴胡、甘草各 50g。水煎 2 次，合并药液约 3000mL，用药 1 次/(只・d)，灌服或饮服，3～5mL/次，连用 3d。病鸡病情得到控制，精神好转。为了巩固疗效，再用药 2d，剩余的 870 只鸡治愈 820 只。（何志生，T123，P24）

5. 1987 年 7 月 23 日，阳谷县左洼鸡场的 300 只罗斯蛋鸡发生皮肤型鸡痘（因疫苗短缺，未作预防)。8 月 10 日，于 24 周龄时 1 只鸡急性死亡（以后确诊死于鸡住白细胞原虫病)，至 29 日死亡 15 只，占总鸡数的 5%。至此鸡痘发病率为 40%，呈现鸡住白细胞原虫病症状的约占 30%。8 月 10～29 日，曾用青霉素、土霉素、霍乱安等药物治疗，效果不佳，产蛋率由 60%下降至 58%。检查：病情轻的鸡仅见下痢、呈黄绿色，鸡冠贫血；病情严重的鸡缩头垂翅，离群呆立，体温升至43℃以上，下痢，粪呈深绿色，鸡冠肉髯色淡或苍白，不及时治疗在24h内死亡；有的鸡未见任何症状即突然死亡。剖检病鸡、死鸡各3只，可见肌肉贫血、苍白，血凝不良；2只胸腿部肌肉有出血点；5只肝、脾肿大1～3倍；3只肝、肾被膜下有凝血块，胸腹腔积血水；2只法氏囊肿大；4只盲肠臌气、有出血点。病鸡末梢血涂片和肝组织涂片，经姬姆萨染色，油镜检查，发现血浆和红细胞中有大量点状紫红色的裂殖子；肝组织中肝细胞大量崩解，结构模糊，有Ⅰ～Ⅴ各期虫体，Ⅴ期虫体直径10～15μm，大小不等，胞浆呈浅红色，核呈蓝紫色。治疗：将病重鸡分离饲养，取0.5%痢菌净，3mL/只，肌内注射，2次/d。其他鸡取0.5%痢菌净1.5mL/(只·d)，加入水中饮服，1个疗程/7d。以后每隔7d服药7d，直至度过发病季节。鸡舍喷洒灭害灵，驱除鸡蠓等吸血昆虫。8只病重鸡肌内注射3d，全部治愈。第1疗程后，下痢鸡由30%减少到5%，产蛋率由58%上升到68%。第2疗程后，仅有2只鸡下痢，产蛋率达82%。（岳喜祥，T30，P39）

附红细胞体病

附红细胞体病是指鸡感染附红细胞体，引起以贫血、黄疸和发热为特征的一种病症。

【流行病学】 本病病原为附红细胞体。病鸡和带虫鸡为传染源，主要经过吸血昆虫叮咬等传播。鸡体抗病能力弱、营养不全面、卫生环境差、饲养管理不当等均可促使本病发生。

【主证】 病鸡食欲不振，精神委顿，鸡冠有的红紫，有的苍白；后期鸡体发冷，排灰绿色稀粪，少数严重者泻黄绿色稀粪，白天偶尔可听见怪叫声，晚上尤为明显，似青蛙叫声。病鸡出现神经症状后很快死亡。

【病原检查】 翅静脉采血及病死鸡无菌采心脏血涂片，瑞氏染色或姬姆萨染色，镜检，可见红细胞变形、呈齿轮状，在红细胞周围附着有深蓝色附红细胞体，同时在血浆中也发现有游离状附红细胞体，呈球形或圆环形，有很强的折光性。严重感染者血浆中有大量附红细胞体，呈弥漫状遮盖所有红细胞和白细胞。

【病理变化】 血液稀薄、凝固不良，严重者呈粉红色；肝脏、脾脏肿大，坏死性肝炎、肝周炎和心包炎；肺水肿、有出血点；胆汁浓稠；卵泡萎缩坏死、出血，严重者卵泡破裂形成卵黄性腹膜炎；输卵管充血、有干酪样物；嗉囊黏膜坏死、脱落；喉头黏膜和气管黏膜有出血点；肠黏膜充血、出血，溃疡性肠炎；腺胃外脂肪、心冠脂肪、胸骨内膜和腹部脂肪等都有大量针尖大小的出血点。

【鉴别诊断】 鸡附红细胞体与鸡住白细胞原虫血片在镜下观察有明显区别。住白细胞原虫在胞浆内，而附红细胞体附着于细胞表面；住白细胞原虫病以鸡冠发白为首要特征，口吐鲜血，而附红细胞体病鸡冠为红紫，病中期也难见到明显白冠现象，直到后期才出现不同程度的鸡冠苍白。住白细胞原虫病主要发生在秋季，不垂直传播，而附红细胞体病能垂直传播，没有明显的季节性。

【治则】 杀虫灭虫，清热滋阴。

【方药】 柴胡、茵陈、黄芩、鱼腥草、党参、黄芪、甘草、丹皮各10g，生地15g，常山、槟榔、青蒿、乌梅各6g(为100只成鸡或200只雏鸡药量)。水煎取汁，候温饮服或拌料喂服，1剂/d，连用3～5d。多西环素，按1%拌料，喂服，连用3～5d。贝尼尔10mg/kg，饮水，1周后再饮服1次。共治疗10万余只鸡，治愈率达90%以上。

【防制】 加强饲养管理，保持鸡舍、饲养用具卫生，减少不良应激。夏秋季节要经常喷洒杀虫药物，防止昆虫叮咬，切断传染源。在预防注射时均应更换器具。

【典型医案】 1. 2004年8月，邯郸市种鸡厂张某的5000只270日龄产蛋鸡发病邀诊。主诉：鸡群产蛋率由95%下降至75%，大群鸡无明显症状，按病毒病和细菌病用药治疗无效。经实验室检验，诊为附红细胞体病。治疗：取上方药，用法相同。服药1周，

鸡产蛋率开始上升，半月后产蛋率恢复到92%。

2. 2004年9月，肥乡县畜牧局某养鸡户的2800只170日龄鸡发病邀诊。主诉：鸡群正常情况产蛋率仅为60%，曾多方用药治疗无效。经实验室检验，诊为附红细胞体病。治疗：取上方药，用法相同。用药5d，鸡产蛋率明显上升，半月后产蛋率达到90%。(陈春华等，T134，P51)

组织滴虫病

组织滴虫病是指组织滴虫寄生于鸡的盲肠和肝脏引起以肝坏死和盲肠溃疡为特征的一种原虫病，又称盲肠肝炎或黑头病。

【流行病学】 本病病原为鸡组织滴虫。病鸡和带虫鸡为感染源。病原通过粪便排出体外污染土壤、饲料、饮水等，鸡食入虫卵后而感染。多发生于8周龄至4月龄的鸡。

【主证】 病鸡精神委顿，呆立，羽毛松乱，翅膀下垂，行走如踩高跷，下痢，粪呈硫黄色或黄绿色，产蛋鸡头部呈蓝紫色或黑色。重症者迅速死亡。

【病理变化】 急性者盲肠黏膜发炎、出血，有的有溃疡，有液体。病程长者盲肠肿大，肠壁增厚，呈蜡样，盲肠内充满干酪样凝固栓子，堵塞肠管，剪开盲肠浆膜可见肌层坏死；盲肠炎性分泌物流入腹腔可引起腹膜炎；肝脏肿大、质脆，表面有米粒至玉米粒大小不等的白色坏死灶，严重者整个肝脏坏死。

【病原检查】 取新鲜盲肠内容物置于载玻片上，用适量的38℃生理盐水稀释，在高倍镜下检查，可见呈钟摆样运动的虫体。

【治则】 清热解毒，杀虫灭虫。

【方药】 1. 甲硝哒唑(0.2g/片，江苏常州漂阳制药厂生产)，板蓝根冲剂(15g/包，江苏泰县制药厂生产)。每千克饲料中加入甲硝哒唑1.6g、板蓝根冲剂30g，喂服，1个疗程/3d；病情严重者可单独饲喂，并辅以适量的10%糖水。

2. 龙胆泻肝汤(宋代《太平惠民和剂局》)。龙胆草(酒炒)、栀

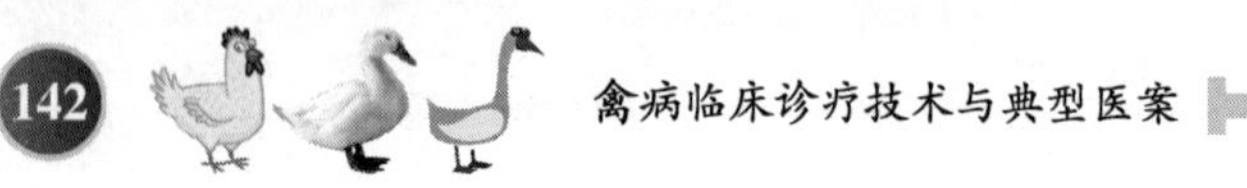

子(炒)、黄芩、柴胡、生地黄、车前子、泽泻、木通、甘草、当归各20g(为100只鸡药量)。水煎取汁，候温饮服。病情严重或不饮者，用5mL玻璃注射器滴服。共治疗2.5万例，治愈2.25万例，治愈率为90%。

3. 黄连、黄芩、黄柏、白头翁各200g，茵陈、苦参各150g，仙鹤草100g，蛇床子75g。用水浸泡60min，水煎3次，第1次煎煮40min，第2、第3次各煎煮30min，取汁，合并3次药液，双层纱布过滤，浓缩制成100%（1mL药液含生药1g）的口服液，灌服，5～8mg/kg。(方磊涵等，T148，P54)

4. 白头翁、乌梅各20g，苦参、金银花各12g，秦皮、黄连各10g，白芍、甘草、郁金各15g(为100只雏鸡1d药量，中鸡、大鸡酌情加量)。水煎取汁，加糖调味饮服，连用3～5d。同时取甲硝唑（灭滴灵）0.25g/kg，拌料喂服，连用2～3d；病重鸡取甲硝唑1.25%溶液直接滴服，1mL/只，2～3次/d，连用2～3d。

【防制】 加强饲养管理和卫生消毒。雏鸡和成年鸡必须分开饲养，鸡舍要保持清洁、卫生、干燥，鸡粪要及时清理并集中堆积生物热消毒，鸡舍地面用3%苛性钠溶液消毒，杜绝用蚯蚓喂鸡。

鸡组织滴虫病是通过异刺线虫卵传播，定期驱虫是预防本病的重要措施。用驱虫净40～50mg/kg，丙硫苯咪唑5～10mg/kg，拌料，1次喂服。及时隔离病鸡。

【典型医案】 1. 1990年5月8日，东台市许河镇何灶村王某的105只70日龄罗斯商品代蛋鸡，有5只突然发病邀诊。检查：病鸡食欲减退，缩头，排黄色稀粪并带有血丝，用青霉素、链霉素、三字球虫粉等药物治疗未见好转，至11日病鸡增加至35只，死亡4只。诊为组织滴虫病。治疗：取方药1，用法相同，连用2d，全部治愈。1个月后追访，再未发现新的病鸡。

2. 1990年6月16日，东台市许河镇薛套村杨某的225只74日龄罗斯商品代蛋鸡，有25只发生组织滴虫病，死亡5只。治疗：取方药1，用法相同，病鸡全部治愈。半月后追访，鸡群正常。(崔卫星，T57，P28)

3. 1992年3月5日，户县黄十保村付某的300只迪卡商品代青年鸡，发病160只邀诊。检查：病鸡精神不振，食欲减退，排黄色、深褐色或绿色粪，死亡1只。剖检病死鸡可见腹膜发炎；肝脏肿大，表面形成不规则、稍凹陷的溃疡灶和米粒大小坏死灶，呈淡黄绿色，边缘隆起，病灶数量不等；盲肠肿大，肠壁增厚、呈蜡样，盲肠充满干酪样凝固栓子，剪开浆膜，肌层坏死。诊为盲肠肝炎。治疗：取方药2，用法相同，连服2d；病重者滴服。除2只鸡治疗前死亡外，共治疗160例，治愈152例，死亡6例，治愈率为95%。

4. 1992年8月3日，户县祖奄镇石佛寺李某的1500只伊萨褐蛋鸡，几乎全部发病，他医诊为鸡马立克氏病治疗无效，连续4d陆续死亡10多只鸡邀诊。检查：病鸡鸡冠呈蓝紫色，有的变为黑色。剖检病死鸡可见肝脏有玉米粒大小的白色坏死点；肠内蓄积深绿色粪；盲肠肿大，盲肠内充满干酪样物质，形成栓子充塞肠管，肠壁坏死，肌层坏死。诊为盲肠肝炎。治疗：取方药2，用法相同，连用2d。病鸡病情好转，死亡得到控制，继用药2d，同时在饲料中加入肝泰乐(山东博山制药厂生产)200mg/kg，喂服；饮水中加氨苄青霉素(哈尔滨制药厂生产)2000单位，饮服。共治愈1457例，死亡37例，治愈率为97%。(李奖状，T65，P41)

5. 2009年3月，利津县北宋镇养鸡户刘某的1300只AA肉鸡，于6周龄先后发病，发病率约为30%，死亡率约为26%，发病后曾用恩诺沙星、禽炎康等药物治疗效果不理想邀诊。检查：病鸡精神不振，食欲减退，身体蜷缩，鸡冠髯部瘀血、呈暗黑色，闭目呆立，羽毛不整，两翅下垂，步态不稳，下痢，粪带血，有的呈淡黄色，嗉囊胀大，手按压时有气体和积液排出。剖检13只病重鸡和病死鸡可见食管、咽喉黏膜有干酪样坏死灶；盲肠肿大2～3倍，肠壁增厚、有出血斑点，内有干酪样凝固栓子，外覆坏死物和渗出物；肝脏肿大，表面布满圆形或不规则黄豆大的坏死灶，中间凹陷，边缘隆起，单独存在，有的相互融合呈片状，蔓延至整个肝脏，一触即破。取少量盲肠内容物，用40℃温生理盐水稀释，制成悬滴标本于显微镜下观察有节律运动的虫体。将配制好的培养基分装于小试管内(5～7mL)，高压灭菌后静置成斜面，加入8倍稀释的牛血清(满盖斜面)、灭菌米粉、少量盲肠内容物，经37℃培养3d，吸取试管底部沉渣移至新培养基进行第2次培养，吸取沉渣镜检，可见6～12μm的圆形虫体。取盲肠、肝脏病变组织，用中性福尔马林液体固定，制成石蜡切片，H.E染色，镜检，可见盲肠黏膜内红色圆形组织滴虫；肝脏坏死灶与正常组织的边缘处看到红色圆形的虫体；PAS染色，组织滴虫被染成圆形深红色虫体(此法比H.E染色更易检出虫体)。治疗：取方药4，用法相同。同时立即隔离病鸡；鸡舍用3%苛性钠溶液消毒。经采取以上措施，鸡的病情很快得到控制，用药2d鸡群停止死亡，7d全部治愈。(许其华，T159，P63)

第三节　代谢病与中毒病

维生素缺乏症

本症主要发生于雏鸡，是指饲料中由于维生素缺乏或不足，引起雏鸡以麻痹、痉挛、倒地难起为特征的一种代谢性疾病。

【病因】 由于饲料中维生素缺乏或不足，青绿饲料少并得不到及时补充而导致雏鸡发病。

【主证】 一般呈多发性神经炎。病鸡麻痹、痉挛，两翅及尾支地，两肢向前伸直，趾爪向内蜷缩，腹泻，或两肢瘫痪，腓节着地，头颈向后弯曲，羽毛粗乱，不能行走，倒地难起，生长缓慢，消瘦，贫血。

【治则】 补充维生素。

【方药】 治疗量，取维生素AD_3添加剂5g，维生素B_2添加剂15g，维生素B_1添加剂10g，均匀拌入1kg饲料中，喂服，连喂7d即有明显效果，15d可基本痊愈。预防量，在100kg饲料加

维生素 AD_3 添加剂 15g，维生素 B_2 添加剂 100g，维生素 B_1 添加剂 50g，长期喂服。共治疗 271 例，治愈 255 例，治愈率为 94.5%。

【防制】 由于雏鸡生长发育快，需要足够的维生素，应增加青绿饲料或在饲料中增加维生素添加剂。（董满忠等，T41，P39）

白肌病

本病主要发生于雏鸡，以皮下渗出和运动障碍为主要特征的一种代谢性疾病。

【病因】 由于饲料、饮水、土壤中硒与维生素 E 缺乏，或饲料配合不当，饲料中硒含量减少，长期饲喂缺硒饲料所致。

【主证】 患病雏鸡全身无力，贫血，鸡冠变白，眼流浆液性、黏液性分泌物，眼睑半闭，角膜变软，翅下垂，肛门周围被粪污染，腿及胸肌萎缩，严重者腿麻痹卧地不起，有的颈部肌肉弛缓，头抬不起来，个别鸡皮下组织发生水肿，腹部皮下蓄积大量液体，穿刺可抽出淡绿蓝色黏性液体，病鸡站立时两腿叉开。

【病理变化】 心肌、胸肌、腿肌肌肉苍白，有灰白色条纹（彩图 41）；胰脏变小，有坚实感；肌胃变软，色淡；有的小肠黏膜轻度水肿，内有黏稠黄色污物；小脑软化肿胀，脑膜水肿，表面有出血点。

【治则】 补充硒和维生素 E。

【方药】 取亚硒酸钠水溶液（含亚硒酸钠 1mg/L），饮服；不能饮水者取 2～3mL 作嗉囊注射，连用 2d，隔 3d 再注射 1 次；同时取含维生素 E 10mg/kg 饲料，任鸡自由采食；少数废食者人工喂服，连用 2d 后剂量减半，再喂 1～2d。

【防制】 加强饲养管理，在饲料中补充足够的硒和维生素 E。

【典型医案】 1984 年 6 月初，陕县食品公司养鸡厂的 1600 只 40 日龄星布罗雏鸡，突然出现水肿、麻痹、歪头等症状邀诊。主诉：7～8 日，患病雏鸡食欲减退，精神不振，羽毛蓬松，用抗生素、呋喃类等药物治疗无效。11～12日，患病雏鸡已达720只，占全群鸡的45%，死亡296只，占发病雏鸡的41%。虽经多方治疗，但效果仍不显著，病情日趋严重，很快波及整个鸡群。检查：初期，病雏鸡食欲减退，精神不振，活动减少，羽毛蓬松，生长停滞，腹泻，继而食欲废绝，歪头呆立，共济失调，胸、腹、背部皮下和关节出现不同程度的水肿，针刺流出黄绿色或黄色半透明液体，个别混有血液，病至后期如同企鹅，两肢麻痹，站立不稳甚至瘫痪卧地，最终衰竭死亡。剖检病死鸡可见胸肌苍白或呈乳白色，条纹状坏死；腹部皮下有大量草绿色半透明液体；肝脏表面弥漫性出血，胆囊稍肿大；心肌色淡；肺水肿；个别死雏鸡小脑表面有出血点。诊为雏鸡白肌病。治疗：取上方药，方法相同。用药2d，病鸡水肿减轻，开始活动，觅食饮水。至7月17日，病鸡水肿基本消失，皮肤出现皱褶，活动自如，饮食恢复。除少数弱雏鸡死亡外，其余鸡的病情均得到控制。（杨增昌等，T14，P36）

多发性神经炎

多发性神经炎是指鸡体由于缺乏维生素B_1，引起以多发性神经炎或外周神经麻痹为主要症状的一种代谢性疾病，又称维生素B_1缺乏症。

【病原】 多因天气寒冷，棚舍潮湿，饲料单一，缺乏青绿饲料，或饲粮中含有蕨类植物、球虫抑制剂氨丙啉，以及某些植物、真菌、细菌产生的拮抗物质，均可致使维生素B_1缺乏而发病。

【主证】 病鸡突然发病，出现观星姿势，头向背后极度弯曲，呈现角弓反张姿势，两肢麻痹，不能站立和行走，以跗关节和尾部着地，坐在地面或倒地侧卧，严重者衰竭死亡。成年鸡食欲减退，生长缓慢，羽毛松乱、无光泽，肢软无力，步态不稳；鸡冠常呈蓝紫色。随着神经症状逐渐明显，开始是趾屈肌麻痹，接着向上发展，肢、翅膀和颈部的伸肌明显出现麻痹。有些病鸡贫血、腹泻，体温下降至35.5℃，呼吸频率呈进行性降低。

【病理变化】 皮下呈广泛性水肿；肾上腺肥大，母鸡比公鸡更为明显；生殖器官萎缩，睾丸比卵巢的萎缩更明显；心脏轻度萎缩，心脏肥大，心房比心室较易受害；胃和肠壁萎缩，十二指肠肠腺扩张。

【治则】 祛风活血，舒筋活络。

【方药】 大活络丹（主要成分是牛黄、黄连、蜈蚣、人参、千年健、龟板、乳香、没药、乌蛇、丁香、血竭，具有行血祛风、消炎解毒、舒筋活络功效）。温开水冲调，灌服，1 次/d，1 粒/次，分成 4 小粒/粒，1 个疗程/7d，连用 2 个疗程。

【典型医案】 1990 年 1 月 3 日，黔西县城关镇周某的 1 只 8 月龄黑母鸡发病邀诊。检查：病鸡吃食减少，羽毛松乱无光，粪时干时稀，体重减轻，两肢站立不稳。病初，鸡趾屈肌先后出现麻痹，尔后向上蔓延至翅、颈的伸肌发生痉挛，头向背极度弯曲、摇摆，触摸关节和肢部肌肉有痛感，严重时两爪在地上乱蹬，颈弯曲并向一侧倾斜，不能伸直，呈阵发性痉挛。先用维生素 B_1、安乃近、异丙嗪注射液和多维钙片治疗 4d 无明显好转。治疗：取大活络丹，用法相同。第 1 个疗程后，鸡的病情大有好转，抽搐次数由病初的 7～8 次/d 减少至 2～3 次/d，食欲增加，颈能伸直，痉挛消失。10d 后，病鸡站立行走，羽毛光亮；14d 后完全恢复正常。（吴家骥等，T47，P46）

啄癖症

啄癖症是指鸡因日粮营养不均衡引起营养代谢紊乱的一种病症，又称异食癖。

【病因】 多因饲料营养成分不全，如饲料单一、氨基酸缺乏，或矿物质、维生素不足，钙、磷、锌、硒、铁等元素比例不当，粗细纤维缺乏以及长期使用抗球虫药物等；天气炎热，强光照射，鸡舍通风不良，有害气体浓度过高，饲养密度过大，饮水不足，或某些疾病（如体表寄生虫、白痢、脱肛等），或母鸡即将开产时血液中雌激素和孕酮水平增高，公鸡雄激素水平增高等均可引发或诱发本病。

【辨证施治】 临床上一般分为啄趾癖、啄羽癖和啄肛癖。

(1) 啄趾癖　多发生于雏鸡。病鸡相互啄食脚趾，出血后则啄食更为严重，被啄食的鸡跛行，严重者甚至脚趾发生感染，或脚趾被啄断而致残。

(2) 啄羽癖　啄羽（冠）癖多发生于雏鸡和蛋鸡的换羽期间。病鸡间相互攻击和啄食羽毛。

(3) 啄肛癖　成年笼养蛋鸡出现啄肛癖多发生于初产前后。被啄鸡肛门出血，被啄烂，肛门周围的羽毛粘满异物，严重者甚至连肠道也被拉出体外而导致死亡。

【治则】 平衡日粮，补充微量元素。

【方药】 1. 茯苓、防风、远志、郁金、酸枣仁、柏子仁、夜交藤各250g，党参、栀子、秦艽、黄芩各200g，黄柏、臭芜荑、炒神曲、炒麦芽各500g，麻黄、甘草各150g，石膏500g（另包）（为1000只成年鸡5d药量，雏鸡酌减），开水冲调，闷30min，下午1次拌料喂服，1次/d。同时用鱼肝油，效果更佳。（闫会，T135，P38）

2. 食盐、石膏各2g。共为细末，拌入100g饲料中（为1只鸡1d食量）喂服，连喂3d。共治疗1230例，均收到明显效果。

【防制】 啄肛癖预防。经常保持鸡舍及其周围环境安静，鸡舍内的光照应逐渐增加，光照强度的改变不宜过快，特别是在鸡群产蛋高峰期来临前光照强度不宜过大。饲料营养要全面，特别是日粮中的蛋白质和多种维生素要供给充足。鸡患泄殖腔炎、脱肛、寄生虫病和下痢等疾病应及时治疗。

啄趾癖、啄羽癖预防。在日粮中加入动物性蛋白质饲料（如血粉、鱼粉、蚕蛹粉等），或加入合成蛋氨酸、赖氨酸；在饮水中添加少量食盐；将育雏室内的光照减弱；全群鸡喂饮口服补液盐；消除各种应激因素，降低鸡群的饲养密度，改善饲舍内的通风条件，降低鸡舍内的温度、湿度，增加食槽和饮水器的数量，防止鸡群采食和饮水时发生拥挤。

【典型医案】 1990年3月13日，夏县禹王乡禹王城村董某的鸡发生啄肛、啄羽，3d内7只鸡被啄死。治疗：取方药2，用法相同。治疗2d，病鸡啄肛、啄羽基本停止，第3天又喂服1次，痊愈。（董满忠等，T51，P37）

一氧化碳中毒

一氧化碳中毒是指鸡舍内的炉煤不完全燃烧产生的一氧化碳，经鸡呼吸道吸入引起中毒的一种病症。

【病因】 冬季鸡舍用火炉烧煤取暖，因管理不当极易使煤不完全燃烧，鸡吸入一氧化碳导致中毒。

【主证】 病鸡昏迷呆立，呼吸困难，运动失调，肛门松弛，侧躺头向后仰，抽搐，死亡；中毒轻者羽毛散乱，食欲废绝，腹泻等。

【病理变化】 血管和内脏的血液呈樱桃红色，脏器表面有小出血点；口腔黏膜充血、呈红紫色，喉头充满黏液；肺脏出血、瘀血，呈红紫色。

【治则】 通风换气，对症治疗。

【防制】 采用火道或火墙取暖，最好把煤炉放到舍外；要有排烟通道，煤炉、烟囱、火道或火墙要经常检查，不能漏烟、倒烟或堵塞；烟囱的室外出口一定要朝上，防止刮顶风时烟呛入室内；鸡舍上部要设置合适的通风口，防止鸡舍煤气积聚。

【典型医案】 1989年10月中旬，上海市新海肉鸡场某分场购进8720只AA肉鸡苗，保温育雏至16日龄时因感到雏鸡养殖密度过大，将4000多只鸡提早分棚，在新鸡舍内每间用两只朝天煤炉取暖保温。第2天7时许，发现死亡35只，另有100余只雏鸡卧倒或精神沉郁，且煤炉尚有余热，煤气味极大，室内门窗关闭，通风不良，导致雏鸡呆立，共济失调、呈昏迷状，有的呼吸困难，痉挛、惊厥而死亡。剖检病死鸡可见心、肺、肝脏均呈樱桃色、充血，个别鸡盲肠出血。诊为一氧化碳中毒。防治：白天打开全部门窗，至下午3～4时关闭，留足通风换气孔，晚间停用煤炉。其他饲养管理按常规要求进行。除几只体弱雏鸡死亡外，多数病雏鸡于2～3d后由沉郁昏迷全部苏醒、痊愈。（朱翟良，T51，P21）

黄曲霉毒素中毒

黄曲霉毒素中毒是指鸡误食黄曲霉毒素污染的饲料，引起以急性或慢性肝中毒、全身性出血、腹水、消化功能障碍和神经症状为特征的一种中毒性病症。

【病因】 因鸡误食被黄曲霉菌污染而发霉变质的饲料中毒。

【主证】 成年病鸡个别轻度者瘫痪，气喘，排绿色水样粪。急性者无明显症状即死亡。最急性者常突然跳跃几下即迅速死亡。中后期，病鸡眼睑肿胀，流泪，张口喘气，咳嗽，鸡冠髯发紫；部分病鸡一侧或全身瘫痪，公鸡尤为明显。个别病鸡角弓反张，两肢强直，向后伸展。

病雏鸡精神萎靡，食欲减退，羽毛蓬松散乱、无光泽，挤卧昏睡，异常鸣叫，在短时间内死亡。

【病理变化】 成年病鸡肺脏严重出血、水肿、表面呈紫红色；喉头出现不同程度的血肿；心冠脂肪、心内外膜有出血点；肝脾脏肿大、出血；肾脏肿大、出血；法氏囊出血；腺胃黏膜乳头有出血；十二指肠黏膜呈弥漫性出血。病雏鸡肝脏肿大、出血，表面有黄白色结节状坏死灶；胆囊肿大；心脏、肺脏和肠道变化不明显。

【治则】 解毒排毒。

【方药】 1. 维生素C 100mg/(只·d)，维生素K 400mg/(只·d)，喂服；黄芪2.5g/(只·d)，喂服，连用10d。在饲料中添加1%的奶粉。（姜开煌等，T83，P33）

2. 独活、当归、车前子、薏苡仁各100g，桑寄生160g，秦艽、防风、川芎、杜仲、芍药、防己各60g，细辛18g，牛膝、干地黄各50g，党参140g，苍术80g，莱菔子250g，甘草45g。水煎取汁，候温饮服或拌料喂服，连用2剂。

【防制】 饲料存放要通风干燥，防止雨淋受潮或黄曲霉毒素污染，应给予优质新鲜的饲料。

【典型医案】 1992年3月26日，如皋市车马湖乡范田村1组养鸡户高某购入的500只雏鸡发病邀诊。主诉：鸡群至8月15日产蛋3～5枚/d，近期出现零星死亡。现存栏420只，产蛋停止。检查：病鸡精神尚可，普遍排墨绿色稀粪，消瘦，肛门下羽毛被粪沾污。剖检2只病死鸡可见心肌脂肪变性，肝脏肿大，胆囊高度充盈，肾脏肿胀，呈深紫色。畜主告知，8月15日自配饲料500kg，玉米有“黑嘴儿”。查看尚存的玉米，30%发生霉变。诊为霉败饲料中毒。治疗：嘱畜主更换饲料，同时取方药2，用法相同。共治愈414例，治愈率为98.6%。（吴仕华，T80，P23）

感冒通中毒

感冒通是由双氯灭痛、人工牛黄、扑尔敏及其他药物配制而成。鸡对感冒通特别敏感，感冒后误用感冒通治疗而发生中毒（雏鸡口服微量即可中毒死亡）的一种病症。

【病因】 鸡感冒后误用或过量使用感冒通而发生中毒。

【主证】 病鸡精神不振，排石灰乳样白色稀粪，不爱活动，羽毛松乱，低头闭目，翅膀下垂，嗉囊充满食物、有坚实感，饮欲废绝，最后肌肉震颤、翅膀扇动、痉挛而死亡。

【病理变化】 全身皮肤发绀，嗉囊充满食物；整个腹腔干燥，腹壁紧贴脏器，腹膜表面和脏器浆膜之间及心包膜内有多量石膏样物沉着；心包内布满白漆状物质；肝脏肿大、外有白色物沉着；肾脏肿大，红白相间，外观呈槟榔花纹状；输尿管充满尿酸盐类白色物质；十二指肠黏膜有出血点和出血斑；气管黏膜出血，其中2只鸡气管内有大量黏液；胆囊充盈。

【实验室检查】 取病死鸡肝脏触片镜检，未发现致病菌。用病死鸡肝组织接种于普通肉汤，培养 24h，无细菌生长。

【方药】 病情较严重、嗉囊高度充盈者，用 1g/L 高锰酸钾溶液反复冲洗嗉囊，将未吸收的药物连同食物一同洗出，然后灌服 50g/L 的白糖水。症状较轻和治疗后病情好转者，用 1g/L 的高锰酸钾溶液和绿花水（绿豆 250g，金银花、甘草各 200g，水煎取汁，加白糖适量），交替饮服。

【典型医案】 1. 沈丘县某养鸡户的 98 只 8 日龄艾维茵肉鸡，生长良好。因鸡群中有数只鸡出现流鼻涕现象，畜主认为鸡群患感冒，自用感冒通治疗，取 6 片研细，拌入 2kg 饲料中喂服。2h 后，鸡群全部出现中毒症状，死亡 78 只。治疗：取上方药，用法相同，痊愈。

2. 沈丘县某养鸡户的 280 只（约 2.5kg/只） 5 月龄艾维茵父母代种鸡，其中 2 只鸡精神不振，流泪，鼻流少量黏液，有时排黄白色稀粪，疑为感冒，自用感冒通 120 片，安乃近 100 片，土霉素 270 片。共研细末，拌入 50kg 饲料中喂服。第 2 天发现鸡精神不振，吃食减少，嗉囊硬实，死亡 12 只，遂停止服药。改用食母生治疗无效，死亡只数增加。虽经抢救仍死亡 78 只。治疗：取上方药，用法相同，痊愈。（李仲武等，T94，P45）

第四节　其他疾病

甩鼻流泪综合征

甩鼻流泪综合征是指鸡受有害气体刺激，引起以咳嗽、甩鼻涕、流泪为特征的一种病症。3～4 月和 9～10 月多发。气候骤变时发病较多。

【流行病学】 鸡舍通风不良，鸡舍内氨气等有害气体增多，刺激鸡上呼吸道和眼结膜诱发本病。

【主证】 初期仅有数只鸡咳嗽、甩鼻涕、流泪；3～5d 遍及全

群鸡。患病鸡发出呼噜声，个别鸡眼肿胀，严重者失明，精神稍沉郁，采食量减少，饮水增多；产蛋率每天下降2%～4%，可高达20%～40%；蛋壳颜色变浅变薄，沙皮蛋、无壳蛋增多，破损率上升；粪稀，呈褐色、黄色、绿色。育成鸡发病后生长发育受阻，体重减轻，开产日龄推迟，死亡率为1%～5%。

【治则】 清热解表。

【方药】 麻黄150g，桂枝250g，大青叶、穿心莲各300g，防风、金银花、桔梗、白芍、柴胡、甘草各200g。粪稀者加白术、黄芩、苍术各200g；采食量减少、产蛋率下降者加党参、黄芪各200g，淫羊藿300g。混匀粉碎，过40目筛。育成鸡0.5～1.0 g/(只·d)，成年鸡1.0～2.0g/(只·d)，于上午、下午2次/d喂服，或100kg饲料中添加1kg药物，让鸡自由采食，连喂5～7d。

【典型医案】 1. 2001年3月6日，文登市葛家镇养鸡户连某的5000只60日龄育成鸡，于45日龄时接种传染性喉气管炎疫苗，第3天发现有10多只鸡甩鼻、咳嗽、流泪，未引起重视，第7天几乎全群鸡发病，同时呼吸出现喘鸣音，采食量减少，饮水量增多，精神不振，曾用氨苄青霉素、复方罗红霉素、恩诺沙星等抗菌消炎药治疗无效。经检查，诊为甩鼻流泪综合征。治疗：取上方药，每100kg饲料中添加1kg，喂服，连用5d。随后追访，痊愈。

2. 2001年4月16日，文登市泽头镇养鸡户王某的3000只300日龄商品蛋鸡，产蛋率93%左右，于4月6日发现8只鸡甩鼻、流泪、咳嗽。4d后鸡群中约有40%的鸡发病，有的病鸡一侧眼睑肿大，上、下眼睑被分泌物粘连，精神沉郁，采食量减少，饮水量增加，粪稀、呈绿色，产蛋率下降，第10天由93%下降到50%。蛋壳颜色变浅，无壳蛋、沙皮蛋增多，破损率上升。按鸡支原体病和大肠杆菌病用抗菌消炎药物治疗无效。诊为甩鼻流泪综合征。治疗：取上方药，加黄芪250g，白术、苍术各150g，党参、淫羊藿、黄芩各200g，用法相同，连用5d。随后追访，病鸡痊愈，产蛋率回升至89%。（王洪国等，T113，P38）

赤眼病

赤眼病是指鸡角膜、虹膜发红，引起羞明流泪的一种病症。多散在发生。

【病因】 病因尚不清楚。中兽医认为，眼为肝之窍。肝中有火眼不清，双眼流泪肝火盛，肝经热毒外传于眼而发目赤肿痛、睛生白膜。

【病理变化】 无明显的病理变化。有的病例仅见肝脏边缘呈微黄色，肠道有卡他性炎症。

【鉴别诊断】 本病与维生素A缺乏症不同。尽管维生素A缺乏也表现羞明流泪，眼分泌物呈干酪样，最后导致失明，但角膜、虹膜均无发红和炎性变化。剖检维生素A缺乏病死鸡可见口腔、咽、喉等黏膜上被有一层灰白色干酪样伪膜，而赤眼病没有。

【治则】 清肝明目。

【方药】 菊花、苍术、秦皮、鱼腥草各50g，桔梗20g，石决明、夜明砂、甘草、密蒙花各30g。共研细末，喂服，3g/(只·d)，连用5d。预防可加入饲料中自食。共治疗307例，治愈247例，治愈率为80.5%。(沈建业等，T64，P41)

热应激反应综合征

热应激反应综合征是指鸡受到热源刺激，出现以沉郁、昏迷、呼吸迫促、心力衰竭或休克死亡为特征的一种适应性反应综合征。多发生于春末、夏初或气候突然变热的季节。

【病因】 鸡群养殖密度过大，通风不良，鸡舍突然停电，排风通风停止或高温高湿季节多发生本病。

【主证】 初期，病鸡食欲废绝，饮水增多，呼吸急促，张口喘气，两翅外展，排水样稀粪，卧地不起。产蛋鸡生产性能下降，体重减轻，死亡率明显增加，蛋重下降，蛋壳变薄、变脆，表面粗糙，破蛋增加，常出现畸形蛋、软壳蛋，种蛋受精率下降，严重时停产。后期，病鸡精神沉郁，呼吸缓慢或呼吸困难、喘气。

【病理变化】 触摸刚死亡的鸡体手感发烫；颅骨有出血点；肺部严重瘀血；胸腔、心脏周围组织呈灰红色出血性浸润；腺胃黏膜自溶，胃壁变薄，可挤出灰红色糊状物，或胃穿孔。

【治则】 清热解暑，通风降温。

【方药】 1. 消暑散。香薷、藿香、车前、知母各15g，连翘、金银花、葛根、紫苏、沙参、芦根各20g，神曲、麦芽、山楂、生石膏各40g，竹茹、佩兰、陈皮、砂仁、黄连、大黄、黄芩各10g（为30只产蛋鸡药量）。水煎取汁，自由饮水，1d饮完。在饮服期间应停止供水。也可将本方药研成细末，按1.0%～1.5%加入饲料中喂服，可起到预防作用。

2. 牛黄解毒丸。10日龄以内的雏鸡6～8只/粒，10～20日龄者4～5只/粒；20日龄以上者酌情增量，2次/d，研碎拌料喂服，1个疗程/(2～4)d。

【防制】 鸡舍应建在地势高、干燥、便于通风的地方；夏季应启动排风换气扇或通风窗，加强舍内通风，促进鸡舍内的温度下降。在鸡舍屋檐边缘安置雨打，鸡舍四周栽树，可间接降低鸡舍内的温度。在鸡舍前安装2～3个水管，备足喷水枪，当鸡舍内的温度达到33℃以上且持续不降时，应对鸡舍屋顶及墙壁喷洒水，同时将冰块放置走廊降温。适当降低饲养密度，供给鸡群足够清洁饮水。在饲料中加入维生素C和0.5%的碳酸氢钠，在饮水中加入电解质、口服补液盐等，以增加采食量，增强机体抵抗力，缓解热应激造成的酸碱失衡。饲料中的日粮搭配应适当增加蛋白质和维生素含量，减少能量饲料，中午多给富含维生素的多汁饲料，做到早晚多喂，中午少喂多饮。

【典型医案】 1. 1996年7月26日，商洛市商州区李庙乡高桥村张某的840只鸡，先后有630只发病邀诊。主诉：鸡群从18日下午发病，连续3d采食量下降，产蛋量下降33%，粪稀，呼吸迫促，喘鸣，昏睡、呆立，曾用青霉素、磺胺类药、环丙沙星饮水治

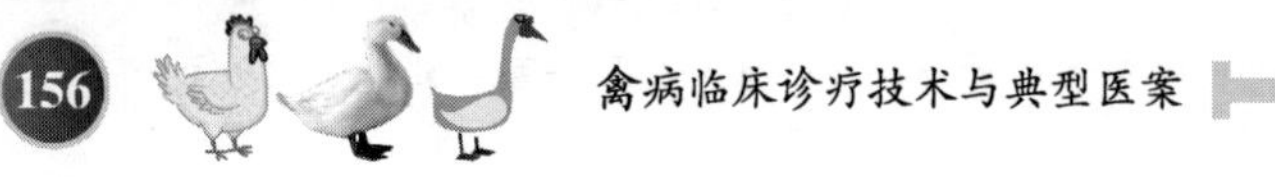

疗无效。检查：病鸡体况极差，饮水量增加，采食量急剧下降，体温 40.1～42.3℃，呼吸 47～64 次/min，呈脱水状态，排水样粪，昏睡，严重者食欲废绝，呼吸困难，有的呆立、侧卧，精神极度沉郁，产软壳蛋。治疗：消暑散(见方药 1)加大青叶、苏子、罂粟壳等，用法同方药 1，连用 2 剂，并配合维生素 C、补液盐、10%氯化钾 10mL，饮服，连用 3d。第 4 天，全群鸡病状消失，食欲增加，产蛋量明显上升，第 7 天产蛋量恢复到前期的 85%～90%。(张立民，T124，P24)

2. 1987 年 12 月，绍兴市越城区高陵乡直路村养鸡户张某购进的 500 只雏鸡，于 8 日龄时育雏室温度上升至 42℃，且长达 2h，待发觉后鸡群因受热普遍出现呼吸急促，精神倦怠，食欲下降。治疗：立即采取降温措施；同时用牛黄解毒丸进行治疗（见方药 2）。连用 2d，病鸡群康复，食欲转为正常。(孙巨辉，T40，P37)

痛　风

痛风是指鸡因尿酸代谢障碍，血液中尿酸浓度升高，尿酸排泄障碍，肾脏功能减退，引起尿酸沉积于内脏表面、关节及其他间质组织为特征的一种病症，又称尿毒症、尿酸盐中毒等。多发生于笼养鸡。

一、鸡痛风

【病因】 由于饲料中蛋白质含量过高或含嘌呤碱丰富的饲料（如肉粉、鱼粉、豆粕等高蛋白质饲料）所占比例较高，饲料中钙、磷过高或比例不当，维生素缺乏，或长期服用磺胺类、杆菌肽类药，或某些传染病（如法氏囊病等）引起肾功能损害，导致尿酸盐在体内沉积而发病。饲养密度大、运动不足、禽舍阴暗潮湿、饲料变质或盐分过高、缺水、育雏温度过高或过低等均可诱发本病。

【辨证施治】 临床上分为内脏型痛风和关节型痛风。

(1) 内脏型　病鸡精神不振，食欲减退，贫血，鸡冠苍白，羽毛蓬乱，心跳增速，粪稀薄、含大量白色尿酸盐、呈淀粉糊样；泄殖腔松弛，粪常常不能自主排出，污染泄殖腔下部的羽毛。

（2）关节型　病鸡爪趾挛缩屈曲，站立不稳，垂翅蹲伏，产蛋困难，不食或减食，鸡冠髯苍白，体温无明显变化，有的产软壳蛋；关节肿痛，先软后硬，以致形成结节，结节破溃露出尿酸盐结晶，局部形成出血性溃疡；运动迟缓，活动困难，后期双肢无力，不愿走动，个别鸡呼吸困难，甚至出现痉挛等神经症状，多衰竭死亡。

【病理变化】 内脏型可见肾脏肿大、颜色变浅，肾小管受阻使肾脏表面形成花纹；输尿管明显变粗，且粗细不匀、坚硬，管腔内充满石灰样沉积物；心脏、肝脏、脾脏和肠系膜及腹膜覆盖白色尿酸盐。关节型可见趾和腿部关节肿胀；关节软骨、关节周围组织、滑膜、腱鞘、韧带及骨髓等部位均可见白色尿酸盐沉着；肢部关节腔内、爪和翅膀关节内充满白色黏稠液体。

【治则】 清热导赤，排石通淋。

【方药】 1. 八正散。木通、车前子、栀子、甘草梢、鸡内金、萹蓄各100g，大黄、海金沙各150g，滑石、灯心草、山楂各200g。混合，共研细末，拌料喂服，1kg以下鸡1～1.5 g/(只·d)，1kg以上鸡1.5～2g/(只·d)，连用5d；或加水煎煮取汁，自由饮服，连用5d。

2. 降石汤。降香、甘草梢各3份，石韦、滑石、鱼脑石、海金沙、鸡内金、冬葵子、川牛膝各10份，金钱草30份。共为细末，拌入饲料中喂服，5g/(只·次)，2次/d，1个疗程/4d。西药取浓缩鱼肝油(含维生素A、维生素D)和维生素B_{12}，拌料喂服。(杨序贤等，T38，P32)

3. 萹蓄、瞿麦、鸡内金、金钱草、海金沙、石韦、木通各200g，车前子250g，栀子、甘草梢各180g，滑石、大黄、灯心草各100g（为1200只肉仔鸡药量）。水煎3次，取汁混合，分上午、下午饮用，1剂/d，连用3～5d。调整鸡群日粮配方，蛋白质含量降至20％，钙含量降至1％，100kg日粮中添加鱼肝油300mg，维

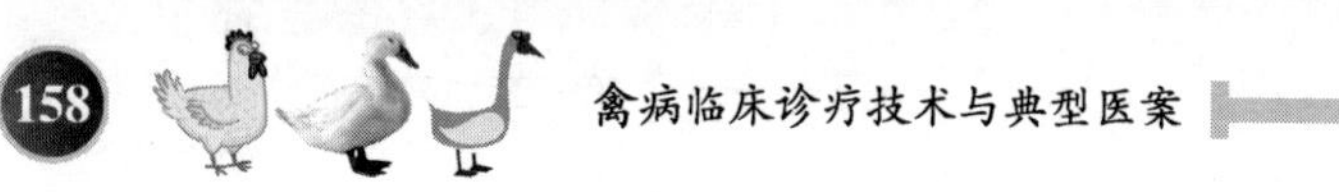

生素 C 50g 和适量的维生素 D、维生素 B_{12}，补充青绿饲料，连用 3～5d；喂料量比平时降低 20%；停用磺胺类药物和其他对肾脏有损害的药物。保证充足的饮水，并在 100kg 饮水中添加氯化钠 180g，氯化钾 80g，肾宝 200g，维生素 B_1 10g，葡萄糖 1000g，连用 5d。个别病重鸡可肌内注射维生素 B_1 注射液，2mg/kg。

【防制】 根据鸡不同日龄的营养需要，合理搭配日粮。在日粮中蛋白质（特别是核蛋白）和可溶性钙盐含量不宜太高，蛋白质含量应控制在 20%左右，可溶性钙盐为 1%左右，钙、磷比例要适当（仔鸡为 2.2∶1，青年鸡 2.5∶1，产蛋鸡 6.5∶1），切勿高钙低磷；补充适量维生素 A、维生素 D 和维生素 B_{12}，禁止喂给发霉、变质和冻结的饲料。合理使用磺胺类、氨基糖苷类等抗生素，最好采用间隔投药。鸡舍要通风良好，清洁干燥，经常消毒，严禁超剂量使用消毒液和杀虫剂；饲养密度要适中，使鸡群能得到充分运动，并能多接触阳光；给予充足的饮水。

【典型医案】 1. 1994 年 5 月，镇平县侯集镇某养鸡户的 300 只 2 月龄伊沙蛋鸡，有 120 只发生痛风病邀诊。检查：病鸡精神、食欲不振，消瘦，跛行，有的病鸡突然死亡。剖检病死鸡可见内脏有白色尿酸盐沉积。经查，鸡的饲料配方为玉米 50%、豆饼 25%、鱼粉 10%、酵母粉 5%、麸皮 8%、其他 2%。由此可知，是饲料中蛋白质含量过高所致痛风。治疗：取方药 1，用法相同。停喂原饲料。连续治疗 4d，病鸡痊愈，再未出现新的病例。（李新春，T78，P28）

2. 2006 年 5 月，邵武市某养鸡户购入的 1200 只肉仔鸡，于 10 日龄时开始排白色稀粪，畜主用磺胺药和氯霉素拌料治疗无效，于 18 日龄时死亡 45 只邀诊。检查：病鸡食欲减退或废绝，精神委顿，鸡冠苍白，羽毛蓬松，眼神呆滞，呼吸困难，站立不稳，关节肿大，跛行，严重消瘦，排大量白色石灰渣样粪、内含大量尿酸盐。剖检病死鸡可见内脏器官表面、肌肉表面、胸膜与肠系膜表面有微小的粉末状或疏松的白色尿酸盐沉淀；肾脏肿大，有的输尿管增粗，肾脏中的尿结石呈珊瑚状；关节周围及关节腔中有白色尿酸

盐沉积，关节周围的组织由于尿酸盐沉着呈白色，有些关节面发生糜烂和关节囊坏死。无菌取病鸡血、肝脏、脾脏等病料触片，革兰染色，镜检，结果为阴性。取病料进行琼脂和肉汤培养（37℃，24h），无细菌生长。琼脂双扩散试验进行传染性法氏囊病检测，结果未出现沉淀线。取病鸡内脏和关节上覆盖的灰白色沉淀物，置试管中加少量稀盐酸，振荡均匀，静置10min，用吸管吸取内容物置于载玻片上，显微镜下观察到针状尿酸盐结晶。经查鸡的饲料中蛋白质含量为35%，钙含量为2.8%。根据发病情况、临床症状、病理变化和实验室检验，诊为痛风病。治疗：取方药3，用法相同。治疗3d，病鸡精神逐渐恢复，采食趋于正常，再没有出现新病例。1周后鸡群完全康复。（杜劲松，T146，P60）

二、肉仔鸡痛风

【病因】 饲养管理不善，饮水、运动不足，或饲料配合不当，饲料中石粉含量、蛋白质含量过高，维生素A缺乏，长期或过量投服磺胺类药物等引发本病；鸡舍潮湿、通风不良可加剧本病的发生。

【主证】 病仔鸡精神不振，食欲减退或废绝，鸡冠苍白，突然发惊、鸣叫，腹泻，排大量白色石灰渣样粪，行走困难，或卧地不起，膝关节肿大。

【病理变化】 腹腔脏器被一层白色的纤维物（尿酸盐）覆盖；心脏包着很厚的一层沉淀物，心包液很少，心肌变性，质地柔软；肝脏稍肿大，被覆一层白色沉淀物；肾脏严重肿大，表面可见灰白色大小不等的尿酸盐沉着形成的结节，切开肾脏呈灰白色，肾盂及输尿管内有大量的尿酸盐；有的病鸡在胸腹膜、肺、脾、肠及肠系膜或胸骨内侧面上均散布有许多石灰样的白色物质；膝关节肿胀，趾关节轻度肿胀，切开关节面、关节软骨、滑膜，有白色细粉样尿酸盐沉积，并有少量的淡黄色液体渗出。

【治则】 利尿通淋。

【方药】 保证充足的饮水；在100kg饮水中添加氯化钠180g，

氯化钾 80g，肾宝 200g，维生素 B_1 10g，葡萄糖 1000g，饮服，连用 5d。病重鸡肌内注射维生素 B_1 注射液 2mg/kg。取萹蓄、瞿麦、鸡内金、金钱草、海金沙、石韦、木通各 200g，车前子 250g，栀子、甘草梢各 180g，滑石、大黄、灯心草各 100g（为 1200 只肉仔鸡药量）。水煎 3 次，取汁混合，分上午、下午饮服，1 剂/d，连用 3～5d。

【防制】 根据鸡不同日龄的营养需要，合理搭配日粮，日粮中蛋白质（特别是核蛋白）和可溶性钙盐含量不能太高，蛋白质含量应控制在 20％左右，可溶性钙盐为 1％左右，钙、磷比例要适当（仔鸡为 2.2∶1，青年鸡为 2.5∶1，产蛋鸡为 6.5∶1），切勿造成高钙低磷；适量补充维生素 A、维生素 D、维生素 B_{12}，禁止喂给发霉、变质和冻结的饲料；防止慢性铜、铅中毒。防止长期大量饲喂蛋白质和核蛋白饲料，特别是动物性蛋白质（如动物内脏、肉屑、鱼粉、豆饼等）。要供给含维生素 A、维生素 C 的饲料。防止饲料中含钙或镁过高。

不宜长期或过量服用磺胺类药物。预防和控制鸡传染性支气管病、法氏囊病、败血支原体及鸡产蛋下降综合征等传染病，以免继发或并发痛风病。鸡舍要通风良好，清洁干燥，经常消毒，严禁超剂量使用消毒液和杀虫剂，饲养密度要适中，饮水要充足，使鸡群能得到充分运动。

【典型医案】 2006 年 5 月，邵武市某养鸡户购入的 1200 只肉仔鸡，从 10 日龄开始排白色稀粪，户主按鸡白痢用磺胺药和氯霉素拌料治疗无效，18 日龄时已死亡 45 只。经了解，喂鸡的饲料中蛋白质含量为 35％，钙含量为 2.8％。检查：病鸡食欲减退至废绝，精神委顿，鸡冠苍白，羽毛蓬松，眼神呆滞，呼吸困难，站立不稳，关节肿大，跛行，严重消瘦，排大量白色石灰渣样粪，内含大量尿酸盐。剖检病死鸡可见内脏器官表面、肌肉表面、胸膜与肠系膜表面有微小的粉末状或疏松的白色尿酸盐沉淀；肾脏肿大，有的输尿管增粗，肾脏中的尿结石呈珊瑚状；关节周围及关节腔中有白色尿酸盐沉积，关节周围的组织由于尿酸盐沉着呈白色，有些关节面发生糜烂和关节囊坏死。无菌取病鸡血、肝、脾等病料触片，革兰染色，镜检为阴性。取病料进行琼脂和肉汤培养（37℃，24h），无细菌生长。采用琼脂双扩散试验对传染性法氏囊病病原进行检测，结果未出现沉淀线。取病鸡内脏和关节上覆盖的灰白色沉淀物，置试管中加少量稀盐酸振荡均匀，静置10min，用吸管吸取内容物置于载玻片上，显微镜下观察，有针状尿酸盐结晶。根据发病情况、临床症状、病理变化和实验室检验，诊为肉仔鸡痛风。治疗：取上方药，用法相同。同时调整鸡群日粮配方，蛋白质含量降至20%，钙含量降至1%；100kg日粮中添加鱼肝油300mg，维生素C 50g和适量的维生素D、维生素B_{12}，补充青绿饲料，连用3～5d；比平时降低20%的喂料量；停用磺胺类药物和其他对肾脏有损害作用的药物。加强卫生消毒，防止并发症或继发性疾病的发生。治疗3d，病鸡精神逐渐恢复，采食趋于正常，再没有出现新病例。1周后，鸡群完全康复。（杜劲松，T146，P60）

痹　证

痹证是指鸡受寒湿淫邪侵袭而引起的一种病症。

【病因】 多因鸡舍潮湿，饲养密度过大，通风不良，或遭雨淋，寒湿之邪乘机侵袭鸡体，流入经络而发病。

【主证】 病鸡精神不振，食欲减退，两翅下垂、如蝉翼状，粪稀薄，蛋鸡产蛋量下降。

【治则】 祛风湿，活气血。

【方药】 1. 独活寄生汤加减。独活、当归、党参、茯苓各40g，桑寄生60g，秦艽、芍药、杜仲、牛膝各30g，防风50g，细辛10g，川芎20g，干地黄45g，桂心、甘草各15g（为300只60日龄内雏鸡药量）。寒甚者加干姜；湿重者加苍术、防己、薏苡仁。水煎取汁，候温拌料喂服。成年鸡用倍量，体形大的鸡用量酌增。

2. 独活寄生汤加减。独活、苍术各120g，桑寄生、党参、穿心莲、鸡内金、莱菔子各140g，秦艽、防风、干地黄各115g，细辛10g，牛膝、芍药各100g，当归、薏苡仁各130g，杜仲110g，甘草40g。水煎取汁，候温饮服。本方药适用于寒痹。共治疗6473例，治愈6021例，治愈率为93%。

3. 独活寄生汤加减。独活、当归各140g，桑寄生、党参各160g，秦艽、防风、牛膝各70g，细辛27g，芍药60g，甘草45g，莱菔子300g。水煎取汁，候温饮服，连用2剂。本方药适用于湿痹。共治疗2288例，治愈2236例，治愈率97.7%。

4. 独活寄生汤加减。独活、防己、细辛、茯苓、苍术、莱菔子各40g，桑寄生、党参各60g，秦艽、防风、杜仲、乌梅各35g，芍药、牛膝各25g，当归、干姜各50g，甘草15g。水煎取汁，候温饮服或拌料喂服，连用2剂。本方药适用于久泻痹证。共治疗因接种鸡新城疫（Ⅰ系或Ⅱ系）疫苗发生反应导致久泻痹证1118例，治愈1090例，治愈率为97.5%。

【典型医案】 1. 1990年11月7日，如皋市郭元乡湾桥村养鸡户包某购进的300只伊萨雏鸡发病邀诊。主诉：鸡苗前6周生长正常，近十几天陆续死亡30只，鸡群采食量减半。检查：270只雏鸡圈养在不足3m^{2}的塑料矮棚内，拥挤不堪，80%以上的鸡羽毛淋湿，粪稀薄如水，30%的重症鸡两翅下垂、如蝉翼状。地面无垫料，十分潮湿。从通道虽可到室外塑料大棚内活动，但近几天连续阴雨，气温偏低，仅中午前后将鸡放出活动。初步诊为寒湿所致的痹证，且痹患已久，湿阻中满，肝肾两虚。治疗：独活寄生汤加减。独活45g，桑寄生60g，秦艽、防风、党参、茯苓、莱菔子、乌梅、当归各40g，杜仲30g，细辛10g。2剂，水煎取汁，待凉后拌入30%饲料中喂服，吃尽后再喂正常饲料。少数不食者逐只投服，2次/d，煎煮3次/剂，最后1次将药渣切碎，拌料喂服。嘱畜主扩大圈养面积，垫上干沙土。服药后2d，病鸡群病情好转，采食量增加，第5天鸡群恢复正常，仅死亡3只。

2. 1992年1月11日，如皋市湾桥村养鸡户郭某的850只282日龄的海赛克斯产蛋鸡发病邀诊。主诉：鸡泻白色稀粪，近十多天产蛋率由85%降至50%。检查：30%病鸡肛门下方羽毛渍湿，粘有白色、灰绿色粪。鸡舍保温条件较差，半月前下雪后鸡舍内的水槽结冰。剖检2只病死鸡可见肝脏肿大、质脆、表面有纤维素性粘连；输卵管肿大；泄殖腔内充满白色稀粪。诊为寒痹继发白痢。治疗：嘱畜主将250只重症鸡挑出喂服中药：独活240g，桑寄生300g，秦艽、防风各200g，细辛60g，川芎、茯苓各180g，杜仲220g，党参250g，甘草100g。2剂，用法同典型医案1，其余鸡投服近几月内未曾用过的土霉素，0.25g/(只・次)，首次0.5g，3次/d，连用3d。16日复诊，服中药的重症鸡已全部治愈，腹泻停止，食欲正常；服土霉素的轻症鸡效果不明显，部分鸡腹泻加重，死亡2只。用独活寄生汤2剂治疗其余591例，死亡3例，存活588例，治愈率为99.5%。半月后，患病鸡产蛋率逐渐回升至65%。(吴仕华，T57，P22)

3. 1992年10月3日，如皋市郭元乡湾桥村1组养鸡户郭某购进的1000只海赛克斯雏鸡发病邀诊。主诉：鸡发病前因煤炉停火半天，棚内温度低于20℃。近期鸡普遍发生腹泻，死亡30只，曾用土霉素、氯霉素等药物治疗，效果不显著。检查：约半数鸡嗉囊无积食，约1/3的鸡肛门下羽毛被粪沾污。治疗：取方药2，用法相同，连用2剂。共治愈964例，治愈率为99.4%。

4. 1992年10月5日，如皋市郭元乡周窑村3组周某的鸡群发病邀诊。主诉：3月26日购入400只雏鸡，至9月中旬存栏300只，产蛋率为30%，9月21日鸡群突遭雨淋，食欲减退，部分鸡停食，停止产蛋。检查：病鸡精神委顿，头颈缩于翅下，排绿色稀粪。诊为湿痹。治疗：取方药3，用法相同，连用2剂。用药后2周，鸡的产蛋率逐渐回升正常。共治愈298例，治愈率为99.3%。

5. 1992年10月3日，如皋市郭元乡湾桥村11组郭某购进的300只雏鸡发病邀诊。主诉：于15日接种鸡新城疫Ⅱ系疫苗后死亡2～3只/d。检查：275只鸡中约有1/3嗉囊食团不充盈；1/3鸡食滞，嗉囊积食；1/4鸡两翅呈蝉翼状，部分鸡头颈歪斜，观其鸡舍保温条件较差。剖检1只濒死鸡可见肝、肾肿胀，未见腺胃乳头出血点。诊为疫苗反应所致寒痹。治疗：取方药4，用法相同，连

用2剂。共治愈273例，治愈率为99.3%。（吴仕华，T80，P23）

瘫痪

本病指母鸡瘫痪，是由多种病因作用母鸡引起以腿软无力、瘫痪为主要特征的一种病症。多发生于初产母鸡。

【病因】 在夏天暑热季节，由于气候炎热，通风不良，鸡失于饮水，暑热郁于肌表不得外泄，热邪炽盛，侵犯心经，心肺受暑邪侵袭，热积胸中，耗伤气阴，气血瘀滞引起瘫痪。饲料单纯或搭配不当，营养不良，或久病导致肾阳虚弱，肾精不足，致使筋骨失养，痿软无力；阳衰则经气闭，精少则骨不充，经脉不通则疼痛，骨枯髓少则骨痿而出现瘫痪。鸡舍通风不良、潮湿闷热等可诱发本病。

【辨证施治】 临床上分为暑热型瘫痪和肾虚型瘫痪。

（1）暑热型　病鸡猝然发病，气粗喘促，双腿软弱无力，肢体疼痛，常卧不起，瘫痪，体温较正常高1～3℃。

（2）肾虚型　病鸡双腿软弱无力，重者不能站立，瘫痪伏地，体温正常。部分病鸡全身肌肉松弛，瘫痪卧地。少数病鸡胸部伏地，尾部朝上，一触即倒。将病鸡置于室外，阳气复生，气血通，部分病鸡不经任何治疗症状逐渐减轻，经数小时后即能自行起立行走。死亡的鸡绝大多数在产道口处有一枚未产下的硬壳蛋。

【治则】 暑热型瘫痪宜清热解暑，凉血开窍；肾虚型瘫痪宜补肾健脾，养血生津。

【方药】 1. 香薷散加减。香薷、黄芩、黄连、甘草、柴胡、当归、连翘、天花粉、栀子。耗伤津液及元气者加党参、麦冬、五味子。诸药等量混匀，粉碎，1g/只。将药用纱布包好煎煮，加水煮沸10min，浸出药液，加水再煎煮1次，混合药液，候凉，以蜂蜜为引，供鸡饮用，连用3～5d。病情严重者，取1%柠檬酸钾、1%维生素C、1%柠檬酸钠、5%碳酸氢钠、1%氯化钠、1%磷酸钠、1%水杨酸钠、1%硫酸镁、1%乳酸钙、1%葡萄糖酸钙、50%

葡萄糖、28%砂糖或粗糖。混合，按每升水加入 1g 或按每吨饲料添加 2～4kg，饮服或拌料喂服。本方药适用于暑热型瘫痪。

2. 六味地黄汤加减。熟地、山药、茯苓、丹皮、泽泻、山茱萸。瘫痪、骨骼变形者加牡蛎、龙骨、党参、黄芪，去丹皮、泽泻；鸡冠、爪冷者加桂枝、黄芪、附子。诸药等量混匀，粉碎，1g/只。将药用纱布包好煎煮，加水煮沸 10min，浸出药液，加水再煎煮 1 次，混合药液，候凉，以蜂蜜为引，供鸡饮用。本方药适用于肾虚型瘫痪。

【防制】 按照产蛋母鸡营养标准正确配制日粮，保证日粮钙磷和其他矿物质、维生素等营养的需要与平衡；控制产蛋高峰期到达的时间，使产蛋率的增长对钙的需求量与髓质骨的发育相适应。产蛋前 2～3 周，蛋鸡日粮中的钙量均应提高至 2%或 2%以上，有助于髓骨的形成，达到贮钙的目的。20～40 周龄产蛋鸡日粮中的钙不能低于 3.6g/d；40 周龄后所需要的钙量不能低于 4g/(只·d)。保持适宜的环境温度，供给清洁的饮水，在炎热夏季要增加夜间饮水。

【典型医案】 1. 2005 年 7 月 2 日，阳谷县七级镇西金村某养鸡户的 1500 只 140 日龄海兰褐父母代蛋鸡发病邀诊。主诉：该鸡群发病已 2d，每天有 20 余只鸡出现麻痹、瘫痪症状，死亡 5～6 只；白天无任何异常变化，在凌晨 4 时左右经常出现鸡群高声尖叫，全群骚动，开灯检查，整个鸡群张口喘息，关灯后再次发作。检查：剖检病死鸡可见气管、支气管黏膜充血、出血，有大量黏液；肺充血、出血，胸壁和肺表面流出少量淡红色血样液体；肝脏表面有圆形下凹的黑色出血斑点；腺胃柔软变薄，仅能见到乳头痕迹，腺胃壁常有一纵行出血带，个别鸡腺胃穿孔。根据临床症状和病理变化，诊为暑热型瘫痪。治疗：取方药 1，用法相同，并配合补充电解质与维生素，1 剂/d，连用 4d，痊愈。

2. 2005 年 3 月 25 日，阳谷县西湖乡翟庄村某养鸡户的 1000 只 220 日龄的海兰褐商品代蛋鸡发病邀诊。主诉：该鸡群在 15d 前发生新城疫，死亡 56 只，经采取综合防治措施，鸡群恢复正常，

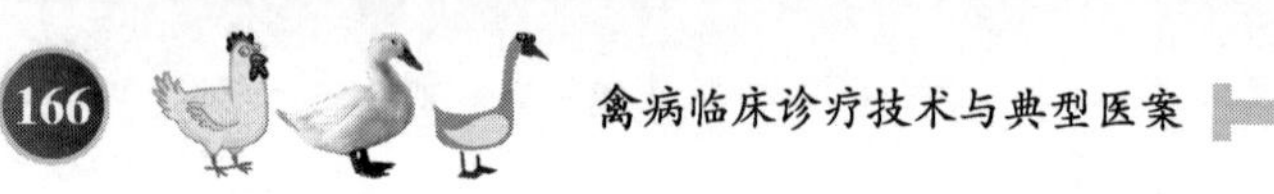

但近日陆续出现惊群尖叫，瘫痪，软壳蛋、沙壳蛋增多，产蛋率下降12%。检查：病鸡体质普遍较差，零星出现瘫痪，将瘫痪鸡移至室外症状逐渐减轻，剖检病鸡可见腿部关节肿大，胸骨弯曲变形，其他正常。根据临床症状和病理变化，诊为肾虚型瘫痪。治疗：取方药2，用法相同，并配合补充鱼肝油，1剂/d，连用5d，鸡群恢复正常。（穆春雷等，T136，P46）

产蛋率下降

产蛋率下降是指产蛋鸡在产蛋期间由于应激、肠道细菌感染、呼吸道疾病继发，或患非典型新城疫等疾病引起产蛋量下降的一种病症。

一、应激因素引起产蛋率下降

【流行病学】 本病与应激引起的卵泡发育迟缓有关。多发生在春季和秋季等气温冷热骤变或在注射疫苗、转群、突然更换饲料、长时间停水停电、饲养管理不善等应激情况下发生。

【主证】 发病鸡产蛋时间推迟且分散，产蛋率从90%以上下降至50%～70%，每天下降3%～10%，蛋壳质量正常，褐壳蛋有时出现蛋色变浅的现象，大小正常或略变小。剖检病鸡可见成熟卵泡减少，由原来的5～6个减少为2～4个，卵泡色泽变淡，无其他异常表现和近期患病史。

【方药】 活解益母散。黄芪、益母草各100g，当归、枳壳、白头翁、地榆、山楂各60g，川芎、栀子、甘草各45g，黄连30g。粉碎，过40目筛，每吨饲料添加10kg，喂服，连用7d。在饲料中增加多种维生素和微量元素。

【防制】 加强饲养管理，消除各种应激因素。

【典型医案】 2006年4月21日，安阳县北郭乡辛庄村养鸡户张某的1100只360日龄海兰褐商品蛋鸡，因转群引起产蛋率下降，由89%降至52%，发病20余天邀诊。检查：病鸡群精神、采食、粪等未见异常。剖检病鸡可见卵巢上仅有2个成熟卵泡，其他无变化。诊为应激引起的产蛋率下降。治疗：将活解益母散 10kg 拌入 1000kg 饲料中，喂服，连用 7d。用药 3d，鸡群产蛋量即开始回升，1 周后恢复至正常水平。（关现军，T148，P45）

二、肠道细菌感染引起产蛋率下降

【流行病学】 各种类型的肠炎均可导致营养物质吸收障碍，引起产蛋率下降；细菌和霉菌还可以直接侵害生殖器官引起产蛋率下降。肠道寄生虫（主要是蛔虫、绦虫）感染也常引起肠道发炎。料槽、水槽长时间不清洗消毒以及饲料发酸发霉，导致各种细菌、霉菌滋生（以大肠杆菌、沙门菌、坏死杆菌、厌氧菌感染多见）。鸡舍低矮、高温，通风换气不良，致使鸡饮水增多而引发腹泻。多发生在炎热、潮湿的夏季。

【主证】 鸡群产蛋率下降，由 90％以上缓慢下降至 60％～80％，同时沙皮蛋、畸形蛋、破壳蛋增多，病鸡精神沉郁，采食量下降，排黄色稀粪或灰色糊状粪，部分鸡鸡冠皱缩，死亡率升高。

【病理变化】 肠壁变薄，肠腔内有脓性、黏液性或水样内容物，气味酸臭或腥臭，有时可见肠管臌气；卵巢表面成熟卵泡数量少，卵泡充血、出血，卵泡破裂后卵泡膜充血、出血，输卵管黏膜发生卡他性炎症。

【方药】 活解益母散。黄芪、益母草各 100g，当归、枳壳、白头翁、地榆、山楂各 60g，川芎、栀子、甘草各 45g，黄连 30g。粉碎，过 40 目筛，每吨饲料添加 10kg，喂服，连用 7d。西药用阿米卡星、阿莫西林、舒巴坦钠、氟苯尼考，饮水或拌料饲喂。厌氧菌感染可同时用甲硝唑或替硝唑，拌料喂服。控制肠道感染，恢复产蛋性能。

【典型医案】 2006 年 7 月 10 日，安阳县永和乡小寒村养鸡户梁某的 1000 只 246 日龄海兰褐商品蛋鸡发病邀诊。检查：鸡群产蛋率严重下降，由发病前的 92％下降至 64％，沙皮蛋、畸形蛋增多，采食量下降，粪稀薄，鸡舍有异常臭味，病鸡零星死亡。剖检病死鸡可见肠壁变薄，内有灰白色、脓性液体，气味酸臭；卵巢成熟卵泡仅有2～3个，且卵泡表面充血，输卵管黏膜潮红、肿胀；肝脏肿大变性。诊为肠道感染引起的产蛋率下降。治疗：阿米卡星，每克对水10kg，饮服；替硝唑，按1g拌料5kg，喂服，连用5d；同时，每吨饲料拌入活解益母散10kg，喂服，连用7d。治疗3d，鸡群粪好转，死亡停止，7d后产蛋率恢复到79%，最后高达近90%。（关现军，T148，P45）

三、呼吸道疾病继发产蛋率下降

【病因】 多由呼吸道传染病引起。温和性禽流感、新城疫、传染性支气管炎、慢性呼吸道疾病以及与大肠杆菌混合感染等引起胸腹气囊、腹膜及输卵管伞、输卵管炎症，使这些膜状结构因纤维素渗出而增厚、变形或堵塞管腔，炎症也可以波及卵巢引起卵巢发炎，从而导致排卵障碍，引起内分泌紊乱，导致卵泡发育受阻，卵泡萎缩、退化。

【主证】 产蛋高峰期，蛋鸡发生急性、慢性呼吸道疾病的同时或之后出现产蛋率下降，轻者下降至70%～80%，重者下降至40%～50%，长时间不回升，出现白壳蛋、雀斑蛋、沙皮蛋、无壳蛋、畸形蛋、肉包蛋以及稀清蛋、血斑蛋等蛋壳、蛋形和内在质量的变化。鸡群整体精神状态良好，采食量稍有下降，但营养状况和体重较正常高，越是产蛋少的鸡，其被毛越光亮。

【病理变化】 胸部、气囊和输卵管有明显的结构性病变，混浊、变厚、纤维素样或干酪样渗出物及输卵管伞变性、坏死，卵泡萎缩、退化，成熟卵泡少且色泽较淡，有的成熟卵泡较正常多，其表面明显充血、出血，有时在腹腔内可见到游离的或被渗出物包裹的完整卵泡，多由输卵管病变抑制所致。

【方药】 产蛋率下降的鸡群，用活解益母散：黄芪、益母草各100g，当归、枳壳、白头翁、地榆、山楂各60g，川芎、栀子、甘草各45g，黄连30g。粉碎，过40目筛，每吨饲料添加10kg，喂服，连用7～10d。

【防制】 加强蛋鸡开产前禽流感、新城疫、传染性支气管炎、传染性喉气管炎等的免疫接种，选择优质疫苗并加大用量，搞好产蛋高峰期蛋鸡的饲养管理和环境卫生，特别是空气质量和环境温度适宜与稳定。对出现呼吸道症状的鸡群，选用强力霉素、喹诺酮类、泰乐菌素、氟苯尼考等；呼吸道症状消失后再投服对大肠杆菌敏感的药物，防止继发感染。

【典型医案】 2006年3月12日，汤阴县韩庄乡庵上村袁某的2000只260日龄商品代海兰褐壳蛋鸡，于1个月前发生呼吸道疾病，产蛋率由发病前的91%下降至62%邀诊。检查：病鸡产白壳蛋、软壳蛋增多，精神、采食、粪等基本正常。剖检病鸡可见腹气囊及输卵管伞部有灰白色块状或小球状的纤维素样渗出物，卵泡表面充血，输卵管萎缩变细，内有少量干酪样渗出物。诊为呼吸道疾病继发生殖器官损伤引起的产蛋率下降。治疗：取活解益母散，10kg拌料1吨，饲喂，连用10d。治疗后，鸡产蛋率恢复至75%。对一些不产蛋鸡剖检发现，卵巢上已有5～6个成熟卵泡，但表面充血，输卵管萎缩，说明活解益母散能促进卵泡发育。（关现军，T148，P45）

四、非典型新城疫引起产蛋率下降

【流行病学】 引起非典型新城疫的主要原因是免疫失败，如用油乳剂免疫的同时不用冻干苗，饮水免疫时上层和下层的鸡用量不均等，免疫程序不合理，免疫时间间隔过短或过长，造成机体水平低下。另外，消毒措施不力或长时间不消毒，造成环境污染，也易引起强毒感染。各种年龄的鸡均可发生，主要发生在已进行过新城疫疫苗接种的鸡群。

【主证】 鸡群连续少量死亡，部分鸡排绿色稀粪或有呼吸道症状；一般突然发病，产蛋率缓慢下降5%～30%，软壳蛋、畸形蛋、白壳蛋增多。

【病理变化】 小肠有弥漫性出血和淋巴滤泡肿大；喉头和气管充血、潮红；卵泡充血，输卵管有轻度炎症。

【方药】 新城疫Ⅳ系、克隆30，点眼或饮服。点眼时用2倍

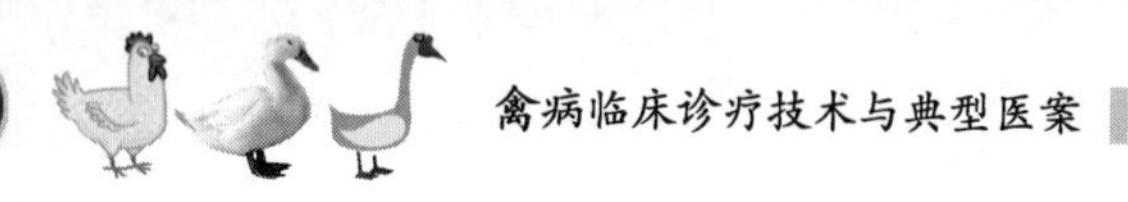

量；饮服时用4～5倍量，或同时用新城疫灭活油乳剂苗0.5mL/只，肌内注射。如果免疫后发现抗体滴度参差不齐，应再接种1次。中药用活解益母散：黄芪、益母草各100g，当归、枳壳、白头翁、地榆、山楂各60g，川芎、栀子、甘草各45g，黄连30g。粉碎，过40目筛，按1%拌料，喂服。

【典型医案】 2006年9月17日，安阳县郭村乡梨园村陈某的1400只320日龄高兰褐壳蛋鸡发病邀诊。检查：鸡群死亡鸡数量比正常增多，产蛋率逐渐下降，已由87%下降至74%，蛋壳颜色变淡，排绿色稀粪。剖检病死鸡可见腺胃乳头及其周围有轻度出血；十二指肠黏膜出血；ND-HI抗体检测结果普遍偏低且不整齐。诊为非典型新城疫引起产蛋率下降。治疗：取新城疫Ⅳ系疫苗，4倍剂量饮水1次，同时用活解益母散，按1%拌料，喂服，连用7d。4d后，鸡群产蛋率开始回升，10d后恢复到正常水平。（关现军，T148，P45）

临床医案集锦

【肺痈】 广昌县临镇养鸡户李某的2000只40日龄青岚麻鸡发病邀诊。检查：病鸡咳嗽，气喘。剖检病鸡可见肺脏化脓性肿胀。诊为肺痈。治疗：芦根120g，薏苡仁60g，玉米1000g，桃仁、紫花地丁、栀子各600g，蒲公英、金银花各1200g，连翘、黄连各900g，甘草300g。水煎取汁，候温饮服，1次/d，连用3d，同时辅以维他力饮水，5d后痊愈。（李敬云，T126，P41）

【病毒性肺炎】 广昌县头陂镇杨某的1000只60日龄三黄鸡，因流鼻涕、打喷嚏，肺部有呼吸音，用泰乐菌素、罗红霉素治疗无效邀诊。检查：病鸡眼内充满泡沫状水样物，有部分鸡双侧或单侧鼻窦肿胀，有少部分鸡呼吸发出咔咔声及水泡音。根据临床症状和病理变化，诊为病毒性肺炎。治疗：取病毒唑、环丙沙星、地塞米松，混合，饮服；同时取芦根60g，薏苡仁、桃仁、冬瓜仁各30g。碾碎，水煎取汁，候温，供鸡1d饮用；药渣拌料，连用3d，痊

愈。(李敬云，T126，P41)

【沙门菌与曲霉菌混合感染】 2009年10月下旬，固始县养鸡户李某购进的5000只肉雏鸡，于5日龄时开始排灰白色粪，随后出现呼吸道症状。畜主在鸡群发病后用头孢类药物、强力霉素治疗3d无效，且发病鸡增多并有死亡邀诊。检查：病鸡精神沉郁，食欲减退或废绝，拥挤扎堆，嗜睡，缩颈，饮欲增加，口腔、鼻腔有黏液性分泌物，排白色粪，肛门周围被粪污染，呼吸急促，张口气喘，部分病鸡站立不稳或不愿走动，行走蹒跚、摇头，侧身倒地或仰天而卧，两爪乱蹬，最后抽搐死亡。剖检病死鸡可见肝脏肿大、边缘变钝、充血、出血，色泽红黄不均，呈条纹状，表面有灰白色的针尖状坏死点；胆囊肿大，胆汁充盈；肺脏瘀血，可见米粒至绿豆大小的黄白色霉菌结节，个别结节黑心；气囊明显增厚、混浊，囊壁上有米粒大小的黄白色霉菌结节，呈圆形，质地坚硬，隆起如盘状或纽扣状，切开后内部呈均质干酪样，有的呈同心圆状；心包膜增厚，表面被覆一层黄白色纤维素性渗出物与胸壁粘连；肾脏肿大，呈黄白色；肠道黏膜充血、出血。取病死雏鸡的肝脏、心脏病料，分别接种于普通琼脂培养基和麦康凯琼脂培养基，37℃培养24h。普通琼脂培基上长出细小、钝圆、光滑、湿润无色、半透明、边缘整齐的菌落；麦康凯琼脂培养基上长出针尖大圆点、透明的菌落。取2～3个菌落接种于三糖铁培养基，37℃培养24h后，斜面呈红色，底部呈黄色，穿刺线慢慢变黑，有硫化氢气体产生。无菌取肺脏、气囊结节，剪碎置于载玻片上，加10%氢氧化钾溶液1～2滴，盖上盖玻片，用酒精灯微微加热至透明，镜检，可见菌丝和分生孢子。无菌取肺脏、气囊结节，接种于葡萄糖琼脂培养基上，经37℃培养24h后可见白色绒毛状的菌落，随着时间的增长转为暗绿色，反面无色。根据临床症状、病理变化和实验室检验，诊为沙门菌与曲霉菌混合感染。治疗：取制霉菌素400万单位，研细，均匀拌入1000g饲料中，喂服，连喂7d；同时，取二氧沙星、速补、维生素K，饮服，上午、下午各1次，连用4d。全群鸡用制霉菌素拌料，每千克饲料用制霉菌素200万单位，喂

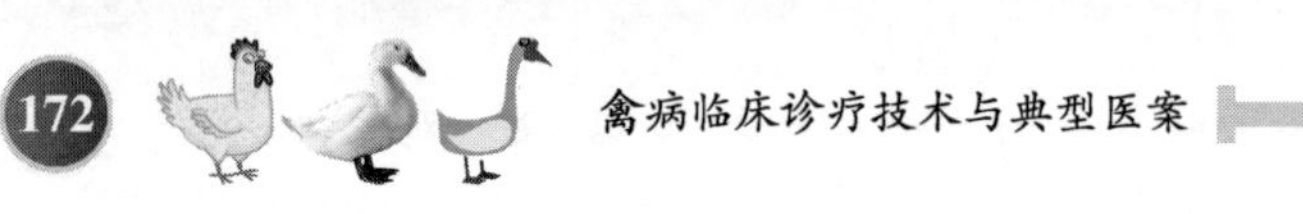

服，连用1周；同时饮服二氧沙星、速补、维生素K，上午、下午各1次，连用4d。服药4d，病鸡病情逐渐稳定好转，死亡率明显下降，7d后恢复正常。（吴海港等，T163，P61）

【鸡痘、支原体与大肠杆菌混合感染】 1. 2007年9月，临桂县某养鸡户的600只43日龄肉鸡发病邀诊。主诉：鸡群采食量下降，部分鸡精神不振，羽毛松乱，鸡冠、肉髯、眼睑、嘴角等处有小疱疹，流泪，张口呼吸，呼吸时伴有呼噜声，腹泻，粪呈白色。发病后他医按鸡痘治疗未能控制病情，3d死亡60余只。检查：病鸡精神沉郁，食欲不振，消瘦，闭目呆立，缩头缩颈，羽毛蓬松，翅膀下垂，拥挤扎堆，鸡冠、肉髯、眼睑、嘴角、爪等无毛处有数量不等如绿豆大小的丘疹，有的丘疹表面破溃，有的已结痂，呼吸道症状明显，单侧或双侧眼肿胀，严重者眼睑粘合，排黄白色稀粪，肛门下方羽毛污秽。病重鸡鸡冠、肉髯色白，咳嗽，气管有啰音，有吞咽动作，频频甩头，鼻腔和眶下窦中蓄积分泌物，致使眼睑封闭、突出，眼结膜混浊，有的失明(单侧性较多)，发病2～3d后死亡。剖检病死鸡可见颜面肿胀，同时积有脓液，眼角有脓性分泌物；鼻腔、喉头和气管有黏性分泌物，喉头和气管出血，有多量黏液；气囊壁增厚、混浊，有黄色纤维素样物质；肺脏瘀血，少数伴有卡他性肺炎，有的有灰黄色病灶；心包膜增厚，表面附着一层白色絮状物；心包内充满淡黄色渗出液；肝脏稍肿大，表面覆盖黄白色纤维素性渗出物；肠内容物稀薄，肠壁有不同程度出血；肾脏肿胀。采病鸡静脉血1滴，置于鸡支原体抗原中轻轻混匀后观察，结果为支原体抗体阳性。将病死鸡的肝脏、喉气管分泌物、心血涂片，革兰染色后镜检，可见革兰阴性、两端钝圆、散在、中等大小的杆菌。无菌采取病死鸡的心脏、肝脏组织，分别接种于普通琼脂培养基和麦康凯培养基，在37℃恒温箱中培养24h，可发现在普通琼脂培养基上有边缘整齐、隆起、灰白色、直径为1～3mm的圆形菌落，在麦康凯培养基上的菌落呈红色，表面光滑，稍隆起。根据发病情况、临床症状、病理变化及实验室检验，诊为鸡痘、支原体与大肠杆菌并发症。治疗：在日粮中按说明书添加畅力净（主要成分为白头翁、黄连、马齿苋、乌梅等），同时加入禽用多种维生素和禽用微量元素，全群喂服，连用3～5d。在饮水中按说明书添加呼迪(主要成分为硫氰酸红霉素、喘美莱斯、紫花杜鹃甲素、奈多罗米)，饮服，连用3～5d。隔离发病鸡，将鸡冠、肉髯、眼睑、嘴角、爪上丘疹和结痂剥离，伤口涂擦碘甘油，眼部肿胀者用2%硼酸冲洗。同时鸡粪堆积发酵，用百毒杀（浓度为1∶600）对场地、用具及环境进行消毒，1次/d，连续3d，病情得到控制。（唐樟辉，T151，P67）

2. 2007年9月中旬，滨海县界牌镇某养鸡户的600只43日龄肉鸡发病邀诊。主诉：鸡群采食量下降，精神不振，羽毛松乱，鸡冠、肉髯、眼睑、嘴角等处有小疱疹，流泪，张口呼吸，呼吸时伴有呼噜声，排黄白色稀粪。发病后当地兽医按鸡痘治疗未能控制病情，3d死亡60多只。检查：病鸡精神沉郁，食欲不振，消瘦，闭目呆立，缩头缩颈，羽毛蓬松，翅膀下垂，拥挤扎堆，鸡冠、肉髯、眼睑、嘴角、爪等无毛处有数量不等、绿豆大小的丘疹，有的丘疹表面破溃，有的已结痂，呼吸道症状明显，甩头，排黄白稀粪，肛门下方羽毛污秽。病重鸡鸡冠、肉髯颜色变白，咳嗽，有气管啰音，有吞咽动作，频频甩头，单侧或双侧眼肿胀，严重者眼睑粘合，鼻腔和眶下窦中蓄积分泌物，致使眼睑封闭、突出，眼结膜浑浊不清，有的失明（单侧眼较多），发病2～3d后死亡。剖检病死鸡可见颜面肿胀，积有脓液；眼角分泌脓性物；鼻腔、喉头和气管可见黏性分泌物，喉头和气管出血，有多量黏液；气囊壁增厚、混浊，有黄色纤维素物质；肺脏瘀血，少数有卡他性肺炎，有的有灰黄色病灶；心包膜增厚，表面附着一层白色絮状物，心包内充满淡黄色渗出液；肝脏稍肿大，表面覆盖黄白色纤维素性渗出物；肠内容物稀薄，肠壁有不同程度出血；肾脏肿胀，突出肾窝。取病鸡静脉血1滴，置于鸡支原体抗原中轻轻搅拌混匀观察，结果为支原体阳性。取病死鸡肝脏、喉气管分泌物、心血涂片，革兰染色，镜检，可见革兰阴性、两端钝圆、散在的、中等大小的杆菌。无菌采取病死鸡心脏、肝脏组织，分别接种于普通琼脂培养基和麦康凯培养基，37℃培养24h，普通琼脂培养基上有边缘整齐、隆起、灰白色、直径为1～3mm圆形菌落，麦康凯培养基上菌落呈红色、表面光滑、稍隆起。根据发病情况、临床症状、病理变化及实验室检验，诊为鸡痘、支原体与大肠杆菌混合感染。治疗：呼迪（主要成分为硫氰酸红霉素、喘美莱斯、紫花杜鹃甲素、奈多罗米等），按说明书添加于饮水中饮服，连用3～5d；畅力净（主要成分为白头翁、黄连、马齿苋、乌梅等），按说明书添加于日粮中，同时加入禽用多种维生素和禽用微量元素，全群鸡喂服，1次/d，连用3～5d。鸡冠、肉髯、眼睑、口角、爪有丘疹和结痂者，将痂皮剥离，伤口涂擦碘甘油；眼部肿胀者，用2%硼酸洗眼。经过3d治疗，鸡群病情得到控制。（程金玉，T153，P65）

【传染性鼻炎和支原体、非典型新城疫混合感染】 2011年10月20日，秦安县五营邵店养鸡场3批11000余只不同日龄、正值产蛋高峰期的蛋鸡发病邀诊。主诉：鸡群有个别鸡流泪，呼吸困难，单侧眼睛失明，2d后波及全群，采食量和产蛋率急剧下降，突然出现打呼噜和怪叫声，曾用土霉素、头孢噻呋钠、乳酸环丙沙星治疗3d病情不见好转。检查：病鸡甩头，结膜发炎，一侧眼眶周围组织肿胀，严重者失明，肉髯明显水肿，病重者呼吸困难，精神萎靡，呆立不食，全群鸡采食量、产蛋量下降，白壳蛋、软壳蛋增多，排黄白色及绿色稀粪。剖检病鸡可见鼻腔和鼻窦发生急性卡他性炎症，黏膜充血、肿胀，表面有大量黏液及炎性渗出物凝块，严重者气管黏膜有炎症，肺炎和气囊炎；眼结膜充血；面部和肉髯皮下水肿。病程较长者可见鼻窦、眶下窦和眼结膜囊内蓄积干酪样物质，严重者巩膜穿孔和眼球萎缩、破损，失明；卵黄性腹膜炎，卵泡变软或血肿。病程长者卵巢萎缩；气管环状出血；心脏脂肪有出血点；气囊膜增厚、浑浊；腺胃乳头水肿；十二指肠出血、坏死；胰腺有出血点；盲肠扁桃体肿大、坏死。根据流行病学、临床症状和病理变化，诊为传染性鼻炎和支原体、非典型新城疫混合感染。治疗：白芷、防风、益母草、乌梅、猪苓、诃子、泽泻各1.2kg，辛夷、桔梗、黄芩、半夏、生姜、葶苈子、甘草各90g

（为 1200 只鸡 3d 药量）。粉碎，过筛混匀，拌料喂服，连用 8d。病情严重、食欲较差者，紧急肌内注射复方红霉素 0.03g，配合干扰素，1 次/d，连用 3d。产蛋量下降明显、食欲较好的大群鸡，取复方新诺明（1.2‰拌料）和小苏打（5‰拌料），拌料喂服，同时用黄芪多糖 1.2kg，加水 2000kg，饮服，连用 5d；复合多维或维生素 C，连用 5～7d。病情严重、食欲较差者，紧急肌内注射复方红霉素 0.03g，配合干扰素，1 次/d，连用 3d。第 3 天，病鸡临床症状逐渐消失，采食量开始恢复；7d 后，病鸡产蛋率基本恢复到原来水平。（李永祥，ZJ2012，P73）

【肉鸡低血糖-尖峰死亡综合征】 2010 年 10 月 25 日，定陶县某养鸡户的 3000 只肉仔鸡突然采食、饮水量减少，零星出现精神不振，随后症状加重，于 13 日龄时开始发病，14～16 日龄达到死亡高峰，连续 3d 死亡率高达 4%～5%邀诊。检查：发育良好的鸡突然发病，精神不振，饮食欲减退，鸡冠、头部发绀，肢部干燥、脱水，羽毛松乱，早期下痢明显，多为橘红色或白色带血粪，部分鸡为白色米汤样稀粪，站立不稳，瘫痪，昏迷，蹲地尖叫，头颈震颤，共济失调。一般发病后当天死亡，有的延长到第 2 天死亡。剖检病死鸡可见十二指肠黏膜出血；小肠黏膜呈弥漫性出血；腺胃与肌胃交界处有一明显出血带或坏死带，个别呈现出血或溃疡；盲肠扁桃体肿胀、出血，有的盲肠黏膜出血、肿胀；直肠呈条纹状出血，泄殖腔有大量米汤状白色液体；肝脏稍肿大，弥散有针尖大白色坏死点；胰腺萎缩、苍白，有散在坏死点；法氏囊萎缩，有少量淡黄色黏液，出血，有的有坏死点；胸腺萎缩，有出血点；脾脏稍肿大；肾脏肿大，呈花斑状；输尿管有尿酸盐沉积。取病死鸡心脏、肝脏、脾脏血液分别涂片，革兰染色，镜检，未发现可疑细菌；血液涂片发现红细胞数目极少。将心脏、肝脏、脾脏血液分别接种于普通琼脂培养基和鲜血琼脂培养基，置 37℃培养 24h 未见细菌生长。取健康鸡及发病鸡各 12 只，心脏采血，送山东农业大学动物科学院测定血糖含量，健康鸡血糖含量为（184±9）mg/dL，发病鸡血糖含量为（111±8）mg/dL，病鸡血糖含量明显低于健康鸡。根据临床症状、病理变化及实验室检验，诊为肉鸡低血糖-尖峰死亡综合征。治疗：取5%葡萄糖溶液，于饮水中添加灌服；适当用黄芪多糖及抗生素，饮服，防止继发感染。加强通风，降低光照强度，减少光照时间，同时补充维生素和矿物质。采取上法治疗1d，大部分病鸡症状缓解，死亡率明显下降，3d后基本痊愈。（孙春玲，T169，P57）

【酸败西瓜皮中毒】 1998年6月30日，淅川县城郊周某将大量西瓜皮捡回切丝喂鸡。因天气炎热，瓜皮酸败发酵，喂鸡后引起189只105日龄罗曼蛋鸡中毒，死亡16只邀诊。检查：病鸡精神沉郁，食欲废绝，鸡冠髯暗淡，羽毛松乱，两翅下垂，闭目缩头，呆立或蹲于潮湿处，驱之懒动，泻白色稀粪，嗉囊积液，倒提按压嗉囊从口中流出黏液。重病鸡闭目卧地，呼吸喘粗，心跳加快，最后昏迷而死亡。剖检病死鸡可见嗉囊有多量透明积液，混有少许西瓜皮丝、气味酸臭；心包内有黄色积液；胃肠内容物较少，整个肠道充满气体，肠黏膜有脱落；肝脏、脾脏稍肿大、色暗、无光泽。治疗：冲洗食具，清扫场地，消毒。取巴豆仁，1.5粒/只，喂服，1次/d，连用2d。取车前子、龙胆草各50g，焦山楂200g，炒麦芽150g，茯苓、陈皮、甘草各100g。水煎取汁约1000mL，拌料喂服，1剂/d，连用4d。用药第2天，病鸡食量明显好转，4d后鸡群一切正常。共治疗176例，治愈165例，治愈率为93.8%。（刘家欣等，T81，P32）

【球虫病兼磺胺二甲嘧啶中毒】 1999年9月12日，镇平县枣元镇山北村石某的300只66日龄、体重0.6kg的青年鸡暴发球虫病（主要症状为血痢），发病率达20%，死亡8只。经县饲料厂技术员指导用磺胺二甲嘧啶饮水（0.2%）治疗。晚上畜主又擅自给鸡加服磺胺二甲嘧啶0.5g/只。第2天早晨，鸡群全部出现精神委顿、缩头呆立、少食或不食、下痢等症状。剖检病死鸡可见盲肠肿大、黏膜出血，肠内充满血粪。根据发病情况、临床症状及病理变化，诊为球虫病兼磺胺二甲嘧啶中毒。治疗：立即停饮磺胺二甲嘧啶水溶液，改饮5%多维葡萄糖溶液；每千克饲料中添加痢特灵

400mg，碳酸氢钠 40 片，喂服，连喂 6d；取白头翁 150g，黄连 30g，苦参 75g，车前子、甘草各 20g。加水 10L，煎煮取汁，供鸡饮服，1 剂/d，连用 4d；鸡舍、运动场彻底清扫，用 2%的火碱溶液消毒；隔离治疗球虫病鸡。19 日，患病鸡病情得到控制，患球虫病鸡仅死亡 22 只。(李新春等，T104，P15)

【呋喃西林中毒】 1964 年 5 月 21 日，鲁山县农业局从河南农学院引进 180 只 2 日龄来杭雏鸡，为了预防球虫病和鸡白痢，于 25 日上午 7 时将 12 片呋喃西林(含 50mg/片) 加入 300g 半熟的小米内喂鸡，2h 后雏鸡全部发生中毒邀诊。检查：病鸡精神不振，嗜睡，反应迟钝，动作缓慢，食欲废绝，继而出现高声鸣叫，伴有特殊的神经症状即跳跃运动，少数鸡尖叫一声突然跳跃尺许，倒地痉挛，角弓反张，全身抽搐约 5s，全身瘫软，双目闭合，抓起时头、颈、双翅及两肢自然下垂，状如死亡，经 3～5s 渐渐苏醒，神智恍惚，勉强能站立，间隔 4～5min 又出现上述症状，突然向前猛冲，直奔 2～3m 即倒地痉挛，或伏卧，头颈紧缩，双目直视，精神异常紧张，少许即恢复正常，约 10min 复现上述症状。旋转运动左右不定，旋转 1～3 圈/次不等，过后精神萎靡不振，但尚能自由活动；头颈高仰，尖叫不休，惊恐不安。治疗：先将雏鸡按症状轻重不同分别隔离在纸箱内，置于暗室，尽量使其安静，病雏灌服甘草流浸膏 3～4 滴/只。服药后 0.5h 全群鸡鸣叫停止。下午 3 时继续灌服 1 次，至晚上 7 时许，病鸡症状全部消失，精神活泼，出现食欲，无一死亡。(廉文俊，T63，P32)

【痢特灵中毒】 1990 年 7 月 15 日，鲁山县鲁阳镇 5 街李某的 20 只 250～300g 雏鸡，因发生白痢病，自用痢特灵 40 片，2 片/只，喂服，喂后不久即死亡 4 只。检查：病鸡两肢直伸，两翅扑击，头顶直伸或后仰，经短时间的抽搐、麻痹而死亡。治疗：甘草 30g，加水 250mL，煎煮至 100mL，3～4mL/只，灌服。治疗 3d，其余 14 只鸡全部治愈。(廉文俊，T63，P32)

【鸡宝 20 中毒】 1991 年 8 月 12 日，鲁山县让河乡袁碧村养鸡户李某购进的 300 只 2 日龄伊莎褐雏鸡，为了防制球虫病和白痢病，在50kg饲料内加入鸡宝20～30g（治疗量），连喂11d，相继发生中毒97只，死亡20只（其中喂至第9天死亡2只，第10天死亡5只，第11天死亡13只），且均为个大体壮、采食量多的雏鸡，于23日禽主带病雏和鸡宝20来院就诊。检查：病鸡精神沉郁，食欲不振，体温正常，继而出现神经症状；多数鸡头扭向右侧，少数扭向左侧，病情轻者尚有食欲，但啄食无定，且仅啄数次，头颈即扭向一侧；严重者头须一直扭向一侧挛缩，无法啄食；病雏鸡害怕惊吓，惊则病情加重，站立不稳，倒地痉挛，反复数次，一般1～2d死亡。剖检病死鸡可见嗉囊、腺胃及肠道空虚，肌胃内有少量未消化的食糜、气味酸臭；内脏各器官无肉眼可见病变。根据临床症状、病理变化及鸡宝20说明书（治疗量喂5d即应停止），诊为鸡宝20中毒。治疗：停喂鸡宝20饲料，灌服甘草浸膏3～4滴/只。治疗过程又死亡2只，其余75只鸡全部治愈，治愈率为97.4%。取甘草250g，水煎取汁，给全群雏鸡饮服，再未出现病鸡。（廉文俊，T63，P32）

【陈鱼粉中毒】 1992年6月23日，西峡县农专养鸡场的1280只艾维茵肉鸡，在35日龄时改用原鸡场上年积存的鱼粉配料饲喂，29日鸡群相继发病，并陆续出现死亡邀诊。检查：病鸡食欲不振，羽毛松乱，闭目呆立，泻水样稀粪、色黑，有的兼杂大量血丝或污秽的血水；倒提两肢或挤压嗉囊有大量黏液状液体从口内流出，呼吸、心跳加快。剖检病鸡可见肝脏轻度瘀血；肠黏膜脱落，有溃疡灶，局部有出血点。诊为陈鱼粉中毒。治疗：立即停喂陈旧鱼粉。取白头翁、连翘、金银花各120g，马尾莲150g，车前子50g，百草霜100g，马齿苋（新鲜，捣汁另加）500g，甘草80g。水煎取汁5000mL，拌料喂服，每次喂料都加药液。翌日，鸡群整体状态明显好转，多数鸡下痢停止，采食量上升。继用药1剂。第3天，上方药去百草霜、马齿苋，加青蒿、鱼腥草、麦芽各80g，神曲100g，用法相同。用药后，鸡群完全康复，3个月后全部出售。（丁常胜，T70，P43）

【恩诺沙星中毒】 1992年10月19日，洛阳市郊区某肉鸡养殖户的1000只5日龄艾维茵商品代肉雏鸡，于4日龄时（18日上午）开始用恩诺沙星1g/L溶液饮服以预防疾病，其用量超过规定量的40倍，当天下午死亡6只，翌日早上死亡50多只，且病鸡增多（发病死亡的都是鸡群中个体大而健壮者）邀诊。检查：病鸡颈扭曲，站立不稳，前倒后退，侧卧瘫痪，两肢向后直伸，站立困难或瘫痪，排褐色稀粪，死亡时挣扎不安。剖检病死鸡可见肠黏膜出血；肝脏边缘有块状、条状出血、瘀血；肾脏肿大、呈暗红色、有明显的出血点和出血斑；肺脏呈暗红色、瘀血；脾脏呈暗红色、有出血点；蛋黄吸收良好。治疗：停饮恩诺沙星溶液；清洗饮水器，给予新鲜清洁水。取百毒解（洛阳惠中兽药有限公司生产），饮服，连用3d；病鸡口腔滴服。20日，鸡群病情稳定，再未出现死亡，逐渐好转，2d后全群鸡康复。（杨运鹏等，T96，P31）

【病毒性关节炎】 1999年6月2日，民和县川口镇马某的87只8周龄雏鸡发病邀诊。检查：病鸡关节肿胀，跛行，生长发育明显迟缓，站立困难，足关节后部出血，皮肤为紫色。剖检病鸡可见趾屈及跖伸肌腱肿胀，关节中有少量棕黄色渗出液，皮下组织及腱周围有水样黏稠透明的渗出液潴留。通过显微镜观察、血清琼脂扩散试验，诊为病毒性关节炎。治疗：百合45g，花椒20g，荆芥、荨麻根、蜂房30g。水煎取汁，候温。将患部洗净，人工保定，药浴15min/次，3次/d，连用3d。病鸡症状明显减轻，1周后痊愈，未见复发。（李元香，T113，P43）

【阿斯匹林和感冒通引起肉鸡痛风】 1999年4月3日，商丘市郊区田庄村宋某从本市种鸡场购进5000只商品代肉仔鸡，全部采用网上平养，室内火道供暖。于14日龄时由于鸡舍温度偏高，氨气味较浓，随即通风换气时间过长，15日龄时鸡群出现呼吸困难、咳嗽、甩鼻涕等症状。遂按每10只雏鸡用阿斯匹林1片（0.5g/片）、感冒通2片，混合，研末，拌料喂服。次日约1500只鸡出现精神不振、眼半闭、昏沉欲睡、食欲减退等症状，占鸡群的30%，死亡300只，死亡率达20%。剖检病死鸡可见心、肝、肺、脾和肠等器官表面覆盖一层石灰样白色絮状或粉屑状沉积物；肾脏肿大、色泽变淡、表面呈花纹状；输尿管变粗，腔内充满尿酸盐（沉淀物）。根据饲养情况、临床症状和病理变化，诊为阿斯匹林和感冒通引起肉鸡痛风。治疗：立即停喂拌药的饲料，用5%葡萄糖、复合维生素B混合饮水；取中药痛风散，按1%拌料喂服。第2天，病鸡群精神好转，食欲增加，死亡减少，至第4天全群鸡恢复正常。（曹增贤等，T103，P35）

【尿酸盐结石症】 2005年8月26日，威海市环翠区远遥村李某的3700余只海兰褐产蛋鸡，因不明原因陆续死亡邀诊。检查：经对10只病死鸡剖检可见心包被覆一层白色物；肝脏、肠系膜、腹腔等处都有不同程度的尿酸盐白色颗粒沉积；肾脏肿大、表面有突出的白色颗粒；输尿管扩张、变粗，管腔中有石灰样颗粒状物质；肛门周围粘有白色稀粪。诊为尿酸盐结石症。治疗：调整饲料配方。药用木通、车前子、滑石各400g，瞿麦、萹蓄、海金沙各500g，金钱草600g，石韦350g，甘草梢200g。共为细末，拌料喂服，2d内喂完（为1000只鸡药量）。用药3d，病鸡症状消失，无1例死亡，间隔2d，重复用药3d，痊愈。（李金光等，T145，P57）

【产蛋鸡疲劳综合征】 1998年11月，武威市某个体养鸡场的1000只迪卡蛋鸡，当产蛋率上升到90%后持续1周不再上升，部分鸡鸡冠发白，个别鸡瘫痪，将瘫痪鸡抓出笼外，以跗关节着地，能够采食，一段时间后病鸡易出现骨折，剖检病鸡无明显病变；鸡群精神无明显变化。诊为产蛋鸡疲劳综合征。治疗：全群鸡服用补中益气汤：炙黄芪180g，党参、白术、当归、陈皮各120g，升麻、柴胡各60g，炙甘草45g。水煎取汁，加入饮水中让鸡自由饮用，2次/d，连用3d。同时饲料中添加氨基维他，连用1周。鸡群鸡冠变为鲜红色，产蛋率持续上升到95%。（张进隆，T116，P41）

【鸡虱】 鸡虱寄生于鸡的皮肤和羽毛的根部，以咬食皮肤和羽枝为生，致使鸡体瘙痒，羽毛无光泽，甚至脱毛、消瘦、生长发育不良，产蛋率下降。治疗：选择凉爽天气，将鸡舍密闭，取气雾杀虫剂（常州产的“皇牌”，由新型强力除虫菊酯制成，气味清香，对鸡无刺激性及异常反应）按1.5～2mL/m^2喷雾于鸡体和鸡舍内，

30min 后启闭通风，如还有少量鸡虱未死，隔日再喷雾 1 次，一般 1 次即可完全杀死鸡虱。由于虱卵不易被杀灭，亦不能中断其孵化，应间隔 8～10d 重复治疗 1～2 次。经对 7 群近 3000 只蛋鸡喷雾治疗鸡虱，效果甚佳。(于洪助，T70，P42)

【强制换羽】 沈丘县畜牧局鸡场 3 批 4500 只商品代蛋鸡，用中药强制换羽。药用五草饮：益母草、稗子草、三叶草各 500g，鱼腥草、车前草各 250g。水煎取汁，冷却后供 500～800 只鸡 1d 内饮服。冬、春季节可加入适量板蓝根、芦根、艾叶、柳枝等；夏、秋季节重用鱼腥草、三叶草、白茅根、蒲公英、野生地、蝉蜕等；用于醒抱时，可适量加入薄荷、生地、冰片等，注意重用益母草、薄荷。以药液饮用配合洗浴为好。方法：首先淘汰病残、低产、过肥和过瘦的鸡，将强制换羽的鸡封闭，按常规法停水禁食，停止人工补充光照（如鸡群停水 48h，禁食 72h，光照 8h/d）。于 48h、60h 分别给以五草饮 100～150mL/只，72h 后饲喂添加有 2.5%硫酸锌的粗饲料，首次以半饱为度，以后由少逐渐增多，逐日加量，自由饮用五草饮 7d 或饲喂添加有五草饮的饲料 7～10d；10d 后恢复正常蛋鸡饲料，并逐日增加光照(增加 30min/d，至日光照 17h 止)；同时，补喂用 0.1%高锰酸钾溶液消毒的砂粒，1～2 次/周，恢复自由饮水。一般从停水禁食开始 3 周左右就有母鸡重新产蛋；4～5 周产蛋率达 10%～25%；7～8 周产蛋率达55%～65%；10～12 周产蛋率达 70%～80%；15 周时可达 85%左右。本法比单一饥饿法、断水法、化学法等同期产蛋率提高 5%～10%。(罗国琦等，T122，P22)

【醒巢】 1990 年 6 月 2 日，扶风县邵公乡灵车队任某的 1 只麻母鸡就巢 5d 来诊。检查：鸡恋巢少食，迫其离巢则羽毛竖立，咯咯鸣叫，复归巢则冠髯萎缩，色黯不荣；触摸全身发热，尤以腹部为甚。治疗：取龙胆泻肝丸（中成药）加黄连、知母、黄柏各少许，3g/(只·次)，3 次/d，连服 3d 醒巢，14d 后恢复产蛋。（王恒恭，T67，P22)

第二章 鸭 病

鸭 瘟

鸭瘟是指鸭感染鸭瘟病毒，引起以流泪、眼睑水肿为特征的一种急性、热性、败血性传染病，又称鸭病毒性肠炎，俗称“大头瘟”或“肿头瘟”。

【流行病学】 本病病原为鸭瘟病毒。病鸭和康复不久的鸭是主要传染源；被病鸭排泄物沾污的用具和运输工具是传播媒介。主要通过消化道感染。不同年龄、品种和性别的鸭都容易感染，但发病率、病程及死亡率却有差异。在流行期，以成年鸭发病率较高，产蛋母鸭发病率、死亡率均高；1月龄以下的雏鸭发病较少。健康鸭与病鸭一起放牧，或经过流行疫区均能引起感染。一年四季均有发生，无明显的季节性，以夏、秋季节发病率较高。

【主证】 病鸭流泪，眼睑水肿，体温升高，精神委顿，头颈蜷缩，食欲减退或废绝，饮水增加，羽毛蓬乱、无光泽，两翅下垂，两肢麻痹无力，走动困难。严重者卧地不动，驱赶时两翅扑地行走，行不远又蹲伏于地，两肢完全麻痹时伏卧不起，眼流浆液性分泌物，周围羽毛湿污，后变为黏性或脓性分泌物，眼睑粘连，严重者眼睑水肿或翻出于眼眶外，眼结膜充血或有出血点，甚至形成小溃疡。部分病鸭头颈部肿胀。病鸭从鼻腔流出稀薄或黏稠的分泌物，呼吸困难，呼吸时发出鼻塞音，叫声嘶哑，个别病鸭频频咳嗽，同时下痢，排绿色或灰白色稀粪，肛门周围的羽毛被污染。

【病理变化】 食管黏膜有纵行排列的灰黄色假膜覆盖或小出血斑点，假膜易剥离，剥离后食管黏膜留有溃疡瘢痕(彩图 42)；泄殖腔黏膜表面覆盖一层灰褐色或绿色的坏死结痂，黏着牢固，不易剥离（彩图 43)；头颈肿胀者皮下组织有黄色胶胨样浸润（彩图 44)；喉头和口腔黏膜有淡黄色假膜覆盖，剥落后露出出血点和浅表溃疡；全身皮肤有许多散在出血斑；眼睑常粘连在一起，下眼睑结膜出血或有少许干酪样物覆盖；肝脏表面和切面有大小不等的灰黄色或灰白色的坏死点。

【治则】 清瘟败毒。

【方药】 1. 绿豆 500g，加水 1500mL，煎煮取浓汁 500mL，拌入 1kg 饲料中饲喂（为 100 只仔鸭药量)；停食者喂纯糖绿豆汤，同时，饲料中加入鳝鱼肉。

2. 肉桂 30g（另包)，桂枝、高良姜各 25g，生姜、滑石各 100g，全蝎 4 只，蜈蚣 4 条，朱砂（另包)、枳壳、乌药各 15g，神曲 45g，巴豆、板蓝根、党参、桑螵蛸、川芎、车前子、郁金、白蜡、甘草各 20g（为 100 只成年鸭药量)。将药放入瓦罐内，加水 2.5kg，煎煮取汁约 2.5kg（肉桂、朱砂后放)，待凉后再加米酒 0.5kg。然后用注射器抽取药液，灌服，10～20mL/只，1 剂/d，1 个疗程/3d，一般病鸭 1 个疗程即可。服药后将病鸭关入鸭舍内 1h，严禁饮水、下水，避免受风寒。共治疗 1000 余例，效果满意。

3. 黄芩 80g，黄柏、茵陈各 45g，剪口连（黄连须）50g，大黄 20g，银花藤、白头翁、龙胆草各 100g，板蓝根 90g，甘草 10g，车前草、陈皮为引。水煎取汁，以汁煮谷至干，药谷喂鸭，3 次/d。1 剂供 100 只种鸭服用 2d。

【防制】 重点进行疫苗预防。病鸭应立即扑杀，尸体高温处

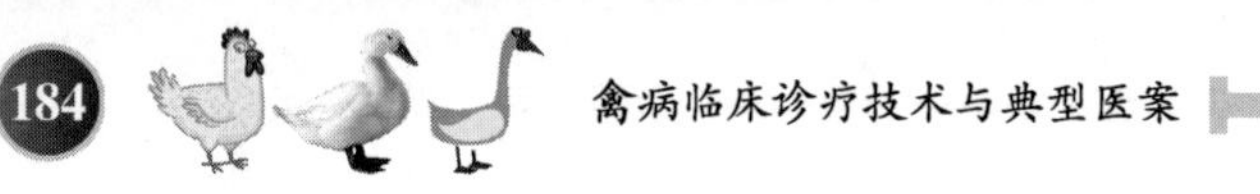

理，禁止销售；不能随意丢弃死鸭，禁止在沟渠宰杀、剖检病死鸭，防止病原蔓延。

【典型医案】 1. 1980 年 3 月 27 日，常德县赵家桥公社元普庵大队第 9 生产队从常德县孵鸭场购进 650 只雏鸭，4 月 1 日有 10 只发病，以后每天有 20 只发病，死亡 10 只以上邀诊。检查：病鸭离群，发热，被毛松逆，呼吸迫促，不愿走动，眼半闭含泪，后则倒卧或腹部朝天，双肢痉挛划动，头向后仰，角弓反张，严重者短时间内死亡。剖检病死鸭可见肝脏肿大，呈赤紫色或棕色，有小点出血，易碎；有的腹腔中有紫色血水。治疗：前 4d 用清瘟败毒散加减，水煎取汁，拌料喂服或灌服；给每只病鸭灌服土霉素 3000 单位，或每 7 只鸭灌服磺胺嘧啶 0.5g，治疗效果不佳，鸭群继续发病和死亡。遂改用绿豆汤，用法同方药 1，连用 2d。病鸭病情得到控制，又用药 3d，鸭群再无发病，死亡停止，存活 512 只。

2. 1980 年 4 月 18 日，常德县草坪公社稻螺岭大队第 6 生产队购进 700 只雏鸭，于 26 日发病，每天死亡 30 多只。临床症状和病理变化同典型医案 1。治疗：取绿豆汤，用法同方药 1，连用 3d。病鸭发病和死亡停止。又用药 2d，鸭群恢复正常，存活 327 只。

3. 1980 年 4 月 29 日，常德县草坪公社三角堆大队第 5 生产队购进 600 只雏鸭，于 9d 后发病。临床症状和病理变化同典型医案 2。治疗：取绿豆汤（见方药 1）加喂鳝鱼肉，连用 2d，鸭群恢复正常。由于病情发现早，治疗及时，方法得当，雏鸭仅死亡 18 只。

4. 1982 年 4 月 18 日，常德县赵家桥公社罗汉山大队第 11 生产队孙某和孙某各自购进 300 只雏鸭，于 7d 后发病，死亡 10 余只。诊为鸭瘟。治疗：取绿豆汤（见方药 1）加喂鳝鱼肉，很快治愈，存活 511 只。（蒋宝诚，T8，P53）

5. 1987 年 4 月 27 日，贵溪县雷溪乡张家村张某的 50 只鸭，死亡 2 只。25 日上午鸭主携 3 只体重约 500g 病鸭来诊。检查：病鸭头颈肿大，流眼泪，步行似醉状，不食等。诊为鸭瘟。治疗：取方药 2，用法相同，1 剂。次日，将药渣又水煎取汁，灌服，病鸭痊愈。

6. 1988 年 10 月 5 日，贵溪县周坊乡高门李家村李某的 500 只蛋鸭，死亡 3 只，10 日死亡 16 只邀诊。检查：病鸭大部分精神沉郁，有的行走缓慢，有的头颈肿大，流眼泪，有的两翅下垂，泻污绿色粪。治疗：取方药 2，用法相同。次日清晨又死亡 4 只鸭，第 3 天病鸭死亡停止。连续服药 3d，其余的鸭全部康复。5d 后全部接种鸭瘟疫苗。(胡宣文，T48，P44)

7. 1987 年 3 月 4 日，峨眉县符溪乡新乐村 7 组凌某的 120 只川麻种鸭发病邀诊。检查：病鸭精神委顿，不食，喜饮水，行走困难，肢软无力，两翅下垂，羽毛松乱，排绿色或灰绿色稀粪，肛门周围被粪沾污；眼睑肿胀，流泪生眵，呼吸困难，头颈肿胀，体温 43℃左右。随着病鸭数目不断上升，邻近的种鸭也相继感染发病。剖检病鸭可见食管膨大部空虚；肠黏膜出血或充血，腺胃、肠系膜弥漫性出血，腺胃和肌胃交界处有出血带；肝脏表面有出血斑，外围形成环状出血带；胆囊肿大，充满胆汁；脾脏略肿大；卵巢出血较甚，卵黄上有出血瘀斑，成熟卵泡破裂，有严重腹膜炎病变，泄殖腔水肿、出血。其他脏器未见明显病变。根据流行情况、临床症状和病理变化，诊为鸭瘟。治疗：接种疫苗；用土霉素、青霉素和链霉素治疗均无效。14 日改用龙胆泻肝汤和白头翁汤加减，用法见方药 3。服药后第 2 天，未见新发病鸭。停药至 1 周后，有 3 只鸭精神差，不食，又喂服中药 1 剂，鸭群痊愈，未再复发。服药期间产蛋率不断上升，86 只母鸭产蛋 82 枚/d。（陈元昌等，T26，P59)

细小病毒病

细小病毒病是指雏鸭感染番鸭细小病毒引起的一种急性或亚急性败血性传染病。主要侵害出壳后数日龄至 3 周龄左右的雏鸭，具有传播快和死亡率高的特点。

【流行病学】 本病病原为番鸭细小病毒。病毒通过病鸭的排泄物特别是粪便排出体外，污染饲料、饮水、用具和周围环境而传播。番鸭是唯一自然感染发病的家禽，麻鸭、半番鸭、北京鸭、樱桃谷鸭、鹅和鸡未有发病报道，即使与病鸭混养或人工接种病毒也不出现临床症状。一年四季均可发生，无明显的季节性，以冬、春季节发病率最高。本病的发病率与致死率与日龄密切相关，日龄越小，发病率和死亡率越高。雏番鸭开始发病为7～14日龄，3～4d后为死亡高峰。随着日龄增大，发病率逐渐降低。

【主证】 病鸭精神委顿，羽毛蓬松，两翅下垂，尾端向下弯曲，两肢无力，常蹲伏于地，厌食，离群，腹泻，粪呈白色或淡绿色，多数病鸭流鼻涕，甩头，部分有流泪痕迹，呼吸困难，喙端发绀。病程一般为2～4d，濒死前多有神经症状，两肢麻痹，倒地抽搐，头颈后仰，最后衰竭死亡。

【病理变化】 鼻孔内有黏液，稍加挤压黏液流出；气管和支气管内也有黏液；气囊壁增厚、混浊；胰腺肿大，表面有针尖大灰白色坏死灶，有的表面密布大小不等的出血点；肝脏稍肿大，胆囊充盈，偶见灰白色坏死灶；整个肠道呈卡他性炎症或黏膜有不同程度的充血和出血点，尤以十二指肠、空肠和直肠后段黏膜为甚，回肠中后段显著膨大，有大量炎性渗出物，内有脱落的肠黏膜，有的形成假性栓子，长3～5cm，呈绿色或暗绿色，剖开栓状物可见其中心为干燥的肠内容物，外包以凝固的坏死脱落的肠黏膜组织和纤维素性渗出物。少数病例盲肠黏膜出血，肠黏膜有不同程度的脱落，肠壁稍薄，肠内容物为淡白色或黄色带有粒状的液体；腹水增多，多者达40mL，个别病例腹水呈胶胨样；心壁松弛，心肌色泽变淡，少数病例心包积液；肺脏多呈单侧性瘀血；肾脏充血，表面有灰白色条纹。

【治则】 清热解毒，抗菌消炎。

【方药】 黄连解毒汤加减。板蓝根、黄连、黄芩各800g，白头翁、黄柏、栀子、穿心莲各500g，金银花、地榆、甘草各200g。水煎2次/剂，取汁70～80kg，浓缩药液至40～50kg，供1500只3周龄番鸭自由饮用，1剂/d。服药期间适当减少供水量，病重不能自饮者用注射器灌服，3～5mL/只，1次/(7～8)h。同时，对已

感染发病的番鸭肌内注射抗番鸭细小病毒血清1次，0.8mL/只，病情严重者1mL/只。用药4h后，病情严重者取银黄注射液，1mL/只，肌内注射，2次/d，连用3d。在用药治疗的同时，全群番鸭用百毒杀、抗毒威按常规剂量带鸭消毒，1次/d，连用1周。

【防制】 育雏室的温度要适宜，注意通风换气。对种蛋、孵坊和育雏室要严格消毒。对新进的雏鸭要及时饮水，适量喂给复合维生素和葡萄糖，以增强其抵抗力。对种番鸭用番鸭细小病毒疫苗进行免疫接种，提高其特异性抵抗力。

在环境污染严重的鸭场或本病流行期间，即使在1日龄进行免疫，也往往出现疫苗还没有起到保护作用时雏番鸭即已感染，所以本法适用于一些饲养管理水平较高的大型养鸭场。中小型养鸭场和个体养鸭户则适合用高免卵黄液，于1日龄番鸭肌内注射高免卵黄液1mL/只。由于抗体在体内半衰期为120d，所以以往发病严重的番鸭场应在8～10日龄再加强注射高免卵黄液1次，可保护雏番鸭度过易感期。

【典型医案】 沁县某鸭场的2000只3周龄番鸭，有300余只鸭陆续出现精神萎靡、眼半闭、腹泻、喘气等症状，2d后病鸭增加至500只，死亡90只。根据流行病学、临床症状、病理变化和实验室检验，诊为细小病毒感染。治疗：取上方药，用法相同。用药12h，病鸭体温下降，食欲和饮水增加，精神明显好转，排稀粪的病鸭减少。2d后，病鸭死亡情况明显得到控制，3～4d后痊愈，无新病例出现。（牛艺儒等，T154，P65）

病毒性肝炎

病毒性肝炎是由鸭肝炎病毒引起雏鸭以肝炎为主要特征的一种高致死性、传播迅速的病毒性疾病。

【流行病学】 本病病原为鸭肝炎病毒。病鸭和带毒鸭为主要传染源。主要经消化道和呼吸道感染。各品种鸭均易感，主要感染10日龄左右的雏鸭，日龄大小与易感性成反比，多发生于1～3周龄的雏鸭，但死亡率以10日龄以内的雏鸭为最高，并且差异较大（15%～95%），1周龄以内的雏鸭死亡率高达95%，1～3周龄达50%，4～5周龄以上者基本不发生死亡。一年四季均可发生，在大量育雏季节流行较广。

【主证】 病鸭精神沉郁，食欲不振甚至废绝，行动迟缓，跟不上群，随后蹲伏或侧卧，闭眼缩颈，排白色稀粪；有的病鸭肛门周围被粪污染，病重者出现阵发性抽搐。大部分病重雏鸭在出现抽搐后数分钟或几小时内死亡，死亡鸭多呈角弓反张姿势。

【病理变化】 肝脏肿大、充血、出血（彩图45），质脆，外观呈粉红色或土黄色变性，表面有出血斑或出血点，个别有坏死灶（彩图46）；胆囊肿大，胆汁充盈；脾脏肿大，表面呈斑驳花纹；心肌色淡、苍白；肾脏肿胀，呈树枝状充血。

【治则】 清热解毒，养阴柔肝。

【方药】 1. 茵陈100g，栀子、茯苓各50g，龙胆草、柴胡、金银花、连翘、大青叶各40g，白芍80g，香薷、甘草各30g（为12000只雏鸭1d药量）。水煎3次，混合药液，拌料喂服，1剂/d，连服3剂。电解多维100g，拌料100kg，喂服，连用5d；维生素C可溶性粉50g，溶于400kg水中，自由饮用，连用5d。

2. 天竺黄散。天竺黄、枳实、青葙子、黄芩、龙胆草、甘草各30g，大黄、板蓝根、朴硝、茵陈各60g（单包、后下），草决明、玄参、柴胡、生地各50g。加水7500mL，浸泡0.5h，煎煮至2500mL，取汁；再加水5000mL，煎煮至2500mL，取汁。2次药液混合，再加入朴硝，供100只雏鸭饮服。病情严重不能自饮者，灌服。共治疗94000例，治愈率达92%～94%。

3. ①板蓝根、蒲公英、紫花地丁、连翘、龙胆草、枳壳、青皮、黄柏、木通、甘草各30g，金银花、黄连各20g，茵陈40g。共为细末，开水冲调，候温，加电解多维227g，拌料100kg，边拌边喂，确保饲料新鲜，连喂7d；②在100kg水中加入肠清（内含硫酸黏杆菌素3g）1瓶，金刚烷胺纯粉10g，饮服，连饮5d；③病情严重者，用维生素B_1 10mg，维生素B_{12} 0.05mg，乳酸环丙沙星

5mg，利巴韦林 10mg，分别肌内注射，1 次/d，连用 4d；④将发病雏鸭与假定健康雏鸭隔离饲养，彻底清除病鸭粪及污染的饮水、饲料及污物等，用 3%火碱溶液喷洒消毒，1 次/d；所有的器具用 1∶1000 百毒杀冲洗消毒；病死鸭焚烧、深埋处理；2%过氧乙酸带鸭消毒，1 次/d。

4. 大青叶、板蓝根、葛根、紫草各 50g，朱砂 10g，夏枯草 15g，枯矾 25g（为 100 只鸭药量）。水煎取汁，候温，用注射器抽取药液，灌服，5mL/只；同时取病毒灵 1mL，维生素 C 2mL，混合，肌内注射。用药后禁止鸭群下水。鸭场用 1%百毒杀喷雾消毒，隔日 1 次，连用 2 次。

5. 茵陈大枣汤。茵陈 30g，栀子、白术、广木香各 20g，连翘 13g，粉葛根 15g，薄荷、甘草各 10g，大枣 20 枚(为 1000 只鸭药量)。水煎取汁，候温灌服，2 次/d，连服 3d。

6. 茵蒲清肝散。茵陈、蒲公英、白花蛇舌草各 200g，板蓝根 50g，金银花 60g，黄连、栀子、龙胆草、麦芽各 35g，柴胡、防风、钩藤各 30g，黄芪 40g，甘草 20g。部分药物经分别炮制处理后，混合粉碎，分装备用。用时加适量水煮沸后文火煎 25min，取汁冷却后供雏鸭饮服，药渣拌料喂服。病重鸭取汁灌服，雏鸭用原生药 1.0～1.5g/(只・d)，连用 3～5d。共治疗 600 例，死亡 24 例，治愈率为 96%；预防 133885 例，有效率为 96%。

注：本方药在无粉碎条件的情况下可采用水煎取汁，1000g/剂，加水 10kg，浸渍 50min，煮沸后文火煎 25min，取汁，冷却饮服，剂量与散剂相同。(刘云立等，T134，P43)

7. 茵陈蒿汤合龙胆泻肝汤加减。茵陈 500g，栀子、大黄、泽泻、木通各 100g，车前草、龙胆草、黄芩、生地、当归各 200g，甘草 80g(为 1000 只雏鸭药量)。加水浸泡 30min，文火煎煮 30min，取汁，加水至 5000mL，雏鸭 5mL/(只・次)；药渣再水煎取汁，供鸭群饮水，一般 1 剂即愈，重症者可连用 1 剂。

8. 绵茵陈 400g，板蓝根、黄芩、地骨皮、夏枯草各 300g，连翘 250g，柴胡、升麻各 200g，苍术、白术各 100g(为 1000 只雏鸭药量）。加凉水浸过药面，文火煎煮 30min，取汁，开水加至 5000mL，候温饮服，雏鸭 5mL/(只·次)，2 次/d；药渣再煎煮 1 次，取汁，候温饮服，连服 2～3d。共治疗 60000 余例，治愈率达 80%～85%。

9. ①茵陈、龙胆草、板蓝根各 100g，柴胡、黄芩各 60g，川楝子、钩藤、栀子、甘草各 50g（为 150 只雏鸭药量）。水煎取汁，混合药液，饮服，2 次/d；病情严重者人工灌服，5mL/只，2 次/d，直到痊愈为止。假定健康雏鸭，每天按标准用量，连用 3d，然后再减半使用，直至病愈为止。②病鸭注射高免血清，1mL/只，病情严重者隔 1d 再注射 1mL。假定健康绿头雏鸭注射高免血清，0.5～1.0mL/只，用于预防；同时饮水中加入 5%葡萄糖、维生素 C（30mg/kg），饮服；饲料中加入 0.05%多维素，每千克饲料中加入病毒灵 8 片，大蒜 20g，喂服，直至病愈。严重者取 5%葡萄糖 50mL，维生素 B_1、维生素 B_2、维生素 B_6、维生素 B_{12}各 10mL，人用能量合剂 1～2 支，混合，肌内注射，1mL/只，2 次/d，连用 3～5d。

10. ①板蓝根 100g，栀子 80g，大青叶、夏枯草、龙胆草各 50g，连翘、茯苓、茵陈各 40g，白芍、柴胡、黄芪、甘草各 30g。共研细末，水煎 3 次，取汁，候温，供全群鸭饮用；药渣拌料喂服，1 剂/d，连用 3d。病重者灌服，1～2mL/次，2 次/d；在 100kg 饲料中加入电解多维 100g，在 100kg 饮水中加入维生素 C 可溶性粉 10g，食糖 5kg，分别饮服或喂服，连用 4d；为防止继发感染，在饲料或饮水中加入广谱抗生素。②对鸭群进行严格检疫，迅速将病鸭、疑似病鸭和健康鸭隔离饲养，对鸭舍、运动场和食槽等用具进行彻底清洗，用 0.5%强力消毒灵和 0.5%过氧乙酸交替带鸭喷雾消毒，2 次/d，连用 5d；全群鸭颈部皮下注射鸭病毒性肝炎高免卵黄抗体，1.0mL/只，病重鸭 3～4d 后再注射 1 次。

11. ①茵陈、板蓝根各 0.4g，栀子、黄芩、大黄各 0.3g，金银花、马齿苋各 0.18g（为每天每只雏鸭药量）。水煎取汁，拌料喂服，连喂 2～3d。1～15 日龄鸭用雏鸭病毒性肝炎卵黄抗体，

0.6mL/只，颈部皮下注射，或用黄芪多糖液，1～7 日龄雏鸭 0.65mL/只，7～25 日龄 0.8mL/只，肌内注射，1 次/d，连用 2～3d。②对健康鸭群进行紧急免疫预防，取鸭病毒性肝炎弱毒疫苗(DHV-81 疫苗)，5 日龄 0.5mL/只，7～10 日龄 1mL/只，皮下注射。取本方药①，各味药减 0.1g，水煎取汁，拌料喂服，连喂 2～3 次，用于预防。

12. 益肝汤。板蓝根、大青叶各 25g，栀子 50g，黄芪 40g，黄柏、龙胆草各 30g，当归、柴胡、钩藤、甘草各 10g，车前草适量。加水，文火煎至 5000mL，取汁，分 2 次饮服，2～5mL/只，1 剂/d，连用 2～3d。

13. 自拟龙胆黄香汤。龙胆草、黄连、藿香各 80g，茵陈、黄柏、黄芩各 70g，金银花、柴胡、白术、厚朴、陈皮各 60g，苦参、栀子各 50g，甘草 30g（为 500 只雏鸭药量）。水煎取汁，药液 1 份加水 9 份，让雏鸭自饮，每天上午、下午各 1 次，连饮 2 剂。共治疗 2000 余例，有效率达 96%以上。

14. 自拟清瘟解毒汤。板蓝根、大青叶、甘草各 150g，紫草 80g，葛根 120g，木贼、龙胆草、黄芩各 60g，茯神 100g。水煎 2 次，取汁，加水至 1000 只雏鸭 1d 饮用量（用药前雏鸭停水 2～3h），1 剂/d，连用 3～5 剂。第 1 次服药后，病鸭病情得到控制；服药 3～5 剂，病鸭逐渐恢复正常。共治疗近 2 万只，用药 1 剂后病情基本得到控制，用药 2～3 剂病情好转，用药 3～4 剂病鸭康复。

15. 对病雏进行分群隔离，鸭场用 1∶200 百毒杀彻底消毒；取鸭病毒性肝炎高免卵黄液，1mL/只，颈部皮下注射；板蓝根、大青叶各 600g，茵陈 650g，龙胆草、金银花各 400g，栀子、柴胡各 350g，甘草 200g。水煎取汁，拌料喂服，1 剂/d，连用 4～6 剂。

16. ①上午用鸭病毒性肝炎精制卵黄抗体，1.5mL/只，肌内注射；下午用鸭基因工程干扰素，按说明书 3 倍量，肌内注射。全群鸭隔天再治疗 1 次，病重者 1 次/d，连用 3d；②按说明书用量

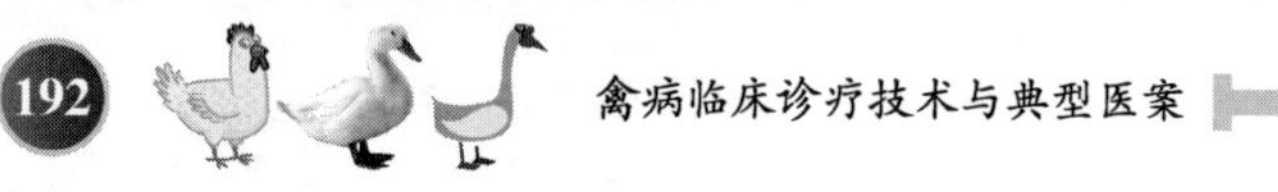

在饮水中添加葡萄糖和电解多维，同时加入氟苯尼考，配制成0.05%水溶液，饮服，连用3～5d，以补充体液和防止继发感染；③按说明书用量在日粮中添加微量元素和清瘟败毒散（主要成分为黄连、黄芩、连翘、桔梗、知母、大黄、槟榔、山楂、枳实、赤芍等），喂服，连用3～5d，以提高鸭群抗病力。对鸭舍、用具、环境用百毒杀（1∶600）进行彻底消毒，1次/d，连用3d。

17. 大青叶、板蓝根、甘草各30g，朱砂1.5g，葛根、紫草各25g，木犀草1.5g，枯矾12g（为100只雏鸭药量）。水煎取汁，候温灌服，1剂/d。

18. 升清汤加味。板蓝根、大青叶、紫草各50g，升麻40g，葛根、柴胡、栀子各30g，大黄25g，枯矾20g，甘草40g（为200只雏鸭药量）。共研细末或水煎取汁，拌料饲喂，1剂/d，1次/(2～3)h，连服3～5剂。

19. 黄芩、黄柏、黄连、连翘、金银花、紫金牛、茵陈、乌梅、枳壳、甘草各50g。水煎取汁，拌料喂服；不食者将药汁滴入口内，3次/d。

20. 柴胡、龙胆草、栀子各20g，茵陈30g，大黄10g，板蓝根60g，大青叶40g，甘草15g（为200只雏鸭1d药量）。水煎取汁，拌料喂服，1剂/d，连用2～3d。取山东威岛牌消毒剂100g，加水3L稀释，任鸭自由饮服1～2d。取维生素C，按0.04%拌料喂服，连喂3～5d；葡萄糖溶液50g/L，自由饮服，连饮2～3d。共治疗5085例，治愈4839例，治愈率为95%。（袁成新等，T87，P27）

21. 板蓝根80g，茵陈60g，菊花40g，龙胆草、川楝子、香附、钩藤、大黄、甘草各30g，栀子50g（为100只雏鸭药量）。水煎取汁，候温饮服。病重者用滴管滴服，8～10滴/只，2次/d。共治疗2118例，均取得了满意疗效。

22. 茵陈、神曲各50g，龙胆草、柴胡各25g，黄芩、甘草各20g（为100只雏鸭1d药量）。粉碎，拌料喂服。本方药对病鸭有良好的治疗作用，对健康鸭有预防作用。

23. 龙胆泻肝汤加味。龙胆草、栀子、黄芩、柴胡、车前子、泽泻、木通、生地、当归尾各 45g，金银花、黄柏各 60g，甘草 18g。水煎取汁，候温饮服，1 剂/d。

24. 高免卵黄抗体或高免血清，0.5mL/只，肌内注射；青霉素 8 万单位/kg，肌内注射。

25. 板蓝根 450g，黄芪 400g，大青叶、紫苏、甘草 300g（为 280 只鸭 1d 药量）。共为细末，拌料喂服；同时对病鸭紧急免疫，注射高免血清，用法和用量同方药 24；在前 4d 使用制霉菌素，用法和用量同方药 26。

26. 制霉菌素，雏鸭 3～5mg/(只・d)，拌料喂服；病重者适当增加药量，直接喂服。

27. 茵陈、板蓝根各 0.4g，栀子、黄芩、大黄各 0.3g，金银花、马齿苋各 0.18g（为每天每只雏鸭的药量）。水煎取汁，拌料喂服，连喂 2～3d。1～15 日龄鸭用雏鸭病毒性肝炎卵黄抗体，0.6mL/只，颈部皮下注射，或用黄芪多糖液，1～7 日龄 0.65 mL/只，7～25 日龄 0.8mL/只，肌内注射，1 次/d，连用 2～3d。

【防制】　种鸭在开产前间隔 15d 接种鸭肝炎疫苗 2 次，1mL/(只・次)，之后隔 3～4 个月加强免疫 1 次；对无母源抗体的雏鸭，在 1～2 日龄时皮下注射 50 倍稀释的鸭肝炎弱毒疫苗，0.1mL/只。对有母源抗体的雏鸭，在 7 日龄时皮下注射 50 倍稀释的鸭肝炎弱毒疫苗，0.2mL/只；对发病鸭群可紧急注射高免卵黄抗体或血清来控制疫情，1.0～1.5mL/只。中西药配合治疗效果更好。

加强雏鸭的饲养管理，创造良好的饲养环境，供给营养全面丰富的饲料，增强抗病力。鸭舍要光线充足、通风良好、温度适中、鸭群密度合理；尽量减少各种应激因素的发生；切不可饲喂发霉、变质和冻结的饲料；坚持自繁自养，不从疫区或疫场购入带毒的雏鸭；定期对鸭舍、运动场和食槽等用具进行彻底消毒，应选择高效、无刺激性的消毒药，且经常更换种类；鸭舍门口应设置消毒槽，病死鸭必须进行深埋或焚烧等无害化处理；随时观察鸭群的健

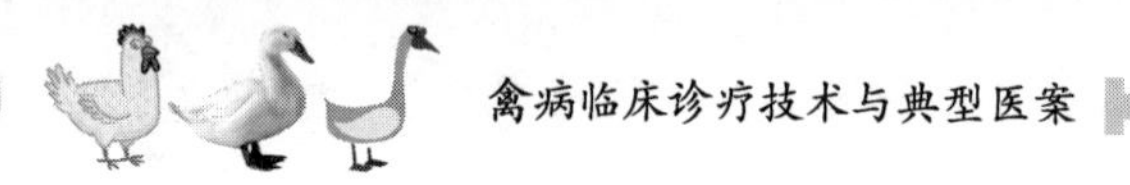

康状况，做到早发现、早隔离、早诊断、早治疗。

【典型医案】 1. 2005年8月24日，枣庄市中区孟庄镇里筲村李某从江苏某苗鸭市场引进3000只樱桃谷商品代雏鸭，当天死亡89只，4～6d死亡达到高峰期，平均死亡约170只/d邀诊。检查：病鸭离群，衰弱，蹲伏，食欲废绝，眼半闭、呈昏睡状，强行驱赶时，有的病鸭行动迟缓，运动失调，有的不能行走，侧卧，头向后仰，腿向后伸、似游泳状，痛苦哀鸣，翅膀下垂，呼吸困难。剖检病死鸭可见肝脏肿大、呈黄褐色，质软，切面外翻；有的鸭肝脏表面有弥漫性出血点、出血斑，肝实质中有坏死灶；胆囊肿大，充满胆汁；心肌呈淡灰色、质软、似开水煮样；肾脏、脾脏肿大、充血；肺脏瘀血；肠黏膜肿胀、充血、瘀血；脑充血、水肿。根据临床症状、病理变化，结合流行病学，诊为病毒性肝炎。治疗：取维生素C可溶性粉50g，对水400kg，任鸭自由饮服。取方药1中药，用1.5倍量，水煎取汁，候凉与电解多维同时拌料喂服。中药汁每天拌料时预留50～100mL，对不食病鸭逐只滴喂，0.5mL/(只·次)，3次/d。治疗次日，有43只鸭死亡。效不更方，继续按上方药治疗1d。第3天，病鸭死亡停止。再连续治疗2d，同时饮用维生素C溶液2d，以巩固疗效。(王思庆，T147，P56)

2. 1998年6月7日，蓬莱市潮水镇店上村刘某的2600只18日龄樱桃肉鸭发病邀诊。检查：鸭群突然发病，精神萎靡，缩头，食欲减退或废绝，不爱活动，行动呆滞或不合群，常呈蹲卧姿势，共济失调，双翅下垂，眼半闭，发病后24h内即出现神经症状，不安，行走不稳，全身性抽搐，角弓反张，侧卧，两肢痉挛性反复踢蹬，约十几分钟后死亡，亦有少数病鸭持续数小时死亡。喙端和爪尖瘀血、呈暗紫色，少数病鸭死前排黄色或绿色稀粪。剖检病死鸭可见肝脏肿大、质脆、色暗淡或发黄，肝表面有大小不等出血斑点；胆囊肿大、充满胆汁、呈长卵圆形，胆汁呈褐色、淡黄色或淡绿色；多数病鸭肾脏肿大、呈淡红色；有的脾脏肿大，其他器官无明显病理变化。根据临床症状和病理变化，诊为病毒性肝炎。治疗：取天竺黄散，用法同方药2，连用2剂。病鸭病情减轻。3剂痊愈。治愈率为92%。

3. 1999年5月，蓬莱市大季家镇马家村马某的2900只麻鸭，于21日龄时发生病毒性肝炎，死亡量达30余只/d。治疗：取天竺黄散，用法同方药2。用药3d，病鸭停止死亡，4d痊愈。治愈率为86%。（孟文化，T104，P36）

4. 2005年4月11日，蓬莱市潮水镇某养鸭户从外地购进9600只肉雏鸭，采用网上全封闭式饲养，锅炉燃煤吹热风取暖，电动排气扇通风换气，饲用预混粉料，10日龄前长势良好，12日龄时有部分雏鸭发病，用青霉素饮水，每天每只2万单位，3d后不见好转并出现死亡来诊。检查：急性病例多突然发病，病程较短，常无明显临床症状突然死亡，或死前头颈后仰，抽搐，两肢划动。多数病例呈亚急性和慢性，病鸭精神沉郁，缩颈拱背，毛松翅垂，昏睡呆立，行动迟缓，站立不稳，食欲减退或废绝。随着病程发展呈现神经症状，呼吸困难，喙及爪部发绀，严重下痢，粪稀薄甚至水样、气味腥臭、呈灰白色或淡黄绿色，肛门周围被粪沾污，濒死期倒地挣扎或角弓反张、抽搐。剖检病死鸭可见肝脏肿大，外观呈浅红色或花斑状，表面布满灰白色或灰黄色的坏死点，肝脏被膜下有点状、条状、片状出血；胆囊肿大，充满胆汁；肾脏充血、肿胀；肠管黏膜充血、出血，小肠后段和盲肠明显肿胀，比正常肠管大2倍左右，可见干酪样“盲肠心”，直肠黏膜发炎肿胀；多数胸腔内含有灰白色液体；心脏充血、肿胀；有7例肺脏充血、呈炎性变化；气囊有微黄色的渗出液和纤维素絮片；脾脏肿大，外观有斑驳状花纹；有神经症状的雏鸭脑膜出血。无菌采取病死鸭肝脏、脾脏、脑组织、血液等病料，用组织捣碎机捣碎，按1∶1加入PBS液制成悬液，加入双抗，放入4℃冰箱4h，之后接种于6只9日龄健康鸡胚，病料悬液0.1mL/只，置37℃恒温箱孵育，观察2次/d，第6天鸡胚全部死亡。经过解剖发现死亡鸡胚体小，腿部和腹部水肿，卵黄囊缩小，内容物变得黏稠，尿囊液增多、呈浅绿色，肝脏肿大、呈浅绿色，表面有浅黄色的坏死斑点。取死亡鸡胚的尿囊液，与0.5%鸡红细胞作用，结果红细胞凝集。取死亡鸡胚

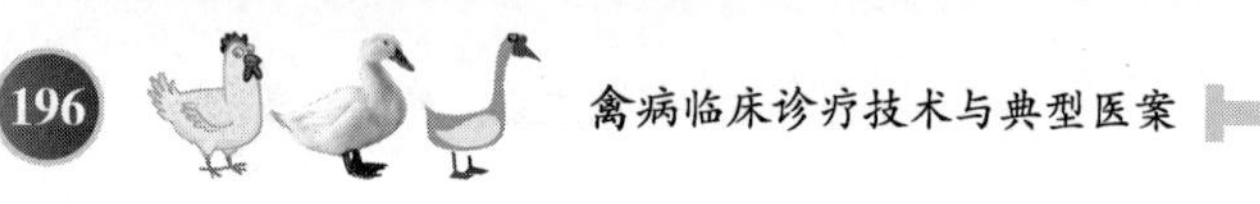

的尿囊液与特异性鸭病毒性肝炎抗血清进行免疫琼脂扩散试验，结果出现特异性的沉淀线。选择1周龄以内的健康雏鸭8只，分为2组。每组4只，一组每只接种病死鸭肝脏、脾脏、脑组织、血液等病料悬液0.5mL；另一组作健康对照组。结果病料组全部死亡，其症状及病理变化与原发病雏鸭相同，对照组雏鸭未发病。根据以上试验，确诊该病毒为鸭病毒性肝炎病毒。细菌检查沙门菌为阳性。根据临床症状、病理变化和实验室检验，诊为病毒性肝炎与沙门菌混合感染。治疗：取方药3，用法相同。用药3d后，病鸭病情得到控制，7d后基本恢复正常。(徐代军等，T137，P51)

5. 1996年7月下旬，贺州市莲塘镇美仪村某养鸭户从梧州市购进1200只2日龄樱桃谷鸭苗，养至18日龄时突然发病邀诊。主诉：发病前一晚，鸭群采食基本正常，次日早上喂鸭时发现有6只鸭死亡，另有部分鸭伏地不起，鸭群采食量减少。疑为急性鸭出败，先后用禽菌灵、禽炎康等药物治疗罔效，死亡鸭每日剧增，从8月7日发病至8月10日接诊时共死亡170余只。根据临床症状、病理变化，诊为病毒性肝炎。治疗：取方药4，用法相同。服药后鸭群的精神及食欲明显好转，新发病例和死鸭数也明显减少，仅死亡12只（用药前1d死鸭达30只以上)。连续用药至第4天，鸭群不再出现死亡，疫情得以控制。(陈发明，T116，P31)

6. 2001年3月，莒南县城关镇赵某的30只2周龄雏鸭，有3只突然倒地死亡，有10只精神沉郁，翅膀下垂，呼吸困难，食欲废绝，运动失调，呈昏迷状态。检查：死鸭外观呈角弓反张姿势，剖检死鸭发现肝脏明显肿大、出血，质地脆弱，色泽暗淡发黄；胆囊肿大、充满胆汁、呈淡黄色；脾脏肿大、呈斑点状出血；肾脏肿大、呈灰红色；肺内瘀血。根据流行病学、临床症状和病理变化，结合实验室检测，诊为病毒性肝炎。治疗：取茵陈大枣汤，用法见方药5，2次/d。用药24h，病鸭病情好转。连服3d，只死亡1例，其余9例痊愈。(魏茂营，T115，P30)

7. 2007年8月23日，洪泽县养鸭户朱某的2000只8日龄樱桃谷肉鸭发病邀诊。检查：大部分雏鸭精神萎靡，羽毛松乱，闭目

打盹，数小时后个别鸭出现不安，头向后仰，两肢抽搐，当天死亡66只。根据流行病学和临床症状，诊为急性病毒性肝炎。治疗：取方药7，用法相同。服药1剂，病鸭病情得到控制，继续服药1剂，病鸭康复，再未出现死亡。（赵学好等，T152，P44）

8. 1996年2月，缙云县新建镇马渡村周某的3000只麻鸭，于15日龄时发生病毒性肝炎，接连出现死亡。1997年3月，新碧镇后坑村卢某的2000只樱桃谷肉鸭，于12日龄时发生病毒性肝炎。治疗：取方药8，用法相同，连用2d。治愈率分别为84%和82%。（吕晓春等，T94，P28）

9. 2001年6月20日，临沂市兰山区某特禽养殖场从外地引进600只绿头雏鸭，实行室内平面育雏，起初雏鸭表现正常。29日下午有的雏鸭开始发病。发病后用50mg/L环丙沙星，饮水，2次/d，同时对发病雏鸭肌内注射硫酸庆大霉素5000单位，2次/d，效果不理想，仍有大批雏鸭死亡，到发病第4天已死亡136只。根据临床症状及实验室检验，诊为病毒性肝炎。治疗：取方药9，用法相同。用药后，病鸭病情得到控制。（刘德福等，T116，P25）

10. 2007年4月6日，邵武市养鸭户李某购进的1500只雏鸭，于第12天时突然发病，当天死亡126只，畜主用氟苯尼考饮水、环丙沙星拌料治疗效果不佳，死亡不断增加，至15日已发病467只，死亡315只，发病率和死亡率分别为31.1%和21.0%。治疗：取方药10，用法相同。用药3d，病鸭精神、食欲明显好转，停止死亡，未出现新的病例，5d后全群鸭恢复正常。（万群明等，T155，P56）

11. 2007年5～8月，黎平县德凤镇的4个鸭场2748只雏鸭突然发病邀诊。检查：病鸭排黄白色或绿色稀粪，运动失调，头向后仰，翅膀下垂，呼吸困难，濒死前头颈扭曲于背上，身体呈角弓反张姿势，俗称背脖病。剖检病死鸭可见肝脏肿大、呈暗红色或土黄色，被膜下有出血点或出血斑；胆囊肿大；脾脏、肾脏肿大、有出血。根据流行病学、临床症状和病理变化，诊为病毒性肝炎。治疗：取方药11，用法相同。治疗2～3d，除死亡46只外，其余病

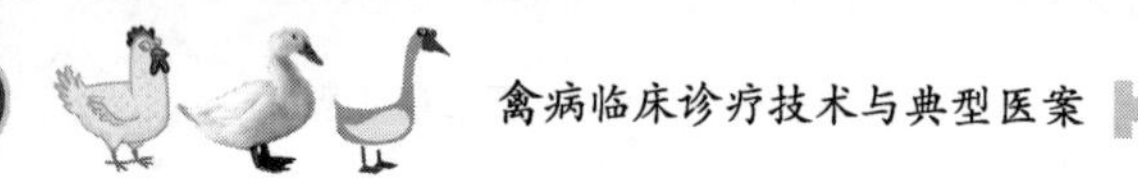

鸭全部治愈。（薛佩圻，T158，P60）

12. 2001年3～11月，重庆市九龙坡区白市驿、陶家、走马镇等养鸭场（户）10000余只3～19日龄雏鸭发病，死亡率5%～40%。根据流行病学和病理变化，诊为病毒性肝炎。治疗：取方药12，用法相同。共治疗3批3～7日龄患病毒性肝炎病鸭3278只，除111余只危重者死亡外，至20日龄时雏鸭停止死亡，病情得以控制，有效率为95.82%。同时用益肝汤对3个鸭场新引进的16000余只鸭进行预防，2mL/(只·d)，2次/d，连用5d以上，有效率为100%。（陈鸿树，T114，P30）

13. 1999年8月，乐平市接渡镇潘村汪某约700只雏鸭，发病约1周左右邀诊。检查：病鸭精神萎靡，头颈短缩，两翅下垂，行动呆滞，食欲废绝。严重者出现神经性痉挛，全身抽搐，两肢抖动，原地转圈，倒地蹬踢，濒死前头颈向后仰，角弓反张，呈观天状，少数病鸭死前排黄白色或绿色稀粪。剖检病死鸭可见肝脏肿大、质地脆、色泽暗淡或稍黄、表面有大小不一的出血斑点，个别还有坏死灶。诊为病毒性肝炎。治疗：取方药13，用法相同，连服2剂，痊愈。

14. 2000年6月，乐平市接渡镇袁家村袁某的400只雏鸭，养至10d开始下痢，死亡，部分雏鸭濒死前角弓反张，呈观天状，先后用氟哌酸粉剂、泻痢停、禽病灵药水、禽病一片康等药物治疗无效邀诊。检查：病鸭有明显的神经症状，濒死前全身性痉挛，角弓反张。剖检病死鸭可见肝脏肿大、质脆、有出血点或出血斑。诊为病毒性肝炎。治疗：取方药13，用法相同，连用2d。病鸭病情得到控制。嘱畜主采挖鲜板蓝根，水煎取汁，供雏鸭饮用，1周后痊愈。（汪成发，T109，P37）

15. 2003年4月16日，尉氏县养鸭户徐某的2000只12日龄康贝尔蛋鸭发病邀诊。检查：全群雏鸭大部分精神萎靡，羽毛松乱，闭目打盹。数小时后个别鸭出现不安，头向后仰，两肢抽搐，当天死亡52只。根据流行病学、病理变化和临床症状，诊为急性病毒性肝炎。治疗：取方药14，用法相同。服药1剂，病鸭病情

得到控制。服药 3 剂，病鸭康复，未再出现死亡。（何志生等，T137，P59）

16. 2005 年 8 月 12 日，玉林市仁东镇养鸭户李某从本市个体种鸭场购进 1500 只雏鸭，于 13 日上午发现 64 只雏鸭精神萎靡不振，离群呆立，不愿行走。下午病雏鸭发展至 325 只，死亡 143 只，用药后（8 月 15 日）疫情得到了控制。雏鸭共死亡 487 只，死亡率达 32%。检查：初期，病鸭精神萎靡不振，少食或不食，扎堆，呆滞，不愿行走，翅膀下垂，头触地，眼半闭、呈昏睡状态，少数雏鸭在病死前排黄白色稀粪，数小时后出现不同程度神经症状，运动失调，全身抽搐，倒向一侧，头向后仰，两肢前伸，角弓反张，呈“观星状”，因呼吸困难衰竭死亡。剖检病死鸭可见肝脏肿大、充血、出血；体柔质脆，外观呈粉红色或土黄色，表面有出血斑或出血点，个别有坏死灶；胆囊肿大，胆汁充盈；脾脏肿大、表面呈斑驳花纹；心肌色淡、苍白；肾脏肿胀、呈树枝状充血。根据临床症状和病理变化，诊为病毒性肝炎。治疗：取方药 15，用法相同。第 3 天，病鸭病情基本得到了控制，再未见死亡，第 4 天痊愈。（黄家宇等，T148，P49）

17. 2009 年 6 月，滨海县滨海港镇翻身河村养鸭户王某从邻县购进 1200 只雏鸭苗，于 15 日龄时出现零星死亡，自用青霉素、庆大霉素饮水治疗，用药后病情不见好转邀诊。检查：病鸭精神沉郁，食欲不振甚至废绝，行动迟缓、跟不上群，蹲伏或侧卧，闭眼缩颈，排白色稀粪；有的病鸭肛门周围被粪污染，病重者出现阵发性抽搐，大部分病重雏鸭在出现抽搐后数分钟或数小时内死亡，死亡鸭多呈角弓反张姿势。剖检病死鸭可见肝脏肿大、呈黄褐色，表面有出血点和出血斑；心脏松弛，心包积液；肾脏轻度肿大、出血；脾脏肿大、呈暗红色；小肠黏膜肿胀、充血、出血，肠内充满大量的黏液。诊为病毒性肝炎并发沙门菌病。治疗：取方药 16，用法相同。用药 3d，病鸭病情得到控制，再未出现死亡，全群鸭恢复健康。（王兆铨，T161，P59）

18. 林城县黄坦镇某养鸭户的 100 余只 TD 雏鸭，于 7 日龄时数只雏鸭精神委顿，食欲减退，离群，两眼半闭、呈昏睡状，运动失调，身体倒向一侧，双肢痉挛，数小时后死亡。剖检病死鸭可见肝脏肿大、质脆，外观呈淡红色，有出血斑点；胆囊和脾脏肿大，其他脏器无明显病变。诊为病毒性肝炎。治疗：取方药 17，用法相同，连用 2 剂。治愈率达 90%。（林云祥等，T62，P38）

19. 1993 年 7 月 17 日，潜山县梅城镇三合村朱某购进 300 只雏鸭，于 29 日突然死亡 43 只，发病 35 只，疑为饲料中毒邀诊。检查：病鸭侧身倒地，头向后仰，两肢抽搐。诊为病毒性肝炎（证属猝死型）。治疗：取樟脑注射液 0.1mL，肌内注射；取升清汤加味（见方药 18），水煎取汁，候温滴服，1 次/2h；对同群鸭用药汁拌料喂服，2 次/d，连服 3 剂。35 只病鸭痊愈 21 只，同群鸭再未发病。

20. 1993 年 5 月 1 日，潜山县梅城镇王湾村小龙组张某购进的 335 只雏鸭，于 11 日发病，死亡 53 只，频频鸣叫不食邀诊。检查：病鸭躁动不安，鸣叫，有的蹲坐，步态不稳，头弯向背部。诊为病毒性肝炎（证属躁动型）。治疗：取方药 18 加朱砂 10g，水煎取汁，候温滴服，1 次/3h；同群假定健康鸭用药汁拌料饲喂，2 次/d，连服 3 剂。47 只病鸭治愈 43 只，同群鸭再未发病。

21. 1994 年 4 月 17 日，潜山县梅城镇古塔村刘某购进的 350 只雏鸭，于 29 日发病，自购土霉素治疗无效，死亡 74 只邀诊。主诉：病鸭打盹，不食。检查：病鸭被毛松乱、无光泽，离群蹲坐打盹，驱赶则步态不稳，有的头向后仰，双肢抽搐，神昏。诊为病毒性肝炎（证属衰弱型）。治疗：取方药 18 加党参、白术各 20g，水煎取汁，候温滴服，1 次/3h；同群鸭用药汁拌料饲喂，2 次/d，连服 3 剂。65 只病鸭治愈 57 只，同群鸭再未发病。（张兆伦，T77，P26）

22. 1984 年 8 月 15 日，象山县东陈乡岳头村张某购进的 1050 只雏鸭，至 9 月 10 日陆续死亡 100 余只，尚有 100 余只鸭拒食。诊为病毒性肝炎。治疗：取方药 19，用法相同。次日，病鸭停止死亡。（吴水金，T20，P60）

23. 连城县文川乡养鸭户陈某购进300只雏鸭，于第6天开始发病，自用青霉素、链霉素和禽炎康等药物治疗无效，死亡62只，遂携2只病鸭来诊。检查：病鸭精神沉郁，眼半闭、呈昏睡状，运动失调，多倒向一侧，两爪痉挛、呈游泳状。剖检病鸭可见肝肿大、呈土黄色、质软易碎、表面有出血点；胆囊肿大，充满胆汁；脾脏稍大。诊为病毒性肝炎。治疗：取方药21，用法相同。用药1剂，病鸭病情得到控制，2剂痊愈。

24. 连城县罗川乡养鸭户罗某的125只雏鸭，于11日龄时发病，自用土霉素、禽炎康等药物治疗无效，死亡54只，携2只死鸭来诊。检查：剖检病死鸭可见肝脏稍肿大、质地柔软、呈红黄色，一触即裂，有出血斑；胆囊萎缩，胆汁干涸；肾脏充血、肿胀。诊为病毒性肝炎。治疗：取方药21，用法相同，连用2剂，痊愈。(刘富祥等，T68，P37)

25. 1986年5月2日，邛县合沟乡养鸭户朱某购进的400只樱桃谷肉鸭，在$20m^2$房间内进行育雏，用邛县饲料公司生产的雏鸡饲料饲喂，无霉败变质现象，并拌以0.25%土霉素，喂青菜（无腐烂现象）3次/d。至9日雏鸭突然发病，死亡8只，即肌内注射青霉素，喂服复方新诺明。10日、11日又分别死亡29只、43只邀诊。检查：病鸭突然发病，精神不振，呼吸困难。剖检病死雏24只，可见肝脏肿大、质地脆弱、有许多出血点和出血斑；胆囊肿大，充满胆汁；脾脏有的肿大，有的外观呈花斑状；肾脏充血、肿胀。取病鸭、死鸭的心血、肝脏和脾脏，接种于鲜血琼脂，37℃培养48h，无细菌生长。根据流行病学、临床症状、病理变化和治疗情况，诊为病毒性肝炎。治疗：取方药22，用法相同。用药后4h内死亡5只，此后再无死亡。用药2剂，鸭群发病停止。(王新海，T23，P57)

26. 广昌县头陂镇上马路村李某的3000只5日龄雏鸭，突然死亡100余只邀诊。检查：病鸭精神不振，食欲减退，扭头，转圈，抽搐死亡，死亡时呈角弓反张姿势。剖检病死鸭可见肝脏肿大、呈黄褐色或暗红色、质地脆弱、表面有斑点状出血，出血灶如墨迹或刷漆样；胆囊肿大，胆汁呈草青色或淡红色。根据临床症状和病理变化，诊为病毒性肝炎。治疗：取方药23，用法相同。用药2d，病鸭死亡停止，5d后康复（李敬云，ZJ2005，P477）

27. 2004年5月中旬，宝丰县某养鸭户的300只鸭发病邀诊。主诉：买回雏鸭的第8天发现鸭角弓反张，精神萎靡，行动呆滞，第1天死亡15只，第2天死亡20只，第3天死亡30只。检查：剖检病死鸭可见肝脏黄染、肿大、质地变脆、呈黄红色或花斑状、表面有出血点和出血斑；胆囊肿大，充满胆汁；脾脏肿大，外观也类似肝脏的花斑状；多数肾脏充血、肿胀；心肌如煮熟状，有些病例有心包炎；气囊中有微黄色渗出液和纤维素絮片。采取病死鸭肝脏、脾脏、肾脏等病料做动物感染试验，结果为阳性。诊为单纯病毒性肝炎。治疗：取方药24，用法相同。用药第2天，病鸭死亡5只，随后病情得到控制。

28. 禹州市无梁镇李沟村李某的350只鸭发病邀诊。主诉：鸭买回第4天死亡15只，第5天死亡40只。检查：病鸭行动迟缓，反应呆滞，精神萎靡；呼吸困难、增数，张口呼吸，离群、缩颈呆立或闭目垂头蹲伏，食欲明显减退或废绝，饮欲增加，排绿色或黄色糊状粪，出现痉挛、麻痹等症状。部分病鸭眼眶上方长出一个绿豆至黄豆大小、质地稍硬的瘤状物。剖检病死鸭可见肝脏肿大、质脆、呈黄红色或花斑状，表面有出血点和出血斑，大部分坚实，表面粗糙，呈棕黄色，病程长的呈结节性肝硬化；肺脏布满粟粒大的黄白色小结节，个别结节有绿豆大、质地较硬、有弹性、切面呈均质干酪样坏死和黑色、紫色、灰白色干酪区；气囊、胸膜、胸浆膜、肝脏和心脏等器官也有结节散在；脾脏肿大，外观类似肝脏的花斑；多数肾脏充血、肿胀；心肌如煮熟状，有些病例有心包炎；气囊中有微黄色渗出液和纤维素絮片。采取病死鸭肝脏、脾脏、肾脏等病料做动物感染试验，结果为阳性。采取压片法检验，发现曲霉菌菌丝体和分生孢子。诊为病毒性肝炎和曲霉菌混合感染。治疗：取方药25，用法相同，连用7d；对病鸭采取紧急免疫，注射高免血清，用法和用量同方药24；在前4d使用制霉菌素，用法和

用量同方药 26。经过上述治疗，250 只病鸭痊愈，30 只病鸭有明显好转。(杨保栓等，T136，P38)

29. 2007 年 5 月 13 日，黎平县德凤镇龙田湾养鸭场的 5000 只雏鸭，于 9 日龄时发病，至 15 日死亡 1064 只。5 月 28 日，德凤镇母猪坝养鸭场的 3000 只雏鸭，于 15 日龄时发病，至 30 日死亡 855 只。7 月 16 日，尚重镇育洞村养鸭户杨某的 2000 只鸭，于 25 日龄发病，至 17 日死亡 257 只。8 月 15 日，中潮镇口团村养鸭户石某的 2500 只鸭发病，3d 死亡 294 只。4 个养鸭场雏鸭发病情况和临床症状相似，均突然发病，病程急，死亡率高。检查：病鸭排黄白色或绿色稀粪，运动失调，头向后仰，翅膀下垂，呼吸困难，濒死前头颈扭曲于背上，身体呈角弓反张姿势，俗称“背脖病”。剖检病死鸭可见肝脏肿大、呈暗红色或土黄色，被膜下有出血点或出血斑；胆囊肿大；脾脏、肾脏肿大，有出血点。治疗：取方药 27，用法相同。同时对健康鸭群用鸭病毒性肝炎弱毒疫苗（DHV-81 疫苗）紧急预防，5 日龄 0.5mL/只，7～10 日龄 1mL/只，皮下注射。方药 27 的每味药减 0.1g，水煎取汁，拌料喂服，连喂 2～3 次，预防本病。用上述疗法治疗 2～3d，2748 只病鸭死亡 46 只，其余全部治愈；7272 只健康鸭观察 1～2d，有 14 只鸭发病，及时进行隔离治疗；其余鸭经紧急预防均未发病。（薛佩圻，T158，P60)

鸭出败（巴氏杆菌病）

鸭出败是指鸭感染禽型多杀性巴氏杆菌，引起以排绿色稀粪、浆膜和黏膜有小出血点、肝脏布满针尖大小灰白色坏死灶等为主要特征的一种急性、败血性传染病，又称禽巴氏杆菌病或禽霍乱。一般发病急，死亡快。

【流行病学】 本病病原为禽型多杀性巴氏杆菌。病鸭和带菌鸭为其传染源，通过呼吸道、消化道传染。环境污染重，鸭舍潮湿，通风不良，保温条件差，不按时定期消毒则发病率较高。长途运

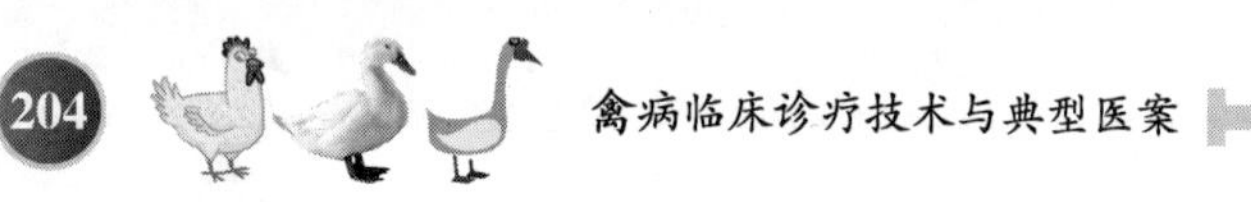

输、抓捕惊吓、饲料变质、气温剧烈变化等应激因素均可引发本病。一年四季均有发生，以气候多变的春夏、秋冬季节发病率较高。各日龄鸭均可发生，但雏鸭发病率较低，2月龄以上鸭发病率较高，也可感染其他家禽。

【主证】 病鸭精神沉郁，体温升高，羽毛粗乱，两翅下垂，缩颈，厌食，嗉囊积食，喜饮水，口流黏液；有些病鸭摇头，腹泻较为严重，排气味腥臭的灰白色或铜绿色稀粪；病情严重者瘫痪，不能行走。

【病理变化】 肝脏肿大、质脆、表面有许多白色针尖大小的坏死点；脾脏肿大、质脆；肠道尤其是十二指肠呈卡他性和出血性肠炎，肠内容物血样；心冠脂肪、心外膜有出血点；肺出血。

【治则】 清热解毒，抗菌消炎。

【方药】 1. 茵陈、白芷各30g，陈皮25g，连翘60g，苍术35g，藿香38g，金银花40g，板蓝根80g（为100只鸭药量）。共研细末，拌料喂服，2次/d。氟苯尼考0.5g/kg，拌料，全群鸭喂服；青霉素800万单位，链霉素500万单位，混合，肌内注射，1mL/只，连用3d。未发病鸭用禽霍乱蜂胶灭活疫苗紧急免疫。

2. 广藿香、白头翁各200g，黄连、黄芩、乌梅各100g，马齿苋500g。水煎取汁，任鸭群自饮，1次/d，连用3d。病情较重、不食的病鸭隔离饲养，用禽霍乱蜂胶灭活疫苗（山东滨州华宏生物制品有限责任公司生产），250mL/瓶，每瓶加入青霉素800万单位，链霉素500万单位，胸部肌内注射，1mL/只，连用3d。病情较轻、能采食的病鸭，用氟苯尼考，按0.5g/kg拌料，全群鸭喂服，连用3d。用百毒杀（浓度为1∶600）对场地、鸭舍、用具进行带鸭消毒，1次/d，连用3d。

3. 黄连解毒汤加味。黄连、栀子、穿心莲、板蓝根各450g，黄芩、黄柏各300g，山楂、神曲、麦芽各1000g，甘草200g。水煎取汁，拌料喂服，1剂/d，连用3剂。不食者取药液直接灌服。共治疗87695例，治愈率达93.7%。

4. ①紧急免疫接种禽出败疫苗，成年鸭2头份/只，雏鸭1头

份/只。②黄连、栀子、穿心莲、板蓝根各 15g，黄芩、黄柏、野菊花、甘草各 10g，苍术 40g，神曲 50g（为 100 只成年鸭预防药量，治疗用 2 倍量）。水煎取汁，拌料喂服，1 剂/d，连用 3d。每隔 45d 预防用药 1 次。③鸭群饲料中加入 0.05％恩诺沙星，喂服，连用 6d；饮水中加入 0.2％土霉素原粉，饮服，连用 5d。病重不食者，每只取青霉素 2 万单位，链霉素 5 万单位，生理盐水 2mL，肌内注射。本病原菌对盐酸环丙沙星、恩诺沙星、盐酸林可霉素、大观霉素、青霉素、链霉素、土霉素、喹乙醇及磺胺类药物均敏感，按预防量交替使用有一定预防效果，但长期使用同一药物易产生耐药性。

5. 桐油 10mL，大蒜 10g。将大蒜捣成泥状与桐油混合后浸泡 2h，制成绿豆大小，喂服，2 粒/只。或桐油 10mL，大蒜泥 10g，大米 100g 或大米饭 200g，混合，浸泡 5h，喂服（为 20 只鸭药量）。

6. 痢菌净，成年鸭 8～10mg/kg，雏鸭为 10～15mg/kg，肌内注射（一般仅注射 1 次）。用 150ppm 痢菌净（0.15g/kg 饲料，成年鸭用药量为 19～22.5mg/只），拌料喂服，连喂 2d。或肌内注射后再拌料喂服 2d（对病重鸭采用注射加拌料的方法疗效比较好）。（严泉华，T14，P20）

7. 痢菌净 15g，溶于水中，拌料喂服，2 次/d，第 1 次 4g，第 2 次 3g，第 3 次 2.5g；停食鸭灌服痢菌净水溶液，1.5～2mL/只，连用 4 次。个别少食、不食或病重鸭应单独灌服。

8. 生葶苈子粉 3g，分成 3 次，每 4h 加适量温开水调和灌服 1 次。预防量取生葶苈子粉 3g，1g/d，拌料，1 次喂完，连喂 3d。

9. 穿心莲、板蓝根各 6 份，蒲公英、旱莲草各 5 份，苍术 3 份。混合，粉成细末，加适量淀粉，用压片机压制成表面光洁、有一定硬度的药片（含混合生药 0.45g/片），烘干装瓶，1.35～1.80g/只，拌料喂服，3 次/d，连用 3d。

10. 六草丸。龙胆草、地丁草、紫草、鱼腥草、仙鹤草、甘草各等份。共为细末，加 2 倍量的面粉糊，搓成黄豆大药丸，晒干保

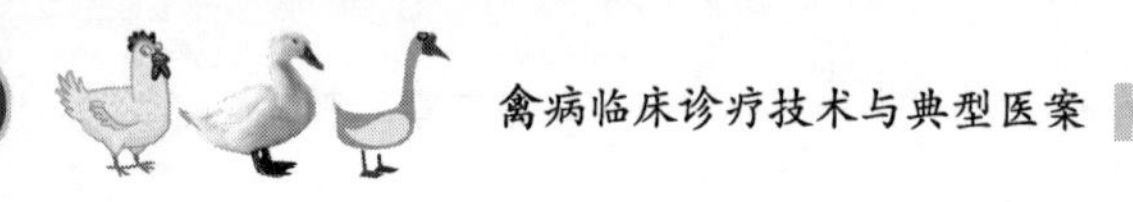

存。鸡群出现病鸡时即可投服，也可用其粉剂拌料直接喂服，成年鸭 4～5 丸/只，雏鸭减半，2 次/d，连服 7d；或每千克饲料中拌药 10g，喂服。共预防 840 只，有效率为 92%，无副作用及不良反应。(陈英模，T63，P40)

11. 禽药片。白芷 25g，藿香、木香各 50g，胡黄连 40g，乌梅 44g，黄柏 35g，苍术、半边莲、大黄各 30g，一见喜 100g，TMP6g，SMD30g，土霉素 30g，淀粉适量。制成 1000 片（含中西药 0.5g/片）。成年鸭治疗量 4～5 片/次，2 次/d；预防量 2.5～3.5 片/次，2 次/d；雏鸭量约为成年鸭的 1/5。

12. 用 γ-球蛋白防治鸭病毒性肝炎。其制备方法是：(1) 取化学纯硫酸铵 400g，加 60～70℃蒸馏水 500mL，搅拌溶解后置室温中冷却，有硫酸铵结晶析出时，其上清液即为饱和硫酸铵溶液（用 28%氨水将 pH 值调至 7.0，备用）。

(2) 无菌术采集本地健康鸭心血，待凝，趁新鲜离心制取血清。

(3) γ 球蛋白制备。①取鸭血清 80mL，加等量生理盐水，再加饱和硫酸铵溶液 160mL（硫酸铵浓度为 50%），边加边搅拌。②在室温下放置 30～60min，将混合物以 3000r/min 离心沉淀30～60min。③弃去上清液，加 80mL 生理盐水（与原血清等量）于沉淀中使之溶解，加 40mL 硫酸铵溶液（此时硫酸铵浓度为 33%），边加边搅拌。④在室温下放置 30～60min 后，以 3000r/min 离心 30min，去上清液，取沉淀物。③、④法重复 2 次。⑤将沉淀物溶于 8mL 生理盐水（为原血清量的 1/10），即为 γ-球蛋白液（含硫酸铵盐）。将其装入透析袋内，置 200 倍的生理盐水中，在 5℃下透析，换水 2～3 次/d。取袋内样品，加 1%氯化钡液至不产生白色沉淀或加奈氏试剂无黄色反应时即可，透析 24h 脱盐，加热 58℃除菌，用凝胶过滤法分离，灌封在 50mL 灭菌玻璃瓶备用。

健康鸭 0.5mL/只，病鸭 1mL/只，皮下注射或肌内注射。共治疗 450 例，治愈 390 例，治愈率为 86.6%。用于紧急预防效果甚佳，共预防 985 例，仅有 15 只鸭死亡，保护率为 98.5%。(胡

凯，T24，P61）

【防制】 在鸭养至45～60日龄免疫接种禽出败疫苗，成年鸭2头份/只，雏鸭1头份/只。首免后28d加强免疫1次，其后每4个月免疫接种1次。接种本菌苗时，不得喂服抗生素类药物，其前后3d不宜消毒，以免影响免疫效果。加强环境、栏舍卫生和定期消毒工作。

【典型医案】 1. 2009年11月22日，东营市六户镇养鸭户苏某的800只雏鸭突然死亡12只，疑是气温突然下降引起应激反应而死亡，用广谱抗生素拌料喂服治疗，2d后死亡数量急剧上升，3d共死亡76只。检查：病鸭羽毛蓬乱，头冠、肉髯呈紫黑色，缩颈嗜睡，扎堆，呼吸困难，口鼻腔流出黏液性分泌物，排灰绿色稀粪，头颈歪斜，头仰向一侧，角弓反张，行走无力。剖检病死鸭可见心冠状沟有密集的针尖状出血点，心包内有胶胨样渗出液；有的肝脏肿大、色泽变淡、质地变硬，表面有灰黄色或白色针尖状或粟粒大的坏死灶，皮下组织、腹腔脂肪、肠系膜、浆膜、生殖器官有大小不等的出血斑点；有的胸腔、腹腔、气囊有纤维素性或干酪样灰白色渗出液，整个肠道充血、出血；产蛋鸭卵黄囊破裂，腹腔脏器表面附着干酪样卵黄样物质。严重者肠内容物稀薄如水，混有血液，肠黏膜充血、出血，尤其十二指肠黏膜出血、水肿严重，泄殖腔黏膜有出血点。无菌采取病死鸭和濒死鸭的心脏、肝脏、脾脏等组织，触片，干燥后美蓝染色，1000倍显微镜下观察，可见数量较多、形态一致、两极着色深的革兰阴性球杆菌，多呈单个或成对存在。根据临床症状、病理变化和实验室检验，诊为巴氏杆菌病。治疗：取方药1，用法相同。用药3d，病鸭痊愈。（唐少刚，T167，P53）

2. 2007年9月11日，滨海县东坎镇某养鸭户的1200只36日龄北京鸭发病邀诊。主诉：整个鸭群采食量减少，其中有20余只鸭食欲废绝，精神呆顿，离群独处，不愿下水，强行驱赶下水则行动缓慢，第2天死亡7只。检查：病鸭精神沉郁，体温升高，羽毛粗乱，两翅下垂，缩颈厌食，嗉囊积食，喜饮水，口中流出黏液，有些病鸭摇头，腹泻较为严重，排气味腥臭的灰白色或铜绿色稀粪，病情严重者瘫痪，不能行走。剖检病死鸭可见肝脏肿大、质脆、表面有许多白色针尖大小的坏死点；脾脏肿大、质脆；肠道尤其是十二指肠呈卡他性和出血性肠炎，肠内容物血样；心冠脂肪、心外膜有点状出血；肺出血。无菌采取病死鸭的血液和肝、脾脏涂片，瑞氏染色，镜检，可见明显两极染色的球杆菌。根据临床症状、病理变化和实验室检验，诊为巴氏杆菌病。治疗：取方药 2，用法相同。服药第 3 天，除 5 只病重鸭死亡外，鸭群的精神状况和采食量基本恢复正常。（朱成玉，T149，P44）

3. 1996 年 11 月 5 日，荣昌县昌元镇观音桥某鸭场的 2000 余只、1.5kg 左右的天府肉鸭急性死亡，每晚死亡 40 多只。检查：病鸭体温 43℃，腹泻，粪呈青绿色，摇头，有的肢软，不愿行走，吃食减少，口渴，嗉囊积液，倒提时口流黏液。剖检病死鸭可见肝脏肿大、呈土黄色、表面布满针尖大小的灰白色坏死灶；心包积液，心冠脂肪出血，小肠充血、出血，肠内容物呈污红色。取病死鸭肝组织涂片，瑞氏染色镜检，可见典型的两极着色的短杆状菌。根据临床症状、病理变化和实验室检验，诊为鸭出败。治疗：取方药 3，用法相同。治愈率达 93.7%，疗效令人满意。（鲁华柏等，T128，P38）

4. 2003 年 10 月 20 日，平江县三阳乡养鸭户吴某的 2000 只成年水鸭突然发病，当天死亡 5 只，第 2 天死亡 16 只，第 3 天死亡 24 只，鸭群食欲减退，精神差；部分鸭呼吸困难，肢软无力，不愿行走，饮水增加，体温高达 43～44℃，腹泻，排灰白色和绿色稀粪。剖检 3 只病死鸭，并采取实验室镜检和细菌培养，23 日确诊为鸭出败。治疗：紧急接种禽出败弱毒冻干菌苗，2～3 头份/只。取黄连、栀子、穿心莲、板蓝根各 450g，黄芩、黄柏各 300g，麦芽、苍术、神曲各 1000g，甘草 200g。水煎取汁，拌料喂服，1 剂/d，连用 3d；不食者直接灌服。取恩诺沙星 50g，加水 100kg，饮服，连用 6d。在鸭群的饮水中加入 0.2%土霉素原粉，饮服，连用 5d。病情严重、饮食欲废绝者，每只鸭用青霉素 2 万单位，链霉素 3 万单位，肌内注射；或用长效抗菌剂，0.2～0.5mL/只，肌内注射，2次/d，连用2d。加强卫生和消毒工作，鸭舍、场地用石灰撒布消毒，1次/d。除治疗前死亡的45只外，其余鸭全部康复。（洪厚成等，T171，P59）

5. 1996年5月18日，石阡县国荣乡各岸村3组李某的100只肉雏鸭，有15只出现缩头、懒动、排绿色稀粪、呼吸困难等症状。当天，自用土霉素拌米饭喂服疗效不明显，病鸭增至20只，于19日邀诊。经过检查，诊为鸭霍乱。治疗：桐油10mL，大蒜泥10g，混合，浸泡2h，对不食雏鸭灌服绿豆大1粒，余药用大米饭150g拌匀，浸泡3h，给其余80只雏鸭喂服，2次/d。第2天，病鸭能自由采食，再未出现新病例。继续用药1d，全部治愈。（张廷胜，T103，P38）

6. 镇海县养鸭户陆某的243只康贝尔种鸭，因发生霍乱，4d内连续死亡邀诊。取痢菌净20mg/(kg·次)，灌服，2次/d，连服2d，疫情得到了控制。养鸭户徐某的1100只发生霍乱，取痢菌净10mg/(kg·次)，肌内注射，1次/d，连用2d，仅死亡6只，其余鸭康复。9d后又陆续发病，用土霉素、禽霍乱疫苗治疗才停止发病。（浙江省镇海县畜牧兽医站，T15，P42）

7. 1985年8月12～20日，南阳县王营村王某等21户的35只鸭出现霍乱，发病4只。8月13日，用方药8治疗，1.5g/(只·次)，用法相同，3次/d。预防量1.5g/次，连喂3d。用药第2天，病鸭病情平息，隔43d（即9月27日）又发生本病，死亡8只。当日下午给药1次，第2天康复。（刘永祥，T19，P61）

8. 1985年8月19～21日，常德县郑家湾村高某的150只鸭发病，死亡34只，8月22日又有62只发病，少食懒动，眼半闭，口流清水，翅尾下垂，排灰白色稀粪；有2只鸭左右摆头。剖检2只病鸭可见肝脏肿大、肝表面有坏死点；心包积液，心外膜有出血点；肠内空虚，肠黏膜有出血点。取心血、肝脏涂片镜检，可见革兰阴性杆菌。治疗：取方药9，1.8g/次，用法相同，3次/d，连用3d。服药后病鸭仅死亡4只，其余58只逐步恢复健康。同群其他

鸭也未再发病。(周辅成，T23，P55)

9. 1981年3月，洪湖县峰口乡魏沟大队的鸭发病死亡22只邀诊。检查：病鸭体温升高，精神差，排稀粪，减食或不食，剖检病死鸭可见肝脏肿大、表面有针尖大小白色坏死灶；心脏有小出血点；肺脏充血。治疗：取方药11，10片/(只·d)，用法相同，连服3d，痊愈。

10. 1982年7月13～27日，洪湖县万岭大队第5生产队黄某的815只鸭（其中蛋鸭250只）发病，死亡蛋鸭180只，雏鸭30只。治疗：取方药11，用法相同。服药4d，痊愈。(袁成新，T25，P63)

传染性浆膜炎

传染性浆膜炎是指鸭感染疫里默氏杆菌，引起以纤维素性心包炎、气囊炎、肝周炎等为主要特征的一种细菌性疾病。

【流行病学】 本病病原为鸭疫里默氏杆菌。通过污染的饲料、饮水或环境等感染，亦可经呼吸道、皮肤伤口感染。各品种的鸭均有易感性，以2～4周龄雏鸭最易感，偶见8周龄鸭发病。常因引进带菌鸭而流行，并取决于病鸭的日龄、环境以及病菌毒力和应激因素，死亡率5%～75%。

【主证】 病鸭突然发病，病初眼流浆性黏液性分泌物，眼周围羽毛粘连或脱落，鼻流浆液或黏液性分泌物，有时分泌物干涸，堵塞鼻孔，轻度咳嗽，打喷嚏，粪稀薄、呈绿色或黄绿色，嗜睡，缩颈或嘴抵地面，肢软，不愿走动或行走蹒跚，濒死期出现神经症状，如痉挛、摇头或点头，背脖和两肢伸直、呈角弓反张姿势，不久抽搐死亡。病程一般2～3d，日龄较大的鸭（4～7周龄）达1周以上；耐过鸭发育不良；病愈鸭对本病有抵抗力。

【病理变化】 除脱水和结膜发绀外，最明显的是心包腔内和肝表面纤维素附着（彩图47），渗出物中含有单核细胞和异染细胞；心外膜混浊、增厚，心包膜与心外膜粘连（彩图48)；纤维素性气囊炎，气囊壁混浊、增厚；腹腔积水；慢性病例可见纤维素化脓性肝炎和脑膜炎；脾脏肿大、表面有灰色斑点；干酪样输卵管炎和关节炎。

【治则】 清营解毒，泻热养阴。

【方药】 1. 清营汤加减。生地、玄参、竹叶、丹参、麦冬各100g，金银花、黄连各150g（为1000只鸭药量）。加水浸泡30min，文火煎煮30min，取汁加水至5000mL，饮服，雏鸭5mL/只；药渣再水煎取汁，供鸭群饮服，一般1剂即愈，重症者可连服1剂。

2. 假定健康鸭用白头翁150g，黄连、黄柏、黄芪各100g，秦皮、白芷各80g。研为细末，拌入100kg饲料中喂服，连用3～5d。共治疗256只，治愈248只，其中未出现神经症状198只，全部治愈；已出现神经症状70只，治愈60只，10只因病程较长，过度衰竭而死亡，治愈率达96.9%。

3. 氯霉素原粉，0.04～0.05g/kg，拌料喂服；或100mg/kg配成水溶液，饮服，2次/d；0.20～0.25g/L可溶性恩诺沙星溶液，饮服，2次/d；路路通片剂（江西明星兽药厂生产），雏鸭0.15g/次，青年鸭、成年鸭0.3g/kg，2次/d。同时，辅以维生素B糖粉或复合维生素。（江道和等，T97，P26）

4. 每吨饲料中拌入200g盐酸林肯霉素，喂服；或每50g“鸭疫康”加入80～120L清水中，让鸭自由饮用，连饮2～3d。（朱沙等，T112，P42）

【防制】 注意鸭舍卫生、通风、干燥，饲养密度要合理，平时应勤换垫草，转群时要全进全出，经常消毒，冬春季节要做好鸭舍的防寒保暖工作，避免各种应激因素发生。病鸭场要采取综合性预防措施，消除或切断传染源、传播途径和易感动物。本病常与大肠杆菌病并发，能使病情加重，因此要注意饮水清洁和环境卫生。

【典型医案】 1. 2008年9月16日，洪泽县养鸭户李某的2000只35日龄麻鸭突然发病邀诊。检查：大部分雏鸭眼流浆液性或黏性分泌物，眼周围羽毛粘连或脱落，鼻流浆液性黏液性分泌物，轻度咳嗽，打喷嚏，粪稀、呈绿色或黄绿色，嗜睡，缩颈或嘴抵地面，肢软，不愿走动或行走蹒跚，濒死期出现神经症状，当天死亡 36 只。根据流行病学、病理变化及临床表现，诊为传染性浆膜炎。治疗：取方药 1，用法相同。服药 1 剂，病情得到控制；继续用药 1 剂，病鸭康复，再未出现死亡。（赵学好等，T161，P60）

2. 2003 年 9 月 2 日，庆元县松源镇大济村某养鸭户从福建省某地购入 800 只雏番鸭，于 9 月中旬开始发病来诊。主诉：病鸭精神沉郁，缩颈，食欲减退或不食，双肢发软无力，站立不稳，剧烈下痢，粪为绿色或蛋清样，尾部轻轻抖摆，口腔有少量黏液，有明显的神经症状即转圈、倒退、跛行、摇头。曾用青霉素、链霉素治疗效果不理想，至 15 日死亡 16 只。检查：剖解病死鸭可见肝脏表面有白色纤维素渗出物覆盖，易剥离；心脏被白色纤维素渗出物覆盖，不易剥离；肺脏出血；气管呈浆膜性炎；脑膜出血。取肝脏直接抹片，瑞氏染色，镜检，可见两极染色的单个或成对排列短小杆菌。诊为传染性浆膜炎。治疗：将雏鸭分为发病鸭群和假定健康鸭群隔离饲养，对鸭舍、运动场彻底清洗消毒。假定健康鸭群取方药 2，用法相同，连用 3～5d。其中有 4 只鸭转入发病群治疗。病鸭群取丁胺卡那霉素 15mg，克林美注射液 0.25mL，地塞米松 1mg，肌内注射，1 次/d，连用 2～3d。用方药 2 中药拌料喂服；用速灭菌（广州天王动物保健有限公司生产，主要成分为阿莫西林）饮水，连用 3～5d，病鸭痊愈。（姚林宇等，T130，P33）

球虫病

球虫病是指鸭感染一种或数种球虫引起的一种寄生虫病。

【流行病学】 本病主要病原是毁灭泰泽球虫和菲莱氏温扬球虫，两者常常混合感染。病鸭或带虫鸭排出的球虫粪便污染土壤、饮水、饲料等，被鸭食入后感染发病。各种日龄的鸭均可感染，多发生于 3～5 周龄的鸭，以夏秋季节发病率最高。

【主证】 病鸭精神委顿，不食，缩颈，喜卧，饮欲增加，病初排暗红色或深紫色带血稀粪，耐过鸭逐渐恢复食欲，生长受阻，增重缓慢。慢性型一般不显症状，偶见腹泻，常成为带虫者。

【病理变化】 毁灭泰泽球虫感染，肉眼可见整个小肠呈泛发性出血性肠炎，尤以卵黄蒂前后范围的病变严重。肠壁肿胀、出血，黏膜上有出血斑或密布针尖大小的出血点，有的有红白相间的小点，有的黏膜覆盖一层糠麸状或奶酪状黏液，或有淡红色或深红色胶胨状出血性黏液。

菲莱氏温扬球虫感染，肉眼观察病变不明显，仅见回肠后部和直肠轻度充血，偶尔在回肠后部黏膜上可见散在的出血点，直肠黏膜弥漫性充血。

【治则】 清热利湿，凉血止痢。

【方药】 地榆、鲜刺苋菜、鲜凤尾草、白头翁各 50g，鲜铁苋菜、鲜旱莲草、鲜地锦草各 150g，甘草 20g（为 100 只鸭 1d 药量）。加水适量，煮沸 30min，取汁候温，让鸭自由饮服；严重者灌服，50～100mL/d，连用 3 剂。

【防制】 鸭舍保持清洁、干燥，定期清除粪便，防止饲料和饮水被鸭粪污染。饲槽和饮水用具要经常消毒。定期更换垫料，更换新土。

在球虫病流行季节，12 日龄鸭可用药物进行预防。

【典型医案】 1989 年 1 月 26 日，电白县羊角郎美开发果场的 2500 只 140 日龄浙江绍鸭，有 427 只突然发生球虫病邀诊。检查：病鸭突然发病，精神沉郁，羽毛蓬乱，缩颈多卧，饮欲增加，排血粪。剖检病鸭可见十二指肠有出血点；小肠中段、后段肿胀明显，有出血斑或出血点，肠内容物为暗红色或淡红色的黏液；卵黄蒂后的小肠黏膜出血严重，覆盖着一层糠麸样物。取病鸭粪，用 64.4%硫酸镁溶液调匀，用铜筛过滤，滤液经 3000r/min 离心 10min，用接种环取表层液置于载玻片上，加盖玻片镜检，发现有球虫卵囊。诊为球虫病。治疗：取上方药，用法相同，连用 3 剂。服药后，除 10 只死亡外，其余鸭痊愈，月内追访未见复发。（李华平等，T38，P48）

丝虫病

丝虫病是指鸟蛇线虫寄生于3～8周龄幼鸭皮下结缔组织，引起以咽部、颈部、肢部等处皮下出现圆形结节为主要特征的一种病症。

【流行病学】 本病流行于多水幽、死水池、塘、堰、囤水田之丘陵地带。5～9月为流行季节。天旱、水温高、水流动性不大时，可提前于4月中旬发生。一年两次流行（5月份前后和8月份前后）。不同品种的鸭均易感染，多发于30日龄以下的雏鸭，50～60日龄鸭少见。雏鸭在水中吞食了寄生有鸭丝虫幼虫的蚤后，染性幼虫从蚤体中逸出，行至鸭的下颌处或肢部皮下组织中形成包囊。

【主证】 病鸭下颚、颈部、眼周围、腹部、肢部等处皮下结缔组织内形成瘤样肿胀，初期如豆大、较硬，之后逐渐变大、变软，患部呈紫色。肿胀发生在眼周围，导致结膜外翻，有的视力丧失；肿胀发生在颈部，鸭采食困难；肿胀发生在肢部，鸭行走困难或不能站立，发育迟缓，消瘦。

【病理变化】 切开紫色的瘤样肿胀可见白色液体流出，镜检可见大量幼虫，同时见成团的白色细线状虫体活动。

【治则】 驱虫，杀虫。

【方药】 了哥王茎皮500g，捣烂后加入适量清水，拌料喂服（为200只鸭药量）。

【防制】 由于鸭鸟蛇线虫的中间宿主是剑水蚤，应尽量减少鸭与剑水蚤的接触。病鸭必须隔离治疗，在治疗期间不要在水池、水塘中放牧，以免传播病原。

【典型医案】 1. 1987年6月，茂名市茂南区山阁镇养鸭户李某的200只北京白鸭，养至22日龄时发生丝虫病，大部分鸭下颌肿胀（个别有鸽蛋大），食欲减退，呼吸困难，用刀切开肿胀部位有大小不一的丝虫。诊为丝虫病。治疗：取上方药，用法相同，连服2剂。患部肿胀逐渐消退，4d后痊愈。

2. 1987 年 10 月，茂名市茂南区公馆镇陈某的 300 只本地鸭，养至 27 日龄时部分鸭出现下颌、肢部肿胀，跛行，食欲减退，呼吸困难，死亡 13 只。诊为丝虫病。治疗：取上方药，用法相同，连服 3 剂。5d 后病鸭全部恢复正常。（李欧才，T43，P16）

绦虫病

绦虫病是指鸭感染绦虫而引起的一种肠道寄生虫病。

【流行病学】 本病病原为矛形剑带绦虫、冠状膜壳绦虫、片形皱褶绦虫等。病鸭和带虫鸭为传染源。健康鸭吞食含有似囊尾蚴的剑水蚤或带虫螺经消化道感染。

【主证】 病鸭精神沉郁，两翅下垂，被毛逆立、无光泽，行动迟缓，腹泻，粪呈黄白色水样、混有黏液、气味恶臭。

【病理变化】 肠道黏膜严重出血，肠道内有绦虫，虫体呈乳白色、扁平的竹节状，大多集结于小肠内。

【治则】 攻逐积虫，利湿健脾。

【方药】 槟榔灭绦汤。槟榔、木香、白茯苓、泽泻各 300g，贯众、红石榴皮、炒枳壳、川大黄各 280g（为 1400 只成年鸭药量）。水煎取汁，候温饮服，1 次/d，连用 3d。服药前禁止饮水。

【防制】 在春季鸭群下水前和秋季终止放牧后驱虫 2 次。放养鸭池塘要保持清洁、干净，定期消毒。有条件的可定期轮换放养。粪便应发酵 1 个月，以杀灭虫卵。对鸭舍地面、四周墙壁（离地面 35cm 以内）及所有用具用 5%新配制的石灰水消毒。

【典型医案】 1995 年 4 月 8 日，奉贤县胡桥乡永革 3 队陈某携 5 只病死鸭来诊。主诉：自养的 1500 只 1 岁龄蛋鸭，于 3 月底开始发病并出现死亡，日渐增加，产蛋量减少，4 月 3 日凌晨突然死亡 40 多只。检查：病鸭排黄白色水样稀粪，精神沉郁，两翅下垂，被毛逆立、无光泽，行动迟缓，曾用土霉素、灭败灵等药物治疗无效。另一棚饲养的雏鸭未发病。剖检病死鸭可见尸体消瘦；肠黏膜有大量炎性分泌物及紫红色出血点，小肠黏膜均散在均匀的黄

白色结节，并有活动的节片状绦虫充塞肠道、呈白色；其他脏器未见异常病变。诊为绦虫病。治疗：取上方药，用法相同，痊愈。（还庶，T82，P24）

稻曲菌毒素中毒

稻曲菌毒素中毒是指鸭采食被稻曲菌及其毒素污染的饲草（料），引起以腹泻、发热、呕吐、中枢神经兴奋或麻痹、呼吸急促、心跳加快等为主要特征的一种病症。

【病因】 鸭采食被稻曲菌及其毒素污染的饲草、饲料（如发霉的谷康、稻谷、稻草）等引起中毒。

【主证】 病鸭精神萎靡不振，步态僵硬，行走摇摆，食欲减退或废绝，日渐消瘦，腹泻，流涎，呕吐，呼吸急促，中枢神经兴奋或麻痹，饮欲增加；张口呼吸，有气管啰音，喜卧怕冷，羽毛松乱，翅下垂，眼睑肿胀，结膜黄染，贫血。

【病理变化】 胃肠黏膜出血，肺脏、脾脏出血，肝脏肿大；淋巴结充血、水肿；心外膜及心内膜多有出血；胸腹腔有较多透明黄色液体；泌尿道、脑膜脑皮质出血。

【治则】 清肠排毒，对症治疗。

【方药】 黄连、穿心莲、白头翁、仙鹤草、黄芪、陈皮、甘草、知母、熟地黄、大黄各10g，硫酸钠、滑石各20g，石膏30g。水煎取汁，候温，加豆浆2000mL，白糖100g，大蒜（捣烂）50g，灌服，1剂/d，分3～4次服完。

重症者行嗉囊手术切开排毒，再取上方药量的1/15～1/10，用法相同。球红霉素20～30单位/（kg·d），灌服，分3次服完。补液盐半包（葡萄糖4.4g，氯化钾0.3g，氯化钠、碳酸氢钠各0.7g），溶于300～1000mL凉开水中，让鸭分多次饮服。

经过2～3d治疗，肠道毒物基本排尽，取地芬诺酯0.5mg，灌服。中药方减去硫酸钠，加诃子、白芍各1～3g，用法同上。经4～6d治疗即获痊愈。

【防制】 喂料前，将感染稻曲病的谷或糠先用清水淘洗数次，再煮沸15min，即可杀死稻曲菌；或采用酒曲或盐水发酵（酒曲或盐水0.5kg，谷或糖50kg），可达到消毒预防的目的。

【典型医案】 2000年10月25日，天柱县社学乡社学村吴某的15只土鸭（约1.5kg/只）因不食邀诊。检查：病鸭均有不同程度的腹泻，流涎，行走不稳，有的颈部肌肉痉挛。检查鸭的饲料，均是发生严重稻曲病的谷物。诊为稻曲菌毒素中毒。治疗：取上方药，用法相同。除2例病重鸭死亡外，其余鸭均获痊愈，其中3d痊愈4例，4d痊愈7例，5d痊愈2例。（伍永炎，T128，P31）

肉毒梭菌中毒

肉毒梭菌中毒是指鸭误食含有大量肉毒梭菌毒素的变质饲料，引起以头下垂、头颈软弱无力、全身麻痹为特征的一种高度致死性疾病。

【流行病学】 肉毒梭菌广泛存在于土壤、粪便及腐败的尸体、饲料中，鸭误食大量含有肉毒梭菌毒素的变质饲料、河塘死亡鱼虾或畜禽腐尸及腐尸上的蛆虫等引起中毒。本病不具有传染性，在鸡、鸭、鹅中均有发生，尤其是放牧鸭群。

【主证】 急性，病鸭共济失调，全身性麻痹，肌肉松弛，卧地俯伏，摇头伸颈，又称“软颈病”，病程1～24h，死亡率达100%。慢性，病鸭行走困难，双目半闭，流泪，瞳孔放大，反应迟钝，吞咽困难，羽毛易脱落，后期排水样稀粪，最后全身麻痹昏迷死亡，病程2～4d。

【病理变化】 部分病鸭心外膜、心脏冠状沟、胃肠黏膜有不同程度的针尖状出血点；肺脏有轻度水肿和气肿；气管有少量泡沫液体和渗出物；重症者肠道充血、出血。

【治则】 抗菌消炎，护肝解毒。

【方药】 生甘草、绿豆各1000g，防风450g，穿心莲400g，黄糖适量（片糖、蜜糖、葡萄糖均可）。水煎取汁，候温，自由饮服或灌服。药渣加水再煎煮1次，取汁次日饮服。一般服药后24h见效，疗效可达85%左右。

【防制】 注意放牧池塘卫生，不使用腐败的饲料喂鸭，以防止本病的发生。（夏顺华等，T151，P21）

输卵管炎

输卵管炎是指母鸭的卵巢、输卵管和腹膜发炎，严重者导致卵泡变形、充血、出血甚至破裂的一种病症。

【流行病学】 鸭舍卫生条件差，泄殖腔被细菌（如白痢沙门菌、副伤寒杆菌、大肠杆菌等）感染侵入输卵管；或饲喂动物性饲料过多，产蛋过大或产双黄蛋，蛋壳在输卵管内破裂，损伤输卵管；或产蛋过多，饲料中维生素A、维生素D、维生素E等缺乏导致输卵管发炎。

【主证】 病鸭精神不振，体温升高，鸭冠苍白，产蛋量下降，有的停止产蛋，或产软壳蛋，破蛋增多，产蛋后卧地不起，排乳白色蛋清样或白绿色稀粪，泄殖腔突出。

【病理变化】 输卵管黏膜充血、出血、水肿，内有大量黏液性白色分泌物或异形蛋样渗出物，泄殖腔处有1～2个形成完好未产出的蛋，有的腹腔处肠道粘连。

【治则】 泻火利湿，清肝胆。

【方药】 龙胆泻肝汤。龙胆草、栀子、黄芩、柴胡、车前子、泽泻、木通、当归、大黄、黄柏、菊花、赤芍、丹皮各150g，金银花、连翘、生地黄各235g，甘草90g（为1500只鸭药量）。水煎取汁，候温饮服，1剂/d，连用5d。

【防制】 加强饲养管理，改善鸭舍卫生条件，合理搭配日粮，适当饲喂青绿饲料。由于本病大多由细菌感染引起，痊愈后的鸭不宜留作种用。

【典型医案】 2005年3月20日，蛟河市新站镇养鸭户邱某的1500只蛋鸭，产畸形蛋、薄壳蛋、石灰蛋并逐渐增多（达20%），曾用阿莫西林、恩诺沙星等药物治疗略见好转后又复发，再用抗生素治疗无效。根据临床症状及病理变化，诊为输卵管炎。治疗：取上方药，用法相同，连用5d，病鸭畸形蛋降至5%以下。(李敬云，ZJ2005，P477)

瘫　痪

本病指雏鸭瘫痪，是雏鸭发生以精神萎靡不振、不愿行走或不能站立、卧地不起、两肢后伸等为主要特征的一种病症。2～4周龄的鸭多发。

【流行病学】 本病病因较为复杂，有传染病、寄生虫病和营养代谢病引发。资料表明，以烟酸等维生素缺乏为主引起全瘫的占85%；伤寒、副伤寒等疾病引起的占10%；风湿、外伤以及维生素D_3缺乏等致病因素引起的占5%。病雏鸭普遍发生于9～13日龄，绝大多数严重者为全瘫。

【主证】 雏鸭突然发病，病初眼和鼻孔有浆液性或黏液性分泌物，粪稀、呈黄白色或绿色；中期病鸭嗜睡，缩颈，肢软弱无力，不愿走动或行走蹒跚，多数病鸭呈瘫痪状，不食或少食，饮欲增加，濒死前出现神经症状（如痉挛或点头、摇头、两肢伸直），呈角弓反张姿势，尾部轻轻摇摆，最终因痉挛、抽搐而死亡。

【病理变化】 全身浆膜表面有纤维素性渗出物，呈纤维素性心包炎、肝周炎、气囊炎；急性病例心脏心包液增加，心包膜表面覆有纤维素性渗出物，病程长者心包裹有淡黄色纤维素，使心包膜与心外膜粘连，形成纤维素性心包炎；肝脏表面覆盖一层灰白色或灰黄色纤维素膜，极易剥离、呈土黄色、肿大、实质较脆；多数气囊膜增厚、混浊，常与胸膜壁粘连。

【鉴别诊断】 本病与鸭大肠杆菌败血症、沙门菌病、巴氏杆菌病、衣原体感染均相似，须经细菌分离和鉴定加以区别和诊断。

【治则】 祛湿散寒，补充B族维生素。

【方药】 泛酸钙8mg/kg，烟酸5mg/kg，上海多维10mg/kg，

拌料喂服；同时加喂麸皮、各种谷类、葵花饼、新鲜蔬菜等；中药取独活、桑寄生、秦艽、芍药各100g，防风18g，细辛、川芎各13g，当归16g，干地黄、杜仲各110g，党参、茯苓各120g，甘草15g（为1500只鸭药量）。水煎取汁，候温饮服，1剂/d，上午、下午各煎1次，1h内饮完，连用2d。

【防制】 严格按程序进行防疫，对应接种的疫苗要及时接种，如禽流感疫苗、鸭瘟疫苗、鸭传染性肝炎疫苗等。对免疫过的雏鸭必要时再投喂抗病毒等药物，以增强机体的抗病能力。鸭场应及时清扫、消毒，勤换垫料，鸭舍要干燥、通风、保湿、防雨、防晒，加强鸭舍的防风保暖。要科学地配制饲料，自配料应选择可靠的添加剂，特别是优质的钙粉、胆碱、多种维生素、微量元素等。

【典型医案】 2003年3月17日，禹州市花石镇东磨合村李某的1500只种蛋雏鸭发病邀诊。主诉：买回的鸭第3天全身瘫痪，眼圈黑，15日死亡7只，16日死亡40只，现存活1453只。检查：病鸭全身瘫痪，眼圈黑，体温40.5℃，呼吸50次/min，心率218次/min。剖检病死鸭可见卵黄吸收不良，无其他肉眼可见病变。病理组织学检查未见异常，病原微生物学检查未见致病菌。根据临床症状、病理变化和实验室检验，诊为瘫痪。治疗：取上方药，用法同上，连用2d。第3天病鸭痊愈。（杨保栓，T122，P29）

脚 肿

本病指雏鸭湿热脚肿，是雏鸭感受湿热邪毒，引起以脚部肿胀、灼热、疼痛为特征的一种病症。多发生于2～8周龄的鸭。夏秋季节多发。

【病因】 多因饲养管理不善，雏鸭进入烈日晒烫的水田、池塘及沼泽，或暴雨洪水之后，气候炎热，雏鸭误入息潮湿地，湿热熏蒸两肢，致使腠理营卫不和而肿胀；湿邪入里犯脾，运化失常，食欲减退；湿邪重浊，致鸭喜卧懒动，不愿下水，常独卧于地。

【主证】 病初，病鸭脚温升高、无肿胀，羽毛蓬松。随着病情发展，两脚或单脚红肿、灼热，迈步艰难。后期脚肿而不热，食欲废绝，多于1～2周内死亡。2周龄以下者脚多无肿胀，以两脚或单脚拘痹为主，病程较短，多于1周内死亡。

【治则】 清热除湿，利水消肿。

【方药】 三妙散加味。黄柏、苍术各30g，牛膝、石菖蒲各100g，滑石200g。将苍术用米柑浸泡4h，捞出后文火炒干，再加黄柏同炒，炒至黄柏切面呈微黑色即可，将滑石、牛膝、石菖蒲暴晒2～3h后与前药混合，磨细过筛备用。50g/次，拌入米饭中喂服，2次/d。病重者取少许药用米粥调湿，制成豌豆大丸剂，喂服，2粒/(次・只)。同时，全群鸭喂服干酵母6g/d。共治疗88只，治愈74只，治愈率达84.09%。

【防制】 加强饲养管理，防止鸭进入暴晒的池塘、稻田、涝池等；炎热季节将鸭赶至阴凉处。

【典型医案】 1953年7月23日，峨眉县符溪乡符平5组易某的93只42日龄雏鸭患病邀诊。主诉：鸭群原放牧于符坟河里，7月14日14时因无人看管，鸭群进入洪水退后被太阳晒烫的淤泥里约半小时；15日，雏鸭食欲减退，精神差，有的尾羽沉水；18日晨数只鸭脚肿，喂服磺胺二甲基嘧啶、土霉素治疗无效，肿脚鸭越来越多，晚上死亡3只。检查：病鸭食欲减退，病重者部分翼羽和颈羽沉水，行游无力，粪溏稀。37只鸭肢肿，其中两肢肿大16只，单肢肿大21只，肿胀主要在趾部，以附关节为甚；病重者蹼和小腿均肿大、灼热、跛行，不愿着地。诊为湿热脚肿。治疗：取上方药，用法相同。30日，鸭群食欲恢复正常，37只肢肿鸭肿胀全消22只，消散明显9只，稍见消散4只，死亡2只；对仍肿胀的13只继续用药至8月7日。8月24日随访，脚肿鸭全消的33只无复发，无后遗症；2只鸭脚肿未能全消，有跛行。(侯云福，T19，P53)

蛋鸭疲劳综合征

蛋鸭疲劳综合征是指蛋鸭在产蛋高峰期，由于营养缺乏等引起

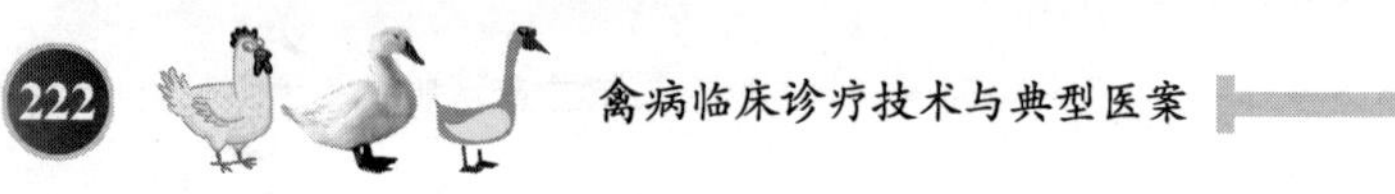

以产蛋率下降、蛋小壳薄、蛋壳有麻点易碎、羽毛蓬松、散乱掉毛、步履蹒跚甚至瘫痪为特征的一种病症。多发生在产蛋高峰期。

【病因】 长时间高产突遇天气炎热或骤冷，营养缺乏加之外感风邪，导致蛋鸭元气亏损，气血俱虚，肾阳虚衰而发病。

【主证】 起初蛋壳上有麻点，蛋小。病鸭夜间不安静，行走不稳，步履蹒跚，白天不愿下水。随着病程发展，产蛋率下降，有时仅为50%；有些鸭瘫痪。发病早期病鸭羽毛松乱、无光泽。

【病理变化】 肝脏、心脏、脾脏正常；腹腔积水；肾脏略肿大；十二指肠黏膜充血；皮下脂肪减少。

【治则】 补气益肾，健脾和胃。

【方药】 黄芪、白芍各200g，补骨脂、山楂、山药各180g，益母草90g，当归220g，神曲150g，淫羊藿、甘草100g。混合粉碎，前5d按2%拌料喂服，以后按1%添加饲喂直至康复。瘫痪鸭静脉注射葡萄糖酸钙，15mL/只。饲料中添加优质骨粉和石粉。速效多维，加入水中任蛋鸭饮服。

【防制】 加强饲养管理，饲料应保质、保量，特别是鱼粉、骨粉、多维素等营养物质要足量供应。产蛋期间做好防寒、保暖、降温防暑，让蛋鸭定时下水，定时采食。饮水要干净卫生，避免惊扰刺激。一旦发现羽毛蓬松散乱、无光泽、掉毛、产蛋率下降等情况，应加大蛋白质、维生素和矿物质的用量，尤其是鱼粉及维生素A、维生素D和钙磷的用量。产蛋高峰期，每隔10d在饲料中添加1%的淫羊藿、黄芪粉（其中黄芪6份，淫羊藿4份），连用3～5d。

【典型医案】 2004年11月中旬，商丘市郊区张庄村张某的1100多只绍兴麻鸭发病邀诊。主诉：14日夜由于气候突变，鸭棚防寒保暖设施不完善，使蛋鸭受寒。第2天蛋鸭采食量下降，随后产蛋量也急剧下降，个别鸭出现瘫痪。检查：鱼粉质量低劣，骨粉掺有石粉。病鸭群羽毛蓬乱、无光泽，倦怠，畏光怯生，不愿下水，强行驱赶下水在水中逗留时间很短。鸭蛋小、蛋壳薄有麻点，破损蛋多。诊为蛋鸭疲劳综合征。治疗：先给瘫痪鸭静脉注射葡萄

糖酸钙，15mL/只。注射 30min 后，1/3 瘫痪鸭能够站立行走；3h 后 80%瘫痪鸭能够站立，绝大部分瘫痪鸭当天能够站立。随后饲料中添加 2%上方药，连用 5d，之后按 1%用量连用 10d。同时提高鱼粉的质量，骨粉更换成优质骨粉，大群鸭连饮 2d 速效多维。经上述治疗，蛋鸭在 11 月末产蛋率上升至 85%，瘫痪鸭绝大多数痊愈。(王中华，T139，P54)

强制换羽

强制换羽是指蛋鸭（或肉种鸭）完成一个产蛋周期或因其他原因需要停产时，采取人工方法使鸭群迅速大量脱换羽毛的一种过程。

换羽是鸭的一种自然生理现象，无论是公鸭还是母鸭，每年都要更换 1 次羽毛。鸭自然换羽时间较长，一般需要 4～5 个月，而且鸭群换羽时间有先有后、恢复产蛋也有快有慢，换羽期内产蛋量少，种蛋品质下降。通过人工强制换羽，能够使鸭群换羽整齐、缩短休产期，促使鸭群提前开产和集中产蛋。强制换羽可以延长母鸭的利用期，有利于根据市场需求变化调节商品蛋的供应。

【主证】 鸭群产蛋量减少或停止产蛋，体重下降，羽毛脱落或更换新羽毛。

【病理变化】 卵巢等生殖器官萎缩，卵泡萎缩。

【治则】 扶正祛邪，增强抵抗力。

【方药】 五草饮。益母草、稗子草、三叶草各 500g，鱼腥草、车前草各 250g（为 500～800 只鸭 1d 药量）。水煎取汁，候凉饮服。冬、春季节可加入适量板蓝根、芦根、艾叶、柳枝等；夏、秋季可重用鱼腥草、三叶草、白茅根、蒲公英、野生地、蝉蜕等；用于醒抱时可加入适量薄荷、生地、冰片等，注意重用益母草、薄荷。药液饮用配合洗浴为佳。

【防制】 鸭舍遮黑，减少光照时间。待鸭群基本恢复正常后再除去遮黑装置，恢复正常光照，进行正常饲养管理。

【典型医案】 光山县某鸭场用五草饮饮水5～7d，洗浴池投放五草饮给2800只蛋鸭行人工强制换羽，鸭群的整个换羽期由自然换羽4～5个月缩短到45～55d，在拔毛后4～5周鸭开始产蛋，总体生产能力是第1个产蛋年的86%，持续产蛋10个多月。（罗国琦等，T122，P22）

临床医案集锦

【百虫灵中毒】 务川县浞水镇裕民村申某约50kg饲料因生虫，用百虫灵（重庆净化化工厂生产）15g溶于水中拌入饲料中杀虫。施药3d后喂1日龄雏鸭20只，食后约1min全部发病邀诊。检查：病鸭轻者呕吐，口流白色涎液，腹痛；重者运动失调，呼吸困难，瞳孔缩小，抽搐，全身痉挛，体温降低。治疗：韭菜约0.5kg（1把），取汁与水混匀（1∶1），用注射器灌服，5mL/只。灌服韭菜汁的10只雏鸭0.5h左右即康复，另10只雏鸭因将盛韭汁器具撞翻，制备来不及而未灌服，全部死亡。（申修义等，T80，P39）

【河豚中毒】 1987年5月8日，三门县王家村养鸭户王某的鸭群，在河港放牧时有8只鸭误食少量河豚内脏，1h后即出现明显腹泻，饮水增加，两肢无力，运动失调，精神沉郁，低头呆立，羽毛蓬松，两翅下垂，叫声嘶哑，呼吸困难。剖检病鸭可见嗉囊内有鱼腥气味，嗉囊、肌胃和肠道有轻度出血性炎症；肝脏高度肿大、呈暗红色；胆囊肿大；心脏、肾脏有散在出血点；肺脏肿大、呈深红色。治疗：取新鲜胡葱，洗净，捣成糊状，喂服，25g左右/只，1次治愈。（侯学云，T32，P63）

【锰中毒】 2007年9月16日下午，内黄县某蛋鸭养殖场的4000只35龄江南Ⅰ号蛋鸭发生急性死亡邀诊。主诉：15日下午至16日中午共饲喂添加0.3%硫酸锰的饲料3次，16日下午2时发现鸭死亡，2～4时死亡20余只。检查：鸭群精神不振，喜饮水，少部分病鸭呕吐，不断从口中流出黏稠状液体，排白色稀粪，陆续有病鸭死亡。剖检病死鸭可见嗉囊内无饲料，有大量黏稠状液体；

腺胃黏膜脱落、呈卡他性炎症；十二指肠和小肠肿胀，外表充血、呈暗红色，肠管内肠黏膜脱落，与肠液混合呈透明状黏稠液体；心肌有少量出血点；肝脏高度肿胀，约为原来的1.5倍，瘀血、呈黑紫色，切开肝脏有半凝固状黑紫色血液；肾脏肿大、呈黑紫色，切开有黑紫色瘀血；输尿管有白色尿酸盐沉积，堵塞输尿管；直肠末端有未排出的白色稀薄粪。治疗：停止饲喂添加硫酸锰的饲料，改喂原来的配合饲料；给鸭群提供充足的清洁饮水，在饮水中加入2%葡萄糖，每100L水中再加入维生素C 10g；取甘草、防风各0.5g/(只·d)，加水煮沸后取汁，将药液加入饮水中供鸭全天饮用，并添加电解多维以增强鸭的抵抗力。共治疗2d，鸭的死亡数量明显减少，5d后鸭的病情得到控制并逐渐康复。（尹瑞方等，T149，P62）

【霉变饲料中毒】 2005年4月7日，禹州市白沙水库旁养鸭户任某的250只鸭患病邀诊。主诉：雏鸭买回第9天发现部分鸭呼吸困难，角弓反张，眼结膜潮红流泪并很快死亡。检查：剖检病死鸭可见肝脏坚实、表面粗糙、呈棕黄色，呈现结节性肝硬化；主要病变在肺和气囊，有的在肋膜和肠系膜形成特征性的霉菌结节，结节大小不等，为粟粒至绿豆大，呈黄白色、灰白色或淡黄色，质地稍柔软、有弹性，切开时内容物呈干酪样，似有层次结构，中心干酪样坏死，有黑色、紫色、灰白色干酪区；气囊浑浊增厚，可见大小不等的霉菌斑。采取病死鸭的肝、脾组织涂片镜检，没发现其他致病菌。采取压片法，发现曲霉菌菌丝体和分生孢子。诊为霉变饲料中毒。治疗：取制霉菌素，雏鸭3～5mg/(只·d)，拌料喂服；病重者适当增加药量，直接喂服。第5天，病鸭病情得到控制。(杨保栓等，T136，P38)

第三章 鹅 病

口 疮

口疮是指鹅口腔感染真菌，引起口腔黏膜形成白色伪膜的一种病症。

【病因】 由真菌感染引起。

【主证】 病鹅食欲减退或废绝，口腔、咽喉黏膜被覆一层淡白色的伪膜与之粘连而导致吞咽困难，颈伸直，触诊有痛感。濒死期出现痉挛或转圈运动等神经症状。

【治则】 敛疮生肌，防腐消毒。

【方药】 立即隔离病鹅，鹅舍用10%石灰水消毒。取适量1%硫酸铜溶液，灌服；仙人掌5～10g，去刺捣烂后喂服，1次/d，连用1～3d。剥离咽喉部伪膜，涂75%酒精消毒。病鹅呼出的气体若有臭味或伴有消化不良症状时，可饮服2%硼酸溶液，或5%人工盐溶液。（于华光，T88，P32）

感 冒

感冒是指鹅受风寒侵袭，引起以鼻炎、结膜炎、咳嗽和呼吸加快为特征的一种病症。多发生于雏鹅。

【病因】 由于气候冷热无常，管理不当，鹅在放牧时受风雨侵袭；育雏室通风不良，室内氨气、二氧化碳浓度过大；或饲料中缺乏维生素 A 等，均可降低鹅机体抵抗力而发病。

【主证】 病鹅精神沉郁，食欲减退，消化不良，羽毛松乱，缩头倒地，下痢，鼻腔流浆液性渗出物，眼结膜发红，流泪，张口呼吸，为了排出鼻液而不时摇头，呼吸不畅而发出嗞嗞声。严重者两肢麻痹，食欲废绝，不能站立，呼吸音更加粗粝，最终因过度衰弱而死亡。

【病理变化】 鼻腔黏液积聚，喉部有炎性病变，有多量的黏液；肺脏水肿，气管、支气管充血、出血；气囊浑浊；鼻腔、气管内有浆液性渗出物；心内膜、心外膜有出血点，纤维素性心包炎；肝脏肿大、瘀血；胆囊充盈；肠黏膜充血和出血；有些病例肺呈紫红色或紫黑色。

【治则】 解热镇痛，抗病毒。

【方药】 取适量营养较好的饲料，用少量胡椒与白酒拌和，喂服；或用度数较高的白酒喷洒鹅舍以刺激血液循环；或取适量蒜皮，捣碎，加红糖，开水冲调，候温灌服；也可用风油精滴鼻，2 次/d，2～4 滴/次，用量视鹅体大小而定。

【护理】 保持鹅舍干燥、温暖，室温应保持在 30～32℃，防止贼风侵袭。勤换垫草。放牧时要注意天气变化，雨天停止放牧；放牧时间除夏季外不宜太早，以免受风受寒。严冬遇恶劣天气要及时将鹅群赶进舍内避风避寒，夏天要防止风吹雨淋。（于华光，T88，P32）

中　暑

中暑是指鹅在炎热夏季发生以呼吸急促、体温升高、头颈扭曲、颤抖为特征的一种病症，俗称张口症。以雏鹅最为常见。

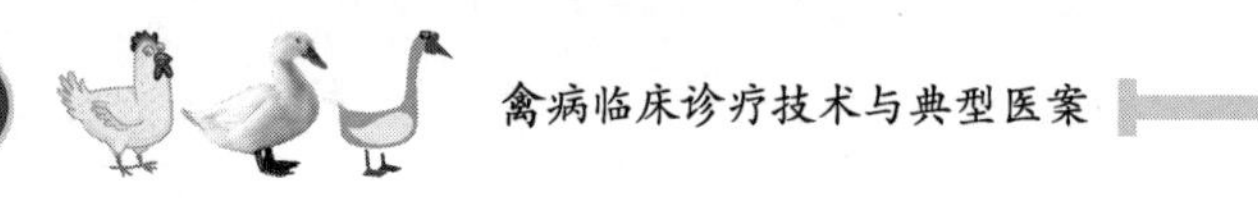

【病因】 由于天气炎热，气候潮湿，栖息场所无遮阳设施，或鹅群长时间在烈日下放养或行走在灼热地面上，机体失水较多而发生日射病；饲养密度大，环境潮湿，饮水不足，鹅舍通风不良、闷热，或鹅群长时间饲养在高温环境中，体内热量难以散发而发生热射病；鹅群（尤其是雏鹅）在烈日直射下暴晒，放牧时被雨水淋湿后又立即赶进鹅舍引起中暑。

【辨证施治】 本病分为日射病、热射病和中暑。

（1）日射病　多以神经症状为主。病鹅烦躁不安，颤抖，有些病鹅乱蹦乱跳甚至在地上打滚；体温升高，眼结膜发红，痉挛，最后昏迷倒地而死亡。

（2）热射病　病鹅呼吸急促，张口伸颈呼吸，翅膀张开、垂下，口渴，体温升高，打颤，行走不稳，痉挛，昏迷倒地，常引起大批死亡。

（3）中暑　病鹅突然倒地，成年鹅头颈向左后方扭曲90°，昏迷，惊厥；雏鹅头前倾后仰，站立不稳，欲站即倒，严重者引起死亡。

【病理变化】 日射病死鹅大脑和脑膜充血、出血和水肿。热射病死鹅大脑和脑膜充血、出血，全身静脉瘀滞，血液凝固不良，尸冷缓慢。中暑死鹅肝脏呈棕红色；肺脏呈粉红色；肾脏呈红褐色、不肿胀，无尿酸盐沉积；脾、胰、卵巢、肠均无异常。

【治则】 清热解暑，防暑降温。

【方药】 轻者，发病后立即移至阴凉处，至病鹅能采食后喂以嫩草及清洁饮水。重者，同时灌服童便10～15mL，或人丹3～5粒，连用2～3次；也可灌服十滴水2～3mL，然后适量饮以洁净水。

【防制】 高温季节尽量避免在烈日下放牧；鹅群饲养密度不宜过大，运动场要有树荫或凉棚遮阴，鹅舍要通风良好，供给充足、清洁的饮水；夏天放牧应早出晚归，避免中午放牧，应选择凉爽的牧地放牧。

鹅群发生中暑应立即进行急救。将鹅赶入水中降温或赶到阴凉

处休息，供给清凉饮水；或将病鹅赶到水中短时浸泡，然后喂服酸梅冬瓜水或红糖水解暑。（于华光，T88，P32）

痧 症

痧症是指鹅发生以精神沉郁、体温升高、虚脱及昏迷为特征的一种病症，俗称发痧。

【病因】 由于饲养管理不当，气候时冷时热，或长期受风雨侵袭，或休息时间少、放牧时间过长而发病。

【主证】 病鹅精神沉郁，不食，呆立一隅，嗜卧昏睡，两眼半闭，体温升高1～2℃，有的喜饮水，间歇性不安。

【治则】 祛风解表。

【方药】 雷击散。细辛、藿香各10g，朱砂7g，雄黄20g，枯矾2g，白芷3g，猪牙皂、桔梗、防风、木香、贯众、陈皮、薄荷、半夏、甘草各5g。共研细末，装瓶备用。5kg以上者3～4g/(只·次)，5kg以下者2～3g/(只·次)。用针或树枝于翅下静脉放血，开始血为黑色，放至红色时为止。针孔涂以酒精（无酒精时用高度白酒或桐油）以防感染。放血的同时，可拔翅毛2～3根，尾毛3～5根，以增强血液循环，提高疗效。

【防制】 加强饲养管理，将病鹅移至阴凉通风处休息。（于华光，T88，P32）

消化不良

消化不良是指因饲喂不当引起鹅消化功能障碍和腹泻的一种病症。

【病因】 多因饲喂量过大，饲料中粗纤维过多不宜消化，或饲喂霉变饲料，饲喂时间不定，饥饿后暴食；或继发于其他疾病（如球虫病、细菌性疾病）。2周龄以内雏鹅由于消化器官未发育完全，消化功能比较弱，饲喂不当极易引起消化不良。

【主证】 病鹅精神不振，低头闭目，食欲废绝，羽毛无光泽，两翅下垂，嗉囊膨大，排粪次数增多，粪稀薄、呈白色或淡绿色，有时带有泡沫或黏液、有酸臭味，肛门周围污秽、黏结。鹅生长发育不良。

【治则】 消食健胃，助消化。

【方药】 大蒜粉或辣椒粉适量，喂服；干酵母片 0.3g，神曲适量，喂服，连喂 2～3d，2 次/d。腹泻病鹅可在饲料中加入 2% 木炭屑，连用 2d。

【防制】 雏鹅饲料营养要全面，易于消化，无腐败变质现象，最好是现配现喂，不喂隔夜料。饲喂要做到定时定量，育雏期前 7d 用适量温水拌料。雏鹅饮用温开水。5 日龄后在饲料中加入适量的细沙。

加强饲养管理，不宜饲喂过多的动物性饲料，尤其是雏鹅，不能突然变换饲料，变换饲料应循序渐进，使雏鹅逐渐适应。及时清理粪便，定期更换垫料，搞好鹅舍内外的环境卫生，定期消毒，做好防寒或避暑等，适当增加鹅的运动量，增强鹅的抗应激能力和抗病能力。（于华光，T88，P32）

腹泻

腹泻是指鹅消化功能障碍，出现以排粪次数增多、粪稀或含有黏液等为主要特征的一种病症。

【病因】 鹅误食发霉变质或被农药污染的饲料，或采食不易消化的粗硬饲料，或饮水不洁而引发腹泻；或外感继发。

【主证】 病鹅精神不振，泄泻，食欲废绝，伏卧，不断鸣叫。

【治则】 消除病因，对症治疗。

【方药】 老鼠粪 5～10 粒，植物油 5～10mL，调匀，喂服。农药污染饮水或饲料所致者，取阿托品 0.1g，4～5 次/d，喂服；细菌性腹泻者，取磺胺脒 0.25g（第 1 次加倍），喂服，3 次/d，连服 2d。（于华光，T88，P32）

卵黄性腹膜炎

卵黄性腹膜炎是指鹅感染埃希大肠杆菌，引起以产蛋鹅产蛋量下降、产软壳蛋或薄壳蛋为特征的一种病症，又称蛋子瘟。多发生于初春母鹅开产不久或产蛋高峰期，成批发病，造成母鹅大量死亡。

【病因】 因鹅感染埃希氏大肠杆菌而发病。大肠杆菌是体内条件致病菌，当遇饲养管理不善、环境气候突变等应激因素即可发病。饲养管理较差，机体抵抗力弱，又遇寒冷阴雨连绵天气，加上池塘水域卫生条件不良，病原菌大量繁殖亦引发本病。种公鹅生殖器感染，配种时亦可传染本病。

【主证】 产蛋母鹅精神沉郁，食欲减退，消瘦，眼球深陷，不愿走动，离群独处，产蛋量下降，产软壳蛋或薄壳蛋，肛门周围羽毛上沾有污秽、发臭的排泄物，其中混有蛋清及凝固样蛋白或卵黄小块，体温升高。个别公鹅外生殖器可见溃疡结节病灶。

【病理变化】 母鹅腹腔中充满黄色、腥臭液体和凝固的卵黄碎片，卵泡变形，输卵管出血和黄色纤维素性渗出物沉着，切开有黄白色纤维性凝块；各器官表面覆盖有凝固的淡黄色纤维素性渗出物、气味恶臭；肝脏坏死、有出血斑；肺脏水肿；肠系膜、肠环相互粘连，浆膜有小的出血点。公鹅阴茎肿大，剖开表面结节可见黄色脓性渗出物及干酪样坏死物质。

【治则】 清热解毒，抗菌消炎。

【方药】 高效大肠杆菌净（主要成分为黄连、黄芩、板蓝根、穿心莲、黄柏），按1g/kg日粮拌料喂服，连用5d。复方恩诺沙星注射液，按说明书剂量使用，对病情较重的鹅肌内注射，1次/d，连用3d。氟苯尼考，按0.05%配成水溶液，饮服，连用5d。在饮水中按0.1%添加电解多维、维生素C，连用5d。鹅粪堆积发酵，用百毒杀（1∶600）对场地、环境、用具进行消毒，1次/d，连用5d。

【防制】 加强饲养管理，及时清理鹅粪和垫料；严格消毒制度，鹅舍、运动场、用具、池塘水域应定期用高效消毒药物进行彻底消毒。鹅在产蛋期间尽量避免转群、运输等；饲养密度不宜过大；放牧时不可驱赶过急，避免惊群、拥挤和堆压；对于病重鹅应立即予以淘汰、宰杀。保持鹅池塘水、饮水干净卫生，杜绝在死池塘中放养，鹅舍内外环境要经常消毒。在饮水中添加电解多维和维生素 C，以提高鹅的抗病能力。公鹅在本病的传播中起重要作用，因此，在配种前应对公鹅逐只检查，凡种公鹅外生殖器上有病变的一律淘汰。

【典型医案】 2008 年 3 月，百色市田阳县某养鹅户的 1040 只 9 月龄蛋鹅，于开产后不久个别鹅精神不振，食欲减退，排稀粪，用痢菌净治疗 7d 病情不见好转，至 4 月 16 日已死亡 36 只，70 余只病情严重，发病 1 周产蛋量下降约 20%。检查：病鹅的发病情况、临床症状及病理变化同上。诊为卵黄性腹膜炎。治疗：取上方药，用法同上。治疗 3d，病鹅病情明显好转，之后追访，全群鹅恢复正常。（黄伊颖，T151，P50）

出血性坏死性肝炎

出血性坏死性肝炎是指鹅感染呼肠孤病毒，引起以运动失调、跛行和体重下降等为特征的一种病症。

【流行病学】 本病病原为鹅呼肠孤病毒。通过水平和垂直传播。常发生于 1～10 周龄雏鹅，2～4 周龄雏鹅多发。在临床上有急性、亚急性和慢性经过。急性多见于 3 周龄以内的雏鹅，病程 2～6d；亚急性和慢性多见于 3 周龄以上的雏鹅和仔鹅，病程 5～9d。

【主证】 病鹅精神沉郁，食欲减退或废绝，消瘦，行走缓慢或跛行；病情严重者瘫痪在地，排白色稀粪，两肢呈划水状，仰头张口呼吸，一侧或两侧跗关节或趾关节肿胀。

【病理变化】 肝脏稍肿大、质脆、表面有大小不一的紫红色出血斑和散在如针头大的淡黄色坏死点；脾脏稍肿大、有大小不一的坏死灶；胰脏坏死、表面有散在的针尖大小的出血点；肾脏肿大、出血；肌胃角质层下出血；肠管扩张，肠内充满气体，肠壁变薄，肠黏膜充血、出血；脑硬膜充血。

【治则】 清瘟败毒。

【方药】 用病死鹅病变明显的内脏组织制成甲醛灭活脏器苗，1mL/只，肌内注射。饮水中添加氟苯尼考（按0.05%）和电解多维、维生素C（按0.1%），饮服。日粮中按说明书添加微量元素和清瘟败毒散（主要为黄连、黄芩、连翘、桔梗、知母、大黄、槟榔、山楂、枳实、赤芍等），喂服。鹅粪堆积发酵，用百毒杀（1∶600）对场地、环境、用具进行消毒。

【防制】 加强鹅舍、种蛋、孵化器、孵化室、孵化物及其环境的消毒，并注意孵化室工作人员的消毒。

【典型医案】 2007年10月中旬，滨海县振东乡某养鹅户购进3200只雏鹅，购买时鹅群已注射过小鹅瘟疫苗。于23日龄时鹅群发病，发病后用青霉素钾饮水治疗病情未见好转，病鹅瘫软无力，不能行走，3d后出现死亡，疑为缺钙引起发病，在日粮中添加电解多维、禽用微量元素、磷酸氢钙饲喂未能控制病情，病鹅关节肿胀，有的濒死前出现仰头、扭头等神经症状，至10月18日共死亡60余只。检查：病鹅精神沉郁，食欲减退或废绝，消瘦，行走缓慢或跛行；病情严重者瘫痪在地，排白色稀粪，两肢呈划水状，仰头张口呼吸，一侧或两侧跗关节或跖关节肿胀。剖检病死鹅可见肝脏稍肿大、质脆、表面有大小不一的紫红色出血斑和散在如针头大的淡黄色坏死点；脾脏稍肿大、有大小不一的坏死灶；胰脏坏死、表面有散在的针尖大小的出血点；肾脏肿大、出血；肌胃角质层下出血；肠管扩张，肠内充满气体，肠壁变薄，肠黏膜充血、出血；脑硬膜充血。将病死鹅送扬州大学兽医学院检验，诊为出血性坏死性肝炎。治疗：取上方药，用法同上。治疗3d，鹅群病情明显好转，随后追访，全群鹅恢复正常。（张菊红，T151，P58）

病毒性肝炎

病毒性肝炎是指鹅感染肝炎病毒（DHV）而引起的一种急性传染病。

【流行病学】 本病病原为DHVⅠ型、DHVⅡ型、DHVⅢ型。健康鹅与病鹅直接接触感染或采食被病鹅排泄物污染的饲料、饮水等传播。多发生于孵化季节，主要侵害5～30日龄的雏鹅；成年鹅不易感。饲养管理不善，饲料中缺乏维生素和矿物质，鹅舍潮湿、鹅群拥挤、通风换气不良均可促使本病发生。

【主证】 病鹅精神沉郁、呆滞，食欲废绝，饮欲尚有，闭眼昏睡，缩头拱背，扎堆或离群独居一隅。有的站立不稳，数小时后出现神经症状，全身抽搐，倒向一侧，头弯向背部，两肢阵发性痉挛，呼吸困难；有的出现腹泻，死亡后多数呈角弓反张姿势。

【病理变化】 肝脏肿大、呈红黄色、质脆，被膜下有点状、条状、斑状出血；1日龄病死鹅肝脏多数呈土黄色；胆囊肿大，胆汁稀薄；脾脏有不同程度肿大；胰腺也有不同程度出血点或出血斑；肾脏肿大充血、出血。

【治则】 清肝利胆，凉血解毒。

【方药】 茵陈散。茵陈、板蓝根各100g，龙胆草、柴胡、白芍、丹皮、藿香各40g，连翘、郁金、大黄、栀子、甘草各50g（为100只雏鹅药量）。水煎取汁，候温饮服。病重者用滴管滴服，10～15滴/只，2次/d。

【防制】 雏鹅出壳4～16h内接种病毒肝炎疫苗；定期饮服消毒药，清除肠道病毒；饲料中添加维生素C，增强雏鹅抵抗力。做好饲养管理，减少各种因素刺激。

【典型医案】 1. 蓬莱市潮水镇店上村刘某的160只雏鹅，于第9天开始发病，自用土霉素、复方敌菌净等药物治疗无效，死亡44只，遂携带2只病鹅来诊。检查：病鹅精神委顿，眼半闭、呈昏迷状，运动失调，身体倒向一侧，两肢痉挛。剖检病死鹅可见肝显著肿大、质脆、呈土黄色、表面有出血点；胆囊肿大，充满胆汁。诊为病毒性肝炎。治疗：取上方药，用法同上。用药2剂，病鹅病情得到控制；3剂痊愈。

2. 蓬莱市潮水镇南王村王某的220只雏鹅，于14日龄突然发病，自用复方新诺明、青霉素、卡那霉素等药物治疗无效，死亡67只，遂携带4只死鹅来诊。检查：病鹅精神沉郁，眼闭似睡，驱赶行走似醉欲倒，严重者侧身卧地，两爪痉挛、呈游泳状，头弯向一侧。剖检病死鹅可见肝肿大、质软易碎、表面有出血点；胆囊肿大，充满胆汁；脾脏稍肿大；肾脏充血、水肿。诊为病毒性肝炎。治疗：取上方药，用法同上，3剂痊愈。（孟昭聚，T75，P23）

巴氏杆菌病

巴氏杆菌病是指鹅感染多杀性巴氏杆菌引起的一种急性、败血性传染病，又称鹅霍乱、出血性败血症。一般发病率和死亡率较高。

【流行病学】 本病病原为多杀性巴氏杆菌。带菌鹅和病鹅为其传染源。病鹅的排泄物和分泌物中带有大量病菌，污染饲料、饮水、用具和场地等导致健康鹅感染发病。饲养管理不良、长途运输、天气突变和阴雨潮湿等均能促使本病的发生和流行。青年鹅与新培育母鹅最敏感。

【辨证施治】 本病分为热炽毒重型和湿重困脾型。

病鹅羽毛蓬乱，不食，低头，离群独居，不爱活动，精神呆滞，体温极度升高，濒死期体温下降，呼吸困难，运步时呈半身不遂状态，下痢、气味恶臭，肛门周围被粪尿严重污染，嗉囊胀大。

（1）热炽毒重型　最急性型，常见于流行初期。病鹅无症状突然死亡。濒死期痉挛、抽搐，倒地挣扎，双翅扑地，迅速死亡。有的前一天晚上正常，次日早晨发现已死亡。

（2）湿重困脾型　常见于流行后期或急性型转为慢性期。病鹅持续性腹泻，关节肿胀，跛行或瘫痪，翅下垂，麻痹，发育不良，贫血，消瘦。

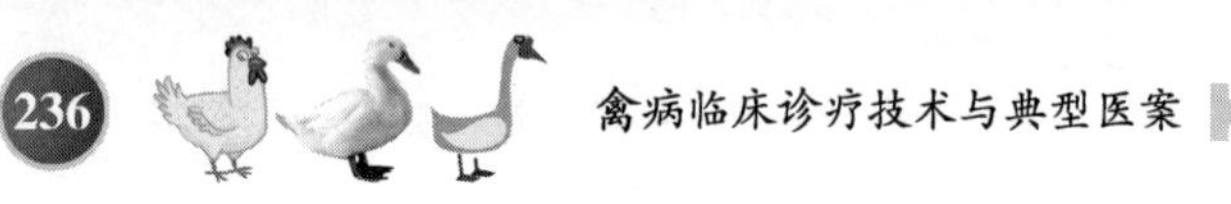

【病理变化】 腹膜、皮下组织、心冠脂肪有出血点；十二指肠严重卡他性肠炎或出血性肠炎；肝脏肿大、呈古铜色、质地脆弱、表面散布许多灰白色针尖大的坏死点；脾脏稍肿大、呈大理石样；心包液增多，心内外膜有出血点或出血斑。

【治则】 清热解毒，抗菌消炎。

【方药】 1. 清瘟散。雄黄（冲化）10g，藿香（后入）、苍术、金银花、栀子、生地各30g，滑石、白头翁、黄柏各50g，黄连25g（为体重1kg、1000只鹅药量）。水煎取汁，候温灌服或饮服。氯霉素20mg/kg，肌内注射，2次/d，连用3d。

2. 苍苓散。滑石200g，苍术、赤茯苓、白茯苓、地锦草、白头翁各100g，木香、黄柏、泽泻各50g，甘草20g（为体重2kg、500只鹅药量）。水煎取汁，候温灌服或饮服。

3. 青霉素40万单位，肌内注射，1次/d，连用2d；黄连解毒汤，内服，2剂。（于华光，T88，P32）

4. 生葶苈子粉3g，分为3份，加适量温开水冲调，灌服，1次/4h。预防量取生葶苈子粉3g，1g/d，拌料1次喂服，连喂3d。

【防制】 建立和健全严格的饲养管理和卫生防疫制度。从外地购进的雏鹅必须加强检疫，防止疾病传播。本病常发地区应定期用禽霍乱氢氧化铝疫苗或禽霍乱弱毒活菌苗进行免疫，一般免疫期为5～6个月，保护率为60%～70%。

1010禽霍乱活菌苗专供水禽口服免疫。在免疫前后3d均不能使用治疗禽霍乱的药物；待免疫的鹅必须在免疫前停喂湿料4～6h。第1次免疫后4～5d再免疫1次，一般在第2次免疫后3d便能产生免疫力，免疫期可达8个月。

【典型医案】 1. 2003年7月9日，济宁市喻屯镇某养鹅户的1200只40日龄蛋鹅（体重约1kg）发病邀诊。主诉：7月5日，鹅群突然精神不振，腹泻，部分鹅跛行，经多日治疗病情日趋严重。根据病理变化和实验室检验，诊为最急性巴氏杆菌病（热炽毒重型）。治疗：取方药1西药，用法相同，2次/d，连用3d。取方药1中药，用法相同，连用3d，痊愈。

2. 2003年7月20日，济宁市唐口镇李某的600只蛋鹅发病邀诊。主诉：病鹅精神不振，时有死亡，曾用磺胺类、阿莫西林、红霉素等药物治疗效果不佳，现有60余只鹅关节肿胀，精神、采食差。诊为慢性巴氏杆菌病（湿重困脾型）。治疗：取方药2，用法相同。1剂/d，连用4d，痊愈。（周勇，T139，P43）

3. 1985年8月13日，南阳县汉塚乡王营村王某等21户农民的27只鹅，接连出现患禽霍乱的病鹅4只。治疗：取方药4，2g/(只·次)，用法相同，3次/d。预防量2g/次，3次/d，连喂3d。给药第2天，病鹅痊愈。43d（即9月27日）后又发病，死亡1只。当天下午给药1次，第2天转为正常。（刘永祥，T19，P61）

铜绿假单胞菌病

铜绿假单胞菌病是指鹅感染铜绿假单胞菌，引起以腹部膨大、皮下水肿、排绿色水样粪为特征的一种病症。主要见于雏鹅。

【流行病学】 本病病原为铜绿假单胞菌，主要经创伤感染发病。铜绿假单胞菌广泛分布于自然界的土壤、水和动物肠内容物、体表等处。当气温较高或雏鹅经长途运输、机体抵抗力降低时感染铜绿假单胞菌而发病。一年四季均可发生，以春季出雏季节多发。

【主证】 初期，病鹅精神沉郁，食欲减退或废绝，体温升高(42℃以上)，饮欲增加，两翅下垂，羽毛逆立，喜卧或离群呆立，口流黏液，行走困难，腹部渐进性膨大、指压有膨胀感，眼半开半闭，流泪，眼睑周围、颈、胸、腹、腿内侧等部位皮下水肿，有不同程度下痢，排灰白色稀粪或淡绿色水样粪，严重者粪中带血；呼吸困难，呼吸音粗、有啰音，站立不稳，头颈后仰，全身抽搐而死亡，死亡后呈仰卧姿势。

【病理变化】 头、颈、胸、腹、大腿内侧和腹腔内有淡黄色胶胨样液体，切开有淡绿色黏稠液体流出；脾脏肿大、呈樱桃红色，有针尖大灰白色坏死灶；肺脏质脆、呈土黄色；肝脏肿大、质脆、

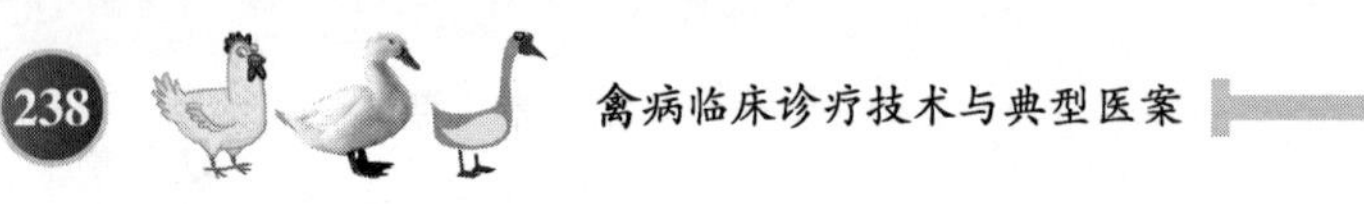

表面有黄色斑点状坏死灶；肾脏肿胀、呈暗红色；心冠沟脂肪出血，有胶胨样浸润，心内膜、外膜有出血斑点；肠黏膜尤其是十二指肠黏膜重度充血、出血，呈卡他性炎性变化。

【实验室诊断】 在无菌状态下取病死鹅和濒死期雏鹅的肝脏、肺脏和腹腔渗出液涂片，革兰染色后镜下观察，在各病料涂片中均能见到革兰阴性、中等大小的杆菌。

无菌剪取濒死期鹅的肝脏，分别涂布于普通营养琼脂平板和普通肉汤培养基上培养12h后观察。在普通营养琼脂平板上可见生长良好、菌落单一、光滑、扁平或微隆起、湿润、边缘不整齐、中等大小的菌落；普通肉汤培养基可见均匀混浊、呈黄绿色、有菌膜黏液，在室温下放置一定时间后，能使肉汤变成稠胶体状。

【治则】 清热解毒，提高机体免疫力。

【方药】 1. 假定病鹅，取诺氟沙星，0.1g/(只·d)，拌料饲喂，连用3～5d；取加味郁金散：郁金、黄连、仙鹤草、五味子各70g，黄芪、白芍、甘草、大黄各50g（为100只雏鹅药量）。水煎取汁，候温，让鹅自由饮服，连用3～5d。病鹅和疑似病鹅，用铜绿假单胞菌高免卵黄抗体1mL/只，维生素B_1 1mL/只，诺氟沙星注射液20mg/只，混合，肌内注射，2次/d，连用3～5d；取加味郁金散：郁金、黄连、黄柏、紫花地丁、仙鹤草、五味子各100g，黄芪、白芍、诃子、大黄、甘草各50g（为100只雏鹅药量）。水煎取汁，候温，加白糖200g，饮服。病情严重不能饮水的病鹅用滴管滴服，1mL/(只·次)，连用3～5d。

2. 郁金散。郁金、白头翁、黄柏各100g，黄芩、栀子、黄连、白芍、诃子、大黄、木通、甘草各50g（为100只鹅药量）。水煎取汁，加白糖200g，饮服。病情严重、不能饮水的病鹅用滴管滴服，0.5～1mL/(只·次)，2次/d。

【防制】 加强饲养管理，搞好清洁卫生和消毒工作，特别要注意清理场所的杂物，防止创伤感染。发病后应封锁养殖场，及时挑出病鹅隔离治疗；对无治疗价值的鹅一律淘汰，与死雏鹅一起深埋。用0.1％醋酸溶液对孵化育雏室及用具进行彻底消毒；用3％

烧碱溶液对周围环境进行彻底消毒。

因铜绿假单胞菌有多种血清型，对抗生素的敏感性也有差异。用药时最好先经药敏试验，选用较为敏感的抗生素才能达到事半功倍的效果。

【典型医案】 1. 2004年3月中旬，岑巩县大有乡孵化养殖场的1300只雏鹅，发生以腹部膨大、皮下水肿、排绿色水样粪为主要特征的病症，死亡284只。该场采用架上网格育雏，4日龄前生长发育良好，在5日龄时肌内注射抗小鹅瘟高免血清后的第2天发现少数鹅精神沉郁，少食喜卧，第3天清晨死亡12只，且发病数不断增加。检查：临床症状和剖检变化同主证。经实验室检验，诊为铜绿假单胞菌病。治疗：取方药1，用法相同。治疗2d，病鹅停止死亡，逐渐恢复正常。(杨名贵，T130，P37)

2. 蓬莱市潮水镇平村李某的120只19日龄雏鹅发病，自用土霉素、痢特灵等药物治疗无效，死亡29只，遂携带2只病鹅就诊。检查：病鹅精神沉郁，眼半闭，卧地不起，排淡绿色稀粪。剖检病鹅可见头、颈、胸、腹及两肢内侧水肿，水肿液呈淡黄色；肝脏、脾脏肿大；肠黏膜充血、出血。诊为铜绿假单胞菌病。治疗：取方药2，用法相同。服药2剂，病鹅病情得到控制，3剂痊愈。

3. 蓬莱市潮水镇大葛家村葛某的140只鹅，于3周龄时突然发病，自用敌菌净、氯霉素等药物治疗无效，死亡32只，携带2只死鹅来诊。检查：剖检死鹅可见肛门周围被黄绿色稀粪污染；头、颈、胸、腹及两肢内侧水肿，切开即流出黄绿色液体；腹腔内有多量黄绿色液体；肝脏肿大、质脆；肠黏膜充血、出血；气管内有泡沫状液体。现场观察发现鹅舍破漏、潮湿，鹅全身被粪、泥污染。病鹅精神沉郁，眼半闭，卧地不起，强行驱赶站起，摇摆不稳，很快倒地，翅上跷，头、颈、胸、腹部及大腿内侧皆不同程度水肿。诊为铜绿假单胞菌病。治疗：取方药2，用法相同，1剂/d，连用4剂，痊愈。建议户主立即改善鹅饲养条件，用1/200的威岛牌消毒剂带鹅消毒。(孟昭聚，T87，P31)

大肠杆菌病

大肠杆菌病是指鹅感染大肠杆菌，引起以鹅头向下弯曲、排蛋清样稀粪为主要特征的一种病症。

【流行病学】 本病发生常随鹅产蛋起初开始，产蛋停产结束。孵蛋期常出现大批臭蛋。雏鹅大肠杆菌主要传染源是带菌鹅，通过其排泄物传播。以15～45日龄雏鹅多发，流行于孵雏期。发病率高达90%以上，死亡率100%。鹅饲养密度过大、鹅舍通风不良、卫生条件差和饲养管理不善均可诱发本病。

【辨证施治】 临床上分为急性型、亚急性型和慢性型。

（1）急性型　一般死亡快。病鹅泄殖腔有硬壳或软壳蛋滞留。

（2）亚急性型　除有明显全身症状外，病鹅眼球凹陷脱水，喙和蹼干燥、发绀，排泄物多呈蛋清样，内含有蛋清、凝固蛋白或凝固蛋黄，气味恶臭。

（3）慢性型　一般病程10d以上，最后消瘦而死亡。病公鹅的病变仅限于阴茎，轻者严重充血、肿大2～3倍，螺旋状精沟模糊不清，在不同部位有芝麻至黄豆大小的黄色脓性或黄色干酪样结节，严重者阴茎肿大3～5倍，并有1/3～3/4长度露出体外，不能回缩。患大肠杆菌病雏鹅除有全身症状外，站立不稳，头向下弯曲，喙触地，口流液，流泪，喉头发出呼噜声，粪稀、呈黄白色。

【病理变化】 腹腔充满淡黄色腥臭的液体和破坏的卵黄，腹腔器官的表面覆盖着一层淡黄色凝固的纤维素性渗出物，用刀容易刮落；肠系膜发炎，使肠环相互粘连，浆膜有针尖状出血点（彩图49）；卵变形、呈灰色、褐色或酱色等不正常的色泽；有的卵皱缩，与鹅白痢病变相似；积留在腹腔中的卵黄如果时间较长即凝固成硬块，切面呈层状，破裂的卵黄凝结成大小不等的碎片；输卵管黏膜发炎，有针尖状出血点和淡黄色纤维素渗出物沉着，管腔中含有黄白色的纤维素性凝片；脑充血；肝脏瘀血、肿大；肺脏轻度充血；喉头有黏液；肾脏、脾脏肿大，表面有淡黄色纤维素渗出物覆盖，脾髓质易剥落。

【实验室检查】 取脾脏涂片镜检，可见革兰染色阴性杆状细菌，单个或成对，许多菌株有荚膜和微荚膜，约半数细菌有鞭毛，为周毛菌，并有不同的血凝活性。

【治则】 清热解毒，活血散瘀。

【方药】 1. 五味消毒饮加减。黄芩、连翘、金银花、菊花、紫花地丁、蒲公英各100g（为100只雏鹅药量）。水煎取汁，候温饮服，1次/d，连用3d。病重雏鹅可灌服3～5mL/只，2次/d，一般1d即愈。共治疗830例，治愈805例，有效率达97%。

2. 链霉素、氯霉素各60～80mg/只，分别肌内注射，2次/d；痢特灵30mg/只，喂服，1个疗程/3d。白头翁120g，黄连、黄芩、黄柏各50g，连翘75g，金银花85g，地榆90g，白芍、栀子各70g（为200只鹅药量）。加水5000mL，水煎2次，取汁，合并药液，灌服或拌料喂服，0.5h/次，2次/d，连用3～4d。（李仲武，T74，P24）

【防制】 加强饲养管理。及时清除粪尿，改善通风。对公鹅要逐只检查，将外生殖器有病变的公鹅及时淘汰，防止传播本病。如果没有适宜的公鹅配种，应对病公鹅进行治疗，可将外生殖器上的结节切除，每天用消毒药液对溃疡面和创口清洗，涂敷油膏，同时注射抗生素，使其迅速康复。

【典型医案】 1. 2007年5月11日，洪泽县共和镇邵某的100只雏鹅，于20日龄时发病邀诊。检查：病鹅精神委顿，食欲减退，站立不稳，头向下弯曲，喙触地，口流涎液，流泪，喉头发出呼噜声，粪稀、呈黄白色，当天死亡5只。剖检病死鹅可见心包炎、肝周炎，肝脏呈暗红色，有针头大的出血点和黄色小坏死灶；脾脏呈古铜色、水肿；气管内有黄白色泡沫样渗出液。治疗：五味消毒饮加减（见方药1），水煎3次，取汁，合并药液，供雏鹅自由饮用（用药前先停水3h），1剂/d。33只病重雏鹅灌服，5mL/只。用药1剂，病鹅停止排黄白色粪，喉头呼噜声减轻，精神好转。用药2剂，病鹅恢复正常。

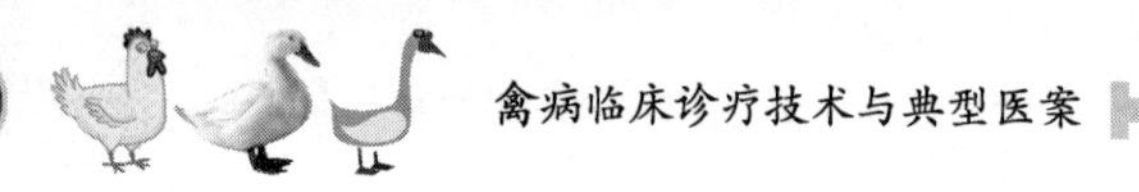

2. 2007年4月15日，洪泽县岔河镇杨某的20只种鹅发病邀诊。检查：2只病鹅精神委顿，食欲减退，眼球凹陷脱水，喙和蹼干燥、发绀，排泄物呈蛋白汤样、气味恶臭。治疗：取方药1中药各50g，水煎3次，取汁，合并药液，让鹅自由饮用，病重鹅灌服，20mL/只，2次/d。用药1剂，病鹅恢复正常。同群其他鹅也再未发病。(张国香等，T154，P61)

小鹅瘟

小鹅瘟是指鹅感染小鹅瘟病毒引起的一种急性、败血性传染病。7～35日龄雏鹅多见。

【病因】 本病病原为小鹅瘟病毒。病雏鹅和带菌成年鹅为其传染源。经消化道感染，健康鹅与病鹅直接接触或采食被污染的饲料、饮水是主要传播途径，或通过被污染的种蛋、孵化器等传播。主要感染4～20日龄雏鹅。饲养管理差，育雏温度低，鹅舍地面潮湿，卫生环境不良，饲料中蛋白质含量过低，缺乏多种维生素和微量元素等均可诱发本病。病鹅群若有混合感染或继发感染，其发病率和死亡率明显高于单一感染。

【辨证施治】 临床上分为最急性型、急性型和亚急性型。

(1) 最急性型　常发生于1周龄内的雏鹅，一般无明显临床症状突然死亡，或病雏鹅衰弱、呆滞或倒地，两肢划动，很快死亡。

(2) 急性型　2周龄内发病雏鹅多为急性型。病鹅精神萎靡，缩头，行走困难，常离群独处，食欲废绝，喜饮水，严重下痢，排黄白水样或混有气泡的稀粪。

(3) 亚急性型　多发生于2周龄以上的雏鹅。病鹅食欲不振，下痢，日渐消瘦，病程可达1周以上；有的病雏鹅可康复，但愈后生长发育不良。

【病理变化】 最急性型病变不明显，肠道呈急性卡他性炎症。急性型病变最明显的是小肠中下段整片肠黏膜坏死、脱落，与凝固的纤维素性渗出物形成栓子，堵塞肠腔，外观肠管膨大、质地坚实、状如腊肠（彩图50）。亚急性型病变小肠黏膜渗出性炎症、坏死、脱落，小肠中后段肠腔形成“香肠”样栓子，堵塞肠腔。

【实验室诊断】 无菌采集肝脏、肾脏组织及心血，分别接种于普通营养肉汤和营养琼脂上，置37℃恒温培养48h后观察，未见细菌生长。将病料研磨成浆，用生理盐水作1∶10稀释，3000r/min离心30min，取上清液，注射于10日龄健康雏鹅15只，0.5mL/只，剖检可见典型小鹅瘟症状。另取上清液接种12日龄鹅胚5枚，其中3枚接种0.1mL病料上清液，另2枚设为对照，照蛋2次/d，至第5～6天，接病料组全部死亡，对照组正常，直至孵出小鹅。剖检死胚可见胚体充血、水肿，绒毛尿囊膜水肿，肝脏呈黄褐色。

【治则】 清热解毒，散结升阳。

【方药】 1. 茵陈、板蓝根、黄连、黄芩、夏枯草、连翘、苍术、白术、升麻等。水煎取汁，候温，拌食喂服和饮服。

2. 免疫血清，1mL/只，皮下注射；为防止继发感染，于100mL中加入10mL/瓶氧氟沙星。对其他批次雏鹅皮下注射血清，1mL/只，防止继发小鹅瘟；取黄芪多糖和环丙沙星，拌料喂服；复合维生素B粉，加入水中，饮服，连用3d。

3. ①鱼腥草（新鲜）适量，1～2mL/(只·次)，每天分早、中、晚3次，捣汁灌服或随意饮服。②白胡椒，雏鹅2粒/只，喂服，用于预防。

4. 当归、黄芪各60g，白芨、地榆、紫花地丁、大青叶各40g，板蓝根80g，绿豆、甘草各50g（为420只雏鹅1d用量）。1次/d，水煎取汁，候温饮服，药渣拌料喂服，1剂/d，连用3d。个别病鹅需人工滴服。

【防制】 用“威特”消毒王全场消毒2次/d，连续1周。在雏鹅出壳后立即注射血清。首次免疫注射应于1～5日龄进行，10～15日龄应进行第2次注射，为防止继发感染，加入适量抗生素为宜。雏鹅在20日龄后要细心观察其采食、饮水、精神状态和粪便情况，如发现有异常现象再注射小鹅瘟血清1次，同时加入适量抗

生素。小鹅瘟可经母鹅垂直传播，应坚持自繁自养原则，不调进疫区蛋孵化。孵化户应对所收集种蛋的种鹅在产蛋前1个月和产前15d分别注射2～4头份/只小鹅瘟弱毒疫苗或强毒灭活苗，开产后其种蛋含有高滴度母源抗体，所孵出的雏鹅具有很强的免疫力。

【典型医案】 1. 2003年4月14日早上，襄樊市襄阳区养鹅户郭某的500只雏鹅，发现个别雏鹅不愿走动，下午出现死亡，至16日死亡24只。经多种西药治疗无效。根据发病情况、临床症状、病理变化和实验室检验，诊为小鹅瘟。治疗：茵陈225g，板蓝根、黄芩、夏枯草各170g，连翘150g，柴胡、升麻各125g，苍术75g。水煎取汁，候温，拌料喂服和饮服；重症病鹅逐只滴服，连用3d。服药后第2天，病鹅停止死亡；第3天开始饮食。1个月后追访，痊愈。

2. 2005年3月26日，襄樊市宣州区养鹅户陈某的1000只雏鹅发病，每天死亡30多只，诊为小鹅瘟，肌内注射小鹅瘟血清，1mL/只，连用3d，雏鹅仍继续死亡，4月2日邀诊。根据发病情况、临床症状、病理变化和实验室检验，诊为小鹅瘟。治疗：茵陈450g，板蓝根、黄芩、地骨皮各350g，夏枯草、连翘各300g，柴胡、升麻各250g，苍术、白术各150g。水煎取汁，候温饮服或拌料喂服，1剂/d，连用3d；重症病鹅逐只滴服。第2天，病鹅食欲增加，精神好转，死亡3只；第3天，病鹅恢复正常，痊愈，有效率达99%以上。

3. 2006年4月15日，襄樊市襄阳区养鹅户杨某的50只雏鹅发病邀诊。检查：病鹅不愿走动，步态不稳，爪、喙尖发绀，个别雏鹅转脖，抽搐。用小鹅瘟疫苗、抗生素、法氏囊片等药物治疗均无效。根据发病情况、临床症状、病理变化和实验室检验，诊为小鹅瘟。治疗：茵陈18g，板蓝根、黄芩、地骨皮、夏枯草各12g，连翘8g，柴胡、升麻、远志、夜交藤各6g。水煎取汁，候温饮服或拌料喂服，1剂/d，连用3d。第2天，病鹅停止死亡，精神、食欲好转；第3天恢复正常。(范明国等，T144，P62)

4. 2006年4月25日，银川市某养鹅户3批雏鹅（约1200

只/批），出壳后连续注射小鹅瘟高免血清，0.5mL/只。8～9日龄出现死亡，10～12日龄时死亡达到高峰，死亡率达80%以上。用庆大霉素、病毒灵、炎瘟清等药物治疗无效邀诊。检查：病鸭呆顿，喙、蹼发绀，共济失调，排黄白色或绿色粪；有的鹅口流黏液，不食。剖检病死鹅大部分无肉眼可见变化，部分小肠前段黏膜充血、稍肿胀、无内容物；胆囊充满胆汁；腺胃黏膜稍肿胀、有黏液，肌胃角质膜易剥离；个别鹅肠道有软条状纤维素假膜。无菌采集肝脏、肾脏组织和心血，分别接种于普通营养肉汤和营养琼脂上，37℃恒温培养48h后观察，未见细菌生长。将病料研磨成浆，用生理盐水作1∶10稀释，3000r/min离心30min，取上清液，注射于10日龄健康雏鹅15只，0.5mL/只，剖检可见典型小鹅瘟症状。另取上清液接种于12日龄鹅胚5枚，其中3枚接种0.1mL病料上清液，另2枚设为对照，照蛋2次/d，至第5～6天接病料组全部死亡，对照组正常，直至孵出雏鹅。剖检死胚可见胚体充血、水肿，绒毛尿囊膜水肿，肝脏呈黄褐色。根据临床症状和实验室检验，诊为急性小鹅瘟。治疗：取方药2，用法相同，连用3d。用“威特”消毒王全场消毒，2次/d，连用1周。注射血清后2d，鹅群基本恢复正常，疫情得到控制。（张文义等，ZJ2006，P205）

5. 修水县马坳区养鹅户周某的4只雏鹅，其中2只精神委顿，吃食减少甚至废绝。治疗：取方药3，2mL/次，灌服，3次/d，连服2d，痊愈。（何月远，T42，P45）

6. 2005年4月12日，禹城市市中街道办事处吴董安村养鹅户王某的600只雏鹅，于购进的第3天，个别鹅精神不振，食欲减退，排白色或绿色稀粪，死亡2～3只/d，随后死亡数量逐渐增加，8～10只/d。曾用土霉素、病毒唑、恩诺沙星、磺胺类等药物治疗不见好转，且病情加重。诊为小鹅瘟。治疗：当归、黄芪各60g，白芨、地榆、大青叶各40g，绿豆、甘草各50g，板蓝根80g。水煎取汁，候温饮服，药渣拌料喂服，1剂/d，连用3d。每天服药前1～2h停止饮水，2h内将药液饮完；个别重病鹅需人工滴服。用药3d，除6只死亡外，其余病鹅全部治愈。

7. 禹城市伦镇养鹅户尹某的860只雏鹅，于5日龄时精神不振，缩颈，打瞌睡，拒食，饮欲增加，排灰白色或黄绿色稀粪、混有气泡，气喘，流涎，两肢麻痹或抽搐，两脚缩起，半小时死亡。剖检病死鹅可见肠管膨大，内有带状或圆柱状的白色栓子。诊为小鹅瘟。治疗：当归、黄芪各120g，白芨、地榆、大青叶各80g，绿豆、甘草各100g，板蓝根160g。水煎取汁，候温饮服，药渣拌料喂服，1剂/d，连用3d。每天服药前1～2h停止饮水，2h内将药液饮完；个别重病鹅需人工滴服。用药5d，除28只死亡外，其余病鹅全部治愈。（刘玉玲等，T136，P41）

球虫病

本病是指肠型球虫病。球虫寄生于鹅的肠道，引起以肠黏膜脱落、肠腔内充满红褐色液体、排稀糊状带水样粪为特征的一种病症。雏鹅、青年鹅较为易感。

【病因】 引起鹅球虫病的球虫有15种。主要经过消化道感染。鹅采食被球虫病粪便污染的饲草或饮水感染。不同日龄的鹅均可感染，日龄较大的以及成年鹅的感染常呈慢性或良性经过，成为带虫者和传染源。鹅肠球虫病主要感染2～11周龄的幼鹅。多发生在5～8月份的温暖潮湿的多雨季节。

【主证】 病鹅精神不振，步态摇摆，眼无神，缩头，食欲减退，排白色、红色或酱红色血粪；病重者行走无力，瘫痪，消瘦，羽毛蓬松，下水时羽毛易浸湿。

【病理变化】 小肠充血、出血、肿胀、充满稀薄的红褐色液体，黏膜明显脱落，有时出现纤维素性、假膜性、坏死性肠炎或出现大而白色的结节；肠道黏膜增厚、粗糙，肠腔内充满带血或脱落的肠黏膜碎片。

【诊断】 采集病鹅粪，用饱和盐水漂浮法检查，有球虫卵囊即可确诊。

鹅球虫病应与小鹅瘟注意鉴别。小鹅瘟一般是侵害未经免疫的

25日龄以内的雏鹅，而球虫病一般侵害3～12周龄的雏鹅和青年鹅。

【治则】 清热解毒。

【方药】 黄连解毒汤加减。黄连、常山各60g，黄柏、黄芪各50g，白头翁80g，苦参30g。加水2000mL，浸泡30min，文火煎煮30min，取汁，候温饮服，10mL/(次·只)；药渣再水煎取汁，供鹅群饮用。一般1剂即愈，重症者可续用1剂。

【防制】 定期对鹅进行预防性用药；禁止采食被球虫病鹅粪便污染的饲草或饮水。鹅舍保持清洁干净，勤换垫草，粪便及时清除，堆积发酵进行无害化处理。幼鹅与成年鹅应分开饲养。流行季节在饲料中应添加抗球虫药进行防治，常用抗球虫药有氨丙啉，100～200mg/kg，拌料喂服；也可用复方磺胺-5-甲氧嘧啶（球虫宁），200mg/kg，拌料喂服；或用地克珠利溶液，饮服，0.5～1.0mg/L，均有良好的效果。

【典型医案】 2009年，洪泽县养鹅户孙某的150只鹅突然发病，其中6只鹅未显症状死亡，随后部分鹅精神沉郁，排程度不同的血粪。根据临床症状、病理变化和粪检查，诊为球虫病。治疗：取上方药，用法同上，痊愈。(赵学好等，T159，P21)

中 毒

中毒是指鹅采食有毒植物、发霉饲料、化学毒物、药物和饲料添加剂等，通过皮肤、消化道、呼吸道等途径进入机体后导致其生理功能破坏、器官功能和形态发生异常变化、甚至死亡的一种病症。

【病因】 (1) 有机植物中毒 有机植物如嫩高粱苗、杏树叶、桃叶中含有氰苷类物质，夹竹桃叶、羊奶藤叶含有强心苷类物质，鹅食后引起中毒。蚜虫和蝶类寄生的蔬菜，鹅采食后发生口炎，引起神经麻痹。鹅食棉花叶时间过长、过多，棉籽饼调制不当引起棉酚中毒。饲料调制不当（如白菜叶、萝卜叶等堆放过久），鹅采食后引起中毒，特别是一些用氮肥多的蔬菜堆放后更容易发生中毒。

（2）发霉饲料中毒　饲料储存不当发霉（如发霉玉米、发霉豆粕、堆放发霉等），鹅尤其是雏鹅采食后常引起真菌性肺炎和脑炎以及真菌毒素中毒；含有黄曲霉毒素的饲料长期喂鹅，引起胆管增生、肝硬化以致引发肝癌。

（3）化学毒物中毒　鹅误食喷洒了农药的蔬菜（如甘蓝叶上喷洒了乐果），大棚韭菜施用3911农药，废弃的甘蓝叶、韭菜等，鹅采食后引起中毒和死亡。工业废水、废气、废渣和农业生产中使用的化肥、农药，造成空气、水源、饲料和土壤等环境的污染，通过各种途径短时期进入鹅体内而引起急性中毒，剧毒的常可导致鹅群大批死亡；一些环境中有毒有害的污染物（如工业废水流入农田、河流），鹅长期饮用和接触也会导致缓慢的发病和中毒死亡；电镀、塑料、磷肥、工业排放的含镉废水灌溉农田或流入河流，镉进入农作物籽粒部分，若作为饲料喂鹅，可使镉在鹅体内蓄积产生慢性中毒，造成贫血，生长发育受阻，产蛋率和受精率下降。

（4）药物和饲料添加剂中毒。如鹅马杜霉素中毒、磺胺类药物中毒，都因用量过大或搅拌不均发生中毒，也有含硒添加剂搅拌不均匀导致中毒等。

【主证】　病鹅两翅交叉上翘并不时扇动，张口，喜饮水，饮水后不断摇头，皮肤及眼结膜发紫或苍白，口流黄水，体温下降。濒死期病鹅两眼半闭，两肢刨地，挣扎数次随之死亡。

【治则】　排毒解毒，对症治疗。

【方药】　轻者，取植物油10～15mL，灌服，或灌服蔗糖50g，导泻；重者，除喂给上述药物外，取阿托品2～3mL，肌内注射，连续2～3次。若为有机磷中毒，在灌服上述药物的同时，取解磷定1～2mL，肌内注射。

【防制】　加强对鹅群的放牧管理，防止鹅群食入或减少食入有毒植物，如嫩高粱苗要少食，特别不要在鹅群饥饿时大量饲喂，对喷农药的甘蓝叶、韭菜不能给鹅食用。认真做好饲料储存和调制，饲料储存应防止霉变，白菜叶、甘蓝叶、萝卜叶不要长期堆放或焖煮后饲喂。严禁到排放工业“三废”的地域放牧或到喷洒农药的农田、果园中放牧，减少对鹅产生的直接和间接危害。鹅群一旦中毒，要迅速查明原因，首先停止鹅继续采食有毒食物，并且脱离有毒环境，采取特异性解毒方法和综合性解救措施（如有机磷中毒可用阿托品和碘解磷定解毒），同时饮用葡萄糖、维生素C溶液等。（于华光，T88，P32）

临床医案集锦

【鹅感染鸭瘟】 2005年10月，沭阳县韩山镇吴某的1200余只鹅，于50日龄时发病邀诊。检查：病鹅羽毛松乱，肢软，不愿行走，食欲减退甚至废绝，饮水增多，体温升高，流泪，眼结膜充血、出血，肛门水肿，排淡绿色黏液状稀粪；有些公鹅生殖器突出，倒提从口中流出绿色污臭液体。剖检病死鹅可见皮下和浆膜下胶胨样浸润，有出血点；口腔和食管有不同程度的假膜性坏死或出血点；肌胃角质膜下有坏死灶和出血斑；肠道充血、出血、坏死；十二指肠及小肠段可见较严重的弥散性充血、出血，小肠集合淋巴滤泡肿胀，形成纽扣样灰黄色假膜性坏死灶；盲肠内有较多的污黄色或暗灰色假膜性坏死灶，从小砂粒大小到蚕豆大小、呈不规则圆形或椭圆形；泄殖腔出血、坏死、水肿；肝脏表面有大小不等的点状出血和坏死灶，有时坏死灶中心有小出血点，坏死灶的周围有出血环。根据临床症状及病理变化，诊为鹅感染鸭瘟。治疗：肉桂（另包）30g，桂枝、高良姜各25g，生姜100g，全蝎4只，蜈蚣4条，枳壳、朱砂（另包）、乌药各15g，巴豆、板蓝根、党参、桑螵蛸、川芎、车前子、郁金、白蜡、甘草各20g，神曲45g，滑石100g（为100只成年鸭药量）。加水5000mL，煎煮取汁约2500mL（肉桂、朱砂后放），待凉再加米酒500mL，混匀，灌服，15～20mL/只，1剂/d，1个疗程/3d，一般1个疗程即可治愈。服药后，将鹅圈于鹅舍内1h，禁止饮水、下水，避免风寒。连服5剂，痊愈。（施仁波等，T146，P59）

第四章 其他禽病

鸽 痘

鸽痘是指鸽感染鸽痘病毒引起的一种病毒性传染病。

【流行病学】 鸽痘病毒通常存在于病鸽落下的皮屑、粪以及随喷嚏和咳嗽等排出的分泌物中，通过接触健康鸽的皮肤和黏膜的伤口引起发病，或经呼吸道感染和吸血昆虫等传播。蚊带毒时间达10～30d。不分年龄和品种均有易感性，多种野生禽类（如金丝雀、麻雀、燕雀、鸽）常发生痘疹。多发生于夏季和秋季，绝大多数为皮肤型；冬季发病较少，常为黏膜型。痊愈鸽可获得终生免疫。

鸽痘病毒对干燥有强大的抵抗力，经干燥和阳光照射数周仍保持活力。1%火碱、1%醋酸或0.1%升汞可于5min内杀死病毒。

【辨证施治】 本病分为皮肤型、黏膜型和混合型。

(1) 皮肤型　病鸽精神不振，食欲减退或废绝，闭目呆立，无毛部位如冠、肉髯、喙角、眼眶周围、两翅内侧、胸腹部和泄殖腔皮肤，病初有微薄灰白色皮状物，从针尖到豌豆大小不等的小疹、

水泡和脓疱，迅速形成结节，呈灰黄色，逐渐增大，表面凹凸不平，内含有黄色脂肪状糊状物。

（2）黏膜（白喉）型　病鸽口腔黏膜有黄色小颗粒、黄色结痂或伪膜；眼睑边缘、眼结膜潮红、肿胀，分泌物增多，视物不清甚至失明。

（3）混合型　具有以上两型症状。

【治则】 清热利湿，敛疮生肌。

【方药】（1～3 适用于皮肤型、混合型；4 适用于黏膜型）

1. 病毒唑 0.5mL，肌内注射，1～2 次/d，连用 2～4d；紫草、金银花、射干各 5g，黄芪 15g，龙胆草 2g。水煎 2 次，取汁混合约 30mL，灌服，0.5～1.0mL/(次·只)，也可用药液涂擦患部，1～2 次/d，连用 2～3d。取中药药液令鸽自由饮用 3～5d（药量减半）进行预防。共治疗 148 例，治愈 146 例，治愈率为 98.6%。对 150 余只同群假定健康鸽进行预防，效果理想。

2. 三黄散。大黄、黄柏、姜黄、白芷各 50g，生南星、陈皮、苍术、厚朴各 20g，甘草 20g，天花粉 100g。共研细末，用水、白酒各半调成糊状，涂抹于剥除痘痂的创面上，2 次/d。同时用复方罗红霉素饮水；病毒灵，1 片/(只·d)，加入多维素，灌服，连用 5d。

3. 紫草膏。紫草 30g，当归、板蓝根各 20g，红花、黄柏各 10g，黄连 15g，冰片 5g，白醋 50g，麻油 500g。将麻油烧至近沸腾时加入当归、黄连、黄柏、板蓝根，用文火炒至焦黄时再放入紫草和红花，待全部药物近似黑色时取汁，加白醋，搅匀，将油倒入容器中，候温再加冰片，溶化均匀，装瓶密封保存即可长期使用。使用时将患部痘痂除去，涂抹紫草膏一薄层，1 次/d，一般涂 3～5 次。

皮肤型鸽痘，用镊子轻轻剥离痘痂，用 2%～4%硼酸溶液洗涤创口，涂紫药水或稀碘酊溶液，1～2 次/d，连用 3～5d。未成熟痘痂，用烧烙法治疗。对眼、鼻发炎病鸽，先将分泌物除去，再用 2%硼酸溶液洗涤患部，涂以金霉素或四环素软膏，连用 3～5d。

发病鸽群用盐酸吗啉胍，按0.4%浓度饮水，连用3～5d。0.04%金霉素或四环素拌料喂服或减半浓度饮服，或在饮水中加0.01%恩诺沙星配合中药（龙胆草90g，板蓝根60g，升麻50g，金银花、野菊花各40g，连翘、甘草各30g）。共研细粉，1.5g/(只·d)，均匀拌料饲喂，效果更佳。在保健砂和饮水中增加多维和鱼肝油，以增强抵抗力，保护皮肤和促进伤口愈合。共治疗380例，治愈370例，有效率为97%。

4. 六神丸，灌服。共治疗以白喉型鸽痘为主的病鸽千余只，治愈率达93%以上。

【防制】 在春末鸽痘流行季节前和鸽繁殖季节前，接种鸽痘弱毒疫苗进行免疫；流行地区乳鸽于1日龄时采用翼膜刺种法进行免疫接种。加强饲养管理，注意用具、器械消毒，搞好鸽舍卫生。蚊虫是痘病的传染媒介，应对鸽舍内外、阴沟及角落喷洒杀虫剂，杀灭蚊虫等传播媒介，减少疾病的传播。对引进的鸽要先隔离观察1个月，确定健康后方能混群饲养。

【典型医案】 1. 2000年8月，农安县李某的27只信鸽，有数只信鸽眼睛睁不开，附有黏液性分泌物，精神不佳，食欲下降，故携病鸽来诊。检查：病鸽上下眼睑有小点状丘疹、水泡、脓疱，翅下、肋部、肛门皮肤上亦有类似病变。诊为鸽痘。治疗：病毒唑0.5mL，肌内注射，2次/d，连用3d；取方药1中药，水煎取汁，候温灌服，0.5mL/只，2次/d，连用2d。病鸽病情得到控制，改为用药1次/d，连用3d，病鸽恢复正常。同时对其他健康鸽用预防药量饮服5d，再未出现新病例。（邵培玲等，T109，P28）

2. 2002年3月8日，驻定西某部队养殖场的肉鸽发病邀诊。检查：病鸽眼睑、嘴裂等部位长出黄灰色结节，内含黄脂状糊块，严重者结节互相融合结成厚痂，无明显全身症状。诊为皮肤型鸽痘。治疗：立即将病鸽隔离饲养，用复方罗红霉素饮水；病毒灵，1片/(只·d)，加入多维素，灌服；剥除鸽痘痂壳，将三黄散（见方药2）药粉用水、白酒各半调成糊状，涂抹创面，2次/d，连用4d，痊愈。（王伟红等，T119，P47）

3. 2008年7月12日，永城市酇城镇肖楼村肖某的200余只肉鸽，起初有数只幼鸽精神不振，食欲下降，因连日阴雨，鸽场处于坑塘旁边，蚊虫较多，认为是蚊子叮咬所致，但驱蚊后鸽的病情不见好转，并相继发生死亡邀诊。检查：鸽群大部分发病，眼睑、口角、鼻瘤、翅膀内侧、腿爪出现丘疹，小的如米粒、大的似豌豆，灰黄色、有的数个连成一片、表面凹凸不平、结痂干硬；个别病鸽肢部出现多个结节，肿胀，跛行。诊为皮肤型鸽痘。治疗：取方药3，用法相同。嘱鸽主在保健砂中增加多维，维生素A、维生素C、维生素E用量为平时的5倍。加强环境消毒。4d后，除6只幼鸽死亡外，其余病鸽全部康复，1周后对鸽群按说明书剂量接种鸽痘弱毒疫苗，接种后8d检查刺种部结痂，未再发病。

4. 2008年7月12日，永城市王集乡秦庄刘某的180只鸽发病邀诊。主诉：近几日鸽群精神沉郁，食欲减退。检查：病鸽鼻、嘴角、眼睑、肛门周围布满丘疹、呈灰黄色、大小不等；有的排粪困难，有的眼裂完全闭合、失明，影响采食和饮水。诊为皮肤型鸽痘。治疗：取方药3，用法相同。加强鸽舍消毒，将剥离痘痂的镊子蘸酒精火焰消毒处理，剥离的痘痂进行焚烧。治疗后，除死亡4只外，其余病鸽5d后痊愈。1周后接种鸽痘弱毒疫苗，接种后8d检查刺种部结痂，未再复发。（肖尚修，T158，P61）

5. 1999年10月28日，新野县沙堰镇售店村某养鸽户的两千余只美国白只王鸽，有25%的乳鸽发病邀诊。检查：病鸽精神不振，流浆液性鼻液，后期为脓性鼻液。3个月后病鸽呼吸困难，张口伸颈，摇头，时常发出咯咯叫声。剖检病鸽可见口腔、咽喉部有黄色痂块。根据临床症状和病理变化，诊为白喉型鸽痘。治疗：取六神丸，5丸/(次・只)，灌服，2次/d，连用5～10d，全部治愈。

6. 2000年1月9日，新野县上庄乡山坡村某养鸽户的900余只美国白只王鸽，有60余只发病邀诊。检查：病鸽眼睑肿胀，流鼻液，下痢，随后呼吸困难，窒息死亡。剖检病鸽可见喉头和口腔有干酪样坏死物，气管有血丝，肠黏膜有出血点。根据临床症状和病理变化，诊为白喉型鸽痘。治疗：六神丸，5丸/(次・只)，加

土霉素1片，病毒灵1片，灌服，2次/d，连用3d。1周后病鸽全部治愈。（樊松林，T114，P36）

鸽新城疫

鸽新城疫是指鸽感染鸡新城疫Ⅰ型副黏病毒，引起以腹泻和脊髓炎为特征的一种急性、败血性传染病。1981年在苏丹和埃及首先发现，随着我国养鸽规模的扩大，在养鸽集中区也时常发生。

【流行病学】 本病病原为鸡新城疫Ⅰ型副黏病毒，与鸡新城疫病毒为同一属。该病毒对鸽的致病力很强，发病率和死亡率都很高。不同日龄的鸽均可感染，尤其以乳鸽最易感。鸽一旦感染，病毒首先从鸽体侵入处繁殖，侵入眼、鼻、嘴，第2天随其分泌物进入机体。在其5～6d的潜伏期内，病毒通过血液传播，在肠道中大量复制并排泄病毒，再感染其他鸽。当病毒进入大脑繁殖即引起脑细胞大量死亡，出现典型神经症状。病毒在大脑中可存活5周；在呼吸器官存活3周，如6周后不死亡者可有望恢复。

【主证】 本病潜伏期长，有的可达1个月左右。先是个别鸽出现临床症状，数天后其他鸽陆续发病，1周内出现大批死亡。病鸽主要表现腹泻、呕吐和神经症状等。病初，病鸽精神不振，采食量减少，饮水增加，体温升高至42℃以上；中期食欲废绝，呕吐带有黏液的食糜，嗉囊常充满液体和气体，倒提病鸽时从口角流出多量黏稠带气泡的恶臭液体，排黄白色或黄绿色水样稀粪；病程稍长者肢麻痹，不能站立，头、颈向一侧扭曲，有时出现肌肉震颤、翅下垂等神经症状，最后衰竭死亡。

【病理变化】 黏膜出血，淋巴肿胀并部分坏死，胸肌出血；口腔、嗉囊、鼻腔、喉气管内有混浊黏液，黏膜出血、充血；食管黏膜出血；肌胃与腺胃交界处有条纹状出血，部分肌胃乳头出血，肠壁肿胀，肠道尤以小肠前段黏膜出血、充血、溃疡，直肠黏膜出血、肿胀；泄殖腔充血；肝脏肿胀、有出血点；胆汁黏稠、呈绿色油状；脾脏肿胀显著；输尿管蓄积大量白色尿酸盐；脑膜充血或有

轻度出血，实质水肿。组织学观察，小脑、脑干、肾脏及肝脏有炎性变化，大量单核细胞浸润。

【鉴别诊断】 本病应与鸽副伤寒、维生素 B_1 缺乏症及脑脊髓炎进行鉴别。鸽副伤寒表现下痢和神经症状，是由沙门菌引起的细菌性疾病，用抗生素治疗有效，发病率与死亡率低，同时在翅、肢外有肿胀和关节肿大。维生素 B_1 缺乏症有神经症状，属营养缺乏所致，补充维生素 B_1 后症状可得到改善。脑脊髓炎以共济失调和震颤为主症，无扭颈、转圈、排绿色水样粪等特征。

【治则】 扶正固本，清热解毒，宣肺止咳。

【方药】 1. 板蓝根、黄芪、车前子、野菊花各 20g，金银花、党参、丹参各 15g（为 100 只鸽药量）。各药用纱布包好，加水煎煮，水沸后小火焖 20min，取汁，候温饮服，1 剂/d，1 个疗程/4d。第 5 天，将 4 剂药渣混合再煎煮 1 次，取汁饮服。饮食欲废绝者逐只灌服，同时在药液中加入奶粉，再将小块馒头逐只喂服。连用 2d 中药后，用鸡新城疫Ⅳ系疫苗对鸽群点眼滴鼻免疫，以提高 HI 抗体效价，增强自身免疫力和抗病力。共治疗 6.21 万例，治愈 6.08 万例，治愈率达 98%以上。

2. 用鸡新城疫 L 系疫苗 2 倍量饮水，同时取鸽新城疫灭活油乳剂苗，0.3mL/只，逐只胸肌注射。病鸽用疫苗紧急接种的同时，在日粮中添加中药制剂康毒威，1g/(只・d)。拌料前先将药物用开水浸泡 0.5h，分 2 次均匀拌入饲料，喂服，连用 5～7d；饮水中加入 100mg/kg 恩诺沙星，饮服，连用 3d。每天在鸽舍撒布石灰粉，连同粪便彻底清除，并用百毒杀喷雾消毒。

3. 鸡新城疫高免卵黄注射液，0.5～1.0mL/只，胸肌注射；间隔 6～7d，再注射鸡新城疫弱毒苗，0.5～1.0mL。取黄芪、虎杖各 20g，当归、党参、穿心莲各 10g，白术、苍术、茯苓各 6g，车前草 30g，葛根、板蓝根各 15g（为 100 只鸽 1d 药量）。水煎 2 次，合并药液，加水适量，饮服，连用 4～5d 为 1 个疗程。有神经症状者，肌内注射胞二磷，1mL/(只・d)，连续 3d，可收到极佳效果。（任养生等，T97，P38）

【防制】 信鸽常同放飞病鸽接触感染；肉鸽多是外来人员、畜禽和野鸟等携带病毒进入鸽场散毒引起感染，因此，加强预防，采用鸽新城疫病毒灭活疫苗，肌内注射或皮下注射，接种后即可产生保护力。乳鸽、幼鸽在第1次免疫后1个月需重复免疫1次。也可使用鸡新城疫弱毒苗，但鸡新城疫Ⅰ系苗对鸽不安全，故不宜作首免用。引进的鸽子必须隔离1个月以上方可入群。由于动物之间交互感染，鸽场应注意杜绝鸡新城疫的传入。如发生该病应立即封锁隔离、严格消毒、严禁出售或引进种鸽。

【典型医案】 1. 2005年11月2日，禹城市安仁镇南赵村赵某的200对肉种鸽发病邀诊。主诉：鸽群于146日龄时发病，3d来病鸽食欲不振，呕吐，排黄绿色稀粪。病鸽吐出的食糜常被其他鸽食入而传染，已死亡2只。检查：病鸽嗉囊积液，肛门周围羽毛被粪污染。剖检病死鸽可见腺胃乳头出血；脑膜充血、出血；肠道充血、出血；肺脏、气管环充血；肾脏肿大、苍白。根据临床症状和病理变化，诊为新城疫。治疗：板蓝根、黄芪、车前子、野菊花各80g，金银花、党参、丹参各60g。水煎取汁，候温饮服，1剂/d，连服5d。因大群鸽饮食减退甚至不食，所以前3次在鸽群的药液中加入奶粉，逐只灌服（可用气门芯套在塑料注射器上将药液推入病鸽食管内）。第3天，用鸡新城疫Ⅳ系疫苗点眼滴鼻。第4天，鸽群病情开始好转，能自行饮用药液，再未出现死亡，全部治愈。（刘玉玲等，T144，P48）

2. 兰州市某肉鸽养殖场的白只王肉鸽，均购自外地某种鸽场，所有乳鸽均未进行新城疫免疫和定期药物预防。用方药2防治新城疫患鸽3800余只，死亡540只，死亡率为14.2%，其中有神经症状的85只鸽全部死亡，约占死亡鸽的15.7%。（席强，ZJ2012，P85）

信鸽禽霍乱

信鸽禽霍乱是指信鸽感染多杀性巴氏杆菌，引起以高热、剧烈

腹泻、发病急、传播迅速、致死率高为特征的一种急性传染病。

【流行病学】 本病病原为多杀性巴氏杆菌。病原菌一般通过气管或上呼吸道黏膜侵入组织，也可通过眼结膜或皮肤伤口感染，或受多杀性巴氏杆菌污染的饲料和饮水等传播。各种野禽对本病均易感，慢性感染鸽被认为是主要传染源。6 周龄以上的鸽发病率较高，死亡率高达 75%以上。高温、潮湿季节容易发生。多杀性巴氏杆菌对物理和化学因素的抵抗力较低，在自然干燥的情况下很快死亡，普通消毒药物、日光、加热对本菌均有良好的杀灭作用。

【主证】 病初，病鸽精神不振，蹲伏不动，闭目打盹，体温升高，食欲降低，排灰绿色或白绿色粪。后期呼吸困难，冠髯发紫，排绿色稀粪，口流黏液，两翅下垂，头低垂、无力。病程一般为 1～3d。

【病理变化】 嗉囊至消化道内呈绿色；肠内容物为灰绿色或绿色，腥味重，消化道溃疡，肠内充满气体，有纤维素假膜脱落，肠壁变薄；嗉囊内膜脆性增强，有的已剥落；心包膜可见出血点；肺脏瘀血、有灰黄色干酪样坏死灶；呼吸道充满黏液；肝脏肿大、有较多白色坏死点；冠髯瘀血；雌鸽卵巢内有干酪样灰黄色物质。

【诊断】 多杀性巴氏杆菌呈两端钝圆、中央微凸的短杆状菌，不形成芽孢，也无运动性。普通染料都可着色，革兰染色阴性。取肝脏、肺脏组织涂片，用瑞氏、姬姆萨氏法或美蓝染色，镜检，可见许多两极着色的杆菌，菌体多呈卵圆形，两端着色深、中央部分着色较浅，很像并列的两个球菌（又称两极杆菌）。本菌为需氧兼性厌氧菌。无菌取肝脏、肺脏组织，划线于鲜琼脂平板上，置 37℃培养 24h，可见细小、湿润、圆形、微隆起、呈珠状的菌落，折光下检查呈蓝绿色。

禽霍乱易与新城疫混淆，鸽发出的咕咕声和新城疫感染引起咕噜声易误诊。鸽禽霍乱晚期排纯绿色稀粪及整个消化道呈绿色为其典型症状，头向前低垂无力与新城疫感染引起的“斜颈观星状”截然不同。

【治则】 抗菌消炎。

【方药】 用0.05%高锰酸钾溶液清洗饲料（主要指玉米、黄豆等），然后拌以1%土霉素粉喂鸽，用于预防。对病鸽进行隔离治疗，用5%葡萄糖生理盐水稀释土霉素粉，灌服；青霉素2万单位/只，肌内注射。鸽舍及周围环境用碘伏溶液消毒。

【防制】 引进的种鸽要隔离观察。一旦发病应及时隔离并确诊，做好预防性治疗和鸽舍消毒。加强饲养管理，消除发病诱因。

【典型医案】 2007年12月初，泗阳县新元镇某信鸽养殖户从外地引进的雄种鸽发病，死亡32只。他医诊为新城疫，治疗1周无效，陆续死亡22只，还有10只鸽病情较重。根据临床症状和病理变化，诊为禽霍乱。治疗：取上方药，用法相同。治疗1周，5只病重鸽死亡，治愈5只。（郁小霞等，T161，P26）

鹌鹑念珠菌病

鹌鹑念珠菌病是指鹌鹑上消化道感染白色念珠菌，引起以嗉囊黏膜增厚、口咽黏膜表面布满针尖大小、圆形隆起、白色、易剥离的坏死病灶为特征的一种霉菌性传染病。

【流行病学】 本病病原为类酵母状的真菌，称为白色念珠菌。病鹌鹑和带菌鹌鹑是主要传染源。病原通过分泌物、排泄物污染饲料、饮水，经消化道传播，也可经卵传播。病鹌鹑的嗉囊、腺胃、肌胃、胆囊以及肠内都能分离出病菌。以幼龄鹌鹑多发，成年鹌鹑亦有发生；夏秋炎热多雨季节多发。本病的发生与禽舍环境卫生状况差以及饲料单纯和营养不足有关。

【主证】 患病鹌鹑精神不振，缩颈闭眼，呆立，不愿活动，羽毛蓬乱，厌食，嗉囊胀大，泻黄绿色或墨绿色粪，口咽黏膜充血，分泌物增加，黏膜上有乳酪样、豆渣样白色物覆盖、易剥落，口臭。大多数患病鹌鹑气喘，呼吸有啰音，甩头。

【病理变化】 口腔黏膜上形成一个大的或许多小的隆起软斑，表面覆有黄白色假膜渗出物；嗉囊黏膜增厚，黏膜上有白色、圆

形、隆起的溃疡，表面易剥落；食管出现溃疡斑；有的腺胃肿胀、黏膜出血，覆盖卡他性或坏死性渗出物。

【实验室诊断】 取嗉囊和腺胃黏膜触片，染色，镜检，可见革兰阳性、边缘呈暗褐色、中间透明、形似树枝状的菌体。用无菌接种针从腺胃黏膜挑取病料，在沙保劳氏琼脂培养基上，划线培养，置37℃培养24～48h，形成白色、奶油状、明显凸起的菌落。幼龄培养物由卵圆形出芽的酵母细胞组成，老龄培养物菌丝有隔离。

【治则】 抗菌消炎。

【方药】 隔离病鹌鹑，用0.1%硫酸酮溶液喷洒圈舍、圈笼；及时清除病鹌鹑口中的覆盖物，涂布碘酊。喉支宁，3粒/只，灌服，1次/d，连用2d；制霉菌素，20mg/(只·d)，拌料喂服；0.1%硫酸铜溶液，饮服，连用5d；饲料中拌入高效多维素，喂服，连用7d。

【防制】 加强饲养管理，严禁饲喂霉变饲料；养殖密度不宜过大；保持圈舍卫生，通风干燥；饮用清洁水；定期消毒用具与场地。

【典型医案】 2008年9月，泗阳县高渡镇某村的500只鹌鹑，于52日龄时102只鹌鹑出现口疮，气喘，死亡20只。诊为念珠菌病。治疗：立即采用上述治疗措施。治疗7d，鹌鹑病情好转，食欲、饮水恢复正常。(张亚东，T157，P21)

鹌鹑脑炎型大肠杆菌病

鹌鹑脑炎型大肠杆菌病是指致病性大肠杆菌侵入鹌鹑脑部引起脑炎的一种传染病。临床上大肠杆菌感染消化道者居多，侵入脑部引起脑炎者少见，尤其是鹌鹑脑炎型大肠杆菌病更为少见。

【流行病学】 大肠杆菌病是一种条件性疾病，在卫生条件差、饲养管理不良的情况下很容易发生。大肠杆菌对环境的抵抗力很强，附着在粪便、土壤、禽舍等能长期存活。通过呼吸道、消化道和产蛋等途径传播。饲养管理不善、应激或其他病原感染均可成为

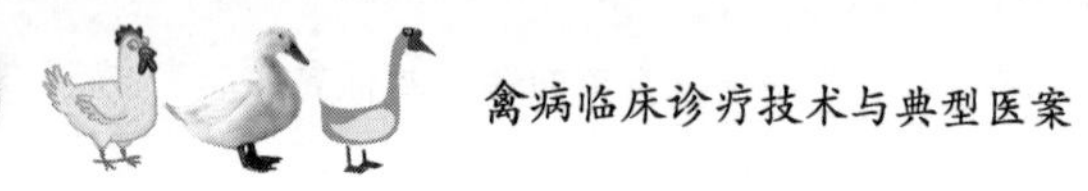

大肠杆菌病发病的诱因。

【主证】 患病鹌鹑食欲减退或废绝，精神不振，羽毛松乱、无光泽，两翅下垂，缩颈嗜睡，有的排灰绿色或黄白色稀粪，部分病例有神经症状，头部不自主震颤，运动失调，外界刺激（如声响等）则神经症状加剧。产蛋率从80%下降至70%，蛋壳变薄，死亡40余只/d。

【病理变化】 肺部出血；肝脏稍肿大、瘀血、呈暗红色、质地变脆，表面有少量纤维素性渗出物；气囊、心包膜混浊，有少量黄色干酪样渗出物；心包积液；卵巢出血、卵泡萎缩、变形、出血；腹腔内有大量黄色干酪样渗出物、气味恶臭；腹腔各脏器粘连、肠道黏膜脱落、弥漫性出血；脑膜出血、脑组织充血、出血、有灰白色芝麻大小坏死灶。

【实验室诊断】 无菌采集病鹌鹑肝脏和脑组织，分别接种于普通营养琼脂平板和麦康凯琼脂平板，划线培养，置37℃温箱培养24h，各接种物均有细菌生长。普通营养琼脂平板上长出边缘整齐、表面光滑、湿润、隆起的灰白色、中等大小的圆形菌落；麦康凯琼脂平板上生成红色、圆形、表面光滑、边缘整齐、中等大小的菌落。挑取菌落涂片，革兰染色镜检，可见粗短、两端钝圆的革兰阴性小杆菌。该杆菌能分解葡萄糖和甘露醇，产酸产气；能分解阿拉伯糖、木糖、鼠李糖、麦芽糖、乳糖；不分解侧金盏花醇和肌醇；能产生靛基质，不产生尿素酶和硫化氢；不液化明胶。用常规纸片法进行药敏试验，对阿米卡星、头孢噻呋高敏，氟苯尼考、壮观霉素、新霉素、庆大霉素和丁胺卡那霉素中敏，对诺氟沙星、环丙沙星、四环素、强力霉素、阿莫西林、青链霉素等均具有耐药性。

【治则】 清热解毒，抗菌消炎。

【方药】 1000kg饲料中加入10%阿米卡星预混剂500g，混匀，全群鹌鹑喂服，连用7～10d；1000kg饮水中添加电解多维0.5kg、葡萄糖5kg，全天饮服，连用7～10d；取穿心莲80g，白头翁、苦参、板蓝根、夏枯草各60g，大青叶90g，黄芩50g，黄连、连翘、龙胆草、车前子、甘草各30g，大黄20g。共为细末，按2%比例拌入饲料中喂服，连用7～10d。重症者取兽用头孢噻呋钠，1mg/只，肌内注射，1次/d，连用3～4次。

【防制】 加强饲养管理，隔离病鹌鹑，搞好舍内环境卫生，加强通风，保持舍内空气清新。将粪便等污物清除干净，用0.5%百毒克（主要成分为二氧化氯）喷雾消毒圈舍内外及饲养用具，1次/d，连续消毒5d。同时尽量减少各种应激因素，使禽舍及周围环境保持安静。

【典型医案】 2010年10月初，豫北某鹌鹑养殖场的10000只蛋鹌鹑，从160日龄开始发病。起初患病鹌鹑精神沉郁，采食量、产蛋率下降，排灰白色或绿色稀粪；部分患病鹌鹑有神经症状，头部不自主运动、震颤，陆续死亡500多只。曾用阿莫西林、强力霉素及中药"清瘟败毒散"、复合维生素B、维生素D等药物治疗效果不明显。治疗：取上方药，用法同上。第3天，除部分病重鹌鹑死亡外，其余鹌鹑病情开始明显好转，无新病例出现。第5天，患病鹌鹑病情趋于稳定，精神状态、采食量基本恢复正常，第8天，鹌鹑产蛋率开始逐步回升。（郎利敏等，T171，P47）

鹤关节肿痛

鹤关节肿痛是指鹤体内蛋白质代谢异常，肾功能障碍，引起以关节肿大、疼痛、跛行、尿酸盐沉积为特征的一种病症。

【流行病学】 鹤常栖息于浅水、沼泽、近海、浅滩、水草丰茂的湿地环境中，主要以鱼虾、蛙类、爬虫、蠕虫、昆虫及其他小型水生动物和植物嫩叶嫩芽、种子为食，其蛋白质含量高，营养丰富。在圈养条件下，人工供给的鱼虾等动物饲料品种相对单一，与野生状态下比较其营养不够全面和平衡，因此很容易发生本病。

【主证】 多为自然发病，病程一般在15～45d。病鹤关节肿大、疼痛、跛行，病肢不愿着地负重，不能站立行走，活动减少，腹泻，粪呈白色，采食基本正常。

【病理变化】 关节肿大、增生，关节腔内有大量白色结晶状物，为尿酸盐沉积，无滑液；关节头肿大、糜烂、坏死；软骨、内脏及其他间质上有大量尿酸盐沉积。

【治则】 通经活络，祛瘀止痛。

【方药】 复方当归注射液（由当归、川芎、红花等中药精制提炼而成，2mL/支，江西天施康中药股份有限公司生产）2mL，复方新诺明 1 片，拌入饲料中喂服，2 次/d，连用 15～30d。

【防制】 加强饲养管理，减少高蛋白饲料，满足鹤对蛋白质、维生素、矿物质等各类营养物质的需求，适当增加运动量。在饲料中添加沙丁鱼粉或牛粪等，防止本病发生。

【典型医案】 近年来，重庆动物园先后有 6 只鹤（其中戴冕鹤 3 只，灰鹤 1 只，白鹮 1 只，丹顶鹤 1 只）发生痛风，用复方当归注射液及复方新诺明合剂口服治疗均收到良好疗效。其中灰鹤用复方当归注射液 40mL，浸泡 250g 玉米颗粒，待药液被玉米颗粒吸收并膨胀后喂服；复方新诺明 1 片，拌入精料中喂服。治疗 30d 后，病鹤关节肿大、疼痛、跛行全部消除，痊愈。（吴登虎等，T146，P67）

鹤球虫病

鹤球虫病是指艾美耳属的各种球虫寄生于鹤肠道，引起以腹泻、贫血、排血粪、肠道严重病变为特征的一种病症。

【流行病学】 本病病原为艾美耳球虫，我国已报道的有 7 种，致病力较强的有 2 种，即柔嫩艾美耳球虫，主要寄生于盲肠黏膜内，称盲肠球虫；毒害艾美耳球虫寄生于小肠段黏膜内，称小肠球虫。球虫的发育要经过 3 个阶段：无性生殖和有性生殖阶段是在肠黏膜上皮细胞内进行，孢子生殖阶段是在体外形成孢子囊和孢子，成为感染性球虫卵囊。从粪排出的球虫卵囊，在适宜的外界环境中经 1～3d 发育成具有侵袭性的孢子化卵囊，被健康雏鹤吞食后即侵入肠壁发育成裂殖体，致使肠黏膜严重受损。裂殖体在鹤肠道上皮

细胞内进行有性繁殖，发育为成熟卵囊，随粪排出体外成为传染源。

病鹤为主要传染源。被粪便污染的饲料、饮水与环境、饲养员及其衣服、用具等可机械性传播；苍蝇、甲虫、蟑螂、鼠类和野鸟等为机械传播媒介。发病时间与气温、雨量有密切关系，通常在温暖的月份流行。室内温度高达30～32℃、湿度80%～90%时最易发病。天气潮湿多雨，饲养密度过大，运动场积水，饲料中缺乏维生素A、维生素K以及日粮配备不当等均为发病的诱因。本病主要危害3月龄以内的雏鹤。

【主证】 初期，病鹤精神不振，食欲减退，喜卧，不愿运动，强迫行走时步态不稳，严重时不饮水，不食，腹泻，粪病初期呈绿色，后期呈暗红色或咖啡色，潜血检查为阳性。后期病鹤共济失调，翅膀软瘫，昏迷倒地、痉挛，不久死亡。

【病理变化】 肾脏肿大、出血，膨大突出于荐骨窝；十二指肠、空肠黏膜肿胀、充血、出血，表面有淡白色的小溃疡灶，盲肠显著肿大，为正常的3倍左右，黏膜坏死、脱落，肠内容物为暗红色黏稠液体；天然孔、肝、脾、胃无显著变化。

【诊断】 刮取病变盲肠和小肠内容物及黏膜少许，加等量甘油饱和盐水液制片，镜检，可见大量的椭圆形球虫卵囊。取病鹤粪3g，加0.2%重铬酸钾溶液10mL，置培养皿内，在室温下培养（25～30℃）3d，用吸管吸取培养液1滴至载玻片上镜检，发现卵囊孢子化，卵圆形卵囊内有4个孢子囊，每个孢子囊内含2个孢子，无残体，大小平均为21.8μm×17.5μm，诊为球虫。

【治则】 解热解毒，活血杀虫。

【方药】 常山，按2.0g/kg拌料，喂服，或口服Diclazuril（比利时杨森公司生产）0.5mg/kg；取解毒活血汤：连翘、葛根、当归、甘草各6g，柴胡、赤芍各9g，枳壳3g，生地黄、红花各15g，桃仁24g。水煎2次，2次/剂，取汁，候温灌服，1剂/d。血便严重者空腹喂服思密达（主要成分为双八面蒙脱石，对消化道的病毒、病原菌及其产生的毒素有极强的固定、抑制作用，也可屏障攻击因子对消化道黏膜的破坏），维生素 C、肝泰乐、5%葡萄糖、氨甲苯酸等，静脉注射；百菌清，0.1～0.2mL/kg，肌内注射。

【防制】 保持圈笼通风，降低雏鹤饲养密度；严格执行消毒措施，严禁从其他禽类养殖场输入饲料、用具等。成年鹤与雏鹤应分开饲养，定期消毒与检疫，发现病雏鹤应及时隔离治疗；育雏笼舍专用并定期用火焰消毒或漂白粉消毒，防止球虫感染或扩散。

【典型医案】 2001 年 6 月，广东省某地珍稀动物养殖场的 6 只雏鹤发病，其中 10 日龄和 25 日龄的 2 只雏鹤先后死亡。病初认为细菌感染，用土霉素、氟哌酸等药物治疗效果不明显。取粪镜检，结合死亡鹤盲肠、十二指肠、空肠病变，诊为多种球虫混合感染。治疗：取上方药，用法同上，连用 2 周。4 只病雏鹤食欲逐渐恢复，粪正常，镜检粪全部为阴性。继续服药 1 周后停药。次年随访，鹤再未发病。（陈武等，T118，P34）

火鸡组织滴虫病

火鸡组织滴虫病是指火鸡感染组织滴虫，引起以肝脏坏死灶和盲肠溃疡为特征的一种病症，又称传染性肠肝炎或黑头病。

【流行病学】 本病病原为鸡异刺线虫。虫体随病鸡和带虫鸡的粪排出体外，当外界环境条件适宜时发育为感染性虫卵，被火鸡吞食后感染发病。蚯蚓摄食鸡异刺线虫的虫卵和幼虫，幼虫可长期在蚯蚓体内生存。当火鸡食入蚯蚓后，鸡异刺线虫幼虫体内的组织滴虫逸出，致使火鸡感染发病。某些蚱蜢、蝇类、土鳖、蟋蟀也能机械传播。2 周至 3～4 月龄的雏火鸡和育成火鸡易感，特别是雏火鸡易感性最强，3～12 周龄火鸡发病率为 90%，死亡率为 70%。成年火鸡多为带虫者。

【主证】 患病火鸡体温升高，食欲减退或废绝，饮欲增强，体重迅速减轻，精神不振，羽毛松乱，闭目缩颈，翅膀下垂，行走不稳，不愿活动，常呆立一隅。有的病鸡腹部膨大，触诊腹部可摸到硬固的盲肠，下痢，初期水样、有泡沫，粪中有砖红色黏液丝，随后转为黄色或褐色，病重者完全血便。

【病理变化】 肝脏肿大，表面有弥漫性不规则圆形凹陷的坏死病灶，直径1～2cm，纵切可见病灶深入肝实质中，呈灰白色或黄褐色；盲肠外观肿大、变硬，切开可见肠壁增厚、出血，黏膜层严重坏死，有些部位的病灶已深入盲肠肌层及浆膜层，形成溃疡病灶，肠腔内充满微黄色干酪样物。

【实验室检验】 刮取病火鸡新鲜盲肠黏膜少许，用40℃温生理盐水制成悬滴标本，置显微镜下镜检，可见一端有短鞭毛、呈钟摆式运动的虫体。无菌取病火鸡肝脏，分别接种于血琼脂和麦康凯琼脂平板，置37℃培养24h，细菌分离结果为阴性。

【鉴别诊断】 本病应与球虫病和沙门杆菌病进行鉴别。球虫病虽然也能造成盲肠病变，以出血及黏膜坏死为主，粪镜检可见球虫卵囊，但不会有肝脏弥漫性、不规则、圆形坏死且中间凹陷的病灶。沙门杆菌病虽然也会有肝脏坏死病灶及盲肠内干酪样物，但肝脏病灶较细小，且盲肠不会有明显肿胀及变厚。

【治则】 清热祛湿，活血祛瘀。

【方药】 将滴虫厌氧康（5%地美硝唑预混剂）和仙林（10%阿莫西林可溶性粉）各1瓶（均为100g/瓶）与100kg饲料混匀，喂服，连用5d；取白头翁、乌梅各20g，秦皮、黄连各10g，白芍、甘草、郁金各15g，苦参、金银花各12g。水煎取汁，候温供火鸡饮用，1剂/d，连用5d。严重不食者，每只每次取甲硝唑（0.2g/片）1/4片，灌服，早、晚各1次/d，连用3d。

【防制】 养殖场应选择干燥、疏松的砂质场地，圈舍及场地要清洁；养殖期间要定期使用疫苗免疫及药物预防。避免粪污染饲料和饮水；粪便及垫料要堆积发酵；用具洗刷后和火鸡舍内外环境一起用大毒杀消毒液（癸甲溴铵溶液）1∶150倍稀释后消毒，3次/周。发现病火鸡应及时隔离，切断直接传染源；定期铲去运动场地的表层土，换垫新土，以减少接触粪污染的机会。提供充足的营养均衡饲料、干净的饮用水和合适的饲养密度，有助于增强火鸡的免疫力，降低其对组织滴虫病的易感性。

异刺线虫在传播组织滴虫中起重要作用，应定期驱除火鸡体内的异刺线虫，用左旋咪唑 40mg/kg，1 次拌料喂服。

【典型医案】 2011 年 2 月 13 日，滨海县陈涛镇徐某购进的 50 只雏火鸡，于 7 周龄时一半以上火鸡出现精神沉郁、厌食、下痢等症状，用红霉素和抗球虫药物治疗效果不明显，22 日 2 只火鸡死亡。根据临床症状、病理变化和实验室检验，诊为火鸡组织滴虫病。治疗：取上方药，用法同上。患病火鸡病情很快得到控制，除 1 只病重火鸡死亡外，其余火鸡全部恢复正常。（缪锦国等，T169，P62）

七彩山鸡曲霉菌病

七彩山鸡曲霉菌病是指七彩山鸡采食被曲霉菌污染的饲料、饮水等，引起以呼吸道炎症和下痢为特征的一种病症。

【流行病学】 曲霉菌孢子广泛存在于自然界。被曲霉菌污染的垫料和发霉的饲料为传染媒介，霉菌孢子经呼吸道感染，或通过蛋壳侵入感染。饲养管理不善、卫生条件不良、通风换气不好、阴暗潮湿以及营养不良等均可引发本病。

【主证】 初期，病鸡精神沉郁，食欲下降，饮欲增强，翅下垂，羽毛松乱，呆立一隅，闭目；严重者呼吸困难，张口伸颈，咳嗽、打喷嚏，可听到气管啰音。后期腹泻，粪呈黄灰色。

【病理变化】 肺脏有粟粒大至绿豆大小的黄白色或灰白色结节，微硬，切开似轮状，内有干酪样坏死组织；有的肺部呈弥漫性或局限性炎症，切开有黏液渗出。

【诊断】 取结节中内容物镜检，可见菌丝体和孢子。

【治则】 清热解毒，宣肺止咳。

【方药】 鱼腥草、蒲公英各 60g，筋骨草、桔梗各 15g，山海螺 30g（为 100 只鸡药量）。水煎取汁，候温饮服，连用 3d；制霉菌素，拌料，首次 120 万单位，以后 60 万单位（均为 100 只鸡 1

次药量），2 次/d。

【防制】 立即停喂发霉变质饲料，改喂优质饲料；对污染的鸡舍、用具、场地等用 5%石炭酸溶液喷雾，彻底消毒；更换鸡舍内的沙土、垫料等。保持鸡舍干燥、通风、清洁，并定时消毒。

【典型医案】 2007 年 7 月 15 日，泗阳县某七彩山鸡饲养户的 500 只七彩山鸡出现气喘、呼吸困难，2d 内死亡 115 只邀诊。检查：病鸡精神沉郁，食欲下降，喜卧，对外界反应淡漠。病程稍长者呼吸困难，张口伸颈，可听到气管啰音，食欲废绝，饮欲增强，咳嗽、打喷嚏。后期伴下痢、呈黄灰色，离群独处，闭目昏睡，羽毛粗乱，有的吞咽困难，一般在出现症状后 3d 内死亡，死亡率达 23%。剖检病死鸡可见肺脏和气囊上有粟粒大至黄豆大结节，肺内结节呈黄白色干酪样，气囊壁结节多呈圆形、有轮层结构；呼吸道黏膜充血、出血，有淡灰色渗出物；个别气囊肥厚、浑浊，有纤维素性渗出物。无菌采取肺部结节置载玻片上，用 20%氢氧化钾浸泡，分离病料，盖上盖玻片，镜检，可见菌丝体和孢子；或取肺部结节直接涂布于马铃薯葡萄糖琼脂培养基上，置 27℃、37℃分别培养，开始培养时菌落为白色绒毛状，后变为绿色至蓝绿色，最后变为黑色丝绒状，一昼夜后形成孢子。分别取饲料和垫料各 1g，接种于马铃薯葡萄糖琼脂培养基上，置培养箱内培养观察，结果垫料中检出曲霉菌。根据流行病学、临床症状、病理变化及实验室检验，诊为七彩山鸡曲霉菌病。治疗：取上方药，用法相同，连用 3d。立即更换垫料和可能被污染的饲料，场地和用具用 0.5%硫酸铜溶液喷洒消毒。病鸡停止死亡，逐渐恢复正常。（张亚东等，T150，P60）

七彩山鸡佝偻病

七彩山鸡佝偻病是指七彩山鸡饲料中因钙、磷比例不当和维生素 D 缺乏，引起以跛行、骨骼变形为特征的一种病症。

【病因】 由于饲料中维生素 D 缺乏或钙、磷比例不当引起。

【主证】 病鸡精神不振，羽毛蓬乱、无光泽，生长缓慢，严重者两肢无力，站立不稳、摇摆，喙、爪软而易弯曲，飞节着地，两肢前伸，或单肢向前、向外伸展，呈蹲伏姿势。

【治则】 补充维生素。

【方药】 维生素 D_3，1 万单位/kg，1 次/d，肌内注射；鱼肝油，1 次/d，滴服，1～2 滴/次，连喂 3d。

【典型医案】 2008 年 1 月 23 日，泗洪县高渡镇某养殖场购进 500 只七彩山鸡雏鸡，置室内饲养，开始饲喂市售的雏鸡配合饲料，20 日龄后改喂稻谷为主的饲料。1 个月后发现山鸡生长速度缓慢，随着日龄的增加，渐渐发现有些山鸡两肢无力，站立不稳，行走时左右摇摆，不断有少数鸡死亡。至 3 月 28 日，山鸡的平均体重约 600g。检查：病鸡精神不振，生长发育迟缓，羽毛生长不良、蓬乱、无光泽，两肢无力，站立不稳，左右摇摆，行走困难，勉强走动时只能移动数步，喙、爪软而易弯曲、如橡皮样有弹性、爪弯向一侧，有的两肢伸展，关节肿大，严重者以飞节着地，两肢向前伸或单肢前伸，另一肢向外伸展，身体压于肢上呈蹲伏姿势或所谓的企鹅姿势，采食困难，有的出现腹泻。剖检病死鸡，尸体消瘦，胸骨变软，与脊椎骨结合部向内弯曲，在近胸中部急剧凹陷，使胸腔体积缩小；胸肋与背肋接触处向内弯曲，形成特征性肋骨沿胸廓，呈内向弧形的肋骨内弯现象；连接胸骨与椎骨的肋骨内侧有局限性的小球状突起，肋骨椎端膨大、呈串珠状；胫骨、股骨骨骺钙化不全，软骨肥厚；长骨弯曲，骨软容易折断；甲状腺肥大。根据雉喙软如橡皮，以飞节着地的蹲伏姿势等典型症状，诊为佝偻病。治疗：取维生素 D_3，1 万单位/kg，肌内注射；每千克饲料中添加维生素 $D_3$0.1 万单位，喂服，连用 5d；逐只鸡滴服鱼肝油，1 次/d，1～2 滴/次，连喂 3d。鸡群改喂配合饲料，在饲料中添加适量骨粉和多维素。建立围网运动场，增加鸡群户外活动和光照时间。治疗 7d，鸡病情开始好转，逐渐可以行走，骨骼的硬度增强。20d 后全群鸡基本恢复正常。（刘凤等，T166，P65）

鸵鸟痛风

鸵鸟痛风是指鸵鸟体内蛋白质代谢异常，肾功能障碍，引起以关节肿大、疼痛、跛行、尿酸盐沉积为主要特征的一种病症。老龄鸵鸟多发。目前尚无特效治疗药物。

【病因】 因饲料配制不合理，蛋白质含量过高，或养殖密度过大，光照不足，鸵鸟缺乏运动，均可促使本病的发生。

【主证】 患病鸵鸟精神委顿，食欲废绝，羽毛蓬乱、无光泽，肛门松弛、收缩无力，排石灰浆液样稀粪，体温基本正常，雏鸵鸟濒死期呼吸困难。

【病理变化】 尸体软且极度消瘦；口腔内有大量黏液；肝脏、肾脏、心脏表面被覆石灰粉状的沉积物，形成一层薄膜；肾脏肿大；胸腹膜、肠系膜、皮下、关节内散布有许多石灰样的白色屑状物质，有的呈雪花片状；腹腔有淡黄色渗出物；小肠有白色石灰样的沉积栓；盲肠壁有针尖大小的出血点；其他脏器无明显病理变化。

【实验室检查】 取肝脏、肾脏、心脏组织和血样，用尿酸盐特殊染色法染色，镜检，可见染成蓝色的尿酸盐晶体即“痛风石”。

【治则】 减少蛋白质，补充维生素、微量元素。

【防制】 鸵鸟饲养密度不宜过大，给予适当的运动和光照；适当降低饲料中蛋白质比例，补充维生素 A、维生素 D 及口服补液盐，供给新鲜的青绿饲料和饮水；保持舍内外饲具、饲养员的卫生清洁；定期消毒。

【典型医案】 2000 年 5 月 13 日，中国西北鸵鸟繁育中心的第 2 批雏鸵鸟孵出后转入育雏舍，其中编号为 B013（亲代组合为 Y93 号雄和 Y37 号雌）放入育雏伞内即卧地不起，四肢软弱无力，于 17 日下午死亡。根据临床症状、病理变化和实验室检验，诊为痛风。按照上述防制措施进行预防，病鸵鸟逐渐康复。(李春源等，T105，P31)

鸸鹋直肠脱出

鸸鹋直肠脱出是指鸸鹋因中气不足引起直肠脱出体外的一种病症。

【病因】 多因鸸鹋年龄较大，脏腑功能虚弱所致。脾气虚弱则运化无力，水谷之精不能输布全身，肌肉缺乏滋养，中气不足则升举无力，气机下陷，对脏腑维系升举之力减弱，致使直肠脱出。

【主证】 患病鸸鹋精神不振，食欲减退，少食，口舌淡白，多卧少动，直肠脱出，体温正常。

【治则】 补中益气，健脾和胃。

【方药】 补中益气丸，1 丸/次，3 次/d，灌服。同时口服维生素 B_1 和维生素 C。

【典型医案】 桂林市动物园的一只 14 岁鸸鹋发病邀诊。检查：患病鸸鹋食欲减退，进而很快废绝，粪稀薄、呈白色水样，精神委顿，喜卧，易于捕捉，体温 38.1℃，测体温时发现直肠脱出、呈半球形突出于肛门外，努责时脱出达 8cm 左右，不能全部回缩；直肠黏膜污秽，局部有淡黄色的伪膜覆盖。将脱出的直肠清洗还纳时可触及腹腔内有一乒乓球大小、质硬游离的结节，眼结膜和口、舌黏膜淡白，捕捉后无力站起行走，频频努责作排粪状但无粪排出。诊为直肠脱出。治疗：取上方药，用法相同。服药 2d，患病鸸鹋排出一乒乓球大小干硬的球形粪团，由未消化的树叶和植物纤维构成。第 3 天停用抗生素，仅用中药和维生素，当日下午鸸鹋又排出一条长约 25m、直径约 5cm、重 0.4～0.5kg 的干硬粪团，粪质同前，排粪后直肠自然回缩。第 4 天，患病鸸鹋精神明显好转，活动量增加，抗拒捕捉，粪复常，直肠未再脱出，唯没有食欲。在继续使用补中益气丸的基础上，加用乳酶生、多种维生素和强的松，用法同前。第 8 日，鸸鹋食欲恢复，自行采食，食量逐日增加，痊愈。（陈谦，T62，P39）

观赏禽白痢

观赏禽（指孔雀、白鹇、灰斑角雉、红腹角雉、黄腹角雉、兰马鸡、白马鸡等）白痢是指观赏禽排白色黏液稀粪的一种病症。

【主证】 病禽食欲不振、精神委顿，排黄白色黏液样粪。

【病理变化】 腺胃及十二指肠有瘀血、线状或点状充血、出血，黏膜脱落，肌胃壳质下有点状出血或溃疡灶，易剥离；肝脏轻度肿胀，有不同程度的瘀血、出血，部分为脂肪肝；胆囊充盈。

【方药】 维生素 K_3，拌料喂服，2 次/d，2mg/次，连用 2～3d。

【典型医案】 1987 年 3 月，重庆市动物园先后有 5 只孔雀、2 只灰斑角雉泻白色黏液稀粪。用维生素 K_3 对 5 只孔雀进行口服治疗，2 次/d，2mg/次，连用 2～3d。其中 3 只孔雀服药 1d 粪成形，2 只孔雀在用药 3～4 次后精神、食欲好转，粪混有少量黏液，连服 3d，恢复正常。2 只灰斑角雉未服维生素 K_3，在高锰酸钾溶液浸泡的饲料中拌入土霉素，喂服，持续 4～7d 无效，改用灌服维生素 K_3 治疗，很快痊愈。之后每隔 2～3 周定期给所有雉科动物在饲料中拌入维生素 K_3，喂服，1mg/(只·次)，2 次/d，连续 2～3d，观察 3 个月，再未见白痢发生。(吴登虎，T39，P62)

观赏禽痘病

观赏禽（指鹦鹉、八哥、鹌鹑、麻雀、金丝雀、鸡、鸽和火鸡等）痘病是指观赏禽感染痘病毒，引起无毛或少毛的皮肤上发生痘疹，或在口腔、咽喉部黏膜形成纤维素性坏死性假膜为特征的一种急性、接触性传染病。发病后观赏禽体表皮肤损伤，严重影响观赏禽的光彩度。

【流行病学】 本病病原是禽痘病毒。主要通过损伤的皮肤或黏膜感染；夏秋季节吸血昆虫（如虱、蜱、蚊等）是主要传播媒介。可感染多种禽类（如鹦鹉、八哥、鹌鹑、麻雀、金丝雀、鸡、鸽和火鸡等），最易侵害的是鹦鹉和金丝雀。一年四季均可发生，以秋、冬季节最易流行。一般秋季和冬初常发生皮肤型痘，冬季以黏膜型痘为主。

【辨证施治】 本病分为皮肤型（主要侵害无毛区的皮肤）、黏膜型或白喉型（主要侵害上呼吸道和消化道黏膜）。

（1）皮肤型 观赏禽眼周围、翼下、腹下及脸部等皮肤上出现黄豆或蚕豆大小的结节，呈灰白色、较硬、触压有弹性；全身症状不明显，精神、食欲较差。严重者精神沉郁，食欲减退。

（2）黏膜型 观赏禽口腔、咽喉等黏膜上形成一层黄白色干酪样假膜，撕去假膜可见红色的溃疡面，严重时窒息死亡。

【诊断】 由于鸟痘的特征比较典型，根据临床症状及病理变化即可作出诊断。通过病毒的分离与鉴定进行确诊。最常用的方法是取病料无菌处理后接种易感禽类，可以涂擦在划破的冠部、无毛的肢部毛囊等处，根据接种后局部皮肤出现的痘肿进行诊断。在自然条件下，每一种病毒只对同种宿主有易感性，通过人工感染也可能传给异种宿主，但致病性不相同，如从麻雀分离到的痘病毒，对麻雀和金丝雀致病性较强，对鸡、火鸡和鸽只产生局部皮肤痘。因此，初次分离病毒最好用原发病的禽。必要时可进行琼脂扩散试验、免疫荧光法、ELISA及微量中和试验等。

【治则】 清热解毒，抗菌消炎。

【方药】 病毒灵，0.2～0.5片/次（0.1g/片），灌服，2次/d，连用3～5d；板蓝根冲剂（广州白云山制药厂生产），1次1/3包，加入水中饮服，2～3次/d，至水饮完为宜；或用板蓝根35g，加水500mL，水煎取汁，与适量水混合后自由饮服。

皮肤型痘，每天给发病的鹌鹑、鹦鹉类补充1粒鱼肝油或维生素A片；必要时用清洁的镊子小心剥离伤口，涂碘酊或红汞。眼部肿胀者用2%硼酸溶液冲洗眼部，用5%蛋白银溶液和盐酸吗啉胍眼药水滴眼。

黏膜型痘，用镊子剥离伤口，用喉症散（或喉症丸1～3粒，灌服）少许吹于病灶，2次/d；或用碘甘油或鱼肝油涂擦，以减少

窒息死亡。为防止继发感染，可以通过饮水或直接灌服氯霉素、氨苄青霉素或其他抗生素类药物。

共治疗观赏禽痘病 40 例，其中鹦鹉 20 例，金丝雀 10 例，八哥 5 例，鹩哥 3 例，鹌鹑 2 例，治愈 38 例，病重继发感染治疗无效 2 例，有效率达 95%。

【防制】 加强饲养管理，保持环境和饲养场所清洁卫生。皮肤和黏膜的伤口感染是导致鸟类发病的主要途径。因此，观赏禽在饲养过程中要尽量减少创伤的发生。

【典型医案】 1. 2007 年 10 月 24 日，郑州市刘某的 1 只牡丹鹦鹉，注射禽流感疫苗 1 周后发现鹦鹉眼周围有一硬疙瘩，精神、食欲、饮水变化无明显变化，疑为疫苗用量过大（为正常量的 4 倍）引起的继发症或过敏反应。经检查，诊为皮肤型痘。治疗：病毒灵 0.4 片/次，灌服，2 次/d，连用 4d。每天补充 1 粒鱼肝油或维生素 A 片。严重时用清洁的镊子小心剥离伤口，涂碘酊。眼部用 2%硼酸溶液冲洗，用 5%蛋白银溶液和盐酸吗啉胍眼药水滴眼。取板蓝根冲剂，每次 1/3 包，加入水中饮服，3 次/d，至水饮完为宜。病情严重者取板蓝根 35g，加水 500mL，煎煮取汁，与适量水混合后自由饮用。1 周后患病鹦鹉恢复正常。

2. 2006 年 10 月 12 日，中牟县城关镇李某的 2 只八哥，发现经常张口呼吸，吞咽困难，采食量下降，发出怪叫声来诊。检查：患病八哥精神萎靡，口腔内有假膜。诊为白喉型痘。治疗：病毒灵 0.5 片/次，灌服，2 次/d，连用 5d；灌服鱼肝油，2 粒/d；板蓝根冲剂，每次 2/3 包，加入水中饮服，3 次/d，至水饮完为宜。严重者用镊子剥离伤口，取中成药喉症散（或喉症丸 1～3 粒，研粉）少许吹于病灶，2 次/d。1 周后患病八哥恢复正常。（张丁华等，T149，P46）

临床医案集锦

【凤冠鸠胃内异物阻塞性积食】 2005 年 6 月 18 日，重庆动物

园1只维多利亚凤冠鸠突然发病，精神差，喜饮水，食欲废绝，消瘦明显，羽毛蓬松，嗉囊积食严重，伴有严重呕吐，口腔、食管内出现灰白色假膜样物质，粪水样、无任何固形物、呈深绿色。用阿莫西林等抗生素药物灌服治疗1周无效；用青霉素、庆大霉素、硫酸阿米卡星、头孢曲松钠等抗生素和维生素C、维生素B_1等辅助药物治疗，同时进行1～2次人工灌食补充营养仍疗效不佳，至7月3日病情加重邀诊。根据嗉囊内滞留大量食物、严重呕吐等症状，诊为胃内异物阻塞性积食。治疗：取大承气汤加减：大黄12g，芒硝10g，厚朴、枳实、党参、黄芪各8g，甘草5g。1剂/d，水煎3次，取汁混合，分2次灌服。治疗3d，患病凤冠鸠精神稍有好转，粪中混有2cm×(1～2)cm橡胶皮若干块；口腔、食管内假膜样物开始消退。用药7d，假膜样物全部消退，口腔、食管干净，但仍不采食。改用平胃散合补中益气汤：苍术12g，陈皮、厚朴、党参、黄芪、白术、茯苓各10g，甘草5g。水煎取汁，候温灌服，连服14d，痊愈。（吴登虎等，T142，P60）

【孔雀新城疫、组织滴虫与盲肠球虫混合感染】 2007年8月5日，泗阳县某孔雀饲养场的450只孔雀（其中种孔雀85只，小孔雀365只），约45日龄的孔雀发病，起初死亡1～3只/d，用血清和药物治疗病情好转，几天后小孔雀发病和死亡率增加，高峰时死亡10～15只/d，共死亡110只，死亡率达24.5%。检查：45～50日龄孔雀发病快，不食或少食，喜饮水，30%的孔雀呆立垂翅，排白色、深酱色或血色稀粪，重症者两眼无神，两肢无力，侧睡或轻瘫，伸腿，随即死亡，病程约2d。剖检病死孔雀可见气管环出血；腿肌出血；腺胃与肌胃交界处黏膜有出血斑；盲肠肿大，黏膜发炎，形成溃疡，表面附着干酪样坏死物，盲肠内容物形成红白相间干酪样栓塞，有的盲肠出血严重，肠内充满血粪；直肠黏膜出血；十二指肠局部出血，内有炎性分泌物；法氏囊肿大，黏膜出血；肾脏略肿大，输尿管有少量尿酸盐沉淀。在盲肠肠芯与肠壁之间刮取少量组织，置载玻片上，加入少量温生理盐水（37～40℃），混匀，加盖玻片后立即置400倍显微镜下观察，发现有钟摆样运动的虫体，且有一根很细的鞭毛，为组织滴虫。分别取孔雀血便、盲肠内容物，显微镜检查，发现有球虫卵囊。取病孔雀的血清，作新城疫抗体检测，抗体滴度为 8～9log2，证明有新城疫病毒感染。根据临床症状、病理变化及实验室检验，诊为新城疫、组织滴虫及盲肠球虫混合感染。治疗：全群孔雀用鸡新城疫Ⅳ苗免疫，注射鸡的 5 倍量/只。病初，取呋喃唑酮（痢特灵），按 0.04%比例拌料，甲硝唑，0.4g/kg，拌料喂服，连用 4d。通扬独霸 10mL，加水 50kg，混匀，饮服，连用 3～5d；阿莫西林 50g，加水 30kg，混匀，饮服，连用 5d。共治疗 340 只，治愈 320 只，治愈率达 94%。（朱霞云等，T158，P24）

【蓝孔雀新城疫并发大肠杆菌病】 2008 年 12 月 15 日，杭州市椒江区某珍禽养殖户的 506 只 82 日龄蓝孔雀，有 45 只排黄绿色稀粪，饮食减少，闭眼缩颈，喘气甩头，用环丙沙星、痢杆速杀（主要成分为黏杆菌素）等药物治疗无效，3d 后出现死亡，已死亡 6 只。该养殖场的孔雀均于 10 日龄时接种过新-支二联苗（南京天邦药业公司生产），于 25 日龄时进行第 2 次免疫。检查：患病孔雀初期粪稀、呈绿色夹带黄色，饮水增加，运动时无明显变化，安静时眼闭或半闭，被毛逆立，缩颈，甩头，夜间有咯咯声。中期饮食明显减少，绿色粪增多，步态蹒跚，喘气明显，消瘦，嗉囊胀气、柔软，倒提有臭水流出。后期呈衰竭状，眼全闭，反应冷淡、迟钝，蹲卧，头颈下垂，呈角弓反张姿势，很快死亡。病程一般 5～9d。剖检病死孔雀可见嗉囊胀气或有酸臭液体，混有少量饲料残渣；腺胃黏膜水肿、增厚、有出血点，角质膜下层黏膜上有出血点或出血斑；十二指肠肿胀，黏膜上有块状或广泛性针尖样出血；盲肠及扁桃体出血；泄殖腔膨大，内有稀薄黄白色或绿色粪，黏膜呈刷状出血点；气囊变厚、浑浊，有黄白色纤维素性分泌物；心包积液如果胨状，心肌松软；肝脏坏死、肿大，肝包膜变厚、呈半透明状、形成一层灰白色易剥离的纤维素性膜，剥离后可见肝实质有多量小出血点、质脆；脾脏肿大，有小米粒大灰白色坏死点。无菌采取病死孔雀心脏、肝脏血各 3 份，分别接种于营养肉汤、普通营养

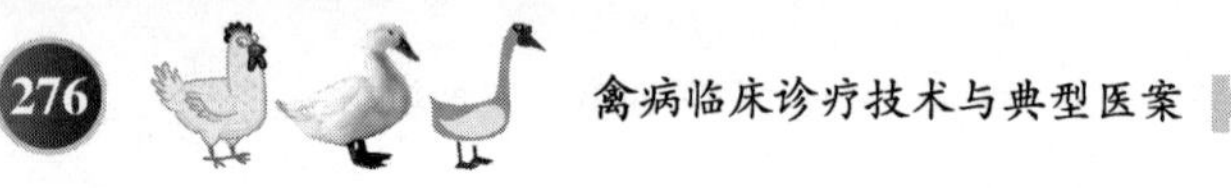

琼脂和麦康凯琼脂培养基上，置37℃恒温培养24h，可见营养肉汤中有菌膜形成，管底有白色沉淀；普通营养琼脂培养基上有圆形、光滑、边缘平整、表现隆起、灰白色透明、直径2～3mm的菌落，涂片镜检为革兰阴性、两端钝圆的小杆菌，单个或成对；麦康凯琼脂培养基上形成圆形、边缘平整、粉红色、有光泽的小菌落，分离得到5株细菌。细菌生化试验，对葡萄糖、乳糖、靛基质、M. R.、硝酸盐还原均为阳性，参照《伯杰细菌鉴定手册》，判定病原菌为大肠埃希杆菌。药敏试验，对环丙沙星、恩诺沙星、庆大霉素、氟苯尼考、强力霉素、头孢噻呋为强阳性或阳性。抽取病死孔雀心脏血、翅静脉血以及同群健康孔雀翅静脉血15份，用已知抗原做血凝抑制（HI）试验，结果抗体水平差异较大，滴度最高28、最低22。无菌取病死孔雀脾脏样本3份，用灭菌生理盐水按1∶10制成混悬液，加入抗体，置4℃水中培养4～6h，3000r/min离心15min，取上清液0.2mL接种于11日龄SPF鸡胚，在恒温恒湿箱中37℃培养5d，结果鸡胚全部死亡。抽取死亡鸡胚尿囊液做红细胞凝集试验均为阳性。用新城疫标准血清做血凝抑制试验均为阳性。根据临床症状、病理变化及实验室检验，诊为新城疫并发大肠杆菌病。治疗：保康液（主要成分为白介素Ⅱ，大连三仪公司生产，5mL/瓶，含600万活性单位）3瓶，L系新城疫苗1000只份，生理盐水500mL（为500只孔雀药量），胸肌注射，1mL/只；中药用清瘟败毒散加味：石膏500g，生地、玄参各180g，水牛角300g，黄连、连翘、甘草各60g，栀子、知母、丹皮、黄芪各120g，桔梗、黄芩各90g，赤芍、竹叶各150g，杏仁30g。水煎2次，取汁，药液加入饮水中饮服，药渣拌料，1剂/d，连用5d。治疗后，患病孔雀消化道症状减轻，再未出现死亡，1周后基本康复；少数孔雀仍有呼吸道症状。15d后再用L系疫苗1000只份，灰树花提取液（主要成分为灰树花多糖，相当于原生药1g/mL）500mL，20%黄氏多糖粉50g，饮水重新免疫。大部分孔雀逐渐康复，病情得到控制。（葛正光等，T160，P51）

【鹧鸪新城疫并发葡萄球菌病】 2003年6月初，临沂市某养殖户的500余只鹧鸪发生以呼吸困难、下痢、神经症状、急性死亡为主要特征的病症，死亡123只，死亡率达24.6%以上。主诉：引入鹧鸪以来生长状况一直良好，但没有按程序进行免疫预防，在6周龄左右个别小鹧鸪发病，逐渐增多，并出现死亡，最高峰期1天死亡17只。曾用青霉素、链霉素均按5000单位/只饮水治疗，不但未见好转，反而发病数量增多，病情加重，死亡增加。检查：急性者未显现症状即突然死亡。病程稍长者精神不振，体温升高达43℃，食欲减退或废绝，羽毛松乱、无光泽，两翅下垂，常蹲伏或呆立一处；呼吸有啰音，不愿走动，缩颈，闭眼昏睡；有的眼睑肿胀、有分泌物；有的下痢，排灰白色或绿色粪；大部分在胸腹、大腿内侧和两翅膀出现浮肿，外观呈紫色或紫黑色；极少数出现跖关节、趾关节肿大，跛行；有的共济失调、头颈扭曲、转圈运动等，最后瘫痪倒地，衰竭死亡。剖检病死鹧鸪可见有的胸腹部、大腿内侧肌肉呈片状出血、呈紫红色花斑；有的跖关节、趾关节囊内有炎性渗出物；部分病例心包内有少量淡黄色积液，心外膜出血；肝脏肿大、有紫红色花斑；脾脏肿大；十二指肠有轻度出血；直肠卡他性炎症；肺脏瘀血、水肿；大部分气管及喉头有黏稠微黄色的分泌物；腺胃黏膜有卡他性炎症，腺胃乳头有明显的出血点；盲肠扁桃体肿胀、出血；有的腹部及胸前部皮肤呈绿色，皮下有淡黄色胶胨样渗出物等。无菌取皮下水肿处渗出液、心血、肝脏、脾脏等组织分别直接涂片，革兰染色，镜检，可见有数量不等的革兰阳性球菌，单个、成双或典型呈葡萄串状。取新鲜病死鹧鸪的皮下渗出液、肝脏、脾脏等组织，按常规分别接种于普通琼脂和鲜血琼脂平板上，置37℃恒温箱中培养24h，挑选菌落进行纯培养后，分离出金黄色葡萄球菌。在普通琼脂培养基上形成圆形、稍隆起、表面光滑、湿润、边缘整齐不透明的菌落，直径1～2mm，将其放置1～2d后菌落呈淡黄色或金黄色；在血液琼脂培养基上，菌落周围有溶血环。菌落涂片，革兰染色、镜检，可见革兰阳性球菌，呈典型的葡萄状。将纯培养

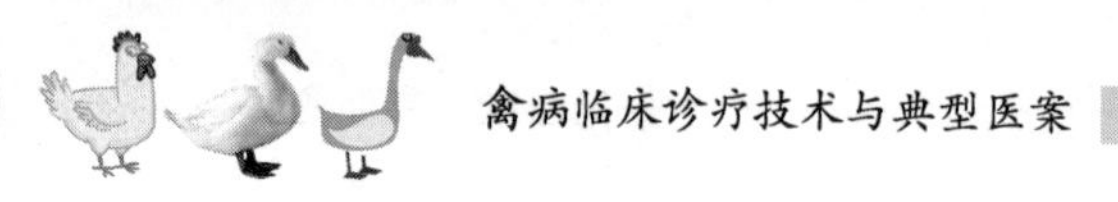

物分别进行葡萄糖、乳糖、蔗糖、甘露醇的发酵试验，全部产酸不产气。用玻片法进一步作凝固酶试验，将分离的纯培养与兔血液在载玻片上混合，结果血浆中有明显颗粒出现，呈阳性反应。用常规纸片法对分离的金黄色葡萄球菌进行药敏试验，结果对丁胺卡那霉素、恩诺沙星、氨苄青霉素高度敏感，对其他药物为一般敏感。随机对鹧鸪采血 12 份，进行 ND 和 HI 试验，结果其 HI 抗体效价为 0～4log2，表明鹧鸪群已潜伏 NDV 感染。取新鲜病死鹧鸪的脑组织，研磨制成组织匀浆，加双抗处理后接种于 10 日龄鸡胚，并继续孵化 96h，每 6h 验蛋 1 次，剔除 24h 内死胚蛋，收集活胚及死胚尿囊液，继续盲传 3 代，结果传至第 2 代鸡胚胚体出现出血病变，至第 3 代出现死亡。用每代收获的鸡胚尿囊液按 β-微量法进行血凝试验，并在出现血凝性后分别用兔抗 NDV 阳性血清和禽流感阳性血清进行血凝抑制试验。结果表明，病料接种鸡胚传至第 2 代，尿囊液出现血凝现象，至第 4 代血凝价可达 7log2，且血凝现象能被 NDV 阳性血清特异性抑制；禽流感病毒阳性血清却无产生抑制作用，说明所分离的病毒为 NDV。选用 10 日龄的健康罗曼肉雏鸡代替鹧鸪 12 只，随机分为 2 组，一组为对照组，另一组为试验组。用分离的葡萄球菌株 24h 肉汤培养物肌内注射，0.5mL/只；同时用分离的 4 代鸡胚尿囊液滴鼻。24h 后试验组开始发病，体温升高，在发病后 2～4d 死亡 4 只，存活 2 只；其临床症状和病理特点与发病的小鹧鸪基本相同，并检测到上述同样的细菌和病毒。对照组无一只发病死亡，全部存活。根据临床症状、病理变化及实验室检验，诊为新城疫并发葡萄球菌病。治疗：先对患病鹧鸪进行隔离，加强舍内通风，用 3%过氧乙酸进行室内带鹧鸪彻底消毒；环境用 3%热火碱溶液喷洒消毒，1 次/d。对尚未发病的鹧鸪进行紧急接种新城疫疫苗，4～5 倍量滴鼻，同时肌内注射新城疫油乳剂灭活苗 0.3mL。为预防继发感染，选用敏感药物恩诺沙星，50mg/kg，配合电解多维饮水预防，2 次/d，连用 5～7d。患病鹧鸪用新城疫高免卵黄 2～5mL，肌内注射；同时肌内注射氨苄青霉素，50000 单位/只，维生素 B_1 注射液，1mL/只，2 次/d，连用

3～5d。电解多维和丁胺卡那霉素混合液，饮服，直到控制病情为止。中药用金银花、连翘、大青叶、板蓝根各20g，黄连、黄芩各15g。水煎取汁，混合，供50只鹧鸪1d饮服或拌料喂服，直到控制病情。经过综合治疗，3d后患病鹧鸪病情开始好转，7d后恢复正常。(刘德福，T126，P33)

附录

附录1　公鸡、公鸭、公鹅阉割术

一、公鸡阉割术

公鸡阉割术是祖国兽医外科手术的精华之一，具有保定灵巧、操作简便、技术优异、安全可靠的特点，深受广大养禽者的欢迎。

【阉割时间】 阉割时间一般选择在公鸡刚叫鸣不久、2～4月龄、体重0.5～1.0kg时最佳，此时被阉割鸡的睾丸仅有黄豆大小，取出方便，不易出血。若鸡的月龄太小，则睾丸太小，不易阉割干净，影响发育。

【术前检查和准备】 (1) 术前检查　首先应检查被阉割鸡是否健康，健康鸡鸡冠鲜红，叫声洪亮，若有异常表现如羽毛蓬乱、翅膀不垂、精神委顿等，均不宜施阉割术。了解附近有没有传染病发生，如果有或可疑时则不能进行阉割。

(2) 术前准备　①被阉割鸡术前应禁食半天，以防止肠道内容物过多而影响手术顺利进行。②准备阉鸡刀、扩创器、套睾器各1

件，固定竹片 1 根（附图 1-1）。③拔去术部的羽毛，周围羽毛用水浸湿，术部、器械及术者手指用 70％酒精棉球涂擦消毒。

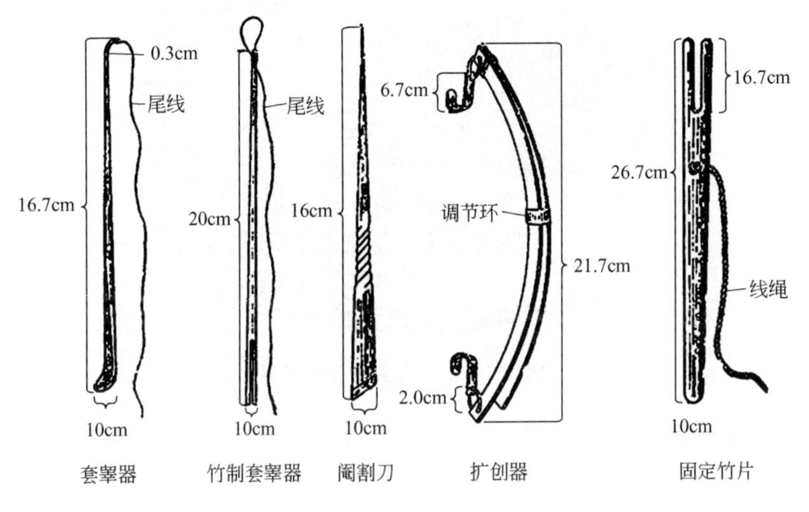

附图 1-1　阉鸡器械

【局部解剖】 切口部位在右侧腹壁的肷部或最后肋间隙。此处的皮肤薄而松弛，容易移动，肌肉由外向内为腹外斜肌、腹内斜肌及腹横肌。腹膜紧贴在腹横肌的内侧，腹膜之内紧贴着腹部气囊壁和胸后气囊壁。鸡大腿外侧前方的缝匠肌肌肉很发达，覆盖着切口部位，经过该肌的神经也较粗大，手术时切勿损伤该神经。鸡的肋骨后缘有血管和神经，施术时不可靠肋骨后缘过近，以防损伤血管和神经。

睾丸位于腹腔腰部肾脏前方的脊椎两旁（附图 1-2），多为椭圆形，也有菱形者，多呈淡黄色，也有灰色和黑色者，右侧睾丸比左侧睾丸略微朝前，而左侧睾丸较右侧睾丸稍大。由于睾丸系膜短，所以紧贴于脊椎两侧，膜内有血管、神经和输精管。睾丸前端有系膜与胸前气囊壁相连，外侧有系膜与胸后气囊壁相连，而且覆盖在睾丸的外部，由肠系膜把两侧睾丸隔开，所以在套取睾丸以前，必须先断离系膜，捣破肠系膜，方可顺利摘除。

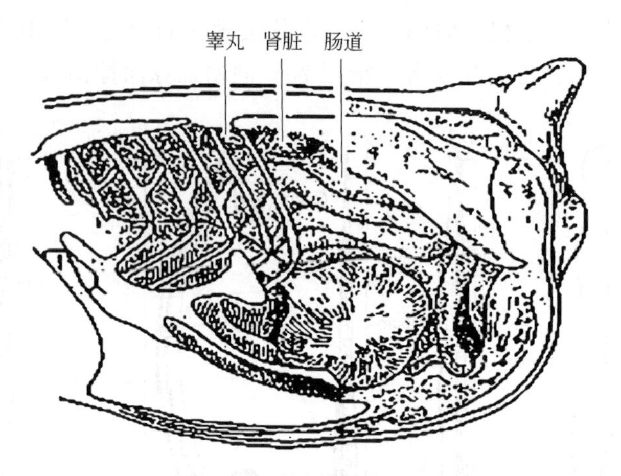

附图 1-2　鸡有关脏器的位置

【保定与手术部位】（1）保定　术者坐在小凳上，两膝靠拢，大腿面放平，并铺上一块油布，以逆时针方向交扭鸡的翅膀，将其两肢并拢拉向后方，然后把固定竹片插于伸直的两鸡腿间至胸下，用一条绳子把鸡腿和竹片由上向下缠绕在一起，最后把绳头夹在腿和竹片之间，使鸡呈左侧卧，头向右，腹向术者。

（2）手术部位的确定　从髋关节向前引一水平线，在肷部（最后肋骨之后处）或第六肋间隙（即倒数第一肋间隙）相交处为起点，向腹侧面做切口（附图 1-3）。

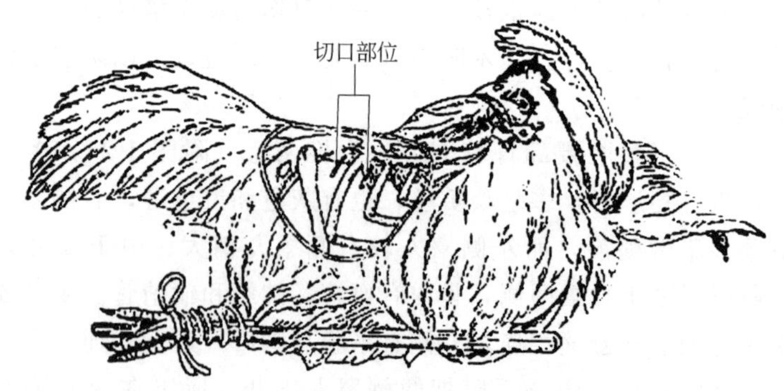

附图 1-3　鸡的保定方法和手术部位

【手术方法】（1）切口　左手拇指压住鸡的尾根部向前推动，使体躯前移。食指按定切口位置，并向后移动切口部皮肤，右手以执笔式持刀，在左手食指前缘做一长约 3cm 与肋骨平行的切口，先切开皮肤，向后拨开缝匠肌，再切破腹壁肌肉层。

（2）扩创　用扩刨器扩开切口，利用阉鸡刀柄尖端及套睾器勺端挑破腹膜和腹部气囊壁，使切口通向腹腔深部，再用套睾器的勺向腹腔后方拨开肠道，充分暴露睾丸。以刀柄尖端配合套睾器勺内的小孔，挑破肠系膜和睾丸被膜，使睾丸完全暴露在被膜之外。

雏鸡多用竹制套睾器，在以勺向后拨开肠管时，肠系膜及睾丸被膜均牵拉平展，即可把套睾器顶端沿睾丸边缘垂直插下至对侧腹壁，随即从破口入勺，利用插入的套睾器和勺，向左右两侧扩膜，1 次即可挑开两侧的肠系膜和睾丸被膜。

（3）摘除睾丸　摘除睾丸时，术者左手以执笔式持刀，用刀柄尖端轻轻固定睾丸，同时以左手拇、食二指捏住套睾器上拴的马尾毛或棕线端，使马尾毛置于其余各指背面，以便套取睾丸时指节的活动可调节马尾毛的紧张度。右手持套睾器沿睾丸下缘套取睾丸，使马尾毛与套睾器呈交叉方向锯取（附图 1-4）。

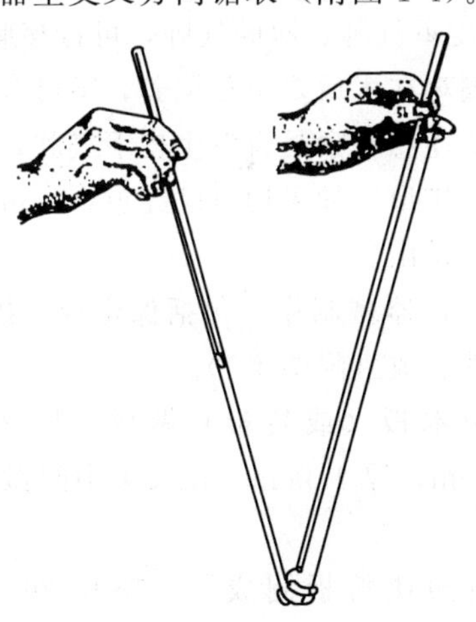

附图 1-4　套取睾丸的方法

雏鸡适用竹制套睾器，用棕线网一套索，以左手拇指、无名指及小指持套睾器，食、中二指夹住棕线末端，以调节索套的松紧，在金属套睾器勺的辅助下套住睾丸勒取。

（4）关闭腹腔　切口过大可加以缝合，以免肠道脱出切口之外。一般情况下，切口不必缝合。

【手术要点及注意事项】 ① 摘除睾丸的关键是破膜，所以在摘除睾丸前先要破膜，使马尾毛或棕线下入被膜之内，才可顺利取下睾丸。

② 睾丸大者先取上边、后取下边，采用锯取法；睾丸小者先取下边、后取上边，采用勒取法。

③ 手术中勿伤血管以防大出血。若遇出血时，应立即用套睾器的勺压迫止血，或滴入 0.1%肾上腺素，或浇洒凉水，待血止后再把血凝块轻轻取出，防止内脏粘连。

④ 摘除睾丸要完整，不可残留或掉入碎块，碎屑落入腹腔可以再生，达不到阉割目的。

⑤ 年龄较大的公鸡阉割时要先灌服几勺凉水，使血管收缩，可减少术后出血。

⑥ 术后若发生皮下气肿、腹腔气肿，可行穿刺术排出气体。

【术后护理】 阉鸡在术后要单独饲养，不可合群，以免因争斗而发生死亡。同时要注意观察是否发生皮下气肿，若发生可用手指挤压，使气体从切口排出。如果切口已经愈合，可在气肿最突出部位剪一小口，使气体排出。

【典型医案】（1）器械制作　包括保定板、扩创器、阉鸡刀、套睾器及钩针各 1 件组成（附图 1-5）。

① 保定板　用木板（或竹板）做成。长 25.0cm，大头宽 4.0cm，小头宽 2.0cm，厚 1.0cm。在大头中间做一宽 1.0cm、长 5.0cm 的沟。

② 扩创器　由两块竹板制成。一块长 26.0cm，另一块长 25.0cm，宽 1.0cm，厚 0.2cm。两块竹板在距两端 0.5cm 处各打一小圆孔（较短的一块有一端不打孔）。用两块长 5.0cm、宽

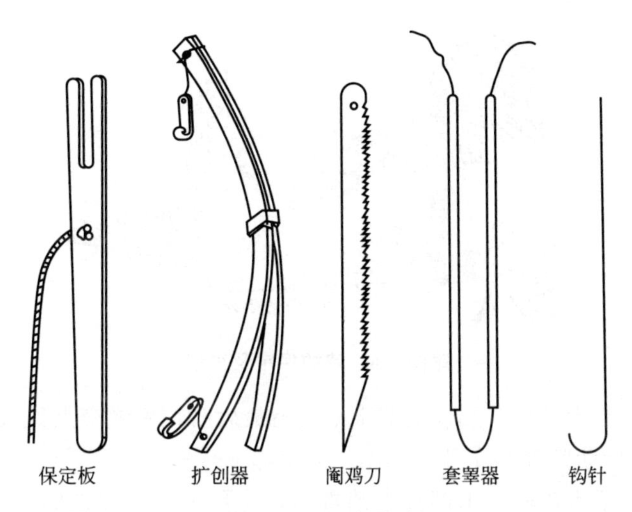

附图 1-5　阉鸡器械

1.5cm、厚 0.8cm 的铁皮制成两个拉钩。拉钩的一端呈半圆形或梯形，另一端打一小圆孔。将两块竹板并在一起，长的在内侧，短的在外侧。用长 15.0cm 细绳的一端系在拉钩一端的小圆孔上，另一端系在竹板两端的小圆孔上。两块竹板的一端一起系住，另一端只系内侧的竹板。用宽 1.0cm、长 7.0cm 的薄铁皮做一可滑动的调节环套在两块竹板上。

③ 阉鸡刀　用旧钢锯条制成，一边长 10.0cm，另一边长 8.0cm。刃部呈斜形，磨锐。

④ 套睾器。用两根长 10.0cm 的空心茇茇草秆制成（或用两根细竹管代替）。取照明用花线内芯的细金属丝 1 根（内芯有许多根细金属丝组成），直径 0.149～0.194mm，长 60.0cm，将两根茇茇草秆串在一起。

⑤ 钩针。用长 15.0cm、直径 0.1cm 的细钢丝制成，头部做成小弯钩，尖呈针状。

（2）手术方法

① 保定。将鸡双腿拉向后方，捆在保定板上，木板与体轴平行（附图 1-6），然后将鸡置于术者大腿上。

附图 1-6　鸡的保定及扩创

② 手术部位。鸡髓关节水平线与最后肋骨后缘交点处（大鸡）或与最后肋间隙相交处（小鸡）为术部。

③ 手术步骤。术部拔毛消毒后，将预定切口部位的皮肤稍向前推移，做长 2～3cm 的切口，深度以不切破腹膜为度。用扩创器两端挂钩分别将切口两缘肋骨钩住，开张弓攀，移动调节环使创口扩大至 2～3cm。扩创时上端不能超过从腰角向前所引的水平线，以免损伤肾脏。用钩针挑破腹膜和腹部气囊壁，使切口通向腹腔，再向腹腔下部拨开肠道，用钩针尖小心撕破睾丸外侧的被膜，使睾丸完全暴露在被膜外面。睾丸较小（如黄豆大）时，要在睾丸后缘撕破睾丸外面的被膜，使睾丸完全暴露。撕破睾丸被膜要倍加小心，不要撕裂睾丸系膜及其周围的血管，否则易引起死亡。摘除睾丸时，术者双手拿套睾器，用右手的拇指、食指、中指及无名指固定右侧管，用小指固定内芯细金属丝；用左手小指、无名指及中指固定左侧管，拇指和食指掌握管内芯细金属丝的紧张度。套取睾丸时在右手拇指、食指的协助下，用左手拇指、食指抽拉管内细金属丝，沿睾丸下缘套取睾丸，取睾时以斜的方向向外慢慢勒取（附图 1-7）。摘除上侧睾丸后，要用阉鸡刀的尖端或钩针轻轻地把肠系膜捣一小孔，以便通过肠系膜上的开口摘除对侧睾丸。睾丸过大或过小不易摘除对侧睾丸时可从另一侧重新开口套取睾丸。管内芯细金属丝也可用术者的牙齿固定，掌握紧张度，但要注意内芯细金属丝的卫生和消毒工作。

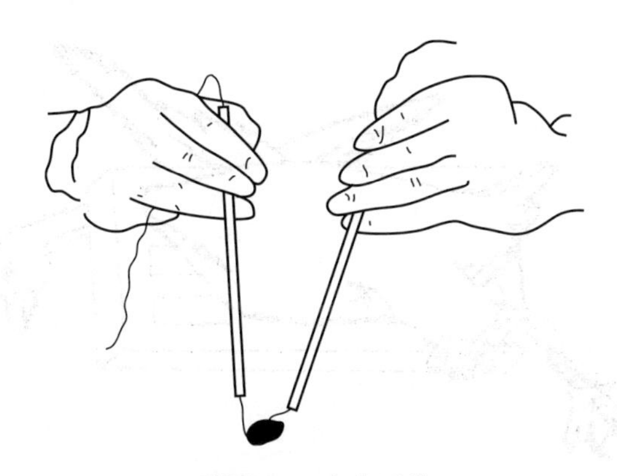

附图 1-7 套睾手势

(3) 注意事项及术后护理

① 术前对手臂、器械行常规消毒。

② 术中应注意避免损伤脊椎下面的大血管，以防因大出血引起死亡。如果发现大出血，可采用压迫止血，待出血停止后把血凝块取出。摘除睾丸时切勿将睾丸弄碎，一定要完整摘除。

③ 术后应注意喂给少量食物及饮水，阉割后的鸡应单独饲养管理；鸡舍要干燥、清洁、通风。术后如发生气肿，可用手指挤压使气体由切口排出。若切口愈合，可用剪刀在气肿最突出的地方剪一小口，使皮下气体排出。(王钧昌等，T34，P47)

二、公鸭阉割术

【时间选择】 应选择 2～4 月龄、体重 200～500g 鸭进行阉割。

【术前检查】 施术前鸭应健康活泼，被毛光亮，合群性好，肉冠和肉垂鲜红、有光泽。疫区不宜施行阉割术。

【保定方法】 将被阉割鸭的两翅交叉，放在一个特制的固定板上，头颈穿过固定板左前侧的方孔，用绳将两肢固定在固定板的右下角（附图 1-8）。

【操作方法】 手术步骤和方法与鸡的阉割术相同。

【注意事项】 术后 1 周内严禁下水，以防感染。

附图 1-8 公鸭阉割保定方法

三、公鹅阉割术

【阉割时间】 公鹅的阉割年龄一般为 3～4 月龄时，睾丸呈麦粒或黄豆样大小，睾丸系膜和睾丸系膜的血管、神经均较细，睾丸系膜较长，易套取而不易破碎、出血。

【术前准备】 施阉割术，应选择鸣声洪亮、行动敏捷、毛色光亮的健康鹅，如有异常表现或附近有传染病发生则不宜阉割。阉割前禁食半天，以防肠道内容物过多而影响手术，手术最好在上午空腹时进行。

【阉割器械】 手术凳，高 16.0cm。手术刀，长 14.0cm，宽 1.4cm。小刀，长 14.0cm，宽 0.5cm；竹制套睾器（2 根，留 1 根备用）长 24.0cm，直径 0.4cm；扩创器，长 26.5cm，上有调节环，两头的铜钩包括拴铜钩的绳在内长 10.0cm，宽 1.5cm，钩尖长 4.0cm；睾丸勺，长 24.0cm，大勺宽 1.4cm，小勺宽 1.0cm。镊子，长 20.0cm。新汲地下水适量（附图 1-9）。

【手术部位及其解剖构造】 切口部位选在左（右）侧壁缝匠肌前缘的肌沟中，即第 6～7 肋间隙，少数在第 7～8 肋间隙（倒数第 3 肋骨前缘，少数在后缘），此处皮肤薄而松弛，容易移动。肌肉为腹外斜肌、腹内斜肌、腹直肌和腹横肌四层，但都较薄。腹膜紧

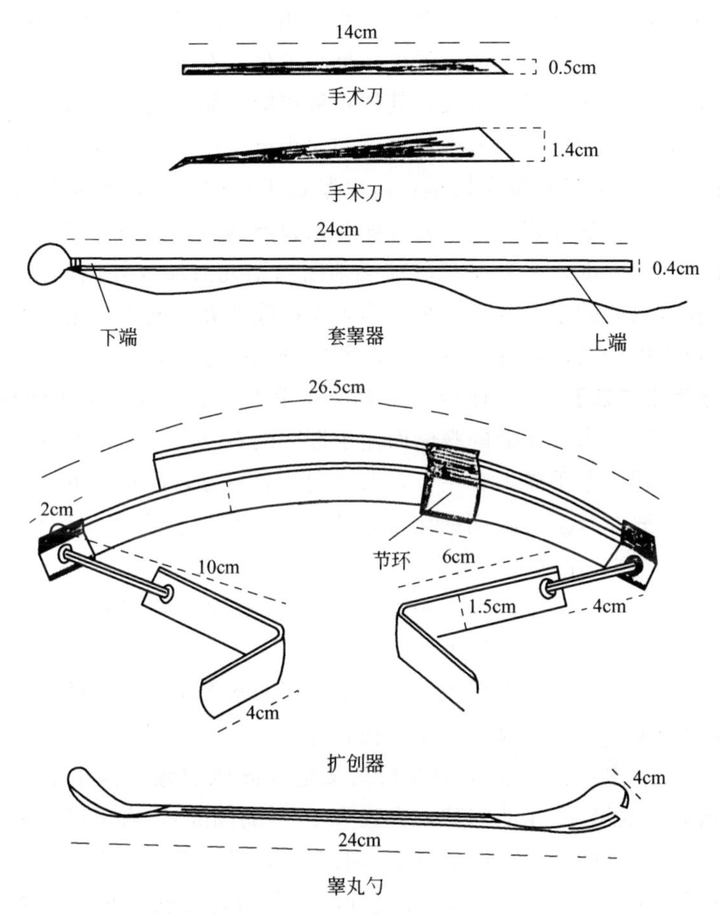

附图 1-9 公鹅阉割器

贴在腹横肌的内侧，腹膜内紧贴有腹部气囊壁和胸后气囊壁。鹅的肋骨有 9 对，肋间隙有肋间肌，神经、血管沿肋骨后缘下行，所以切口时，千万不要靠肋骨后缘过近，以防损伤神经、血管。鹅的大腿外侧前方的缝匠肌比较发达，呈三角形覆盖在腹部和第 9～7 肋骨的上部，经过该肌的腰神经较粗大，如果割伤缝匠肌，则会发生瘫痪或出血死亡。睾丸位于腰部前方的脊柱两侧，肾脏（形状不规则、呈棕红色）之前、肺脏（呈粉红色）和心脏之后，腹侧是肝脏

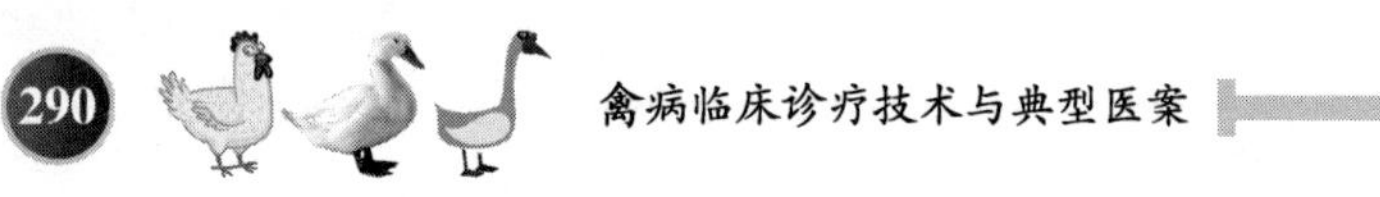

和肠道，背侧中央有腹主动脉和后腔静脉。睾丸形状多呈椭圆形、圆形，少数为菱形、豆形，颜色多呈浅黄色，右睾丸位置比左睾丸略前，左睾丸比右睾丸稍大，其体积依年龄、品种及性生活的不同而有差异，一般睾丸的大小与鹅冠的大小成正比（一年以上的种公鹅除外）。由于睾丸系膜较短，所以紧贴于脊柱两侧，睾丸前端有系膜与胸前气囊壁相连。睾丸外侧有系膜与胸后气囊壁相连，且覆盖在睾丸的外部，所以在套取前必须断离睾丸前端或外侧的系膜。肠系膜将两侧的睾丸分隔开来，为了在摘除睾丸后便于运用止血措施，减少损伤腹内血管，以左右两侧壁分别摘除为宜。

【手术方法】 (1) 保定　术者坐在手术凳上，双手交扭两翅，使鹅右侧卧，术者在鹅的腹侧面左手握鹅的右（下）腿，右手握鹅左（上）腿，左手向术者左方，右手向术者右方，鹅右（下）腿朝鹅胸部，鹅左（上）腿朝鹅尾部拉直（术部皮肤便自然错位），并把鹅右（下）、左（上）腿分别牢踩于术者的左脚、右脚下（助手在术者对面，右手按鹅头，左手按双翅）。摘除左侧睾丸。再以相反的方向保定，摘除右侧睾丸。

(2) 术部处理　术部先拔去羽毛，用冷水擦洗干净并拭湿术部周围的羽毛，使术部血管收缩，视野开阔。

(3) 手术步骤　①左手大拇指按定缝匠肌前缘肌沟中的上部（多数为倒数第 3～4 肋间隙，少数为 2～3 肋间隙），右手以执笔式持刀，食指抵触刀尖，以控制切口的深度，沿左手大拇指甲与肋骨平行切长 1.5cm、深 1.0cm 的切口，一次切开皮肤、腹壁肌肉及腹膜。②用扩创器扩张切口，并调解弓的弯度使切口扩张到适当大小，如有未破开的腹膜，则用手术刀尾尖钩开，再用镊子挑破睾丸被膜，使睾丸完全暴露在被膜之外。③先在竹制套睾器的下端，用马尾毛作一索套，以左手拇食两指将马尾毛的游离端连同套睾器的上端一同捏住，使马尾毛置于其余各指的背面，以便套取睾丸时用指节的活动调解马尾毛的松紧度，右手将睾丸勺置于套睾器的索套内，然后用睾丸勺托起睾丸。套睾器的下端顺睾丸勺的前方向下按压在睾丸系膜上，索套随套睾器自然滑到睾丸下，与此同时，左手其余各指活动，勒紧马尾毛，较小的睾丸（麦粒大或黄豆大）勒取，较大的睾丸（如泡好的花生米大小）则锯取，最大的睾丸（如枣大）应先把睾丸系膜用手术刀割一个缺口，然后顺缺口锯取，可避免在锯取时震动内脏和拉破腹内大血管而引起死亡。睾丸摘取完毕，如果睾丸破裂，再用勺尖刮净睾丸碎片，取出脱落的睾丸残渣和血凝块，然后用勺背蘸少许食盐精粉，擦在睾丸根部，利用渗透作用杀死残存的睾丸微粒以防再生。

【术后处理】 解除保定，使鹅安静休息，切勿合群追逐奔跑。术后若发生气肿，应在气肿上部剪一小口，使气体排出，尔后在放气口涂擦少许植物油。若发生水肿，应及时在水肿下部开一小口，并挤压排尽渗出液。若发生食量减少、精神异常，应予以治疗。（朱文铎，T48，P21）

附录 2　常见禽类与特种禽类参考免疫程序

附表 2-1　肉鸡参考免疫程序

日龄	预防疾病	疫苗名称	用法用量
1	马立克病	马立克疫苗	1 羽份，皮下注射
2～4	新城疫、传染性支气管炎	新城疫（Ⅳ系或克隆30）传支（H120）二联弱毒苗	点眼或滴鼻
7～10	传染性法氏囊病	传染性囊病弱毒疫苗	滴口或饮水，饮水剂量加倍
14	禽流感	H5 亚型禽流感灭活苗	皮下或肌内注射
20～25	新城疫	新城疫（Ⅳ系或克隆30）弱毒苗	点眼或滴鼻
28～30	传染性支气管炎、传染性法氏囊病	传支（H120）弱毒疫苗、传染性囊病弱毒疫苗	滴口或饮水，饮水时加倍剂量
30	鸡痘	鹌鹑化弱毒苗	刺种
42～45	禽流感	H5 亚型禽流感灭活苗	皮下或肌内注射

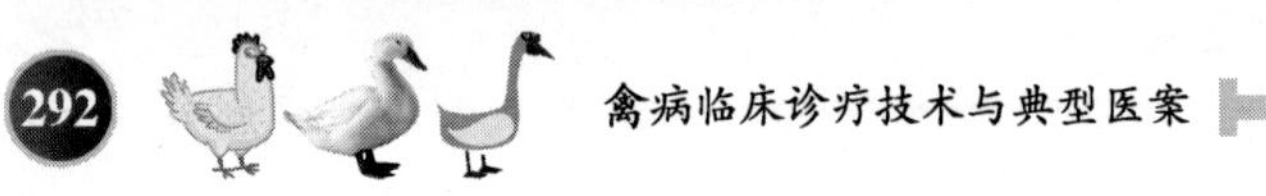

附表 2-2　蛋鸡参考免疫程序

日龄	预防疾病	疫苗名称	用法用量
1	马立克病	马立克疫苗	1 羽份，皮下注射
7	新城疫、传染性支气管炎	新城疫（Ⅳ系或克隆30）传支（H120）二联弱毒苗	点眼、滴鼻或饮水
14	传染性法氏囊病	传染性囊病弱毒疫苗	滴口或饮水，饮水剂量加倍
24	传染性法氏囊病	传染性囊病弱毒疫苗	滴口或饮水，饮水剂量加倍
28	新城疫、传染性支气管炎	新城疫（Ⅳ系或克隆30）传支（H120）二联弱毒苗	点眼、滴鼻或饮水
35	鸡痘	鹌鹑化弱毒苗	刺种
35	传染性喉气管炎	传染性喉气管炎弱毒苗	点眼
40	新城疫、禽流感	新城疫（Ⅳ系或克隆30）禽流感（H5）二联弱毒苗	0.5mL/羽，皮下注射
65	新城疫	新城疫（Ⅰ系）	2 倍量，点眼或滴鼻
80	鸡痘	鹌鹑化弱毒苗	刺种
85	传染性喉气管炎	传染性喉气管炎弱毒苗	点眼
105	禽流感	禽流感(H5H9)复合苗	0.5mL/羽，肌内注射
120	新城疫、传染性支气管炎、减蛋综合征	新城疫-多价传支-减蛋综合征蜂胶灭活苗	0.7mL/羽，肌内注射
130	大肠杆菌病	大肠杆菌多价油乳剂灭活苗	1 羽份，肌内注射
250	禽流感	禽流感(H5H9)复合苗	0.5mL/羽，肌内注射

附表 2-3　商品肉鸭参考免疫程序

日龄	预防疾病	疫苗名称	用法用量
1～2	鸭病毒性肝炎	鸭病毒性肝炎弱毒疫苗	点眼、滴鼻或饮水
7	鸭传染性浆膜炎、大肠杆菌病	鸭传染性浆膜炎-大肠杆菌油乳剂灭活苗	0.5mL/羽，皮下或肌内注射
10	鸭瘟	鸭瘟弱毒苗	1羽份，皮下或肌内注射
14	禽流感	H5N1亚型禽流感灭活苗	1羽份，皮下或肌内注射
25～30	禽霍乱	禽霍乱油乳剂灭活苗	1羽份，皮下或肌内注射

附表 2-4　蛋鸭参考免疫程序

日龄	预防疾病	疫苗名称	用法用量
1～2	鸭病毒性肝炎	鸭病毒性肝炎弱毒疫苗	点眼、滴鼻或饮水
7	鸭传染性浆膜炎（鸭疫里默菌病）	鸭传染性浆膜炎灭活苗	0.5mL/羽，皮下或肌内注射
14	禽流感	H5N1亚型禽流感灭活苗	0.3mL/羽，皮下或肌内注射
21	鸭瘟	鸭瘟弱毒苗	1羽份，皮下或肌内注射
42	禽流感	H5N1亚型禽流感灭活苗	1.0mL/羽，皮下或肌内注射
63	禽霍乱	禽霍乱油乳剂灭活苗	1羽份，皮下或肌内注射
开产前	鸭瘟、禽霍乱	鸭瘟弱毒苗、禽霍乱油乳剂灭活苗	1羽份，皮下或肌内注射
120～140	禽流感	H5或H5H9亚型禽流感灭活苗	1.0mL/羽，皮下或肌内注射
260～280	禽流感	H5或H5H9亚型禽流感灭活苗	1.0mL/羽，皮下或肌内注射
300	鸭瘟	鸭瘟弱毒苗	2羽份，皮下或肌内注射

附表 2-5 肉用、蛋用及种用鹅参考免疫程序

日龄	预防疾病	疫苗名称	用法用量
1～3	小鹅瘟、鹅副黏病毒病、禽流感	小鹅瘟-鹅副黏病毒-禽流感三联油乳剂灭活苗	0.3mL/羽，皮下注射
8～10	鹅副黏病毒病、禽流感	鹅副黏病毒-禽流感二联油乳剂灭活苗	0.5mL/羽，皮下注射
30	鹅霍乱、大肠杆菌病	鹅霍乱、大肠杆菌病二联油乳剂灭活苗	1.0mL/羽，皮下注射
35	鹅副黏病毒病、禽流感	鹅副黏病毒-禽流感二联油乳剂灭活苗	0.5mL/羽，皮下注射
45	鹅霍乱、大肠杆菌病	鹅霍乱、大肠杆菌病二联油乳剂灭活苗（蛋鹅、种鹅）	1.0mL/羽，皮下注射
60	鹅副黏病毒病、禽流感	副黏病毒-禽流感二联油乳剂灭活苗（蛋鹅、种鹅）	0.5mL/羽，皮下注射
孵化前20d	小鹅瘟、鹅副黏病毒病	小鹅瘟-鹅副黏病毒二联油乳剂灭活苗(种鹅)	1.0mL/羽，皮下注射。孵化过程中每两月接种1次，以后每年开产前加强免疫1次

附表 2-6 特种禽类参考免疫程序

动物	日龄	预防疾病	疫苗名称	用法用量
肉鸽	5	鸽瘟	鸽瘟油乳剂灭活苗	0.3mL/羽，皮下注射
	10	鸽痘	鸽痘组织灭活苗或鸡痘弱毒苗	翅下刺种
蛋鸽	5	鸽瘟	鸽瘟油乳剂灭活苗	0.3mL/羽，皮下注射
	10	鸽痘	鸽痘组织灭活苗或鸡痘弱毒苗	翅下刺种
	30	新城疫	新城疫(Ⅳ系)弱毒苗	饮水
	60	新城疫	新城疫(Ⅰ系)弱毒苗	1羽份，皮下注射，后每年加强免疫1次

续表

动物	日龄	预防疾病	疫苗名称	用法用量
鹌鹑、鹧鸪	5	新城疫	新城疫(Ⅳ系)弱毒苗	点眼或饮水
	30	新城疫	新城疫(Ⅳ系)弱毒苗	点眼或饮水
	60	新城疫	新城疫(Ⅰ系)弱毒苗	0.5羽份,肌内注射
鸵鸟	15	新城疫	新城疫(Ⅳ系)弱毒苗	3倍鸡用剂量,饮水
	20	痘病	鸡痘鹌鹑化弱毒苗	2倍鸡用剂量,刺种
	30	新城疫	新城疫(Ⅳ系)弱毒苗	4倍鸡用剂量,饮水
	60	新城疫	新城疫(Ⅰ系)弱毒苗	3倍鸡用剂量,肌内注射
	180	新城疫	新城疫油乳剂灭活苗	2mL/羽,皮下注射
	180以上	新城疫	新城疫油乳剂灭活苗	每年春、秋两季,2mL/羽,皮下注射
孔雀	1	马立克病	马立克疫苗	2倍鸡用剂量,皮下注射
	10	新城疫	新城疫(Ⅳ系)弱毒苗	点眼或饮水
	30	新城疫	新城疫(Ⅰ系)弱毒苗	1羽份,肌内注射
	60	禽霍乱	禽霍乱弱毒苗	2倍鸡用剂量,肌内注射
	90	禽霍乱	禽霍乱弱毒苗	2倍鸡用剂量,肌内注射
	120	新城疫	新城疫油乳剂灭活苗	1羽份,皮下注射,后每年加强免疫1次

注意事项：① 以上程序仅供参考，可根据本地区疫病流行状况和饲养环境，科学制定适合本地区的免疫程序。如在本地从未发生过的传染病不作预防，对本地刚开始发生且危害严重的疾病必须预防，对本地常发生的且危害严重的疾病进行重点预防。有条件者可根据抗体效价的测定结果及时调整。

② 选用正规厂家生产的、质量有保证的疫苗，在购买、储存运输过程中低温、避光。

③ 应选择动物体质健壮时进行免疫接种，如健康状况不良时，应暂停免疫操作。同时，应严格按照说明书的方法与剂量使用疫苗，用完的疫苗瓶不能乱扔乱放，防止残留弱毒扩散，成为新的传染源。

④ 正确处理疫苗反应。如鸡群在免疫后往往会出现一些不良反应，最常见的是呼吸道症状，特别是在冬季，通风不好、空气污浊时，鸡群表现为摇头、甩鼻、呼吸音，反应轻者2～3d症状消失；重者，可饮用红霉素、电解多维，适当提高舍温，加强通风，即可控制。

附录3 禽类常用药物与使用方法

药物类别	药物名称	主要用途	用量与用法
抗生素类药物	青霉素G	抗革兰阳性菌及少数阴性菌	4万～10万单位/kg,肌内注射
	氨苄青霉素	抗菌谱同青霉素,但作用较强	25～40mg/kg,肌内注射;或0.02%～0.05%,拌料
	阿莫西林	同青霉素,但作用强而迅速	0.02%～0.05%,拌料或饮水
	头孢氨苄(先锋霉素Ⅳ)	对革兰阳性菌及大肠杆菌作用较强	25～40mg/kg,肌内注射;或0.005%～0.02%,饮水
	链霉素	抗革兰阳性菌及阴性菌	5万～10万单位/kg,肌内注射
	卡那霉素	广谱抗生素	5～10g/kg,肌内注射;或0.02%～0.05%,饮水
	庆大霉素	广谱抗生素	5～10g/kg,肌内注射;或0.02%～0.05%,饮水

续表

药物类别	药物名称	主要用途	用量与用法
抗生素类药物	新霉素	广谱抗生素	0.01%～0.02%,饮水;或0.02%～0.03%,拌料
	四环素	广谱抗生素	0.02%～0.05%,饮水;或0.05%～0.10%,拌料
	土霉素	广谱抗生素	0.02%～0.05%,饮水;或0.10%～0.20%,拌料
	强力霉素	广谱抗生素	0.01%～0.05%,饮水;或0.02%～0.08%,拌料
	红霉素	抗革兰阳性菌	0.005%～0.02%,饮水;或0.01%～0.03%,拌料
	罗红霉素	抗革兰阳性菌、衣原体和支原体等	0.005%～0.02%,饮水;或0.01%～0.03%,拌料
	泰乐菌素	广谱抗生素	0.005%～0.01%,饮水;或0.01%～0.02%,拌料
	林可霉素	抗革兰阳性菌	0.02%～0.03%,饮水;或20～50mg/kg,肌内注射
	甲砜霉素	广谱抗生素	0.02%～0.03%,饮水或拌料;或20～30mg/kg,肌内注射
	氟苯尼考	广谱抗生素	0.005%～0.01%,饮水;或20～30mg/kg,肌内注射
	氧氟沙星	广谱抗生素	0.015%～0.02%,饮水;或5～10mg/kg,肌内注射
	环丙沙星	广谱抗生素	0.015%～0.01%,饮水;或0.02%～0.04%,拌料;或10～15mg/kg,肌内注射
	恩诺沙星	广谱抗生素	0.015%～0.02%,饮水;或5～10mg/kg,肌内注射
	诺氟沙星	广谱抗生素	0.01%～0.05%,饮水;或0.03%～0.05%,拌料

续表

药物类别	药物名称	主要用途	用量与用法
磺胺类药物	磺胺嘧啶(SD)	抗菌、抗球虫、抗卡氏白细胞原虫	0.1%～0.2%，饮水；或0.2%～0.4%，拌料；或40～60mg/kg，肌内注射
	磺胺二甲氧嘧啶(SDM)	长效磺胺药，作用同SD	0.1%～0.2%，饮水；或0.2%～0.4%，拌料；或40～60mg/kg，肌内注射
	磺胺甲基异噁唑	作用同SD	0.03%～0.05%，饮水；或0.05%～0.10%，拌料；或30～50mg/kg，肌内注射
	磺胺喹噁啉	作用同SD	0.03%～0.05%，饮水；或0.05%～0.10%，拌料
	二甲氧苄氨嘧啶	作用同SD	0.01%～0.02%，饮水；或0.02%～0.04%，拌料
	三甲氧苄氨嘧啶	作用同SD	0.01%～0.02%，饮水；或0.02%～0.04%，拌料
抗病毒药	利巴韦林	多用于呼吸道病毒感染	0.005%～0.01%，饮水或拌料
	吗啉胍	抗DNA病毒、RNA病毒	0.01%～0.02%，饮水或拌料
	金刚烷胺	抗流感病毒	0.005%～0.01%，饮水或拌料
驱虫药	左旋咪唑	驱肠道线虫(蛔虫、蛲虫、鞭虫)	24mg/kg，口服
	甲硝唑	抗滴虫药	0.01%～0.05%，饮水；或0.05%～0.10%，拌料
	妥曲珠利	抗球虫药	0.0025%，饮水或拌料
	地克珠利	抗球虫药	0.0001%，饮水或拌料
	常山酮	抗球虫药	0.0002%～0.0003%，拌料
	三字球虫粉	抗球虫药	0.01%，饮水
	丙硫苯咪唑	驱肠道线虫	10～20mg/kg，口服，
	伊维菌素	驱线虫与外寄生虫，对螨虫病有特效	0.2mg/kg，皮下注射；或0.3mg/kg，拌料
	阿维菌素	驱线虫及体外寄生虫(螨、虱、蚤)	0.2mg/kg，皮下注射；或0.3mg/kg，拌料

续表

药物类别	药物名称	主要用途	用量与用法
维生素类及解毒药	维生素 C	解毒,增强抵抗力	0.02%~0.03%,饮水
	维生素 K_3	止血剂	0.0002%~0.0003%,拌料
	碳酸氢钠	磺胺类药物中毒解毒药及中和酸中毒	0.05%~0.10%,饮水
	阿托品	用于有机磷中毒	0.1~0.2mg/kg,肌内注射
抗真菌药及其他	痢菌净	广谱抗菌药	0.025%,饮水
	盐酸小檗碱	抗菌、抗原虫	0.0025%~0.005%,饮水
	制霉菌素	抗真菌药	1万~2万单位/kg 体重,肌内注射;或 50 万~100 万单位/kg 饲料,拌料
	硫酸铜	抗曲霉菌、抗毛滴虫	0.05%,饮水
	碘化钾	抗曲霉菌、抗毛滴虫	0.2%~1.0%,饮水
	氯化铵	祛痰	0.05%,饮水

附录 4　鸡、鸭常用针灸穴位及其应用

附表 4-1　鸡常用针灸穴位及其应用

编号	穴名	穴位	针灸法	主治
1	冠顶(朝阳,当头、凤冠)	鸡冠顶上,在冠齿的尖端,以第一冠齿为主,1 穴	毫针垂直皮肤刺入 0.5cm 左右,见鲜血为止。如刺后半分钟不见流血,可将冠齿尖顶端顺次剪断。有的鸡冠缺齿,则可针刺冠前部	热性疾病,精神沉郁。一般对公鸡作用较显著,为鸡病常用的基础穴
2	冠基(后冠)	整个鸡冠下部至贴近颅顶骨的上缘,左右侧各 1 穴	以毫针由前向后斜刺入 0.5~0.8cm,出血或乱刺,或作梅花状点刺	感冒,泻痢,鸡头摇摆,黑冠症
3	垂髯(冠下)	公鸡的肉垂上,在喙的下方,左右侧各 1 穴	同冠基穴	食欲不振,喉部疾病

续表

编号	穴名	穴位	针灸法	主治
4	虎门(口角)	口角两边,靠缝沟的稍后方凹陷处,左右侧各1穴	扎针时先将鸡口打开,再以毫针向口内斜下方轻轻点刺,并滴灌几滴食盐水	食欲不振,喉部疾病
5	锁口	上下墙角之间,左右侧各1穴	以毫针向口内下方刺入0.5cm	口舌干燥,食欲不振
6	舌筋(舌尖)	在舌头底下,舌腹面两侧边缘上的索状突起部,左右侧各1穴	以毫针刺入舌黏膜下0.1~0.25cm,并滴入几滴食盐水	食欲不振,热性疾病,流涎,喉症
7	眼角(太阳)	眼外角后缘的凹陷处,左右侧各1穴	以毫针平刺0.1~0.25cm	眼病,精神沉郁,感冒
8	鼻膈(钻山)	两鼻孔之间,穿过鼻瓣(鼻中隔),1穴	不必用针,可取病鸡羽翼的羽管部刺穿鼻膈,使羽管留在鼻膈中数日	迷抱,肺气不畅,头部神经麻痹
9	鼻俞	两鼻孔后约0.5cm处的鼻背与泪骨间的接缝中,左右侧各1穴	以毫针刺入0.25cm	头部神经麻痹
10	耳窝(霸王)	两耳的耳朵内,左右侧各1穴	以较长的毫针烧红,由一耳孔内对准另一侧耳孔作直线穿通,留针1h左右	鸡瘟初期,转头风(一种头部神经症状),迷抱
11	耳下(静脑)	耳后下方、耳垂上端(即两边被覆耳的基本稍下方)的凹陷处,左右侧各1穴	毫针刺入0.25cm	热性疾病,头部抽搐
12	嗉囊(放气)	嗉囊上部或胸前突出的食管膨大部,1穴	拔出术部羽毛,以穿有棕线或马尾毛的针刺穿皮肤及嗉囊,然后将穿线来回左右拉动,或消毒后切开,取出积食或异物后缝合	胀气,积食,食物中毒
13	胸脉(开膛)	胸部龙骨处的血管上,即胸骨突两侧胸大肌部的静脉,左右侧各1穴	拔去穴位附近被毛,涂以酒精或白酒消毒,使其静脉显露,再以毫针刺入血管,出血	肺炎,支气管炎,喉部疾患

续表

编号	穴名	穴位	针灸法	主治
14	羽囊（翅尖、主翼）	两侧翅膀下，拔出几根主羽翼，羽囊内即是穴位所在	拔去翅膀边缘上的几根大羽毛，在羽囊内以钝针头或稻草秆在羽囊内旋刺	感冒，羽毛粗乱，新母鸡换毛期施术可增加产蛋量
15	翼脉（翼内）	翅膀下血管上（尺骨、桡骨间的静脉），左右侧各1穴	以毫针从尺骨、桡骨的外端由前向后，沿静脉的来路平插进0.1cm，排出一些污血	热性病，某些传染病初期
16	展翅（翅筋）	两翅肘骨头弯曲部，尺骨、桡骨与肱骨交界处、后端关节面的凹陷中，左右侧各1穴	毫针平刺入0.25cm	感冒，精神沉郁，食欲不振，热性病
17	飞天	翅膀后下方与身躯转弯交界处，即肱骨、乌喙骨及肩胛骨的多轴关节面上，左右侧各1穴	毫针平刺入0.6cm	中暑，感冒，热性病，翼下垂
18	翼根	翅膀上方与身躯交接处，即肱骨、锁骨、乌喙骨及肩胛骨的多轴关节面上，左右侧各1穴	同飞天穴	同飞天穴
19	背脊	翼根处的前背部脊中线上，最后一个颈椎棘突前方与第1胸椎棘突前、后凹陷中，一排3穴	毫针垂直刺入0.5cm	感冒，上呼吸道疾患
20	尾脂（尾峰）	尾端（尻部），尾根部最后荐椎的上方的尾脂腺上，1穴	以线香或艾卷施灸，或针刺挤按出血或流出黄液	便秘，下痢，感冒，迷抱，预防某些传染病或其他急性病

续表

编号	穴名	穴位	针灸法	主治
21	尾梗(尾椎)	最后尾椎与尾综骨的交界处,1穴。也有取最后尾椎骨两侧的2穴	毫针直刺0.5cm,稍加捻转,或用线香、艾卷施灸	泻痢,精神沉郁,鸡瘟,产蛋迟滞
22	后海(莲花、交巢)	肛门上方,尾端与泄殖孔间肌肉的正中处,1穴	用线香或艾卷施灸,或毫针刺入0.25～0.5cm,稍加捻转	母鸡生殖器外翻(灸后即以冷水淋洗外翻的生殖器,更易缩进),雏鸡精神沉郁,产蛋迟滞
23	股端	股骨上端凹陷中,即股骨头与髂骨间关节窝内,左右侧各1穴	毫针垂直刺入0.5cm	翼下垂,软脚
24	膝盖	膝盖骨(膝关节)前下面的凹陷中,左右侧各1穴	毫针浅刺约0.25cm,以触及骨头为度	膝关节风湿,脚肿
25	膝弯	膝弯缝中,股骨与胫腓骨的交界处,左右肢各1穴	毫针平刺0.25～0.5cm,以刺中关节面的凹陷中为度	同膝盖穴
26	钩前(膝节)	两脚前面屈处腕中,胫腓骨与蹠骨交界处屈面皱褶中,左右肢各1穴	于转弯部的蹠关节前段凹陷中入针0.1cm	热性病,雏禽感冒,蹠关节风湿
27	钩后	两脚前面屈处腕中,即蹠关节后凹陷处,左右肢各1穴	于转弯部的蹠关节后段凹陷中入针0.1cm	同钩前穴
28	脚脉(活血)	两脚脚管前下方,蹠骨前端的静脉血管上,左右肢各1穴。专用于雏鸡	以毫针沿血管刺入0.1cm,出血	血行凝滞,精神沉郁

续表

编号	穴名	穴位	针灸法	主治
29	胯内	大腿内侧胫腓骨上肌肉丰满处的内侧静脉血管上，左右各1穴。专用于成鸡	去毛消毒，找到血管后，以毫针刺透血管壁，出血	运动障碍，风湿，便秘
30	胯外	大腿外侧微小静脉血管上，左右各1穴。专用于成年鸡	同胯内穴	同胯内穴
31	脚盘（内、外、中趾）	鸡的足爪叉上，即趾骨的四个趾间（每趾间1穴），左右爪各3穴，共6穴	将脚掌举向光线，看清血管，再以毫针或瓷锋将皮肤表层划破见血	感冒
32	脚底（距底）	脚掌底部肉垫稍前端，即脚趾底中心稍靠前方处，左右爪各1穴	以毫针由下斜向上方刺入0.25cm，然后轻轻转动，经1min后出针	下痢，便秘，足趾瘤，迷抱

鸡常用针灸穴位见附图4-1～附图4-5。

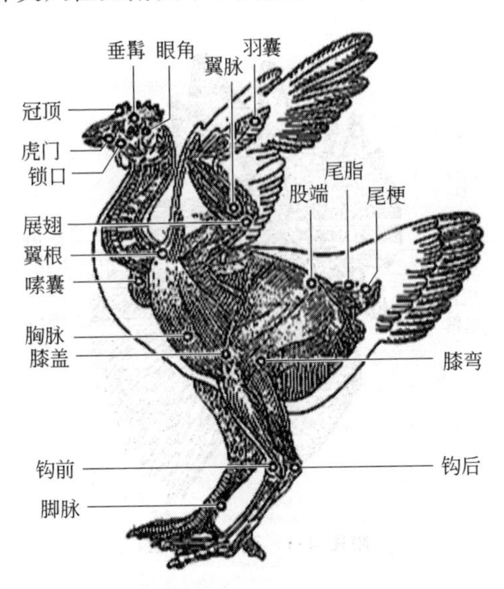

附图 4-1 鸡的肌肉及穴位

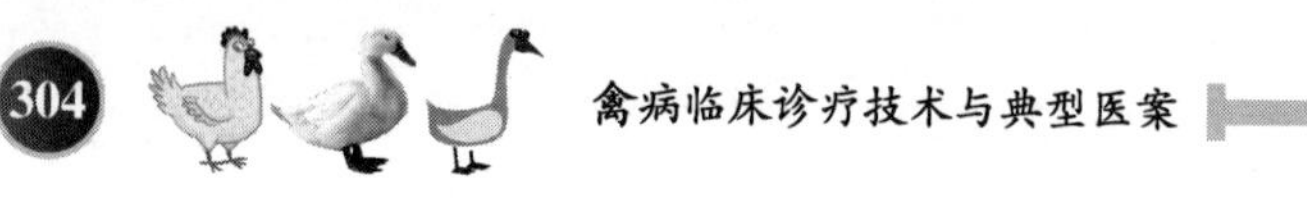

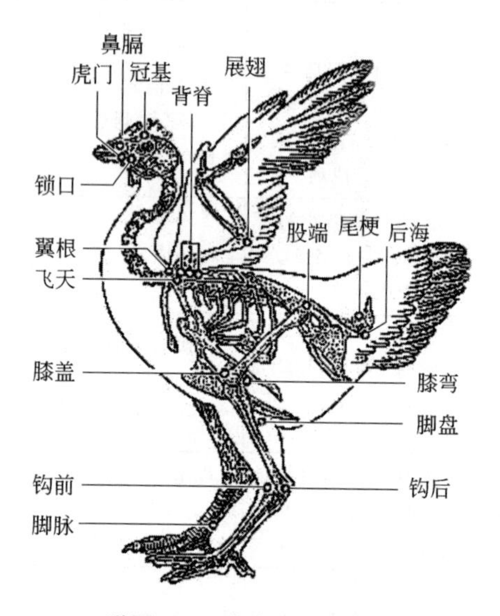

附图 4-2　鸡的骨骼及穴位

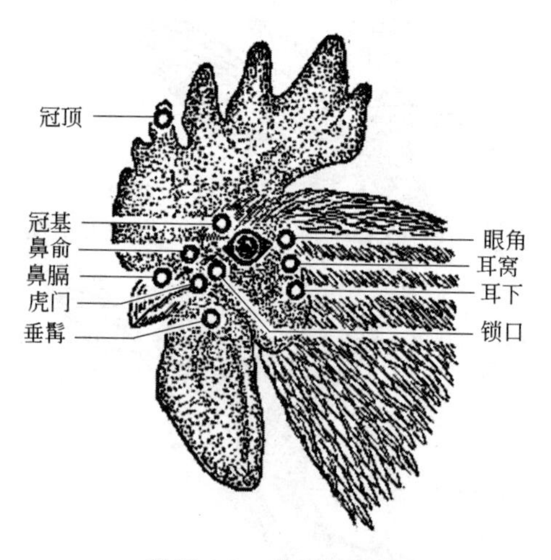

附图 4-3　鸡头部穴位

附图 4-4 鸡翅膀穴位

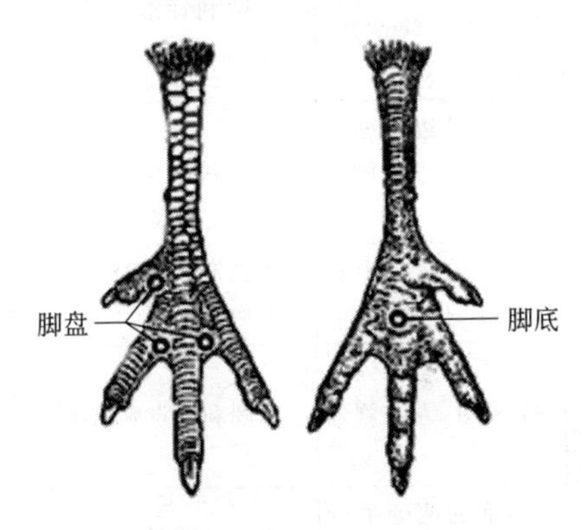

附图 4-5 鸡爪部穴位

附表 4-2 鸭常用针灸穴位及其应用

编号	穴名	穴位	针灸法	主治
一、头部穴位				
1	脑后(天门)	颅骨后缘正中与环椎交界处,1穴	以缝衣针或小圆利针沿枕骨脊进针 0.3～0.5cm	中暑
2	眉心(额中)	两眼正中连线的中点处,1穴	以缝衣针或小圆利针向鼻梁平刺 1～1.5cm,可透鼻梁穴	拐脚

续表

编号	穴名	穴位	针灸法	主治
一、头部穴位				
3	眼角	外眼角后缘的凹陷处,左右侧各1穴	以缝衣针或小圆利针点刺出血	流泪,精神不振
4	鼻梁	鼻骨与额骨(即有毛与无毛)交界处的正中点上,1穴	小圆利针直刺0.3～0.5cm,或由下而上平刺1～1.5cm,可透眉心穴,并可留针5～10min	消化不良,食囊阻塞,泄泻
5	口角(虎门、嘴角)	口角后缘凹陷处,左右各1穴	小圆利针顺口角延缓平刺1.5～2.5cm,或向口内斜上方点刺	口闭,食欲不振,中暑,中毒,歪头(左歪刺右,右歪刺左)
6	锁口(下关)	口角沿线、口角穴后缘约0.3cm处,左右各1穴	小圆利针沿口角线向后平刺1cm	消化不良
7	上颌沟	上颌骨边缘纵沟后1/3处,左右侧各1穴	小圆利针点刺出血	中暑
8	承浆(颏珠、下垂)	下嘴前缘正中颏珠上,1穴	小圆利针或缝衣针点刺出血	食欲不振,并可预防热性病
9	下颌沟	在承浆穴两旁沟的顶端处,左右侧各1穴	小圆利针点刺出血	食欲不振
10	舌筋(舌尖)	舌底面两旁平行的血管上,左右侧各1穴	圆利针或缝衣针点刺出血	中暑,中毒,食欲不振
二、颈部穴位				
11	颈三	在鸭颈背正中线上,均衡刺取3针	小圆利针或缝衣针直刺0.3～0.5cm,也可沿颈脊线平刺1～1.5cm	中暑,颈项强直
12	食囊(嗉囊、放气)	食管膨大部上1/3处,1穴	小圆利针直刺穿过食囊,或用剪刀纵行剪开翻转食囊,用清水冲洗再行缝合	胀气,积食不化,中毒

续表

编号	穴名	穴位	针灸法	主治
三、翅膀穴位				
13	肩前	肩关节前缘，乌喙骨与锁骨衔接处的骨缝中，左右各1穴	小圆利针直刺0.5～0.8cm	中暑，精神不振
14	飞天	翅膀后下方，肱骨、乌喙骨和肩胛骨组成的多轴关节处，左右侧各1穴	小圆利针或缝衣针直刺0.5～0.8cm	中暑，精神不振
15	翼根	翅膀上方，肱骨、乌喙骨和肩胛骨组成的多轴关节处，左右侧各1穴	同飞天穴	同飞天穴
16	展翅（翅筋）	尺骨与肱骨交界处后端关节面的凹陷中，左右侧各1穴	小圆利针或缝衣针直刺约0.3cm	感冒
17	翼脉（翅脉、翼内）	尺骨与桡骨间纵行的血管上，左右各1穴	小圆利针点刺出血	中暑，中毒
18	翼囊（主翼、翅尖）	翼尖上6～8根主羽	任选主羽2～3根拔掉，或将拔去后的主羽在原羽囊内旋刺几下	感冒，热性病，换毛期促进或提前早产卵
四、躯干穴位				
19	背脊	翼根处的前背部正中央3穴	小圆利针或缝衣针连扎3针，刺入0.2～0.3cm	感冒，呕吐，上呼吸道疾病
20	背中（髂骨）	髂骨前段与胸椎交接的凹陷处，正中1穴	小圆利针或缝衣针向前下方斜刺0.5～1.0cm	拐脚
21	髂三	髂骨背面正中线上，均衡刺取3针	小圆利针或缝衣针向前或向后平刺1.0～1.5cm	中暑，风湿

续表

编号	穴名	穴位	针灸法	主治
四、躯干穴位				
22	胛栏	肩胛骨末端背缘凹陷中，左右侧各1穴	小圆利针沿肩胛骨与椎骨间向前平刺约3.0cm，可留针5～10min	中暑
23	苏气	倒数第3肋间的上端，胛栏穴下方约1cm处，左右侧各1穴	小圆利针向前平刺3～4cm，可留针5～10min	上呼吸道疾病，精神不振
五、尾部穴位				
24	尾脂（尾珠、尾峰）	尾部的尾脂腺上，1穴	小圆利针或缝衣针向前斜刺1.0～1.5cm，或用线香或艾卷施灸，或用手指挤掐出血或流出黄液	精神不振，便秘，泄泻，并能促进产蛋
25	尾上（尾肉）	尾椎骨与尾综骨间隙处，正中1穴	小圆利针或缝衣针刺入1.0～1.5cm	感冒
26	尾下（交巢）	尾椎骨下、肛门上的凹陷处，1穴	小圆利针沿尾椎骨向前平刺1.5cm，或用线香或艾施灸	泄泻，食囊阻塞
六、足部穴位				
27	膝关（腿关、膝盖）	膝关节外侧的前缘陷中，左右脚各1穴	小圆利针向后直刺，骶骨为度	风湿拐脚
28	膝弯	膝关节后弯处稍下方，左右脚各1穴	用手指扣压，刺激胫腓神经	中暑，昏迷
29	腿后	膝关节后缘的正中凹陷处，左右脚各1穴	小圆利针或缝衣针向下斜刺3cm	积食，胀气，拐脚
30	跖脉（脚脉、活血）	跖骨内侧血管上，左右爪各1穴	小圆利针或缝衣针点刺出血	中暑，中毒
31	跖谷	第1、第2趾之间，左右爪各1穴	小圆利针或缝衣针向上斜刺0.5～1.0cm	拐脚

续表

编号	穴名	穴位	针灸法	主治
六、足部穴位				
32	立地（脚跟、脚底）	两爪肉垫后跟上，左右脚各1穴	小圆利针直刺0.5cm或呈十字形划破，再用艾条熏灸5～10min，或挤出黄水或毒血，以细食盐撒擦之	脚底黄肿，热性病
33	趾间	第2、第3、第4趾结合处的底面，每脚2穴，左右爪共4穴	小圆利针或缝衣针沿结合部向上刺入0.5～1cm	泄泻
34	蹼脉（脚盘、内外中趾、碗口）	蹼的血管上，每足刺2针，左右爪共4针	小圆利针或缝衣针点刺出血	中暑，拐脚，脚生黄肿
35	趾脉（脚底）	第3趾底面两侧血管上，任选一侧扎针，左右脚各1针，共2针	同蹼脉穴	脚底肿胀，拐脚

鸭常用针灸穴位见附图4-6～附图4-8。

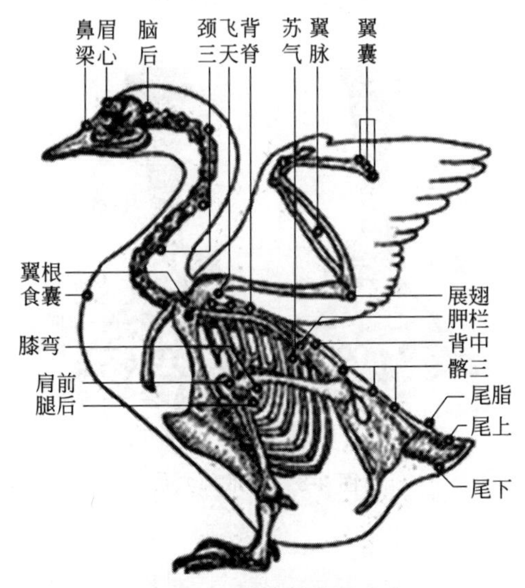

附图4-6　鸭的骨骼及穴位

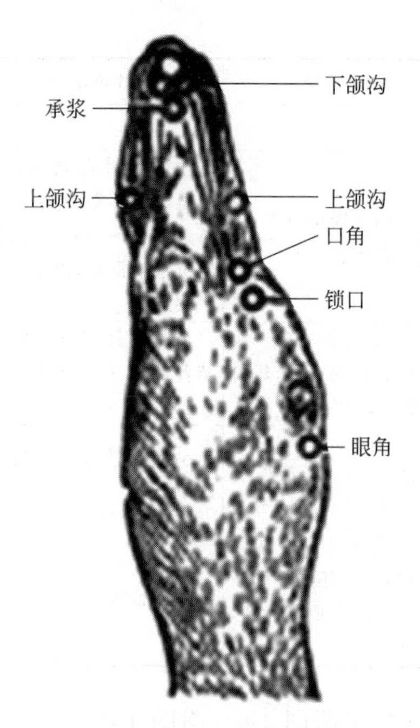

附图 4-7 鸭头部穴位

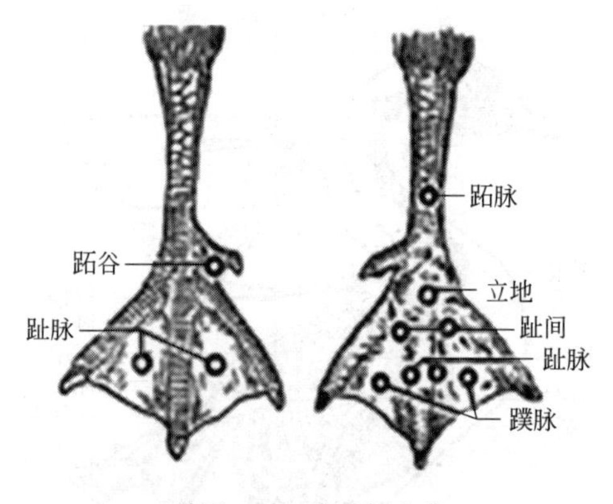

附图 4-8 鸭爪部穴位